中國近代建築史料匯編編委會 編

中國近代建築史料匯編（第一輯）

一至十三册

同濟大學出版社
TONGJI UNIVERSITY PRESS

图书在版编目（CIP）数据

中国近代建筑史料汇编（第一辑）：全13册．《中国近代建筑史料汇编》编委会编．-- 上海：同济大学出版社，2014.8
ISBN 978-7-5608-5561-5

Ⅰ. ①中… Ⅱ. ①中… Ⅲ. ①建筑史－史料－汇编－中国－近代 Ⅳ. ① TU-092.5

中国版本图书馆 CIP 数据核字 (2014) 第 150005 号

上海市“十二五”重点图书

中國近代建築史料匯編（第一輯）

編　　者　中國近代建築史料匯編編委會
責任編輯　姚建中　那澤民
裝幀設計　潤　澤
出　　版　同濟大學出版社
發　　行　同濟大學出版社
地　　址　200092　上海四平路 1239 號
網　　址　www.tongjipress.com.cn
經　　銷　全國各地新華書店
印　　刷　上海中華商務聯合印刷有限公司
開　　本　787mm×1092mm　1/16
印　　張　425（全十三册）
字　　數　10608 000
版　　次　2014 年 8 月第一版
印　　次　2014 年 8 月第一次印刷
書　　號　978-7-5608-5561-5
定　　價　12800.00 元（全十三册）

ISBN 978-7-5608-5561-5
9 787560 855615 >

《中國近代建築史料匯編（第一輯）》編委會

《中國近代建築史料匯編（第一輯）》序

由同濟大學出版社整理并編輯出版的《中國近代建築史料匯編（第一輯）》共收録了自一九三二年十一月創刊至一九三七年四月停刊共二十九期的《中國建築》，以及同一時期出版的五卷共四十九期的《建築月刊》，輯録爲十三册出版。對于研究中國近代建築和建築業具有重要的學術價值和史料價值，同時也是研究中國近代社會和城市的重要文獻。目前，這些文獻作爲善本散落在各地和各大學建築學院的圖書館，大部分圖書館的收藏都不完整，亟待收集和整理。

《中國建築》和《建築月刊》在推動中國建築的現代化進程，推動建築界的學術交流和技術進步上有着十分重要的作用。這兩份刊物都在上海出版，其内容則覆蓋了一九二七至一九三七年這一時期的中國建築。中國近代的第一代建築師在上海成長并發展，上海是中國現代文化，也是現代建築的發祥地。二十世紀初期中國建築師開始創辦建築事務所從事建築設計，隨着建築活動的繁榮，建築師的職業群體也逐漸發展壯大。在這樣的背景下，上海最早建立了中國的建築師執業製度，在管理製度、運作機製、行業構成以及從業人員的素質、職業化發展方面進行管理和協調，規範建築師的行爲，提供專業咨詢和服務，組織學術交流，舉辦展覽會，出版學術刊物。一九二七年冬，由範文照、張光沂、吕彦直、莊俊、巫振英等發起成立上海市建築師學會，一九二八年更名爲中國建築師學會（The Society of Chinese Architects），是中國最早成立的建築學術團體。

中國建築師學會在一九三二年成立了由楊錫鏐、童寯、董大酉組成的出版委員會，同年十一月創刊出版了《中國建築》，發行人爲楊錫鏐，其辦刊宗旨如趙琛在創刊號的發刊詞所述：「惟念灌輸建築學識，探研建築學問，非從廣譯東西書報不爲功，因合同人之力，而有《中國建築》雜誌之輯。」《中國建築》的英文名稱爲The Chinese Architect，表明該刊物注重建築師的實踐，提高建築師的社會地位，融合東西方建築學的特長，宏揚傳統建築文化。《中國建築》在發行的五年中總共發表了三百三十六篇文稿，其内容涉及建築學、土木工程結構、城市規劃、藝術等學科領域。建築領域的内容包括建築理論、中外建築史、建築藝術、室内裝飾、建築構造、建築熱工、建築聲學、建築設備、建築材料、畫法幾何、建築製圖、建築法規和章程、建築實例、建築文件、建築安全、建築工程信息、建築教育、學生作業、美術作品等。土木工程結構領域的内容包括結構設計原理、鋼筋混凝土結構設計、鋼結構設計、結構計算、基礎工程等。城市規劃領域則以介紹城市規劃理論和中外城市史爲主。藝術領域的内容相對較少，主要是介紹西方藝術史以及建築藝術。同時也發布有關建築師學會的信息，會員名單等。

《中國建築》每期集中介紹一座或數座建築，并以專刊的方式介紹本土建築師及其作品，總共發表了一百四十個案例，附有大量的照片和設計圖，信息量十分豐富，對于開業建築師具有重要的參考作用，同時也樹立了樣板，引領建築思潮。例如第一卷第一期介紹吕彦直設計的廣州中山紀念堂，第一卷第三期介紹關頌聲主持設計的南京中央體育場，第一卷第四期介紹莊俊設計的上海金城銀行，第一卷第六期介紹董大酉設計的上海市政府新樓，第二卷第一期介紹梁思成設計的北京王府井大街的仁立地毯公司鋪面以及楊錫鏐設計的上海百樂門大飯店，第二卷第四期介紹基泰工程司設計的南京中央醫院，第二卷第五期介紹奚福泉設計的上海虹橋療養院，第三卷第三期介紹華蓋建築事務所的南京外交部辦公大樓，第二十五期陸謙受和吴景奇專集刊登了中國銀行同孚大樓。

《中國建築》用大量的篇幅翻譯介紹建築理論和建築物理，例如第二卷第八期刊登了童寯翻譯的維特魯威《建築十書》中論述建築師的教育，文中將維特魯威譯爲衛楚偉，這是中國首次介紹維特魯威的《建築十書》。從第一卷第五期至第二卷第八期連續十期刊登了《房屋聲學》一書的譯文，從創刊號起至第二卷第八期，共分十二期刊登了公共租界工部局製訂的《上海公共租界房屋建築章程》譯文，例如第二卷第二期至第四期連續三期刊登了勒·柯布西耶的《新建築的曙光：科學——詩境》講演譯文，第二卷第一期和第二期用大量的篇幅介紹了一九三三年芝加哥世博會及其場館建築，第二卷第八期刊登了何立蒸的《現代建築概述》，爲現代建築的推廣起了重要的作用。《中國建築》也刊登了有關城市規劃的論文，其中有第二卷九－十期合刊至第三卷第三期刊登的盧毓駿撰寫的《實用簡要城市計劃學》，第三卷第一期刊登的劉大本的《都市計劃之概念》，這些當屬中國最早關于城市規劃的理論著述。

日益增長的社會需求使上海的建築業在二十世紀三十年代進入了發展的全盛時期，帶動了建築施工技術的成長，上海的中國營造廠迅速增加，并以極快的速度熟悉和掌握了新結構、新材料。據一九三三年的市政報告統計，上海的營造廠商已近兩千家。再加上水電設備安裝業、建築脚手架行業、石料工程業、油漆業、建材廠商，與建築師事務所、土木工程師事務所一起構成了規模龐大的建築業。當時，上海的施工技術在軟土地基處理、高層建築施工、新材料及裝飾方面居于全國領先地位。中國建築師和營造業的發展，促進了行業的合作與進步，由此而導致了建築學術團體、營造業同業公會、建築協會、水木公所等行會組織的誕生。一九三〇年三月二十六日在上海成立了上海市建築協會（The Shanghai Builders' Association），它是以營造業從業者爲主體的，包括建築設計與建築材料業界從業者的綜合性學術團體。其宗旨是「研究建築學術，改進建築事業并表揚東方建築藝術」。

上海市建築協會在一九三二年十一月出版了協會的刊物《建築月刊》，《建築月刊》的英文名稱是 The

Builder，體現了以營造業爲主的辦刊目的，其定位是宣傳協會的建築理念，促進中國建築事業的發展。刊物内容的設置方面主張：「（一）以科學方法，改善建築途徑，謀固有國粹之亢進；（二）以科學器械，改良國貨材料，塞舶來品之漏卮；（三）提高同業智識，促進建築之新途徑；（四）獎勵專門著述，互謀建築之新發明。」《建築月刊》的主編是杜彦耿，一九三二年十一月起策劃并擔任《建築月刊》的主編，一九三二年十一月開始出版，共出版了六卷共四十六期，于一九三七年四月停刊。在杜彦耿的主持下，《建築月刊》發行比較穩定，具有自身的特色，突出了對本土建築師和營造業成果的宣傳，關注建築製度的發展。杜彦耿本人也發表了約占稿件總數百分之十七點二的文稿。

《建築月刊》所刊登總計約七百一十二篇文章的内容包括房屋建築學、建築理論、中外建築史、建築設計原理、建築章程、中外建築實例、居住建築實例及其造價介紹、建築技術、建築經濟、建築材料、材料價格、建築造價、概預算、施工工藝、施工機械、英華建築辭典、合同樣本、建築攝影、室内設計、家具與裝飾、建築師介紹、國外土木工程介紹、城市規劃、結構設計原理及設計計算、橋梁結構等。其中以建築學領域的文稿爲主體，約占百分之七十左右。其中有相當一部分文章介紹國外的建築信息，包括建築史、國外建築界的動態、建築和土木工程實例、建築技術等，所連載介紹的世界建築史當屬中國最早引入的建築史。此外，《建築月刊》設置了一些專欄，發表建築界的信息、公布協會的有關文件和信函、有關法律以及有關民事訴訟等。

這兩份學術刊物具有一定的共性，同樣具有多元化的内容導向，都面向建築實踐，都關注社會的需求和建築業的發展，研究中國的傳統建築，普及建築知識，介紹國内外建築師的作品，介紹建築學術理論，開拓國際視野，提倡現代建築風格，反映了當時建築師和建築業關注的重點和價值取向。《中國建築》和《建築月刊》在建立中國建築的話語系統，以及推動建築學術和建築技術的進步，推動現代建築的發展方面有着十分重要的作用。每期的內容包括正文和廣告兩部分，《中國建築》的廣告所占篇幅約爲三分之一至四分之一不等，《建築月刊》廣告約占五分之一至三分之二的篇幅。廣告介紹了營造廠商、材料和設備供應商，建築材料、施工機械、印刷廠商等大量的廣告對于認識和研究中國近代建築的社會背景、經濟狀況和技術水平也是重要的信息資源。

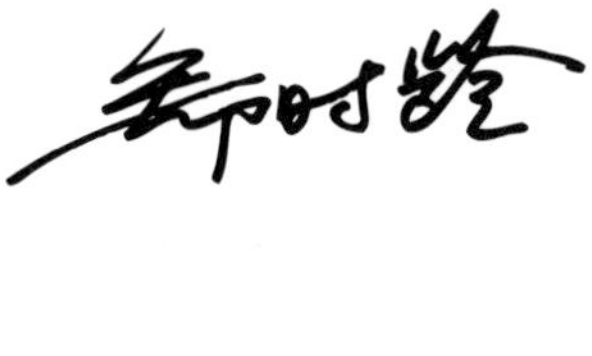

鄭時齡

二〇一四年五月二日

中国近代建筑史料汇编（第一辑）總目錄

建筑月刊總目錄

中国建筑總目錄

中國近代建築史料匯編（第一輯）

中國近代建築史料匯編 編委會 編

第一册

同濟大學出版社
TONGJI UNIVERSITY PRESS

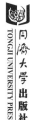

第一册目録

中國近代建築史料匯編（第一輯）

建築月刊

第一卷 第一期

建築
THE BUILDER

大東鋼窗公司

上海四川路七十二號三樓

電話一四〇九七號

Great Eastern Steel Window Co.

No. 72 Szechuen Road.

Tel. 14097

製造廠

榆林路二二〇號

電話

五二四〇四號

建築月刊

創刊號

民國二十一年十一月一日出版

目錄

建築月刊

廣告索引

創刊號

HAMILTON HOUSE

唐山

啟新磁廠

製造品

衛生器皿
各種舖地缸磚
電氣磁料
瑪賽克磁磚

注意

上列各品除普通應用種類俱備外如蒙訂製新樣亦可照辦

駐滬批發所
江西路第一百七十號
電話一九九一七

磁磚部經理 上海恆大洋行

Quarry Tiles were supplied to the above mentioned Buildngs:

Other Buildings:—

Metropole Hotel
Cathay Mansion
Bearn's Apartments,
Shanghai Telephone Cos. New Buildings
China State Bank Building,
Greater Municipality of Shanghai, Kiangwan.
Nanyang Brothers Tobacco Co.
B. A. T. Company's Factory, Pootung & Yangtzepoo
And Many Others

Chee Hsin Tile Dept

Agents: DUNCAN & Co.

Estimates & samples supplied on request.

Chee Hsin Pottery

Hamilton House,
170 Kiangse Road.
TEL. 19917

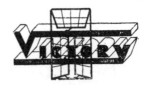

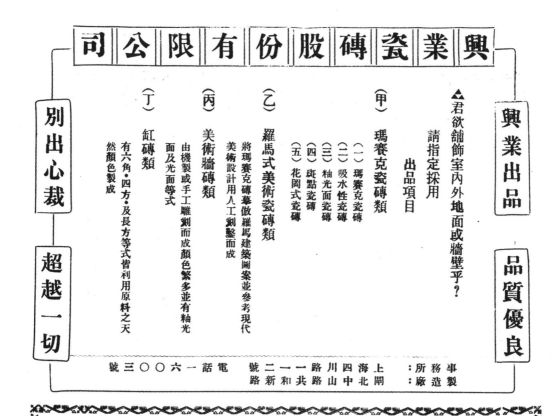

通明電氣公司

上海水電材料行

啓事一

本刊草𠜂伊始，又未經充分籌備，卽因各方催詢，倉卒付梓，貿然問世，致內容外觀均未能盡臻美善。如建築界消息及同仁允撰之稿件，多不及刊入；各種名貴之插圖繪樣，亦以不及趕製銅鋅版而多付缺如。與同人理想相去尙遠；有負讀者厚望，尤深歉仄。今後當本我初衷，力謀改進，以副雅意。並盼時賜南針，藉作遵循。是荷。

啓事二

本刊籌備之消息甫洩，卽承遐邇同志紛頒瑤華，或賜箴言，或承訂閱，盛情厚意，感佩永銘。而裁答容有未週，函謝難免疏忽，幸希鑒諒。爲禱！

啓事三

辱承各地同志紛投大作，琳瑯滿目，美不勝收；只因迫於付印，多未及刊登，甚歉甚歉！謹當擇尤移載下期，請勿繫念！以後幷盼不吝珠璣，藉光篇幅，毋任翹企之至。

將建之楊氏公寓，位於上海霞飛路華龍路轉角；後刊三圖，係馬海洋行白脫君 **(C. F. Butt)** 設計者。

PROPOSED YANG APARTMENT BUILDING

發刊詞

吾國文化最古，五千年前，各種事物均已闡發其端；遞嬗無已。後世習于媮，養成因循，漸無進步。而泰東西各國，以遲化數千年之夷狄，追步而來，駸駸乎有後來居上之概。其究不外二端：

一・專重文學，鄙薄工藝；

二・專重墨守，不尚進取。

一則在上者不事倡導獎勵之責，遂使呫嗶窮酸之士，獵取衣食，易如反掌；而一二奇材異能之士，身懷絕技，轉不免自廁末流，顛沛以老。二則社會乏進取之智識與習尚，蕭規曹隨，自詡守經；一二奇巧之材，偶有發明，被廁妖異，遂使智士裹足，巧匠廢繩，在下者殊不能不負壅蔽之責也。

建築一業，自有巢構木，黃帝制室，蓋已幾及五千年。中古而後，阿房未央，齊雲落星，莫不窮極工巧，刻畫烟雲，藻繪之精，雕飾之美，足駭今世。顧其術至今反多茫然，使執巧匠而示之，亦幾不知所措，未嘗不歎繼起之無人，絕學之銷沉也。然一窮其循致之由，亦不外上列二端。吾國向習，專重士類，目百工爲末流，賤視等諸雜技；浸假以降，循習成風。有志之士，鄙不屑研，付鉅工于騃豎之手，而責以進步，寧非至難？魯班墨翟之儔，未嘗無驚人之發明，然社會視之，徒鄙爲駭世炫僞之技；資爲談助，而不重爲科學。故其往也，卒無繼起，建築亢進之程序，其頹廢遂不能獨異於其他，玆可慨也。

自五洲溝通，西洋文化東漸，中土人士，目光一變，競爲倣效，建築一途，遂以日新。變夏之始，蓋已有年，好奇之情，人所不免；但矯枉每易過正，遺害遂至無窮。矜奇者雖一物之微，莫不以取諸泰西爲貴；維新者甚或以不脫華化爲羞。有識之士，惕然懼焉！試舉其弊，厥有兩端：

一・專務變本，自棄國粹；

二・專用外貨，自絕民生。

由於一：則數千年宮室崇宏之遺制，國觀典雅之成規，一掃無遺，其結果必至習於夷化，自忘本來。由於二：則欲求同化，必用異材，其結果必至盡棄國貨，自絕生機。憂國者於此未嘗不三歎息焉。

建築之業，既不為社會所重視，數千年來，日處於危崖深淵之下。木鳶飛機之製，曠代不傳；山節藻梲之奇，並世無覩。國家土木之興舉，責諸細人。雖有巧匠，僅供一時之誅求，不作異代之借鏡，事過境遷，湮沒無舉。既無專門之書，足供研討；復無具體之說，詳衍心品。哲匠絕技，歷世長埋，其影響於建築進化，實堪浩歎。

綜核以上積弊已深，實有亟應改進之必要。敝會諸人，均係建築界同志，平日目擊心傷，所感受者至深且切。既不避艱阻，有建築協會之設。竊駭國人積習，盲痼已深，坐廢何已？發聾震聵，有待斯文；成立之初，爰有發行會刊之舉。國難薦臨，停刊已久，非亟行恢復，實無以賡續未來。除于原有各門，詳加改善；並力謀充實內容，刷新面目外。學術方面：關於研究討論建築文字，盡量供給；事實方面：關於國內外建築界重要設施，儘速刊佈。務期於風雨飄搖之中，樹全力奮鬥之幟；冀將數千年積痼，一掃而空。其使命所繫，可得而言也：

（一）以科學方法，改善建築途徑，謀固有國粹之亢進；

（一）以科學器械，改良國貨材料，塞船來貨品之漏卮；

（一）提高同業智識，促進建築之新途徑；

（一）獎勵專門著述，互謀建築之新發明。

硜硜之鄙，不敢自懈，發刊伊始，謹贅一言。大雅宏達，幸有以進之！建築前途幸甚。

楊氏公寓圖二

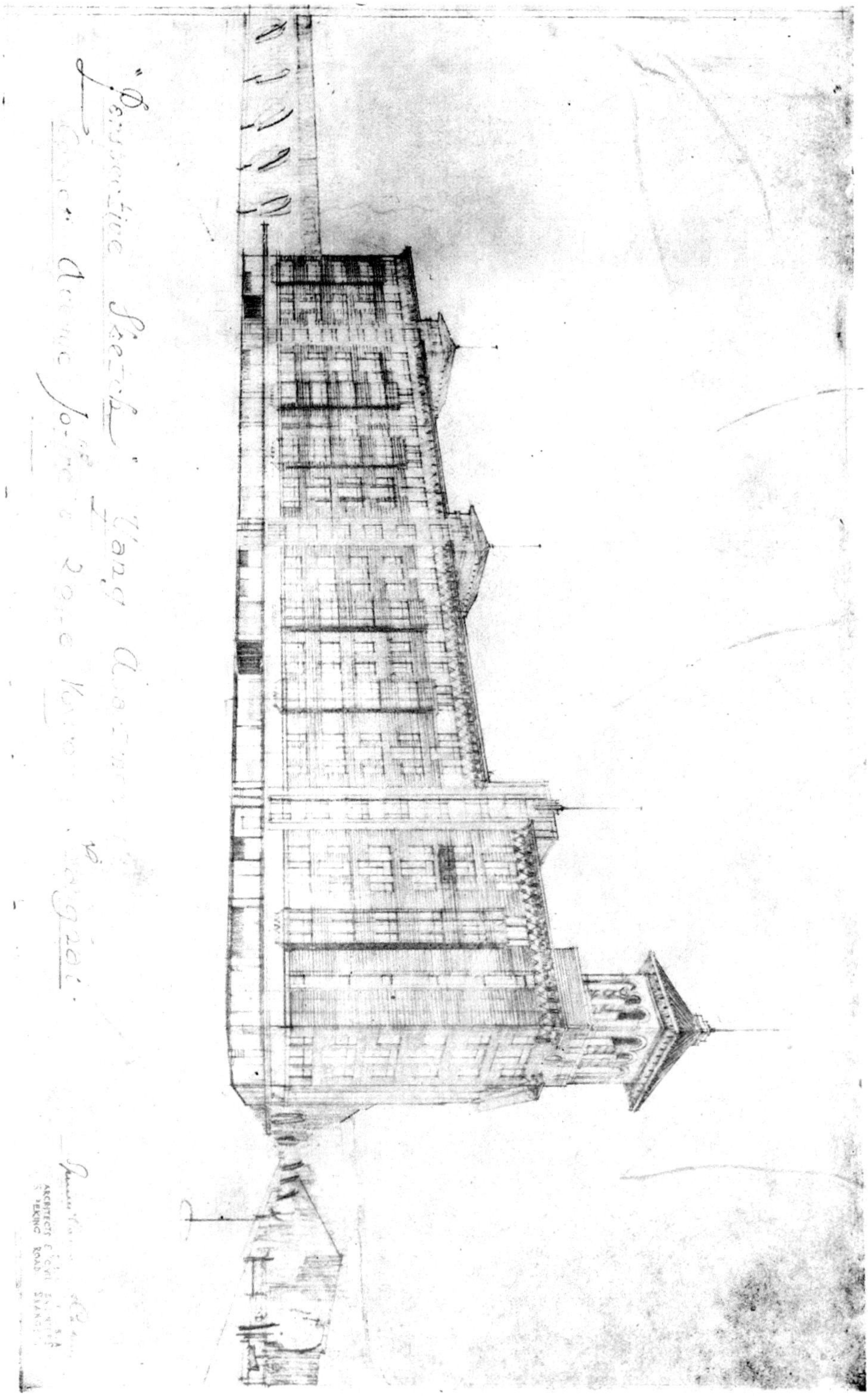

楊氏公寓 圖三

美國澆擣水泥之最新方法

水泥由此瀉注

塵垢從彼清除

請閱左首上角用「排白辯林」輸送活槽。自中央水泥排機。導引水泥流注於欲澆注之處，

請閱下角水泥正在傾注於木壳模型中。

請閱自下角數上第七節。輸送活槽之左側。另一活槽。彼處大料水泥適正澆滿。故將該節拆卸。。則導水泥流注下角。

請閱圖中最長之活槽。正將掘起之泥運出。

用此項活槽輸送法之工程。係美國支加哥郵局新屋。

用此項活槽輸送法。可節省工值至鉅。

國華銀行新建行屋。（參閱下頁二圖）在河南路北京路轉角。佔地百方。由通和洋行與李石林建築師設計打樣。全部工程由怡昌泰營造廠承包。全屋自地至頂高一百五十尺。底牆深入地平線下五尺。全部造價連地價一百萬兩。現正在建築中。將於明年二月底告竣。落成後。下層及中間作爲該行行址。六層樓爲該行之俱樂部。其第二層至五層。則爲出租寫字間云。

NEW · CHINA · STATE · BANK · BUILDING · - SHANGHAI ·
ATKINSON & DALLAS · LTD ·
CIVIL ENGINEERS & ARCHITECTS
SHANGHAI · 1932.

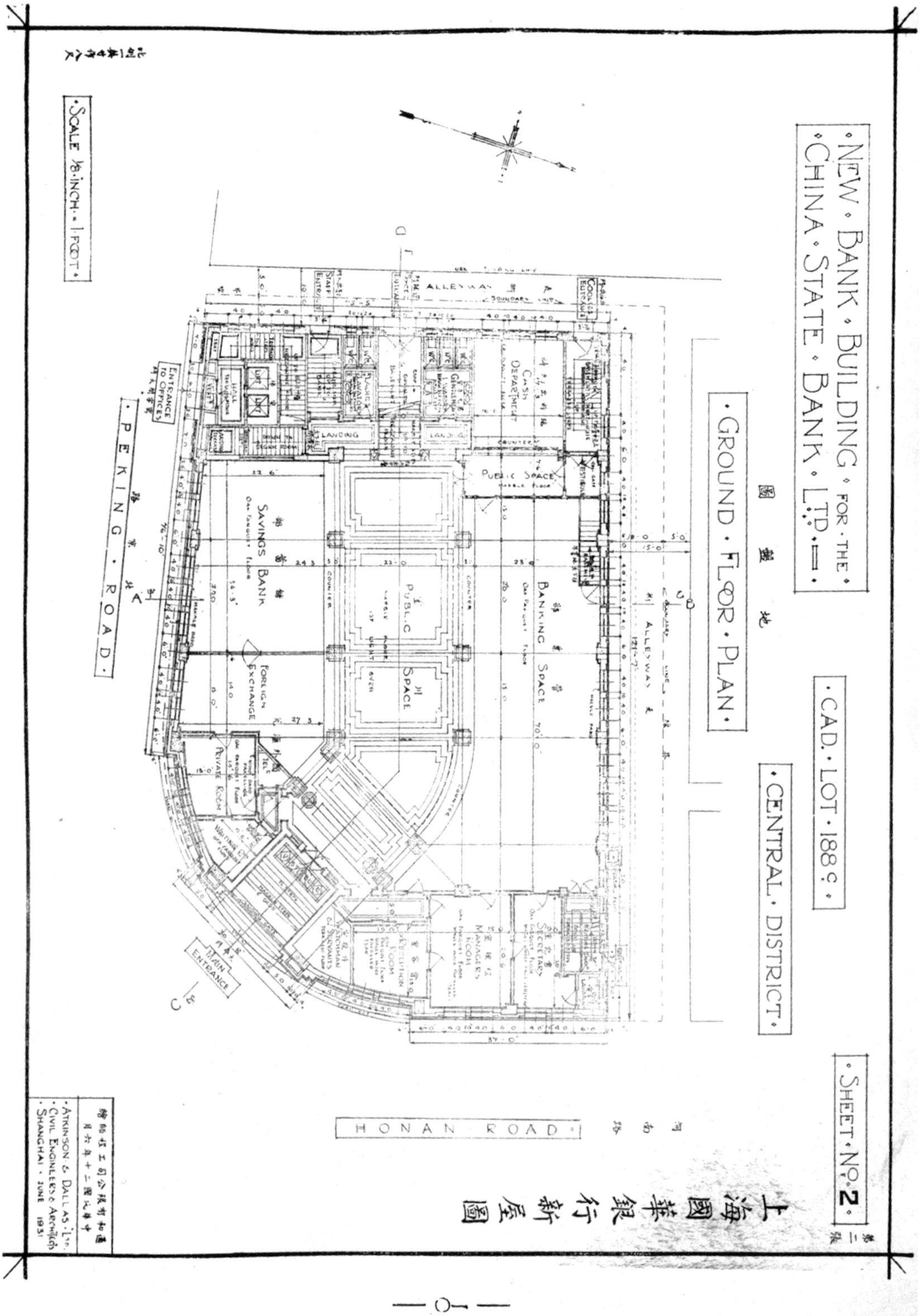
NEW·BANK·BUILDING·FOR·THE·CHINA·STATE·BANK·LTD.
GROUND·FLOOR·PLAN
CAD. LOT·188c
CENTRAL·DISTRICT
SHEET·No.2
SCALE 1/8·INCH = 1·FOOT
PEKING·ROAD
HONAN ROAD
ALLEYWAY
SAVINGS BANK
FOREIGN EXCHANGE
PUBLIC SPACE
BANKING SPACE
CASH DEPARTMENT
PRIVATE ROOM
MANAGER'S ROOM
SECRETARY
MAIN ENTRANCE
ENTRANCE TO OFFICES
上海國華銀行新屋圖
ATKINSON & DALLAS, LTD.
CIVIL ENGINEERS & ARCHITECTS
SHANGHAI · JUNE 1931

建築中之揚子飯店

揚子飯店位於上海漢口路雲南路轉角。高凡八層。房間約三百餘。設備精美。佈置新穎。允推滬上各大旅社之翹楚。由李潘建築師設計打樣。潘榮記營造廠承造。全部工程。需費百萬。約明年八月中可告竣。

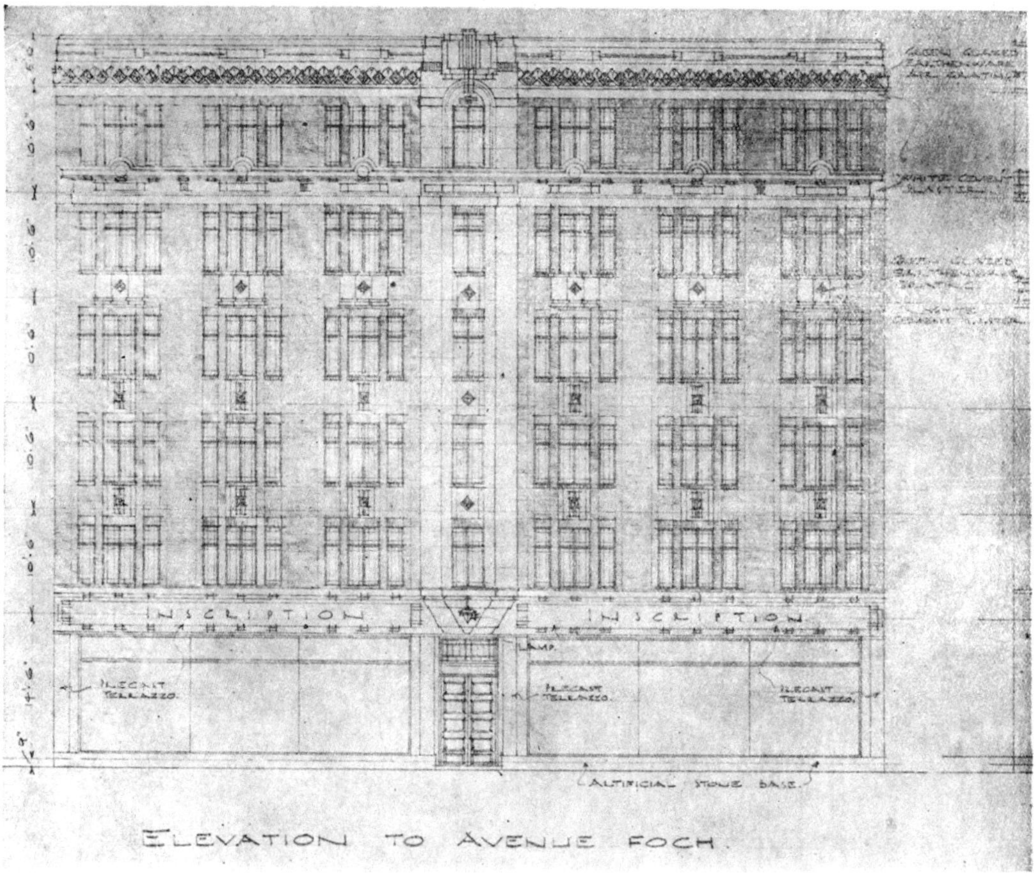

上海福煦路六層公寓。建築師爲李文炯。承造者爲陳林記。下層闢作店面。建築骨幹均用鋼條水泥澆擣。現在建築中。

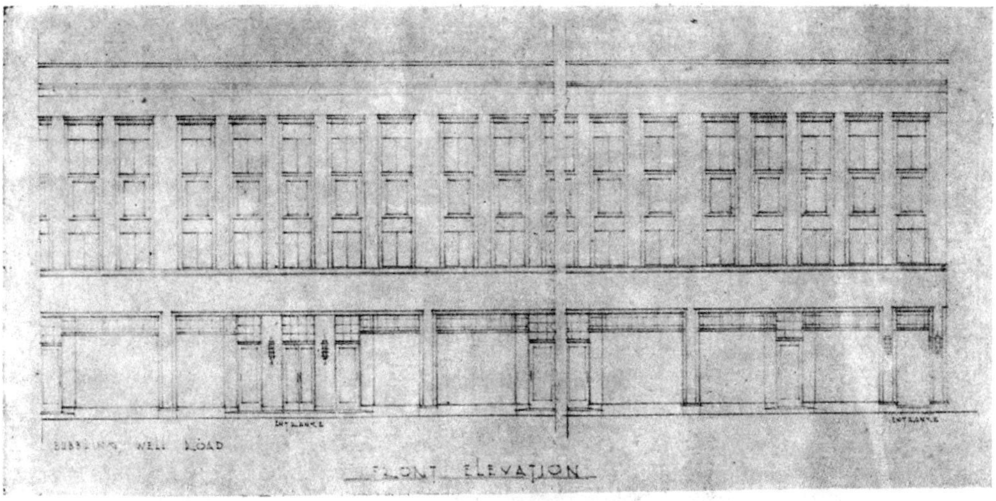

圖爲在建築中之三層樓房屋。位於靜安寺路斜橋衖轉角。爲上海協隆地產公司之業產。將於下月中告竣云。

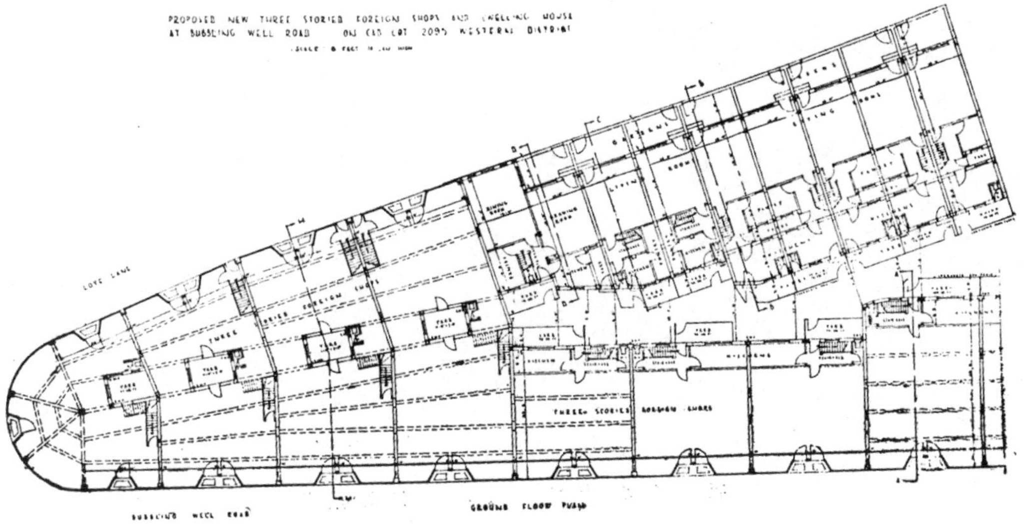

最新建築之漢彌爾登大廈

在上海江西路福州路口

建築師公和洋行　營造者新仁記

本會交誼室之內景

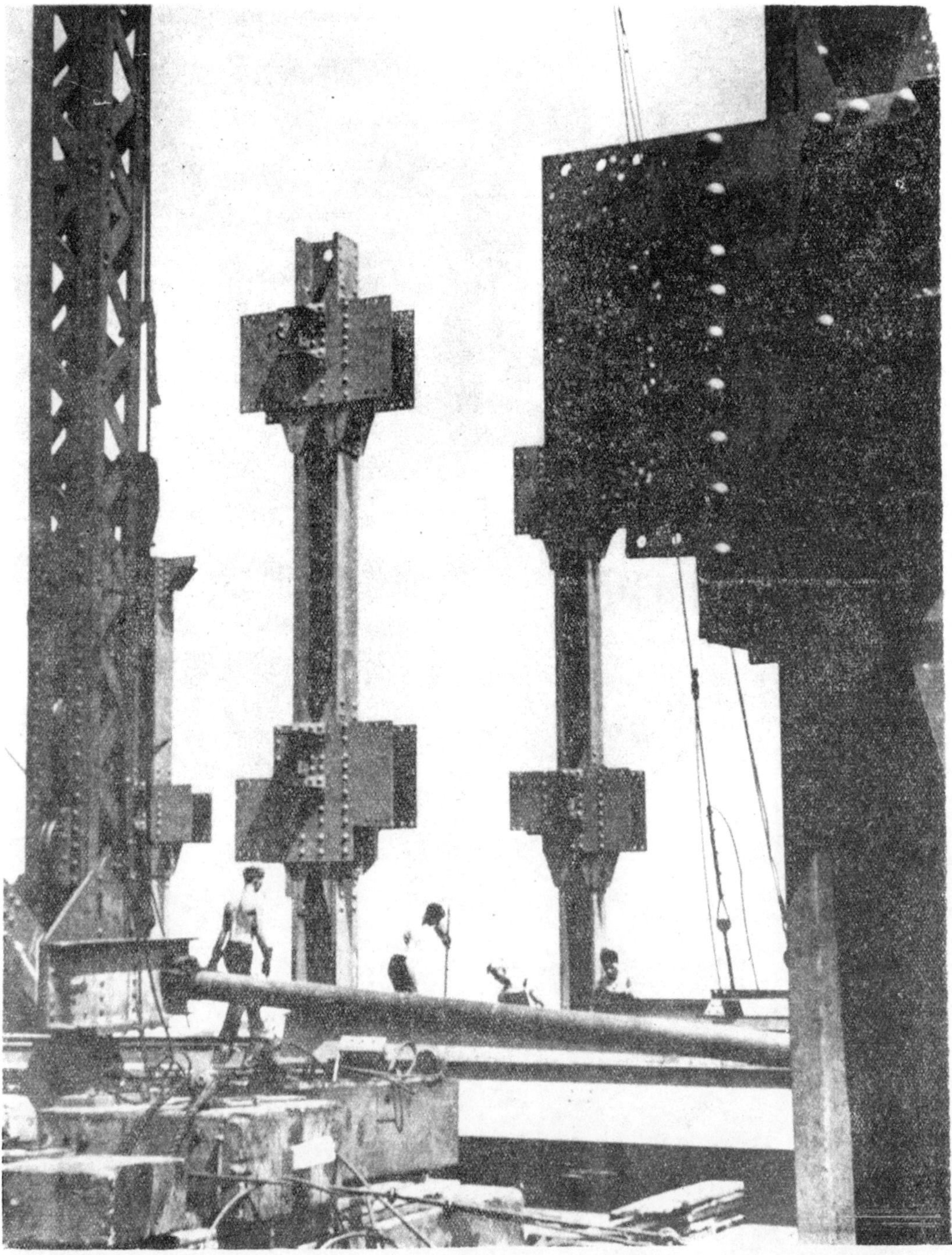

美國紐約城市政服務公署建築中之鋼柱

營造業改良芻議

杜漸

今之談改革營造業者衆矣，試觀每逢集會，必有不少同業，推誠磋議，惜終鮮改革之法。作者涉足營造業者凡二十年，曾於改革方法，再四研思，輔以友朋之論見，旦夕揣摩，稍有所得，自謂尙不無討論之價值。因將一得之愚，分別言之於左，以與熱心改革之同業一研究之。

吾以爲今日而言改革營造業，須從五事入手，五事者何？

一曰：須集成堅強之團體；

二曰：須拋棄私見；

三曰：須知吾人所處之地位與所負之使命；

四曰：須研習最新方法；

五曰：勿偈居一埠。

一曰須集成堅強之團體　際今之世，凡百事業，缺乏團結，卽不能有所建樹。大者如一國之中，倘政見紛紜，而少團結，其欲在國際間獲得越優地位者，亦難矣！證諸今日之中國，外患日深，內爭無已，國際地位日益降落者，實由於缺乏團結精神耳。國家如此，一種事業亦然。今就吾國營造業而論，因缺乏團結，致難進步，事實昭然，不容或諱。吾國古代著名之建築工程，爲世界所稱道者，比比皆是。其最著者：若長城，若運河，若阿王宮，建築之雄偉，工程之浩大，固足與埃及之金字塔，羅馬之宮闕，相頡頏也！第以後世匠工，一因徒知承襲先人之遺蹟，繩守舊規，不知創造；二因同業間無團結精神，遂少集思廣益，共謀改良之機會。基此原因，營造業乃乏驚人之進展。反觀歐美諸國，營造業之發達，大有日進千里之勢！究其原因，一言以蔽之曰，有堅強之團結力耳。

晚近以來，吾國營造業，已漸知發揚東方建築技術之不可或緩，故營造廠，建築公司，如雨後春筍，絡繹而起；在表面觀之，營造建築業固已臻於發達之境地。惟於團結，則尙鮮注意，仍各自爲謀，不相聯絡；工作人員與廠主之貌合神離，尤缺乏合作精神。以致外人勢力，乘隙而進，竟至越俎代謀，影響殊大。

營造業之缺乏團結，旣如上述，則設立會所，以謀營造界之大集合，俾收互助切磋之成效，誠刻不容緩焉。於是有少數朝氣之營造同人，鑒及於此，遂有本會（上海市建築協會）之問世，呱呱墮地，已一載於茲矣。雖然，團結之形式，業已略具雛形；而團結之精神，則尙未實現！究其原因有二：

一、已入會之會員，不能聯絡一致，以謀集成堅強之團體。

二、未入會之同業，大都逡巡觀望，吾行吾素，無加入合作之誠意。

吾嘗曰：一種事業，欲圖發展，必須團結一體，以謀力量之增加，技術之革進；團結堅固，則外力無由侵入，而前途之進展，亦可以指日而待。本會乃全市建築業團結精神之表現，幸共同合力以扶植之。

二曰須拋棄私見 吾國營造業之所以萎靡不振，營造廠主之個人主義太重，亦不能辭其咎。蓋營造廠主，大都但知斷斷錙銖，謀個人業務上之利益，至整個營造業前途之進展，與夫工場制度之改革等等，所以謀大衆之利益者，均不之顧也。即以一項工程而言，同業間常因爭得營造權，而暗中逐鹿，競相傾擠，置同業交誼於不顧，良可慨也！此僅舉其犖犖大者，他如營造廠主之固執成見，則尤不一而足矣。

至於工作人員，亦爲自身之地位權利，私相排擠，往往以謀奪工作而起爭端，至於營業之將受如何損失，則不之顧者，時有所聞也。

凡此種種，均由於各個人之自私心太重。補救之法，首須拋棄私見。爲工場場主者，其觀察點應不僅及於個人，要以大衆利益爲前題。爲工作人員者，不應互相傾軋，須同人聯絡一致，以謀技術上之邁進。

三曰須知吾人所處之地位與所負之使命 營造家所負之使命，凡三：

一、發揚建築藝術，

二、謀改進人類住的幸福，

三、注意公衆建築。

吾國爲發揚建築技術之先進，數千年前已有宮室之美，其結構之謹嚴，設計之精密，固蔚爲世界之表率者。第後世匠工，不知改進，因循蹉跎，遂成落伍。而歐美諸邦之建築事業，反駸駸乎有後來居上之勢。故今日吾國建築家之責任，至爲綦鉅：蓋建築爲國家文化之表徵，一國文化之隆替，莫不舉建築物之表現形式，以卜其究竟，故建築家實負有國家文化隆替之責任也。

夫建築一術，與人生尙有密切之關繫；蓋衣食住行，爲人生四大要素，而住占其一。故執營造業者，其職責甚鉅，倘無優美之建築物，實不足以謀進人類住的幸福。他若造橋築路，爲國家之公衆事業，亦便利交通之唯一利器，國家興盛，端賴是焉。故爲營造業者，應樂於接受是項工程，而不能計及業務上之利益也。

營造家所處地位之重要，與夫職責之綦鉅，既如上述；則深望吾營造界同人能完成此使命，而邁往孟晉以赴之。

四曰須研習最新方法 夫今之談建築者，莫不以洋樓高聳爲尙。蓋若輩徒知形式上之鑑賞，對於技術上之探討，則大都漠然。而建築工場中，從事於中下層工作之人員，亦因事前不能獲得充分之教育基礎，致日常應付，泰半僅恃其實地工作所換得之經驗，知其然而不知其所以然；未能以學理輔助經驗之不足，因此建築思想，殊覺幼稚。

今後之從事於營造建築者，須以百折不撓之精神，研習建築技術之最新方法。要以新的學理，參融於吾國舊有建築方法；以西洋物質文明，發揚東方固有建築藝術。能如是，則創造一適應時代需要之建築形式，亦易矣。

吾國營造業之不發達，建築材料之取給於外人，要亦一大原因。故吾人於研習建築方法之外。尤須致力於材料之發明也。

五曰勿偈居一埠　春申江上，洋場十里，層樓櫛比，建築事業，可謂發達矣。然試一省內地建築物，仍因陋就簡，急待改良，且吾國地大物博，軍港商埠，亦急待開闢，實爲建築界之新大陸，可圖發展，勿偈居通都大邑，自絕生機。坐失地利，良可惜也！

故今日建築家之任務，不應僅及於一地，須具有遠大之眼光，以謀普遍於全國。軍港商埠，尤應注意及之，視其險夷，察其形勢，然後啓而闢之。

★　★　★　★　★

上述五端，雖非振興營造業之整個辦法，然循此而努力，則於前途之發展，當亦不無小補也。吾營造業同人，如能不河漢斯言，乘此精神前進，以期逐步實現。是則，吾於建築界有厚望焉。

上海孔士洋行機器部職員公讌該部經理加伯(Mr. S. Kapper)葛林皮爾(Dr. K. Klingbiel)兩君。加伯君(前排坐者自左起第四人)曾於八月前離滬赴德。現已銷假回來。在假期中。機器部經理一職。由葛林皮爾(坐於中央者)代理。葛現已赴粵。孔士洋行在德商中。堪稱首屈一指。而機器部以加伯君之努力經營。聲譽尤著。該部專售德國各名廠出品之機器。及建築材料如電梯、衛生器具、熱氣帶、磁磚、鋼窗等。此外並經理各種五金。鋼條。機器油及文具儀器化學品等。營業殊為發達云。

工程估價

杜彥耿

緒言

（一）余嘗意編著此書。已數載於玆矣。顧以人事紛紜。卒不能成一字。然確信此類著述之不可或緩。故夙夜此志。亦不敢稍懈。既念欲俟全書卒業。始公諸世。恐荏苒歲月。殺青無日。不如限以報章。藉作自鞭之策。得寸得尺。聊勝於無。協會月報之刊行。實促成此編者也。

（一）玆編之作。專欲供建築商、營造廠、建築材料商、及其他職業學校等作一臂之助。是以所述各節。或秉諸經驗。或採訪所得。務求實際。不尚虛構。惟個人之見聞有限。思慮有所未週。況不學如余。所以毅然草此編者。蓋亦效拋磚引玉之故智。尙望讀者不吝教言。提出討論。則幸甚矣。

（一）材料價格與工人佣值。固因地而異。因時而變。試以上海最近十年來觀之。不知變更幾許次矣。協會會報月出一編。本文刊載自屬有限。故價格方面前後矛盾。實不可免。至於結構方面。延續既久。馭制爲難。故此稿實可謂爲「未定稿」。容當絡續整理校訂。章節既明。緒目劃然。復經專家校閱後。則以之刊印單行本。以免率爾操觚之誚。

第一節 開掘土方

丈量 計算土方之法。以一方爲單位。（一百立方尺爲一方。）此種土方。要以應行開掘之處爲範圍。其挖掘較難者。如深過五尺時。土質較鬆。雜有石塊。與泥水滲溽等弊者。應照普通之價增高其率。

試例 試掘一地。其面積爲20'0"×30'0"×10'0"爲六千立方尺。以一百立方尺分之。則爲六十方。

加放 估算土方時。於房屋四週牆身之外。至少須加放一尺半之地位。因牆脚外面。應粉刷水泥。以避潮溼之侵蝕。致牆面發生水漬。牆磚因以腐壞。故牆身之外。必留餘地。足容水作工人或膠粘避水牛毛毡等工作之地位。

每小時工價 掘土工人。每小時工價約大洋七分至八分。但因各地情形之懸殊。儘可增減。

時間 平均以一人之力。日作八小時。可掘泥二方半。此指天氣晴好。土質純淨而言。若時屆嚴寒或酷暑。土質鬆劣。掘不數尺。水即汩汩而出。遇此情形。其工作率有減少一倍之可能。甚或過之。

包掘運運　上海有專門包掘土方者及將掘起之泥任令擒去。每方以實地計算。其地位如在中區。每方洋三元。東區或西區則每方可減少半元。即每方二元半。但上述之價。初不能視爲固定不移者。須視其應掘土方之多寡。與夫開掘之深度而定。如土方多則價廉。少則較貴。淺則工運稍易。故價廉。倘深過地面以下五尺者。挖掘較艱。而自深處扛運至運輸車上之時間較費。故價亦當增。

牆溝　開掘牆溝。與開掘大塊土方之情形不同。因牆溝形如戰壕。面積狹而多灣曲。故挖掘之工程較大。普通牆溝。掘至地平線下不過二尺至三尺。若遇特殊情形必須掘下較深時。應設撐閘將兩土壁支撐。（北方地勢高亢者例外。）藉以防止地中潛水湧出。而免土壁鬆坍之慮。

地面不平　地面，以工程師之水平儀測之。每感崎嶇不平。計算之法。如嫌繁細。故包工者估計土方。均以大略計之。譬如一地自前至後爲二十尺與四十尺。而地形坡斜。中無凹凸。前深五尺。後深二尺。則折中算之。平均深度爲三尺半。若地面起伏不平。初不能以正確之尺度計定者。可約略折中強定之。

包工　包工開掘牆溝。以掘起之泥土。堆棄於溝之兩旁。並將灰漿三和土一同做就者。包工每方（即一百立方尺）自洋三元至三元四角不等。

地藏　地藏在美洲之紐約及支加哥二地者。大都穿陷於石層中。其深至六十尺至一百尺者。則不祗建於上述二區。他如通都大邑。每有深窨之建築。如奧麥哈第一國家銀行。建於一九一六年。亦有深及百尺之地藏室。

第二節　水泥三和土工程

丈量　量計水泥工程。不若量計土方之草率。須以實有若干計之。不能於逢角之處加半。於銜接相交加放尺數。或有相等之弊。倘欲增加價格。則必有其增加之理由在。量算亦以每一方爲一單位。（即一百立方尺。）

空隙　估算人。首須明瞭者。水泥與三和土之混合點所在。例如、取一玻璃杯。中儲珠丸。珠丸之間。必有空隙可覩者。若再攙以沙粒。使珠丸間之空隙塡滿。但沙粒之間仍未免有空隙。再加以水。則必無空隙矣。水泥三和土之性質。亦復相似。

空隙之適度　此項問題。在理論方面之推討。固千端萬緒。此處無庸贅述。普通石子占百分之五十三。而空隙則占百分之四十七。但或用綠頭砂（石卵子）。或六分石子。則空隙當占百分之四十三。黃沙沙粒間之空隙。則爲百分之三十五。黃沙占百分之六十五。

石子用於最厚大之水泥工程者。其穿徑最大自二英寸至二英寸半。用於不透水之工程者。其穿徑最大不過六分。瓜子片則用於最精究之工程。

水泥三和土之結合。係以黃沙灌注於石子之空間。又以水泥灌注於黃沙沙粒之空間。而凝結成不解之固體。用水泥益多。則其工程益佳。而其重量亦益增。

普通水泥三和土工程。不能抵禦水之侵入。若用一分水泥。一分半或二分黃沙。四分六分大之石子混合。則其凝結成之固體。堅實而不易透水。若水泥中和以避水材料。則更佳矣。

翻拌均勻　水泥三和土之佳者。其石子與石子之間。或其四圍。膠結黃砂水泥。且於混合時。必須翻拌均勻。

普通水泥三和土之成分。爲一•三•六•。較佳者爲一•二•四•水亭渠池等工程之水泥爲一•一半•三。上述之成分。係用標準箱斗斛。非重量也。

裝桶　水泥淨重一百七十公斤。每以木桶或鐵桶盛儲。以便運送。每桶水泥包容四斗。卽四立方尺。普通水泥三和土一•三•六•者。需水泥一桶。黃沙十二立方尺。石子二十四立方尺。較佳水泥三和土一•二•四•者。需水泥一桶。黃沙八立方尺。石子十六立方尺。然水泥之盛儲。非僅用桶。亦有用麻袋或紙封者。以其輕捷便利。佔地較省也。惟易破裂。以致漏失水泥。蓋有利必有弊也。

分量　普通工程師所用水泥之混合量一•三•六。已可應用。倘底脚之巨且厚者。如橋脚等所用水泥三和土之混合量爲一•四•八。惟計劃者亟須注意及此。於可用一•四•八之處。而用一•一半•三。則其無謂消耗之水泥。自可省免矣。

水泥三和土混合之分量與應需材料之等量列表如下

第一表

水泥三和土所用材料之等量

拌合分	水泥一袋	黃沙	石子	已成水泥三和土
$1:1\frac{1}{2}:3$	2	2•8立尺方或3/4桶	5•6立方尺或$1\frac{1}{2}$桶	7•0 立方尺
1:2:4	2	3•8 ,, ,, 1 ,,	7•6 ,, ,, 2 ,,	9•0 立方尺
$1:2\frac{1}{2}:5$	2	4•8 ,, ,, $1\frac{1}{4}$,,	9•6 ,, ,, $2\frac{1}{2}$,,	10•9 立方尺
1:3:6	2	5•8 ,, ,, $1\frac{1}{2}$,,	11•6 ,, ,, 3 ,,	12•8 立方尺

第二表

一立方碼水泥三和土應用材料

拌合分			一立方碼應用水泥桶數	一立方碼應用黃沙桶數	一立方碼應用石子或綠頭砂數
水泥	黃沙	石子或綠頭砂			
1	1½	3	2•00	3•00	6•00
1	2	4	1•57	3•14	6•28
1	2½	5	1•29	3•23	6•45
1	3	6	1•10	3•30	6•60

重量 水泥三和土之重量。平均每立方尺重一百四十至一百五十磅。例如用一•二•四與一•四•八。兩者相較。則前者當比後者爲重。石子除盡沙屑。每立方尺重八十九磅。石子經二寸眼篩過後。其存留之一寸石子。重量爲八十七磅。

青水泥每桶重量自三百七十六磅至三百八十磅。每斗重量爲九十四磅。或九十五磅。一斗平常爲一立方尺。

煤屑水泥 此項材料之重量。每立方尺。重七十五磅。至九十磅。建築師與工程師不少信用之者。亦有用以作樓板。(Floor Slab.)者。惟煤屑最粗之粒不得過一寸。拌合分量不得過一與八之比。即水泥一分。黃砂二分，煤屑六分是。

氣候 在氣候嚴冷。寒暑表降至三十度以下。或近冰點時。最好停止工作。否則若遇工程緊迫。勢不能停止時。須將黃沙與水燒沸。然後使用。庶不致有凍凝之虞。

工人 手工翻拌澆擣水泥落地。包工每方洋四元四角元。其在上高處者。每方洋自五元四角至八元二角不等。做水泥工人點工每日工資約六角。

機器拌做 機器拌做水泥。其結果當較手拌爲佳。每方工資連機械費約洋五元。惟此指做多量水泥而言。如做少數水泥而用機器。殊不合算。

混拌均勻 普通工場中。手拌水泥拌桶必用拌板。約十尺轉方。如限於地位時。自可稍小其範圍。惟最好製雌雄縫或高低縫。蓋可免水泥自板縫中漏出。台之緣限。應比台板高起一寸。亦所以防水泥之外溢也。黃沙與水泥先行翻拌。三次或四次。隨後將石子傾於已拌和之黃砂水泥上。漸拌漸加水。至濃如漿時。即可使用。惟水泥須隨拌隨用。不可擱置過久。如拌後一小時者。即當棄去。

壳子 水泥澆置之四周。必有物以作欄。若施工之處。無土壁爲之障礙時。必設置木壳子或鉄壳子以爲型模。

木工 撑設木壳子。木匠之包工價。每方自十工至十四工。每工連飯洋六角四分。此項方位。係以平方計算者。所用大料(Beam)柱子。(Column)。不另加算。惟上述之包工價。固非確切不移者。要視其工程之巨細艱易。而增加或減少其工價也。

試例： 20'0" × 40'0" = 80.00 Fong.

（待續）

建築物新的趨向

黃鍾琳

家兄奐若協助杜彥耿先生爲上海市建築協會編輯「建築月刊」，特來書囑將歷年研習心得，爲文求政于建築界諸先進。雖樂於從命，而苦無餘暑，蓋是時適我級因實習測量，有北平之行也。來平後駐西郊香山臥佛寺，旦出工作，暮歸休息，燈下談餘，略塗數行，先作拋磚之獻，稍暇當陸續草稿呈正也。

作者誌於臥佛寺
唐山交大測量隊

建築學是一種科學，是一種美的科學。某種科學的發生，必後於某種事物的發展，譬如農林學是森林的用途到了社會需要量增加時才產生，又如政治學是政治的情狀進步到了文明階段時才發生；果然我並非說，須某種事物到了極發展時才會產生某種科學，但至少須某種事物到了相當進展時方能產生。建築學也是這樣，直到最近纔產生於我們中國。

建築學的最大目的，是研究建築業的各種問題而謀改良與促進建築工藝的美善與建築事業的發展。譬如房屋如何可美化，如何可適用，如何可舒服，以及工程如何可節省與消費如何可減少，這都是建築學的主要問題，務使獲得正當的解決方法，而謀改善與促進建築業的。我國建築界，過去僅憑個人經驗，與承襲師傳父授的方法，並沒有專門的書籍可供參考，作研究改進的導河。所以從黃帝建宮室到現在，雖已經過了數千年的悠久歷史，而建築界只知墨守繩法致無新的改進，建築業進步的遲慢眞是可笑。果然歷史上的光榮建築物，未嘗沒有值得我們欽仰的，可是一般的進步倒底是出乎情理的遲慢。晚近數十年建築界同志已日漸覺悟，於是建築學乃爲世所重視了。然而建築學的產生於我國者爲時至暫，自然還不能有多大的收穫，惟視今後同人的是否能努力，而定今後建築學的是否發榮光大，與建築業的能否日新月異呢。

其實，建築學不僅從事建築業者須注意研討，即使非建築業者也應留心閱習，這種與人生有切身關係的藝術，每個人都須具備若干的普通建築常識的啊！

本文限於時間，未能祥細闡述建築學的學理，僅就作者的研究所得，參以事實上的需要，對建築業的改進略抒己見，希諸先進隨時指正焉！

建築界過去弊在保守，已如上述，近代悞於一味摹倣。摹倣不是壞處，而一味摹倣則無價值。我國自海禁開放，西方空氣漸入，以人類摹倣性與好奇心的天賦，凡事都競倣歐美爲榮，建築方面也是這樣。外洋建築式與建築法傳入我華後，西式建築物便紛然雜陳，其中工程浩大者，如北平圓明園卽其一。數十年來，偉大建築物的保存原有之東方色彩者絕無僅有，大都均已採用西式。甚至名勝古蹟也都改換了面目，嘗憶，某君有詩詠西湖云：「而今西子亦西妝」，眞可代表現今一般的勝境。其實中西建築各有優劣，各具有個性與價值，我建築界而採長補短，固無不可，至於一味倣效，不考量其倣效的有無意義，則作者誠不敢贊同。最近三數年來，國人已有漸漸覺悟者，東方式的新建築物，便又呈露於我人的眼簾了，這確是一個很好的現象。

建築隨人們的需要而演進，故一時代有一時代的形式，一時代有一時代的作風；同時又因地域的不同而互異，故東洋有東洋的建築色彩，西洋又有西洋的建築色彩，從各種建築物上，可求得某時代某地域內的文化程度，經濟能力，以及宗教氣候地質等的狀況。也因此各地有各地的個性，決不是全憑摹倣所能合宜。

國人以天賦的好奇喜新之故，於此西洋建築輸入的初期，競相倣效，至於倣效者是否需要，則未嘗顧及。不但大都市中，洋房毗連，就是較為偏僻之處的建築也有不少已西化了。這是我國建築業改進的初期，是必然的現象，但我們應作進一步的研究，怎樣去選擇我國固有的與西洋輸入的建築法的優長，而溶合成一種新的建築藝術，這種建築藝術需要適合於我國的民情與習慣。

總之，建築物必有其時代性與地域性，如埃及金字搭的雄壯偉大，為全世界所稱許，而這種偉大建築物的工程，一由於當時帝王的權威，一由於埃及古代文化的光榮。試看用那麼巨大的長方石塊堆成那麼雄偉的建築物，非專制帝王的權威，決不易促成實現。論其藝術，則屑線水平，工作精細，又非藝術進化者不能創造。古代大建築物求之東亞，則有我國的萬里長城，其工程的浩大，非秦始皇的權威也不足完成。

由建築物上，還可看出當時當地的建築材料生產情形和土地形勢。譬如從巴比倫的古代建築，可以知道巴比倫的地勢很低濕，幷且缺乏建築上需用的石料和木材，其建築材料大都是採用太陽晒成的土磚。

由上述許多方面看來，建築物與時代及地域有密切的關係，某時代與某地域的建築物，必各有其特具的個性與價值，決不能僅憑摹倣而可改進。欲謀改進，摹倣自然也可相當採用，但須要加以精密的審察，捨短取長，才能獲得改進的效力。所以我們採用西式建築，確是改進我國建築物的一種很好的趨勢，但也應注意我國的民情習慣，而加以選擇捨取的功夫，才能免去削足適屨之弊。

況且，為顧全利權計，還應顧全國產材料的採用，如一味西式，不合應用固是一問題，而建築材料的採用也是很嚴重的利權問題，因為西洋建築的需用材料，當然是採用西洋的所有材料。我們倘完全摹倣西式，雖然小部份的材料尚可採用國產，但大部的材料非我國所有者，必須購諸外國；去年金貴銀賤的影響，建築界受了很大的損失，就是這原因。倘能採用中式，參以西方之長，則既合應用，且可多用國產材料，也是挽回利權的一法。

綜上論斷，今後建築物的趨向，應採納西方建築之長，保存我東方固有的建築色彩，以創造新的建築型。能實現這樣的希望時，建築物既可適合於應用，並可因建築材料的多採國產，而挽回利權的外溢。芻蕘之獻，未知建築界諸先進。亦不吝指政乎？

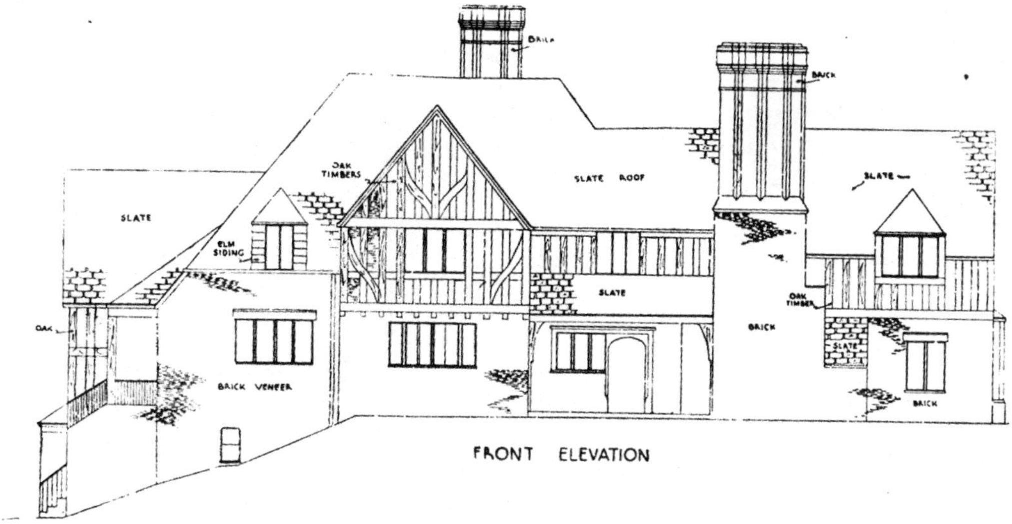

FRONT ELEVATION

分析四萬美金之住宅

談鋒譯

此爲英國式最新住宅（見圖）。係建於美國紐約之勃降克斯維爾（BRONXVILLE）地方。工竣時閱不久。全屋造價約共四萬美金之譜。較諸現在略貴。

該屋之外牆。純以磚砌。而鑲以木板。底脚爲堅固之水泥三和土。烟囱亦以磚砌。而屋頂則舖以彩色之石版。屋建於一極不方正之地上。高計二層半。茲將每層之高度分列如下。

下層……高十英尺。

第二層……高九英尺九寸。

第三層（連屋頂）……高八英尺。

各項匠工之工資。分別於下。

砌磚匠……每小時美金一元七角五分。

木匠……每小時美金一元五角。

粉刷匠(Plasterers)……每小時美金一元七角五分。

水泥匠(Cement Masons)……每小時美金一元七角五分。

普通小工……每小時美金一元一角二分半。

各種工料。其爲承攬人所直接付出者。價目如下。

水泥……每桶三元。

黃砂……每立方碼二元二角五分。

石灰……每桶四元。

綠頭砂（卽石卵子）……每立方碼三元二角五分。

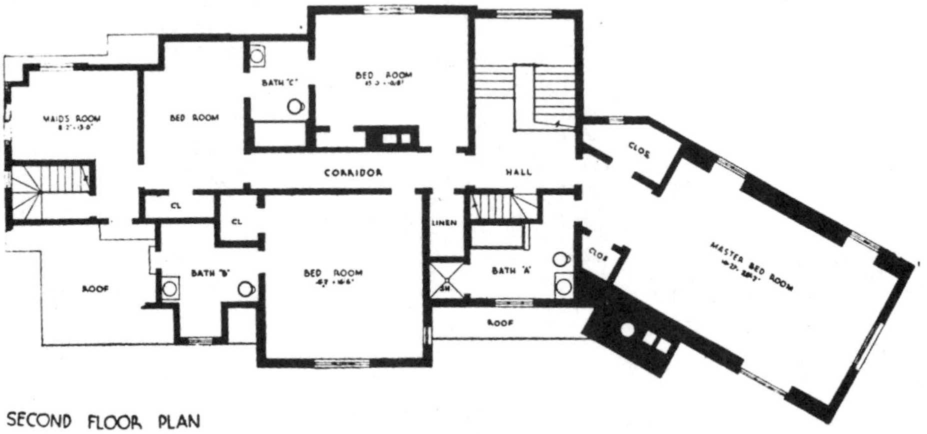

SECOND FLOOR PLAN

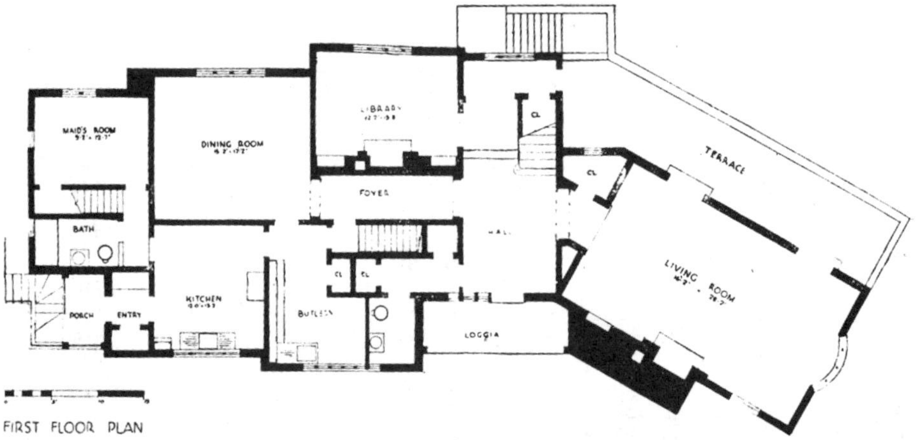

FIRST FLOOR PLAN

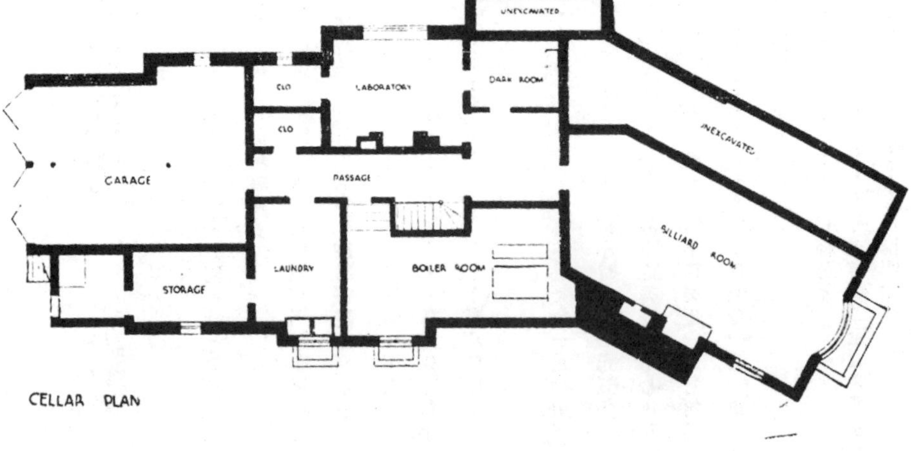

CELLAR PLAN

大石塊（八•十二•十六）……每塊二角八分。

面　磚……每千三十四元。

石　版……每方尺四角。

旗杆石……每方尺九角。

花石子……每袋二元。

三十四號三分眼鋼絲網……每方碼二角五分。

四寸舖地磚……每方尺一角四分。

初塗粉……每桶四元五角。

金屬牆角……每方尺二分。

末塗粉……每噸十八元。

磁　磚（十•十二•十二•）……每塊三角。

▲**刷清地基所費**　該屋在未造之前。地上並無舊屋。故無須拆卸。此項費用。已可省去。其必須移遷者。僅所植之樹木而已。所費約共六十五元。

▲**挖掘底脚**　底脚挖掘至地平線下二英尺六寸。其所費之工資及物料如下。

削平地面（用機器）……五元。

底脚共六十立方碼（每立方碼一元五角）……九十七元五角。

地藏共三百七十立方碼（每立方碼八角）……二百九十六元。

屋後塡泥……三十五元。

打堅固……一百五十元。

共　計……六百二十八元五角。

四寸舖地磚共一百八十方尺（每方尺一角四分）……二十五元二角。

▲**水泥三和土**　底脚所需水泥三和土之成分。爲水泥一分。清砂三分。石子四分。他如圍牆•月台•踏步等之成分。

均與底脚同。至於水坭地板之成分。則爲水坭一分。清砂二分。石卵子五分。計四寸厚。而加以粉光。其水坭之成分。爲水坭一分。清砂二分。

入口之牆壁爲木板牆筋。其板牆筋之距離爲十六英寸中到中。鐵絲網係用白鐵帽釘釘於板牆筋上者。然後再加粉刷。其第一塗之成分爲清砂三分。水泥一分。再加石灰二成。並以相當重量之牛毛。攙和其間。以資凝結。其厚度爲五分。待初塗乾燥後。即繼之以二塗。其成分爲清砂二分。水泥一分。三分厚。最後做花作凹凸形。

水坭三和土工程。所耗之工資與物料列下。

（一）底脚——　共四百立方尺。

需水坭二十三桶。（每桶三元）……六十九元。

需黃砂九立方碼。（每立方碼二元二角半）……二十元二角五分。

需綠頭砂十三立方碼（每立方碼三元二角半）……四十二元二角五分。

（二）水坭地板——

需水坭五十八桶。（每桶三元）……一百七十四元。

需黃砂十六立方碼。（每立方碼二元二角半）……三十六元。

需綠頭砂二十四立方碼。（每立方碼三元二角半）……七十八元。

（三）牆壁粉刷——

需三・四磅三分眼鋼絲網五十方碼。（每方碼二角五分）……十二元五角。

需黃砂二立方碼。（每立方碼二元二角半）……四元五角。

需水坭四桶半。（每桶三元。）……十三元五角。

需石灰半桶。（每桶四元。）……二元。

需花石子七袋（每袋二元）……十四元。

共　計……四百六十六元。

工資：　底脚四百立方尺。（每立方尺一角六分半）……六十六元。

水坭地板二一二四方尺。（每方尺一角六分）……三百三十九元八角四分。

粉刷五十碼（每碼二元一角連脚手架）……一百〇五元。

共　　計……五百十元八角四分。

▲**水作工程**　牆之底脚係以8×12×16之大石塊砌成。外刷白粉。地藏之牆壁。亦用10×12×12之水坭石塊所砌。其他屋內牆壁均用四寸磚組砌而成。烟囱則爲定製之最新式者（包價見後。）廚房內白磁磚台度。約六尺六寸高。其餘則刷白粉。浴室內四尺六寸高。爲白磁磚。其餘亦爲白粉。茲將水作所需之物料列下。

磚三萬塊（每千三十四元）……一千〇二十元。

水坭五十四桶…（每桶三元）……一百六十二元。

黃砂二十四立方碼（每立方碼二元二角半）……五十四元。

石灰五桶。（每桶四元）……二十元。

（一）　洋台矮牆所需

磚三千塊（每千三十元）……九十元。

水坭五桶。（每桶三元）……十五元。

黃砂二立方碼半（每立方碼二元二角半）……五元〇六分。

石灰五桶。（每桶四元。）……二十元。

（二）　底牆所需

大石塊（8×12×16）一千六百塊。（每塊二角八分）……四百四十八元。

水坭二十七桶。（每桶三元）……八十一元。

黃砂十二立方碼。（每立方碼二元二角半）……二十七元。

石灰三桶。（每桶四元）……十二元。

（三）　磁磚台度所需

磁磚（10×12×12）一二八八塊。（每塊三角）……三百八十六元四角。

水坭十二桶。（每桶三元）……三十六元。

黃砂七立方碼。（每立方碼二元七角半）……十九元二角半。

石灰一桶半。（每桶四元。）……六元。

（四）甬道（舖地）所需

石版二百十五方尺。（每方尺四角）……八十六元。

水坭六桶。（每桶三元）……十八元。

黃砂二立方碼。（每立方碼二元二角五分。）……四元五角。

綠頭砂（卽石卵子）二立方碼半。（每立方碼三元二角五分）……八元一角三分

（五）旗杆石舖地所需

旗杆石三七五方尺。（每方尺四角）……一百四十二元八角。

水坭十桶。（每桶三元）……三十元。

綠頭砂四立方碼。（每立方碼三元二角半）……十三元。

黃砂三立方碼半。（每立方碼二元二角半）……七元八角八分。

總計水作所需物料……二千七百十二元〇二分。

工資：

甬道舖地共二百十五方尺。（每方尺二角一分半）……四十六元二角三分。

磁磚台度共一二八八方尺。（每方尺一角五分）……一百九十三元二角。

底牆二二一二立方尺。（每立方尺二角九分）……六百四十一元四角八分。

砌工共磚三萬塊。（每千五十九元運輸在內。）……一千七百七十元。

洋台矮牆共計磚三千塊。（每千二十九元三角一分）……八十七元九角三分

旗杆石舖地共三百五十七方尺。（每方尺四角）……一百四十二元八角。

總計水作工資……二千八百八十一元六角四分。

▲**木作工程**　桴椽等所用之木料。及其尺寸如下。

大料……8"×10"黃松。

墊頭木……4"×4" 黃松。

板牆筋……2"×4" 及2"×6" 檜木與杉木。

第一二層樓擱柵……2"×10"及2"×12"長葉松。

第三層樓擱柵……2"×6" 及2"×8" 長葉松。

猛人字木……2"×8" 長葉松。

正脊及陰檐……4"×8" 長葉松。

陽檐……1"×10"長葉松。

樓擱柵爲十六英寸中到中。其開間過十二尺者。則中間須用寸二分‧三寸之剪刀固一道。猛人字木之開闊爲二十寸中到中。板牆筋十六寸中到中。毛踢脚板厚六分。屋面用一寸厚企口板。上蓋牛毛毡‧

一切門窗與堂子。除地坑間小窗及汽車間門用洋松者外。餘均用啞克。堂子與帽頭祇刨高低彩口無線脚。大門堂子闊九寸。上做圓形腰頭窗。式樣務求富麗。

二層及汽樓之毛樓板。用一寸。六寸企口板。斜角舖釘。其書樓間，大菜間及會客間下之毛地板。則用二寸‧八寸雌雄縫洋松板。外面木山頭之木筋。則用一寸六分。八寸條子。

全屋所耗之木料如下。

4"×6"（一號）普通松木……十二元八角。

2寸×12寸（一號）普通松木……三百十九元八角四分。

2寸×10寸（一號）普通松木……一百四十六元〇八分。

2寸×8寸（一號）普通松木……二百七十五元八角四分。

2寸×6寸（一號）普通松木……十八元二角四分。

2寸×4寸（一號）普通松木……三百八十一元六角。

5/4寸×3寸檜木……三十一元八角九分。

1寸×2寸松木……九元九角九分。

1寸×6寸洋松　（一萬七千方尺。每方尺三分）……六百十二元。

13—16寸×6¼寸啞克地板（二千五百方尺。）……二百六十二元五角

13—16寸×6¼寸長葉松共九百方尺。……八十五元五角。

13—16寸×6寸　啞克板條一千二百方尺。……二百十六元。

共計毛坯木料……二千三百七十二元二角八分。

共計經光製之木料……四千五百六十三元。

總計　六千九百三十五元二角八分。

工資：

木料刨工……一千八百五十元。

隔板……二千元。

扶梯工程……三百八十元。

搭脚手工資……二十元。

磁磚工程……一千八百九十五元。

屋面工程……三千二百八十元。

油漆……一千六百元。

熱氣汀裝置……五千二百元。

鉄器工程……四百七十元。

粉刷……二千五百二十二元。

▲其他費用

文具……二十元。

印晒藍樣子費……十二元。

照相……四元。

運貨車費……四十元。

保險費……一百七十五元。

水費……五十元。

刮刨機器租費……四十五元。

共計……三百四十六元。

▲總結

（一）各項工程所費工資總計

遷樹及刷清地基……六十五元。

水泥三和土工程……五百十元八角四分。

水作……二千八百八十一元六角四分。

木作……四千四百九十五元七角。

挖掘底脚……六百二十八元五角。

刷清房屋……四十元。

其他……十八元。

共計……八千六百三十九元六角八分。

地板（刨工與舖釘工）共三七〇一方尺（每方尺七分。）……二百四十五元七角。

共計……四千四百九十五元七角。

其他另件所費。

五金……二百五十元。

釘……二十八元。

玻璃……四百六十五元。

音索來紙板 Insulation （六千方尺）……四百八十元。

金屬片……三十四元

共計……一千二百五十七元。

▲粉刷　客廳餐室之粉刷。係採用最上等之灰粉。其他各室稍次。所需之料價及工資列下。

料價：

末塗粉共八噸半（每噸十八元）……一百五十三元。

三・四磅鉛絲網共一千八百方碼（每方碼二角五分）……四百五十元。

石灰共六噸（每噸二十五元）……一百五十元。

初塗粉共六桶（每桶四元五角）……二十七元。

金屬牆角共三百尺（每尺二分）……六元。

共計……七百八十六元。

工資：

粉刷共一八〇二方碼（每方碼九角八分）……一千七百六十五元九角六分。

▲屋面　屋面除斜溝凡水覆以紫銅外。餘舖石版自三分至一英寸厚。其所採用之顏色。爲海青百分之五十八。雜色百分之三十。及灰色百分之十二。中鑲覆膠紙。石版之下層。則爲三十磅油毛毡。

▲零包之工程　烟囪……一千六百元。

爐竈……二百二十五元。

電器裝置估六一五〇方尺。（每方尺一角一分。）……六百七十六元五角。

（二）各項物料價目總計

磚瓦等……二千七百十二元〇二分。

水泥三和土……四百六十六元。

木料……六千九百三十五元二角八分。

另件……一千二百五十七元。

烟囪與爐竈……一千八百二十五元。

四寸地磚……二十五元二角。

其他……三百四十六元。

共計　一萬三千五百六十六元五角。

（三）全屋造價總計

工資……八千六百三十九元六角八分。

物價……一萬三千五百六十六元五角。

零包工程……一萬五千六百五十元。

總額　三萬七千八百五十六元一角八分。

（註）以上所有價目。均爲美金。

譯者按　各地生活程度之高低不同。其所費之工資與物價。自必懸殊。玆篇所述。純係美國情形。美國之生活程度。固倍於吾國。故其開支亦必浩大。蓋同建一屋。其造價自必因地而異。明達如讀者。固無庸譯者之喋喋也。

出租房屋的改良

黃奐若

上海的人口率是一年年地在增加，其實也不只是上海，各中心都市，都有這樣的趨勢。不過上海增加的最多，和最明顯就是了。至於都市人口率所以增高的原因，大概有兩端：一因內地的秩序不靖，二因內地的謀生不易。

我國農村經濟，自外來資本帝國主義者的經濟力量侵入以後，漸漸地受了沉重的壓迫而趨於破產；農村經濟的破產，造成了很多的喪失生活資料者，以至匪盜蜂起，社會陷於不甯，民衆生活頓失保障。因之，小資產階級以上的民衆，都相率而竄入中心都市避難，藉圖保全生活。都市人口率的增高，此其一因。

因了農村經濟的破產，與社會秩序的不甯，生產率與消費率日漸降落，工商實業萎靡不振，勞力與勞心者的出路日蹙，不得不羣趨都市，以圖攫取生活資料。都市人口率的增高，這也是一因。

都市人口率的繼長增高，住屋的需要量也跟着膨脹；上海是全國第一大埠，四方來者羣集於此，住屋雖年有增建，數量日多，但與人口率的增高比例，相差尚多。既屋少人多，房租便乘機居奇昂貴。加以生活程度日高，生產率低薄，入不敷出已成一般現象，中下級居民應付生活問題日趨嚴重；昂貴之住宅租金更佔了整個消費額之大部，對之尤感困難，於是一屋同居數家者又成為一般現象。

一個住宅中容住幾個家庭的現象，當然是不良的；但社會經濟力的薄弱，實逼處此，決非三言兩語可談救濟。我們祇能從消極方面竭力謀房屋之改良，以補救這社會經濟不景氣的民住恐慌。

這種出租住房的改良，確是急不容緩的要求。目前的房屋，給予那般房客的生活環境未免太惡劣了。於衛生太不講究，於居用太不適合，於經濟也不便宜。所以非加以改良不可。改良的惟一要點，應注意於建造式樣與屋內補置的研究；務使對不衛生不合用不經濟三點加以有效的補救。

改良的方法，依作者一得之見，略貢芻蕘，或許建築界同志，亦不恥下問乎？

（一）衛生問題

住屋之是否合於衛生，原是一個很重要的問題。但普通獨立的住宅，易於精置衛生設備，祇有出租的里弄住宅，因造價既求低廉，租金又須便宜，住戶却特別擁擠，欲講究衛生，便異常困難。然而我們不能因了困難，就輕輕地把它忽略過去，應該從困難中覓一完善的改良辦法。建築界同志負有計劃房屋營造房屋的職責，這房屋的衛生問題，有賴乎諸同志來解決與努力。

住宅的內在與外表，影響於居戶之體力心理腦力生理者很強。

住宅而合於衛生，卽發生好的影響；住宅而不合於衛生，卽發生不良影響。欲住宅對於居戶之良好影響，那非注重衛生問題不可。茲就出租的里弄房屋，應注意之衛生問題略述之。

(甲)光線須充足　住宅內光線之充足與否，影響於心理腦力者很大，如有適當之光線，居處其中，精神煥發，心情愉悅，作事也會感到分外的興奮。反之，倘光線黯淡，陰沉，灰頹，生活其中，精神必萎靡不振，做事亦將意興索然。是以光線之謀充足，實屬建築工程上很重要的問題。尤以臥室與起居室應該特別注意。欲圖光線之充足，住宅之方向乃須研究，蓋有適宜之方向，才能有充足之光線。不過道路縱橫不一，住屋基地之位置不同，因之建屋之適當方向，自難措置，於此情形之下，須計劃納光之充足與平勻的方法。上海出租的里弄房屋因方向的不適宜，而光線不能充足者很多很多，亟應設法改良。

(乙)廁所與浴室　上海里弄出租住宅之普通房屋，大都無浴室與廁所之設備，如廁仍用舊式便桶者很多，入晚或清晨洗滌時，臭味四播，最不利於衛生。至於沐浴，因無浴室之設備，遂多經久不浴，亦於衛生有害。倘欲免除此種不良情形，浴室與廁所的設備，自屬必要。然而浴室與廁所的設備，究應如何布置構造，方為合宜，作者可貢獻一二。目前出租房屋的已闢有浴室與廁所者，都合浴室與廁所為一，這是節省地位的不得意辦法；但尚無不合宜處，還有採用的價值。但較為新式的三樓三底的住宅，往往僅闢廁所與浴室一間，殊嫌不便；因為三樓三底的住宅，在事實上常有容住二個家庭以上者，卽使是一個家庭，則人口必較多，如僅闢一廁所，未免不方便與不衛生，是以廁所似應按層闢設。至於浴室則一住宅中闢一已足。各設在二樓，可與廁所合併。廁所與浴室的面積不必寬大，僅足供應用已可，以資經濟，惟每室須闢窗牖，以通空氣。

(丙)垃圾桶佈置　垃圾桶之處置，也是出租里弄住宅的重要問題，一般舊式的里弄，其實新式的里弄也所不免，垃圾桶雜陳狼籍，以致穢氣薰蒸，殊有礙於衛生，雖然居戶的不重公德也是一因。但建造與佈置法的不良，實在是亟須改善的。作者的意見，里弄間不必設置垃圾桶，而於住宅內按戶設置一隻有蓋的木桶或鐵桶，用以藏儲垃圾，直接由收垃圾者收除。這樣，非但於公共衛生上有益，且於觀瞻上也比較地整潔。

(丁)里弄須寬闊　里弄的寬闊與否，對於居住者精神上的影響也很大；狹湫的里弄祇要你走進去時，便會感到窒塞不快，何況久住其中。倘寬闊暢朗，居住在裏邊，精神上必舒適爽快的多，很裨益於身心。

(二)應用問題

上海之土地面積既極寶貴，屋少人多，租金昂貴，房屋的應用問題，便須加以研究。倘房屋而適用，則居住效率增加，每個家庭可減省一些佔據之數量。否則雖租有多少房屋，仍不能應用裕如，損失很大。而房屋之適用與否，那是建築師的責任，因為房屋的式樣都是產生於他們的計劃中者。

應用問題，一方果應注意經濟的條件，一方還應注意居用便利的要求。茲分項逐述如下。

（甲）多方面的應用　里弄房屋當然不能如高樓大廈一樣的寬敞，有餐室，有起居室，有會客室。事實上須利用一室支配於幾種用途，譬如普通的住戶，把一間房屋作餐室會客室起居室多方面的應用者，是很普遍的例子。把亭子間作臥室與貯藏室兼用者，又是很平常的事。因此，建築師於設計這類房屋的圖樣時，應注意於多方面應用的便利，以適應一般的要求。例如起居室餐室會客室合用的房間，須顧到三方面應用時的便利。這種條件的要點，位置的研究果然重要，裝飾與式樣也不可忽略。

（乙）房間大小適用　房間的大小須合於應用，不必過大，也不可過小；過大則屬於浪費，過小則不夠應用。普通似乎宜以適應小規模家庭之需要為標準。

（丙）亭子間的改良　在上海，亭子間已成為普通單身者的住所，但過去的都未見合宜於居住，祇於經濟上比較的便宜而已。今後須加改良，以合於衛生及適用的條件。

（三）經濟問題

經濟困難是上海中下級民衆的一般現象，應付生活非量入為出不可。而上海居民的日常開支，平均佔支出額的最多數者為住屋租金，所以應付生活問題時最嚴重者亦為住屋問題。欲減輕住戶艱難，須房租低廉，欲房租低廉，須於造價與適用二點上着想，才能奏效。

（一）造價　出租房屋的造價，宜求低廉。只求質的堅固耐用，不必徒事耗費的裝飾雕畫等的精美。造價既低，房租也可較為便宜了。

（二）適用　關於這個適用的問題，已於上節述及，惟上述乃站於起居應用的立場說的，祇求其合宜與便利；這裏所要說的，是基於經濟觀點的話。因為房屋而合於應用時，經濟上也可節省的多，蓋房屋而合用，則可減少其租賃房屋的數量，少支一筆租金，對於住戶的經濟問題至少也可解決小部分了。

上文所述，是作者客觀的感覺與意見，評述的太於抽象，未必有所貢獻的價值。但我既有這樣的感覺與意見，便寫了出來貢獻於建築界同志，他們定會籌劃實際的具體的改良方法，而實施於他們的工作罷？本文倘能達到這一步目的，那也算是完成了使命。

道路建築漫談

袁向華

交通之於國家，猶人生之於血脈及筋絡；欲謀一國之富裕，與夫工商業之發達，必賴乎交通便利；而交通之便利與否，又憑藉道路之平闊完整。吾國內部之交通，除通商大埠尙稱靈便外，試一觀內地，則大都閉塞阻滯，漠北千里，杳無人烟，致坐失地利，莫此爲甚。洎乎海禁大開，時局變遷，而世界之潮流，亦日趨於新異。年來國人對於道路方略，正提倡未艾，興工築路，漸有風起雲湧之勢。雖然，建築道路，豈易言哉！建築者，固應具有豐富之建築學識與經驗；籌畫者，尤應通盤籌算，視其險夷，察其情形，考究其交通狀況，然後方能確定其幅員，長度，灣道，及使用相當之材料也。故一言以蔽之曰：欲求國家之臻於上乘，非亟亟於興工築路不可。是則，端賴吾國建築家之努力焉。

築路之與農業，自表面觀之，固不相爲謀。實則不然，道路愈多，則農業前途，愈可樂觀。蓋一旦鄉僻之區，築成平坦之道路，一方面農產運輸，因而便利。一方面路旁及附近之地價，隨之昂貴。反是，則道路崎嶇，雖有良好之出品，亦難運輸。或曰：多築道路，則農場面積減少；而農產亦因之減少，對於農人，有損無益。嗚呼！此誠一孔之見哉！吾國以農立國，欲保持昔日之榮譽，固非多築道路不可也。

茲將歐美各國及日本之道路建築，及其幅員之規定譯之於下，以資吾國關心路政者之參考。

歐美大都市，如倫敦，柏林，紐約，及支加哥等地，道路建築之規定，凡五層高建築物之前，所留路幅，至少須有八十英尺以上；高及十層者，須留一百四十四英尺；在十層以上者，即當以一百四十四英尺爲最低限度。日本之市街法令：謂第一等大街一百二十尺，二等街爲一百尺，三等街爲六十尺，四等街爲五十尺，五等街爲四十尺。至建築之高度，則以不得超過道路幅員之倍半爲率。美國亦有規定：一等街自一百四十英尺至一百八十英尺，二等街須自一百英尺至一百二十英尺，三等街之至低度爲八十英尺，四等街六十英尺，五等街五十英尺。若夫繁盛之區，其路幅尤有放大之規定。如英倫皇家證劵交易所，及英格蘭銀行之街道，每通過五萬車輛，五十萬人口，其車道之最小幅員，即應有一百三十五英尺至一百八十尺之闊；行人道亦應有十五英尺至二十四英之距離。不若吾國之一任自然，漫無規定也，幸國人注意及之。

木材防腐研究

顧海

木材在建築上的用途很廣，譬如房屋，舟車，電桿，枕木，以及一切日常的用具，都需用木材做原料。雖則科學日漸進步，已有了很多的替代品發明，可是還有不少的地方，依舊需用木材呢；那些替代品，祇能代替一部分的用途而已。

但，科學界的進步是一刻不息地在向前飛馳，替代品的日新月異地發明是必然的事；也許木材的用途會給它漸漸地侵佔，影響到木材的銷路。

木材的缺點，在於質地的不耐久用，不必說受了風吹雨打便會腐蝕，就是從未經歷過日晒風吹，也很容易枯爛。那些新發明的替代品，因爲沒有這一種缺點，所以它的代價雖較木材爲昂貴，却還是受人的歡迎。

木材的腐蝕，未嘗沒有預防的方法，如我國向來所採用的髹麵漆，抹桐油，都是用以預先防制的，不過這些防制物的效力太微弱，只能於短時間中抗禦外來的低薄侵蝕力，往往寒暑僅一更，已喪失其效力。須重加塗抹，耗財費時，太不經濟。因之業主都樂於採用替代品，而於可能範圍內摒絕木材。其實這也決不是根本的辦法，事實上既不能完全摒用木材，則防腐的方法仍是不能全不講求；況且木材的代價較低，倘能使之經久耐用，則業主又何必捨廉而求貴呢？固然，科學家的研究替代品的發明者已很多，但研究怎樣可以防腐的方法者却尚少，這是很希望一般科學家稍加注意的。

泰西各科學先進國家，木材防腐之法，在過去也只有採用氯化鋅及柏油等物，同我國舊法一樣的功效很小。氯化鋅塗於木材，一經着水，效力就會消失。抹用柏油，時日稍久，也容易剝落；並且抹用時，必須先行煮熱，太不方便。

西洋到了最近，經多數化學家的長期研究，殫精竭慮，旦夕揣摩，卒發明一種油類，用以防腐，效力很大；且塗用的方法又很簡便，建築界都爭相採用。輸入我國亦已有年，行銷很廣。

然而這種油類的效用雖好，倒底還是舶來品，和採用木材代替品同樣的須利權分溢。我國建築界的採用建築材料，多數取自外貨，非惟個人的損失很大，站在民族的立場，這很大的漏巵，也是很可怕的一種大損失。爲建築界的利益計，爲國族的利益計，怎樣去彌補這大漏巵，實在是一個很重要的問題。

怎樣去設法彌補呢？那無容考慮，當然是發明一種比舶來品的油類功效更偉大的東西，以謀抵制。不過，這個問題，決不是空言所能奏效，須有不屈不撓的研究精神，才能有所成功，我科國學界，恰巧缺少這麼樣的人材，以致絕少驚人的新發明。希望科學界同志抱絕大以犧牲精神，發明一種建築界正急切需求的木材防腐的東西。

說到這裏，我又想起了馬仲午先生發明「固木油」(Rigidium)的成功史，現在把它寫在下面，同時略述固本油的效用，以資有志研究者的參考。

馬先生對於化學有深邃的研究，曩因鑒於建築界需用木材防腐油類的迫切，每年購用舶來品而損失的浩大，乃決心研討，發明一效用駕乎舶來品以上的防腐油，以圖補救。參酌中西科學方法，經數十度之改良，卒發明一種「固木油」，其保護木料殺蟲防腐的效力，高諸舶來品者數倍。凡建築木材，一經塗抹「固木油」，即滲透表裏，立奏奇效，無論暴露於風雨太陽之中，埋植於水泥濕土之下，或密貼鋼鐵磚石等物，都無蛀蝕腐爛之弊。去秋由大陸實業公司，呈請化驗，嘉奬有加；並執有京滬各化驗機關頒給之優等化驗證書，獲無上之榮譽。各營造專家也都稱道其效力的偉大，莫不樂於購用，發行以來，僅及一年，然銷路已遍及南北了。

國內科學家，能本馬先生的研究精神，更悉心探討，倘有更偉大的發明，那是作者所禱祝，也是馬先生所盼望的罷！建築界正急切地需要着這種防腐品，而利權的外溢更需要着及早挽囘呢。

大東鋼窗公司

大東鋼窗公司。自剏辦以來。因主事者之努力經營。與機關之設備週全。故營業有蒸蒸日上之勢。不數月間。已迭接巨大工程。如恆利銀行新屋，福煦路四明邨及揚子飯店等。所用鋼窗均由該公司承辦。

由是觀之。該公司雖開辦不久。而已獲得相當之成績。目爲吾國鋼窗業界後起之佼佼者。亦無不可。蓋由於創辦人爲久著聲譽之恆振昌船廠。對於機械之設置。及鋼鐵工程素稱經驗宏富。以及經濟力之充實。有以致之。故該廠之前途。實未可限量也。用特介紹。

峻嶺寄廬建築章程

建築章程

上海華懋地產公司。擬於邁而西愛路地册第六〇三二號地基上。建造峻嶺寄廬（Grosvenor House）（按 Grosvenor 爲歐洲有名之山嶺。蓋形容其高也。）所需材料及人工。均須依照

公和打樣行

及

愛爾德打樣行

愛命建築師之建築圖樣及本章程辦理之。

總略

一、合同之總略依據印定之格式「合同條文」。下列諸章。承包人應認爲合同之擴大。非屬限縮也。

二、弁言 全部工程。均須依照受命建築師之指導進行。並應得其滿意。合同與章程所載各條成爲一部份。此外並須遵照法工部局規定之房屋建築章程。

三、咨照 承包人必須通咨及付予本埠各機關之需費。如自來水公司及別種公用供給公司之總管或總線接用。關於法工部局之營造執照費。業經公記營造廠付給。任何人得標後。於簽訂合同之翌日。即應付予公記代付之執照費元玖百玖拾兩正。

四、建築場地禁止堆置材料或假作工場 場地之全部。建屋之部分及中央天井。在可能範圍內。必須常保持清潔。應用敏捷之轉運。及迅速之工作方法進行之。再承包人所雇之任何工作人員。未經建築師許可者。概不得住於工場內。鋼鐵工程之構製。石工之鑿磨。與木工等等。概不許假營造地爲工作場所。法工部局章程及本合同第三條之規定。承包人應於他處闢地一方。其大小由建築師指定。及用機械轉運建築物。自此場地運至營造地。惟一切材料均應於事先規劃後。方得運赴營造地裝配。

五、器械與人工 承包人應供給各種必需之輸運・拖曳・器具・機械・燃料・棚舍・堆棧・人工及以外一切應用品。以至於全部工程之合理構造。與工作之告成。

六、臨時辦公室與堆棧之地位 承包人應構搭臨時辦公室。此項辦公室。以能防止雨水侵入及能鎖閉爲合格。並須擔付電燈及火爐之費用。以予業主之督工員及承包人自雇人員之用。其地位應請建築師指定。務以適當滿意爲合度。前述之辦公室內。承包人應設置桌椅・燈亮・電話及受使喚之從者。承包人並應架造堆置石灰及水泥等等之貨棧。並由建築師指導

建造堆棧。以備別項分包工程商行堆置材料之需。

七、臨時辦公室與堆貨倉棧在承包人之工場者　承包人之工場內。辦公室與貨棧。亦屬必要者。俟工程告竣時。此項及前節所述物料生財等。均為承包人之所有物。

八、損失　承包人於工作進行時。若遭遇人畜物產之意外。須負擔其損失。

九、坑廁　承包人應設工人臨時公坑一所。並須常保清潔。糞除消毒及用種種方法以適應衛生條件。其坑廁之地位。應由建築師指定。

一〇、圖樣　一切重要小比例尺寸之圖樣。均應釘於平舒之薄板。而置於架上。並加簽註分列號目。圖樣皆應平坦不可摺藏。一切圖樣均為建築師之物。俟工程完竣後。即應歸還。

一一、尺寸　簽註之尺寸。均與比例之分尺相符合。放大尺寸之圖樣。其尺寸與小樣相符合。如遇不符合處。承包人應請建築師解說後。方得進行工作。

一二、表識　承包人須依照圖樣。做識白灰線於營造地。線之經緯段落均應十分確切。承包人對於放大之尺寸。負有正確之全責。若有不準確之部分。應重行表識之。

十三、平水樁　承包人於屋之四週。埋設平水樁。以便不時平準校察之需。

十四、承包人之待候　承包人於必要時。須至營造地或建築師之辦公處。見訪建築師或其代表人。

十五、工程領袖　承包人須選任能講識英文。深諳掘溝・木工・椿工・水泥及富有各項營造學識之工程領袖（俗稱看工）。常駐於營造地。以代承包人指揮工作。建築師保留有撤換該工程領袖及不聽指揮之工人之權。經建築師撤退之人。須於四十八小時內離開營造地。並於此期內。另任他人接替。

十六、巡警・管門・及守夜人　承包人須雇用上述人員。以防守營造地之物料，建築物等。若因設備不周。而致走失材料。勢須請建築師或法工部局派人保護者。此項薪給。應由承包人擔付。

十七、園笆・工房・木板・行道・脚手及遮屏　承包人應領請執照。建搭上述各項而得建築師之滿意。此種設備。係保守建築物之安全。及營造所需之材料。隔離公路。圍繞街道，房屋及業產等。

十八、電燈及電力　承包人應接用電燈及電力。俾充分履行合同所予之工作。及別種分包工程商行之使用。所需裝接電費。均由承包人担負。

十九、水　承包人應向公用供給公司接用繼續不斷之水源。或向華懋地產公司所開鑿之自流井接用井水。惟應繳付一切相當之費用。

二〇、去除廢物與垃圾　承包人應出貲將剩下之廢物與垃圾。不時運出。以保持清潔狀態。而使建築師及法工部局認為滿意。

二一、保持底脚與工程乾燥無水　承包人應用電氣抽水機或別種機械。抽去水漬。此種抽水機械之設置。須待工程完畢移交業主時爲止。水之抽送去處。須得建築師與法工部局之滿意。

二二、機械設置　承包人於實施合同所載之條件時。應設置機械。以求工作之迅捷。其裝置及持久之費用。均由承包人負責。除別項設備外。下開係必須裝置者。

（甲）用電力翻拌水泥之機器。至少二部。

（乙）用電力升降之弔斗。至少二架。

上述機件之式樣。與裝置之地位。應請建築師核准。

二三、保護工作品　各種合同內包含之工作品。亟須妥予蓋護者。如窗堂子，踏步，線脚及隆起物等。

二四、施工之聯絡　關於翌日欲施之工作。應於隔日下午預向業主所派之督工員商酌。以收互助切磋之利。並予事先指導之便。

二五、冰凍與暴風雨　承包人於遇上述之不良氣候時。關於砌牆。石作。水泥及粉刷工作。均應停止。並將已完成之工作。妥加保護。

二六、夜工　承包人應雇用工人。加作夜工。除由建築師命令者外。無額外加賬。夜工之趕作。或爲承包人欲根據合同第十六條限定期內完工。惟此種夜工認爲必要與否。須徵求建築師之同意。夜工之意義係指工作於日落之後日出以前。但撑殼子板及澆擣水泥。未得建築師之准許。不能於夜間作之。

二七、廣告　在營造地之廣告權。屬諸業主。如未經准許之廣告標立於該處者。均須撤除。

二八、保險　承包人自工程開始至完竣之中間。應保險。其數之多寡。須遵照建築師之指導。保險單上之戶名。承包人與建築師並列。其單據則存放於建築師處。

二九、材料　一切材料均以新而品質優良者爲上選。工作之迅捷合適。尤應得建築師之滿意。

三〇、材料樣品　建築師有徵集一切材料樣品之權。如認爲不適用者。自應摒棄不用。倘有未經建築師允准之材料。業已堆積營造地者。得令運出。

三一、標準容量箱　量斛水泥或細沙。應用標準斗斛。此項斗斛之容量與大小。應由建築師核許。黃砂・水泥・石子。絕對不准用扛籮作標準。

三二、材料勻摻和拌　一切用手工和拌之水泥三和土或灰沙。均應於平坦之木板上爲之。

三三、不合適之材料等　在工程進行時。無論何時。倘爲建築師覺察或發現有不適用之材料。應立即運出。不得遲延。

三四、洋松　用於脚手板・水泥殼子板椿之洋松。可用本埠所稱之普通洋松。惟木節粗大與不堅實者不適用。

三五、化驗費　建築師倘欲將任何材料送往化驗室化驗時。其費用應由承包人付給。

三六，模型　鐫於大理石，花岡石，假石，古銅，紫銅，洗石子或粉刷之花紋。美飾彫塑於未着手之前。應先製成同樣大小之模型。以供建築師之審覽。置設模型之地位。亦由建築師選定。製造模型（俗稱石灰大樣或模特兒）之費用。則由承包人担任。

三七、予別項分包商行之便利　承包人應搭脚手。設電燈與電力。以便別項分包商行。工作於營造地。或於承包人之工場。承包人並應挖掘槽洞。使裝熱氣管•空氣交流管。衛生器件及電氣管等。此等工程完畢後。承包人應加修復。

承包人應負各分包商行送抵營造地之器械，材料等等之安全。並於各項器械材料運抵時。書給收據。

三八、預估未來　賬外預估元柒萬伍千兩。以備加添工程之需。加賬應以建築師之書面筆據為證。若全工告竣所加出之賬。不滿預估之數時。應照除以資結束。

三九、收集輸運及棧儲一切進口材料　承包人應負上述各項工作及費用之責。並任建築師之指揮。

四〇、發現古物　營造地倘有古物發現。為業主所有。應即送交建築師。轉送業主。

四一、居住之準備　承包人於工竣時。應將裏外玻璃窗。一切樓板。火斗爐柵。與房屋各部。整刷清潔。不留塵垢。以備居住者之移入。

四二、泥印　承包人應另提元壹千兩。以為建築師所寫合同文件裝版印刷之費。

石工

四三、花崗石（俗稱蘇石）　承包人應出資選擇採運至上海。並加石工之鑿鏨與設置。一切石料須無水•石層眼•顏色不勻•質地鬆化。及別種劣點之病。

四四、完成　一切花崗石與假石之面部。均應錐鑿平整。使完成光潔之部。

四五、鐵版器　熟鐵製成之鐵版器。至小不得過一寸闊。二分厚。用以堆疊石塊澆砌水泥之用。一切石工之堆砌法式。應依圖樣。或憑建築師之指導。

四六•黃砂　依據下述水泥三和土工程項內之規定。

四七、水泥灰沙　用一分水泥與三分黃沙。

四八、大門踏步　一切大門踏步。用十五寸闊與六寸厚之蘇石。向外微作斜形。及線脚挑口用石灰沙窩砌。及水泥嵌灰縫。

四九、地檻石　一切地檻石用石灰沙窩砌。及水泥嵌縫。面上兩旁打眼。使門堂子筍接銜入。

五〇、下層垃圾梯之四周。應沿以蘇石。用水泥窩砌。式樣照圖。

五一、縱入甬道與垃圾梯　其督頭石與垃圾梯四沿之石相同。

五二、假石　假石之組合。係用一分白水泥。二分沙泥。四分石子。並加 R. I. W. 避水粉（上海美昌洋行經理）二磅於每袋水泥之中。（每袋水泥重量九十四磅）。一切假石工程。於必要之處。應加鋼骨與否。須由建築師定奪。

五三、假石面部之工程　假石面部之厚薄等。均顯示於圖上。皮之疊縫式照圖樣。其灰縫之厚度為一英分。於工作進行時。用淨白水泥與黃沙摻和鑲嵌。

五四、美飾浜子・直體索腰線・壓頂等等　上述一切均用水泥假石。依照圖樣構製。背面用熟鐵鈎子。鈎住與否。由建築師指示。

五五、粉刷與假石諧合　窗堂子上面之天盤。亦卽水泥假石浜子之下端。應粉六分厚之水泥。其成分與色澤。應與假石諧合。

五六、火斗架與火爐面之粉刷　形如假石式之火斗架子或火爐面。係用水泥粉於牆磚或水泥三和土之上。此項粉刷之厚度。至少須一寸半。完成面部之式樣照圖。假灰縫中鑲嵌白水泥。此種粉刷。與水泥假石之規定者同。惟不用避水粉。

砌牆工程

（與小部水泥三和土工程未經載於水泥三和土工程者）

五七、磚　一切磚料均須堅硬方正。火工平均之紅磚。無碎裂。無孔罅。石塊或其他弊端。此項磚料。須與呈檢之樣磚相同。不可走樣。

五八、黃砂　詳見水泥三和土項內。

五九、水泥　詳見水泥三和土項內。

六〇、水泥灰沙　一應水泥灰沙。係用一分水泥與三分黃砂。以木斗量斛乾拌和勻後加以水。惟水泥灰沙必須隨用隨拌。至多於一小時內必須用盡。

六一、砌牆工程　堆砌磚牆之方式。除建築師另有指示者外。餘均依用英國式。磚料於未砌之前。應先於清水池中浸透。砌時務必謹愼從事。花槽中應用灰沙刮足。每四皮之灰縫。不能高過另四皮者一英寸半。短塊或碎磚。均不可用。牆之直縫。務必準確。砌牆工人。必備水銀平尺及托線板。一切砌牆工程所需之磚。於天氣酷熱時。必浸五日後。方能取用。至若天時嚴寒。則須將牆身掩護。以免冰凍之虞。

六二、團爐處　築砌背壁。以資粉刷。其面或用水泥假石。凝貼而成團爐烤取電火之幽處。爐空之上。架置水泥過樑。或砌毛法圈（卽拱震）。均分別規註於圖樣。

六三、地坑下之地龍牆　厚十寸。其高度自地大料起至地坑地板底。每一空洞之上。應架水泥過樑。地坑地板留設天窗。以便下至地坑。惟地位則由建築師指定之。

六四、洋台・大門踏步及地檻下之地龍牆　上述均砌十寸厚。圖樣上業已註明。

六五、牆之大概　分間牆於地坑下者。在垃圾梯道。下層及在煤棚者。則係十寸厚牆。用水泥灰沙砌。

六六、煤屑磚　牆中夾砌煤屑磚。以便錐釘裝修。（英文名 Jonery）

（譯者識：裝修卽為木工之一種。蓋做門・窗・扶梯・火斗・櫃・櫥等者。而草場『英文名 Carpentary 』亦係木工之一種。專做屋架・地板・樓板・欄柵及水泥殼子等者。）

用二分煤屑與一分水泥組成。

六七、爐子烟囱　自爐子間地平起上至三十尺止。用開平煤礦公司火磚鑲砌。比項火磚之厚度爲三寸。用能受高熱之水泥窩砌。並用一寸濶一分半厚之鐵板鈎搭之。火磚烟穴之外圈爲十二寸×十二寸×五寸。預製之水泥。每塊疊縫用V字式之灰縫。以水泥直起到巔。不羈任何別種建築物。完全獨立。烟穴與別種建築物之距離須二英寸。所以減傳熱也。其外壁爲四寸之鋼骨水泥牆。水泥之成分爲一　二•四。鋼骨三分圓六寸中到中。擦扎於水泥樓板。大料或柱子。牆面開空。用以裝接烟炬及退灰之需。

六八、過樑　外牆或腰牆之門窗堂或空堂之上。應架鋼骨水泥過樑。過樑之長度須比空闊加放十八寸。內用鋼條之類。由建築師定之。

六九、管渠•空氣流通甬道•水泥分隔牆•電氣吊梯牆　上述者均分別註明於圖樣。係用一•二•四•水泥三和土。澆擣厚四分。實以三分圓之鋼骨六寸中到中。紮於樓鐵板，大料及柱子。

七〇、屋頂壓沿牆　擣製鋼骨水泥之方式。已於前節言之。惟其厚度應六寸。並於牆外用水泥貼砌四寸輕氣磚　(Chercrete)。壓沿牆之雙面凝粉避水水泥與舖面磚。蓋覆水泥假石壓頂。並預備包起凡水。（凡水爲平頂與壓沿牆之銜接。陰角處因恐雨水滲漏。因包凡水以禦之。凡水英文名　Flashing　。譯者附註）。

七一、下層坑廁內之分隔牆　分隔牆之於坑廁•小便處及淋冲洗處之鋼骨水泥。與前言者相同。惟厚三寸。高六尺六寸。分隔牆之下端。應離地六寸。詳見圖樣。

七二，窗檻　除圖樣已註明用水泥假石者外。餘均用鋼骨水泥。做法與前述者同。即十寸半闊。六寸厚。兩端比窗加長九寸。

開掘土方與板椿

七三、板椿之留置等等　承包人應保留板椿及業已開舒之土方。此項工程。係由另一承包人做者。板椿之應重行整理與否。一聽建築師之指導。蓋觀其工程之是否緊要也。板椿與撐頭之木料。係承包土方者之物產。於合同中規定在底脚完竣時取去。承包人應保持底基乾燥無水。至工程完畢時止。

初層滿堂與滿堂

七四、設置初層滿堂　土方泥層之面。滿堂之下。應做初層滿堂一皮。厚五寸半。用一•三•六水泥三和土。照本章程『A』字水泥三和土欄之規定做之。

七五、底脚避水工程　底脚之避水工程及避水材料之供給。另由別家商行担任。承包人應於其估賬內估用四寸半厚之磚牆。用以護襯四壁之避水工程者。如圖註。此項磚牆應用水泥砌起。與磚牆工程中規定者同。底脚之四角均應粉圓以便避水工程之凝貼。

七六、避水工程之損壞　於擣澆滿堂水泥底脚時。亟須注意避水工程之掩護。不可碰損。倘有損壞。則承包人應負全責。如下由承包人損壞者。必經建築師之證明屬實。自與承包人無涉。

七七、滿堂鋼條之蓋遮　水泥三和土之蓋於滿堂鋼條上者如下。

於滿堂者　一寸半。

於大料其方向係房屋之經線者　三寸。

於大料其方向係房屋之緯線者　二寸。

按：除於圖樣上別有註釋者外。餘均須疑貼著實。

七八、初層滿堂與滿堂上之粉細沙　(甲)初層滿堂上粉細沙半寸。成其總厚爲六寸。上面必須粉成光滑整潔。以便別一承包者澆貼避水工程。　(乙)避水工程之上。(意卽油毛毡上——譯者識)粉六分厚細沙。手粉光滑後。再澆擣滿堂水泥。(丙)用於粉光(甲)(乙)之水泥細沙。應用下列之成分。

二分石子(蒼蠅頭)　三分。

黃砂　二分。

水泥　一分。

該項材料之品類。與本章程規定水泥三和土之一章同。

七九、滿堂上之溝渠　承包人應做水泥平均約四寸半厚。築成坡斜式之明溝。使地坑之水引出至總溝。平均斜度每丈一寸。水泥之成分及品類。與本章程規定「A」字水泥三和土者同。明溝經過大料之處。應開一空。計四寸闊。六寸高。

純水泥與鋼骨水泥工程

八〇、水泥　一切水泥。須最佳之慢性水泥。並以一九三一年英國發行之規訂者爲標準。承包人應呈檢每種擬用之水泥化驗單。經該水泥廠簽字證明。陳述其化驗成効及磨製之日期。並須將工程所需之水泥發票交閱。水泥必經建築師同意。及與英國所定之標準相同者。方得使用。

已失風及硬塊之水泥。不准用於任何水泥工程。水泥之經建築師認爲不妥者。均不准用。亦不必化驗。

運到之水泥。必須水泥廠之原封。並有該廠之商標貼於顯處。每一批貨之運到。應呈報建築師。

八一、快水泥與輕水泥　建築師欲用快性水泥或輕體水泥。以代慢性青水泥。其價格相差。參照價目表之差別。以加減之。

八二、水泥之貯藏　水泥應貯藏於透空氣避雨侵之棚屋或別種房屋中。祇須經建築師之准可。而以能禦風暴避潮濕爲唯一目標。

八三、黃沙　黃沙用於一切水泥三和土工程者。均應潔淨。無泥質。及有機物與別種不純溷濁之弊。必須粒點粗糙及有稜角者。倘建築師欲將黃沙洗濯後用。則其所費由承包人負之。一分水泥三分黃沙合成後一星期試驗之。其成效須有一方寸能担三百磅之壓力。

八四、石子　應用平橋花岡石(火成者)或別種品質優良之石。由機器軋成。本章程下述之ABC三種水泥三和土所需之石子。

石子，應清潔。無石灰石，壳類，硯石及别種不良之石混入。石子之大小自二分起至本章程規定之大小止。

八五、試驗水泥三和土　取水泥三和土做成之條或塊。俟一個月後試驗之。其法將條或塊置於攝氏寒暑表六十度之熱度上。用機壓擠。至少能担受一方寸二千三百磅之強力。若已規定之水泥三和土不能勝任此項壓力時。則承包人應將水泥加增至能勝任時爲止。所加增之水泥。承包人不能要求加賬。

水泥工程必待第一批水泥條塊試驗成功後。方能著手。

一切試驗手續。均請公共租界工部局化驗室任之。

八六、水泥壳子　一切水泥壳子。均用普通洋松。以無巨大或鬆脫之節瘤。及破裂等病爲合適。條直之杉木可用作撑頭或柱子。

一切壳子板。均須與建築圖樣所註者吻合。壳子板面均應平坦光潤。不留凹凸或其他不良之點。線脚台口等等之完成部分。須美飾 (Ornamental) 者。其壳子板應釘三分方之木塊。以資膠粘美飾花朵之鈎脚凝合之便。

一切壳子板之釘合。均應整齊不紊。無縫而不漏水。並應搭撑堅實。牢固勝任。澆擣水泥三和土之器械及他種應用品之重量。不可有半分之參差。

八七、壳子板之檢察　壳子板做成後。於未澆擣水泥三和土之前。應將不用堆置之物料移去•並留天窗洞•以便掃清或察視•

一切壳子板於澆擣水泥三和土之前•應用水澆溼•俾使其潮潤•

（待續）

通信欄

本欄選載建築協會來往重要函件，代爲公布。幷發表會員暨讀者等關於建築問題之通信，以資切磋探討。惟各項函件均由具函者負完全責任。

沈雲巖等爲鑛灰營業所壓迫聲請援助函

本會前接沈雲巖王家漢王斯怒等交來爲上海鑛灰業聯合營業所壓迫營業聲請援助事呈浦東同鄉會一函。懇予登入本刊。藉明眞相。本刊以該項糾紛與營造業不無唇齒之關。爰將原函發表如左。

謹陳者。上海爲我國最大商埠。不特中外商賈輻輳萃聚。抑爲凡百貨物自由集散之地。除國家法令別有規定專賣或禁止之物品外。均許人民營業之自由。豈宜同業相殘。阻撓壟斷。以絕全民生計。奈會員等於本年九月初。向浦東永聚興石灰窰。載運礦灰壹船到滬。投行求售。於三日上午正在起卸時。被上海礦灰業聯合營業所調查員許勝芳查見。強行阻止。會員不服。經許調查報請上海市公安局第一區署一分所。派警將汽車小工石灰等物。解總局一併扣留。會員初則不知袖裏。多方接洽。並與營業所主任馬少荃據理力爭。直至七日。該營業所派員自向市公安局撤銷原案。始將扣留貨車等釋放。惟以暴露多日。整塊石灰大半風化。折價賤賣。損失匪輕。會員爲日後營業起計。初不欲與該營業所深較短長。故復央人調解。願少納該所經費。以全顏面。免傷同業和氣。不料該所中人堅持浦東石灰窰。並非原組織各廠窰之一份子。所有出品。不能在滬銷售。若私自推銷。即可認爲私貨等語。磋商再四。毫無結果。會員等以承買該窰貨物。尚未出清。嗣後續有運滬。又經該所報請公安局拘扣。而公安局亦不予派警。旋于九月二十八日。又載壹船到滬。忽被查悉。派該所所雇之請願警上船。阻撓起卸。食宿船上。日夜不離。再三詰問理由。僅言奉該所主任馬少荃之命。如彼船上人硬行驅逐。你可自己撕破衣服。躍入浦中喊救。意欲構成刑事。設穽陷人。會員洞燭奸謀。明知該警係屬被動。不與計較。僅將該警在船上咆哮洶洶之勢。爲之攝影多帙而已。一面託人向該所索閱章程兩份。細考該所章程。於本年六月七日議決施行。爲時亦甚暫。是否呈報上海市政府主管各局。經合法之考查。或呈報國省政府備案。暫不討論。惟會員等詢之磚灰行及石灰駁運船同業。並未接奉正式通告。並置憤於該所壓迫壟斷之可惡。言下不勝其嗟怨。查上海一地本無石山。故先前幷無灰窰。自近來營造事業日增月盛。於是在小沙渡周家橋等處相繼建築灰窰。採石煆灰。鄉人所稱爲洋窰者。因貨物需要。洋窰逐漸增多。該商欲謀包辦專利起見。組設上海礦灰業聯合營業所。將已成立之廠窰聯成一氣。以厚力量。所訂章程規則。只爲已經聯合之同業中一種互相維繫之私約。並私抽每担一角之企業基金。既未經國家法令公布施行。原不能拘束其他各地灰窰之營業。會員以浦東出產之石灰。運售滬地。相隔僅六七十里之遙。已受該所強分彊域。視同仇貨一般。拒絕賣買。此等苛刻病商。私抽自肥。實堪浩嘆。會員等小本經商。正當營業爲國民應得之權利。被該所之阻撓。損失重大。一時消滅亦屬意料之事。不過公理昭昭。驤首哀鳴者。無非爭將本求利。爲全民生計之出路。以求稍減資本家壓迫之毒焰而已。伏念本會設立。在扶助同鄉正當利益。與促進浦東生產事業爲職志。此次會員等受該營業所之壓迫。仗義執言。責無旁貸。想諸公素來好義。樂爲援助。據會章第二條之精神。及第七條一二三四項之規定。將經過事實。切身利害。及該營業所組織原因。檢同規則二份。備函詳陳。仰懇提交理監事會討論，共謀援助。並將該營業所片面非法組織。私捐壟斷之眞相。分呈省政府。嚴予查明制止。以宏法律保障。而杜奸商刁儈。即最小限度亦請轉致上海市商會及地方維持會。盡力調解。以維商困。不勝迫切屏營之至。謹呈

浦東同鄉會常務 理事杜
監事秦

會員 沈雲巖
王家漢
王斯怒

田樹洲會員提議開辦上海建築銀行函

爲提議開辦上海建築銀行事。竊本業在滬。每年營造達數千萬元。同業一千數百家。其中資本雄厚者固有。其資本缺少者實占多數。其包工程之後。其流動資本。時感困難。平日全賴錢莊中往來。而出利息。近數年來。錢業中自私自利之心太重。往往限制墊款。甚不知吾業之苦衷。而工程常受其影響。今各業中。如煤業有煤業銀行。鹽業有鹽業銀行。綢業有綢業銀行。各以調濟其本業中之經濟。則我建築業中之銀行。亦不能再緩矣。欲謀吾業之發達。必須有調濟經濟之機關。不必時受錢莊中墊款之困難。此計劃早已在本會發起人之預算中。但未見實行。今在本次大會中提出。望主席討論。俟通過後。即行組織籌備委員會。進行一切。今本會缺少經費。則該銀行中每年盈餘行下。亦可提出一部份作爲費用。則以後本會之圖書館及學校等。皆可次第實行。本業中不乏經濟極出者。其股份終可一招而成。務請主席提出討論爲荷。此致

上海市建築協會主席團鑒

會員田樹洲提議

廿一年十月六日

關於鋼血絕奸團函本會查辦會員用仇貨之往來三信

本會於十月二十八日突接鋼血絕奸團來函，請本會查辦會員周順記購用仇貨水泥事，當卽專函周順記查照，旋接周順記函覆事實經過，玆將往來原函三件，刊載如左：

(一)鋼血絕奸團致本會函

警告者。敝團玆查得貴會會員周順記營造廠承造本埠楊樹浦路格蘭路口之上海自來火行寫字間工程。所用水泥皆係小野田牌仇貨。惟思貴會責職所在。務希以良心救國。嚴行查辦。並請於三日內登報答復。如置之不理。定以相當手段對付。後悔莫及。故特警告。此致上海市建築協會諸執事先生台照。大中華民國二十一年拾月二十七日。

鋼血絕奸團全體同人啓。

警字第三三號

(按本會救國同具此心，不敢後人，鋼血絕奸團愛國熱忱，殊爲欽佩。惟本會對於會員僅能盡責勸告，而無「嚴行查辦」之權力，尚希鑒諒，爲禱。)

(二)本會致周順記函

逕啓者。本會頃接鋼血絕奸團寄來警告信一封。係謂貴廠承造楊樹浦路格蘭路上海自來火行寫字間之工程。係用日貨小野田牌水泥。必須於三日內登報答覆。否則以相當手段對付云云。相應函達。卽希查照定奪。爲盼。此致

周順記營造廠

上海市建築協會祕書處

十月二十八日

(三)周順記覆本會函

逕啓者。昨展

尊札。聆悉種切。據稱有署名鋼血絕奸團者致函

貴會。謂敝廠現用仇貨小野田牌水泥等語。特函覆解釋。自九一八後。敝廠卽堅持不進仇貨之宗旨。蓋愛國之心。人皆有之。抵制仇貨。不敢後人。惟有馬海洋行西人司本史君。昔向三井洋行訂有小野田水泥。迄今尚未用罄。因令敝廠於馬海洋行經理之工程上用去。敝廠以西人自辦。不能拒絕。而不進仇貨之志。則固未嘗稍懈也。特將事實詳復。敢請

代爲登諸報端。以明眞相。是禱此致

上海市建築協會

周順記專任營造廠啓

十月二十九日

本會爲美昌等廠購用非國產水泥復中華水泥廠聯合會函

逕啓者。接讀

貴會十九日來函。以直隸路一〇一號美昌營造廠主徐慶祥君。承造
虹口明園後面市房。購用非國產水泥。而用馬牌蔴袋裝運。又巨籟
達路（聖毋院路西首）集美里內。由朱新記營造廠承造市房。所用
水泥。亦非國貨。（朱新記與該工程處毗連之新鴻記營造廠有連帶
關係）又法租界水池工程。查係仁泰營造廠承造。其水泥由業主供
給。並非國貨等語。並以 敝會 既經担任使全體同業用國貨水泥。不
知對於上述各營造廠。如何辦理等由。准此。查來函所開美昌營造
廠混用非國貨水泥一節。按此事業經引起交涉。不難水落石出。至
朱新記係與新鴻記有關。敝會 曾迭加勸告。又仁泰營造廠承造法租
界水池。所用水泥據稱係業主自行供給。敝會 目前似尚難加裁制。
至 敝會 前召集之
貴會與砂石業公會聯席會議。原本 敝會 會員之要求。以謀持平國產
與非國產水泥之價格。藉資對外競爭。一方則約合砂石業。請予襄
助。以謀團結。此乃我國突受莫大刺激後之民族的自覺性之表現。
初無要挾
貴會強行抑低價格之意。實爰市上現銷之非國貨水泥較國產水泥爲
廉。每桶相差有一兩餘之譜。况水泥一物。爲建築材料中之至重要
者。故營造商站在商業與經濟之立場。終以採取較廉而品質同等者
用之。自不能偏責者也。然外產水泥之漸見活動於市場。營造界精
神上所受之痛楚。未嘗不深。故 敝會 會員紛紛函請 敝會 召集
貴會及砂石業公會舉行聯席會議。籌商辦法。當承貴會所派代表多
所建議。殊深欽佩。本月十五日 敝會 常委湯景賢君造訪
貴會代表謝培德君時。當蒙解釋國產水泥與非國產水泥之相差率爲
一兩。因目前國產水泥每桶售價元四兩六錢四分。除還蔴袋元一錢
四分，每桶淨售銀四兩五錢。非國產水泥爲三兩五錢。實差一兩。
現國產水泥各廠籌商之下。每桶願減削元三錢四分。卽每桶淨售元
四兩一錢六分等語。經湯常委根據謝君解釋。返會報告後。敝會 會
員咸認此尚非澈底辦法，且得悉市銷之非國產水泥。每桶連送力在
內。僅售元三兩二錢五分。且訂購簡捷。貨款亦可於貨到一個月後
繳付。正擬磋議辦法間。又叠接
貴會二十日及二十四日來函催詢續開聯席會議之期。茲特合併函復
。並擇定十一月二日下午五時。仍假南京路大陸商場六樓六二〇號
。敝會 舉行第二次國產水泥公會砂石同業公會與敝會之聯席會議。
屆時尚希推派代表出席。妥籌澈底辦法。爲盼。此致
中華水泥廠聯合會

上海市建築協會啓

十月二十五日

建築材料

建築材料價目表

本欄所載材料價目，力求正確，惟市價瞬息變動，漲落不一，集稿時與出版時難免出入。讀者如欲知正確之市價者，希隨時來函或來電詢問，本刊當代爲探詢詳告。

再本期匆促付梓，致未能羅列詳盡，如木材價目等均不及刊入，尙希鑒諒！下期起當力事充實也。

磚瓦類

貨名	商號	標記	數量	價格 銀洋	備註
紫面磚	泰山磚瓦公司	2½×4"×8½"	一千	8.00	
白面磚	,,	,,	一千	8.00	
紫薄面磚	,,	1"×2½"×8½"	一千	48.00	每百方尺需用500塊
白薄面磚	,,	,,	一千	48.00	,,
紫薄面磚	,,	1"×2½"×4"	一千	24.00	每百方尺需用1000塊
白薄面磚	,,	,,	一千	24.00	,,
路磚	,,	4½"×5"×9½"	一千	150.00	每百方尺需用280塊
火磚	,,	2½"×4¼"×9"	一千	70.00	
紅平瓦	,,		一千	80.00	每百方尺需用136塊
青平瓦	,,		一千	55.00	每百方尺需用205塊
脊瓦	,,		一千	160.00	
特號火磚	瑞和磚瓦公司	C B C Al	一千	120.00	瑞和各貨均須另加送力
頭號火磚	,,	C B C	一千	80.00	火磚每千塊送力洋六元
貳號火磚	,,	壽字	一千	66.00	
三號火磚	,,	三星	一千	60.00	
木梳火磚	,,	C B C	一千	120.00	
斧頭火磚	,,	C B C	一千	120.00	
一號紅瓦	,,	花牌	一千	80.00	紅瓦每千張運費五元
二號紅瓦	,,	龍牌	一千	75.00	
三號紅瓦	,,	馬牌	一千	65.00	

貨名	商號	標記	數量	價格 銀	價格 洋	備註
一號精選瑪賽克磁磚	益中機器股份有限公司	全白	每方碼	4.20		下列瑪賽克磁磚大小爲六吩方形或一吋六角形
二號精選瑪賽克磁磚	,,	白心黑邊黑磚不過一成	,,	4.50		
三號精選瑪賽克磁磚	,,	花樣簡單色磚不過二成	,,	5.00		
四號精選瑪賽克磁磚	,,	花樣複雜色磚不過四成	,,	5.50		
五號精選瑪賽克磁磚	,,	花樣複雜色磚不過六成	,,	6.00		
六號精選瑪賽克磁磚	,,	花樣複雜色磚不過八成	,,	6.50		
七號精選瑪賽克磁磚	,,	花樣複雜色磚十成以內	,,	7.00		
八號普通瑪賽克磁磚	,,	全白	,,	3.50		
九號普通瑪賽克磁磚	,,	白心黑邊黑磚不過一成	,,	4.00		
l吋紅新放	大康		每萬		124.00	下列五種車挑力在外
l吋清新放	,,		,,		112.00	
川號清新放	,,		,,		78.00	
洪正二號瓦	,,		,,		60.00	
小瓦	,,		,,		40.00	
花磚	啓新洋灰公司		每方(225塊)	20.25		目下市價上海棧房交貨爲標準
A號汽泥磚	馬爾康洋行	12"×24"×2"	每方五十塊	8.70		
B號汽泥磚	,,	12"×24"×3"	,,	13.00		
C號汽泥磚	,,	12"×24"×4⅛"	,,	17.90		
D號汽泥磚	,,	12"×24"×6⅛	,,	26.60		
E號汽泥磚	,,	12"×24"×8⅜	,,	36.30		
F號汽泥磚	,,	12"×24"×9¼	,,	40.20		
紅磚	義品	3寸×4寸半×9寸2分	二孔	22.00		義品紅磚車挑力分外加
,,	,,	9寸2分×4寸半×1方	四孔	32.00		
,,	,,	9寸2分×1方×6寸	六孔	70.00		
,,	,,	9寸2分×1方×3寸	三孔	50.00		
,,	,,	9寸2分×1方×4寸半	三孔	60.00		
,,	,,	4寸×12方	六孔	100.00		
,,	,,	6寸×12方	,,	130.00		
,,	,,	8寸×12方	,,	180.00		

油 漆 類

貨名	商號	標記	數量	價格 銀元	備註
上上白漆	振華油漆公司	飛虎牌厚漆	每28磅	11.00	
AA上白漆	,,	,,	,,	7.00	
A 上白漆	,,	,,	,,	5.30	
AA二白漆	,,	,,	,,	9.00	
二白漆	,,	,,	,,	4.80	
A各色漆	,,	,,	,,	4.60	計有綠黃藍紫紅黑灰棕八種顏色
各色漆	,,	,,	,,	4.00	,,
白及各色漆	,,	雙旗牌厚漆	,,	2.90	
AA紅丹	,,	飛虎牌紅丹	,,	8.00	
紅丹漆	,,	,,	每56磅	20.00	
熟油	,,	飛虎牌漆油	每五介倫	15.00	
			每四介倫	12.00	
			每一介倫	3.30	
漆油	,,	,,	每五介倫	13.00	
松節油	,,	飛虎牌乾料	每五介倫	8.00	
			,,一,,,,	1.80	
燥液	,,	,,	,,五,,,,	14.50	
			,,一,,,,	3.00	
			,,半,,,,	1.60	
			每2.5介倫	.90	
燥漆	,,	,,	每28磅	5.40	
			每7磅	1.40	
			2磅(每打)	4.80	
			1磅(每打)	2.60	
殺砆漆	,,	飛虎牌有光調合漆	一介倫	11.00	
			半,,,,	5.60	
			2.5介倫	2.90	
白漆	,,	,,	一介倫	5.30	

貨名	商號	標記	數量	價格 銀	價格 洋	備註
			半介倫		2.70	
			2.5介倫		1.20	
灰漆	振華油漆公司	飛虎牌防銹漆	56磅		22.00	
紫紅漆	,,	,,	,,		20.00	赭黃紫紅灰棕
各色漆	,,	飛虎牌普通房屋漆	,,		14.00	
砙砵漆	,,	飛虎牌打磨漆	一介倫		12.00	
			半介倫		6.10	
			2.5介倫		3.10	
白漆	,,	,,	一介倫		7.70	
			半介倫		3.90	
			2.5介倫		2.00	
各色漆	,,	,,	一介倫		6.60	
			半介倫		3.40	
			2.5介倫		1 80	
砙砵磁漆	,,	飛虎牌汽車磁漆	一介倫		12.00	
			半介倫		6.10	
			2.5介倫		3.10	
白磁漆	,,	,,	一介倫		8.50	
			半介倫		4.30	
			2.5介倫		2.20	
各色磁漆	,,	,,	一介倫		7.70	
			半介倫		3.90	
			2.5介倫		2.00	
金粉銀粉	,,	飛虎牌快燥磁漆	一介倫		10.70	
			半介倫		5.50	
			2.5介倫		2.90	
			一磅(每打)		12.00	
			半磅(每打)		6.20	
			2.5磅(每打)		3.50	
砙砵磁漆	,,		一介倫		12.00	

貨名	商號	標記	數量	價格 銀	價格 洋	備註
			半介倫		6.10	
			2.5介倫		3.10	
	振華油漆公司		一磅(每打)		12.00	
			半磅(每打)		6.20	
			2 5磅(每打)		3.50	
白及各色磁漆	,,	,,	一介倫		7 00	
			半介倫		3.60	
			二五介倫		1.90	
			一磅(每打)		7.00	
			半磅(每打)		3.80	
			2.5磅(每打)		2.50	
特製罩光漆	,,	飛虎牌光漆(凡立水)	五介倫		22.00	
			一,,,,		4.60	
			半,,,,		2.40	
			2.5介倫		1.30	
汽車罩光漆	,,	,,	五,,,,		19.00	
			一,,,,		4.00	
			半,,,,		2.10	
			2.5,,,,		1.10	
明光漆	,,	,,	五,,,,		16.00	
			一,,,,		3.30	
			半,,,,		1.40	
			2.5,,,,		.90	
黑光漆			五,,,,		12.00	
			一,,,,		2.50	
			半,,,,		1,30	
			2.5,,,,		.70	
烘光漆	,,	,,	五,,,,		20.00	
改良金漆	,,	飛虎牌木器漆(地板漆)	,,,,,,		18.00	
			一,,,,		3.90	

貨名	商號	標記	數量	價格 銀	價格 洋	備註
			半,,,,		2.00	
			2.5,,,,		1.10	
各色漆	振華油漆公司	,,	一介倫		3.90	
			半,,,,		2.00	
			2.5,,,,		1.10	
頁藍	,,	飛虎牌精練漆	一磅		1.50	
頁黃	,,	,,	,,		.60	
塡眼漆	,,	飛虎牌塡眼漆類	28磅		10.00	
			14磅		5.10	
			7磅		2.10	
油灰	,,	,,	,,		1.50	
紅牌三羊白鉛粉	,,	原料類	一百斤		40.00	
藍牌三羊白鉛粉	,,	,,	,,		30.00	
三羊牌黃鉛粉	,,	,,	,,		40.00	
飛虎牌鉄丹(辦柄)	,,		一會		20.00	

泥灰類

貨名	商號	標記	數量	價格 銀	價格 洋	備註
桶裝水泥	中國水泥公司		每桶	5.000		每桶重170公斤
袋裝水泥	,,		每170公斤	4.600		以上兩種均以上海棧房交貨爲準
洋灰	,,		每桶	4.65		(一)外加統稅每桶六角 (二)亦係上海棧房交貨
頭號石灰	大康		每担		1.90	
二號石灰	,,		每担		1.70	
三會火泥	瑞和	白色	每袋		3.60	運費每袋計洋三角
三會火泥	,,	紅色	每袋		3.00	,,
火坭	泰山磚瓦公司		一噸		20.00	

粗細紙類

貨名	商號標記	數量	價目 銀元	備註
頂尖紙	大康	每塊	,50	
細紙	,,	每塊	,30	
粗紙	,,	每塊	,25	

中華民國二十一年十一月一日出版

創刊號

編輯　上海市建築協會

發行　上海市建築協會

地址　上海南京路大陸商場六樓六二〇號

電話　九二〇〇九

投稿簡章

一、本刊所列各門，皆歡迎投稿。翻譯創作均可，文言白話不拘。須加新式標點符號。譯作附寄原文，如原文不便附寄，應詳細註明原文書名，出版時日地點。

一、一經揭載，贈閱本刊或酌酬現金。撰文每千字一元至五元，譯文每千字半元至三元。重要著作特別優待。投稿人却酬者聽。

一、來稿本刊編輯有權增刪，不願增刪者，須先聲明。

一、來稿概不退還，預先聲明者不在此例，惟須附足寄還之郵費。

一、抄襲之作，取銷酬贈。

一、稿寄上海南京路大陸商場六二〇號本刊編輯部。

本刊定價表

零售	每冊大洋五角
年訂	每十二冊大洋五元
郵費	國內不加，南洋羣島及西洋每冊一角八分，全年二元。
優待	同時定閱二份以上者，定費九折計算。

定閱諸君如有詢問事件或通知更改住址時，請註明（一）定單號數（二）定戶姓名（三）原寄何處，方可照辦。

廣告價目表 Advertising Rates Per Issue

地位 Position	全面 Full Page	半面 Half Page	四分之一 One Quarter
底封面外面 Outside Back Cover	五十元 $50.00		
封面及底面之裏面 Inside Front & Back Cover	四十元 $40.00	二十五元 $25.00	
底面裏頁 Opposite of Inside Front & Back Cover	三十五元 $35.00	二十元 $20.00	
普通地位 Ordinary Page	三十元 $30.00	二十元 $20.00	十三元 $13.00

廣告概用白紙黑墨印刷，倘須彩色，價目另議；鑄版彫刻，費用另加。長期刊登，尚有優待辦法，請逕函本刊商洽。

YEE CHONG TAI

Sinza Road, Lane 929-B3- Tel. 33714

GENERAL CONTRACTOR

for the

CHINA STATE BANK, LTD.

Corner of Honan & Peking Roads.

and

WASHINGTON APARTMENTS

Avenue Petain.

怡昌泰營造廠

上海新閘路新興里B字三號

久記營造廠

The Kow Kee Construction Co.

SPECIALISTS IN

HARBOR
RAILWAY
BRIDGE
REINFORCED CONCRETE
And
GENERAL CONSTRUCTION WORKS.

217 Machinery Street, Tungkadoo
23 Yuen Ming Yuen Road.
Tels. 19176—16270

本廠專造
商埠
鐵道
橋樑
鋼骨水泥工程
及其他各種工程

廠設上海南市機廠街二一七號
事務所 上海圓明園路二十三號
電話一九一七六及一六二七〇號

建築不可無照相

建築工程在進行中各期施工情狀應拍照片以留真相

此項照片惟

中華照相館

專門擅長
精良可靠

其故

(一)技術精良

(二)各種特別鏡頭皆備

(三)工作認真

照片用途

(一)表見各部施工情形可作精確報告用

(二)賣買轉讓時可作詳細之說明及廣告製版用

(三)涉訟時可作法律上無價之證據

地址 上海廣西路南京路口新新先施兩公司南首對馬路

電話 九四四七七

耐用五金製造廠

Lion Manufacturing Co.

營業概要

鋼窗鋼門
保險銀箱
各種鎖件
鋼鐵傢具
五金另件
電鍍噴漆
一應齊備

辦事處 上海南京路四十九號中央大廈內B字十號

電話一九二六四號

總廠 上海北西藏路一一九七一八號

和興公司

HO HING & COMPANY

營造部　設計部　地產部

營造工程

一．國立中央研究院工程實驗館
二．南京國立中央研究院科學研究所
三．鴻章紗廠
四．永固造漆公司

設計工程

一．中匯銀行九層大廈
二．中國染織廠
三．安樂棉毛紡織廠
四．廈門大同路四層樓房

總公司 南京路四十九號電話一四九九四號

電報掛號"HOHINGCOMP,,

上海泰山磚瓦廠之鳥瞰

振華油漆公司製造飛虎牌雙旗牌各種漆油

總發行所北蘇州路四七八號

各五金號漆號均有發售

99%瑪賽克磁磚現在用在上海是我們的出品

因為有左列四大優點

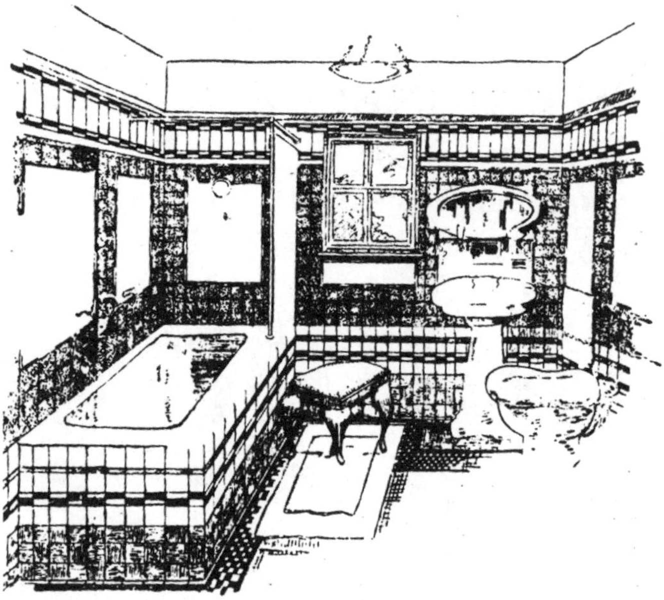

價格——與人造石相差無幾

效用——經久耐用不透潮濕

色澤——顏色純齊非常美觀

式樣——花紋新穎富麗堂皇

益中機器公司
福記中國製磁公司 謹啓

事務所 上海漢口路七號
電話 一四四〇八 一六七〇六

中國近代建築史料匯編（第一輯）

建築月刊

第一卷 第二期

贈閱
THE BUILDER

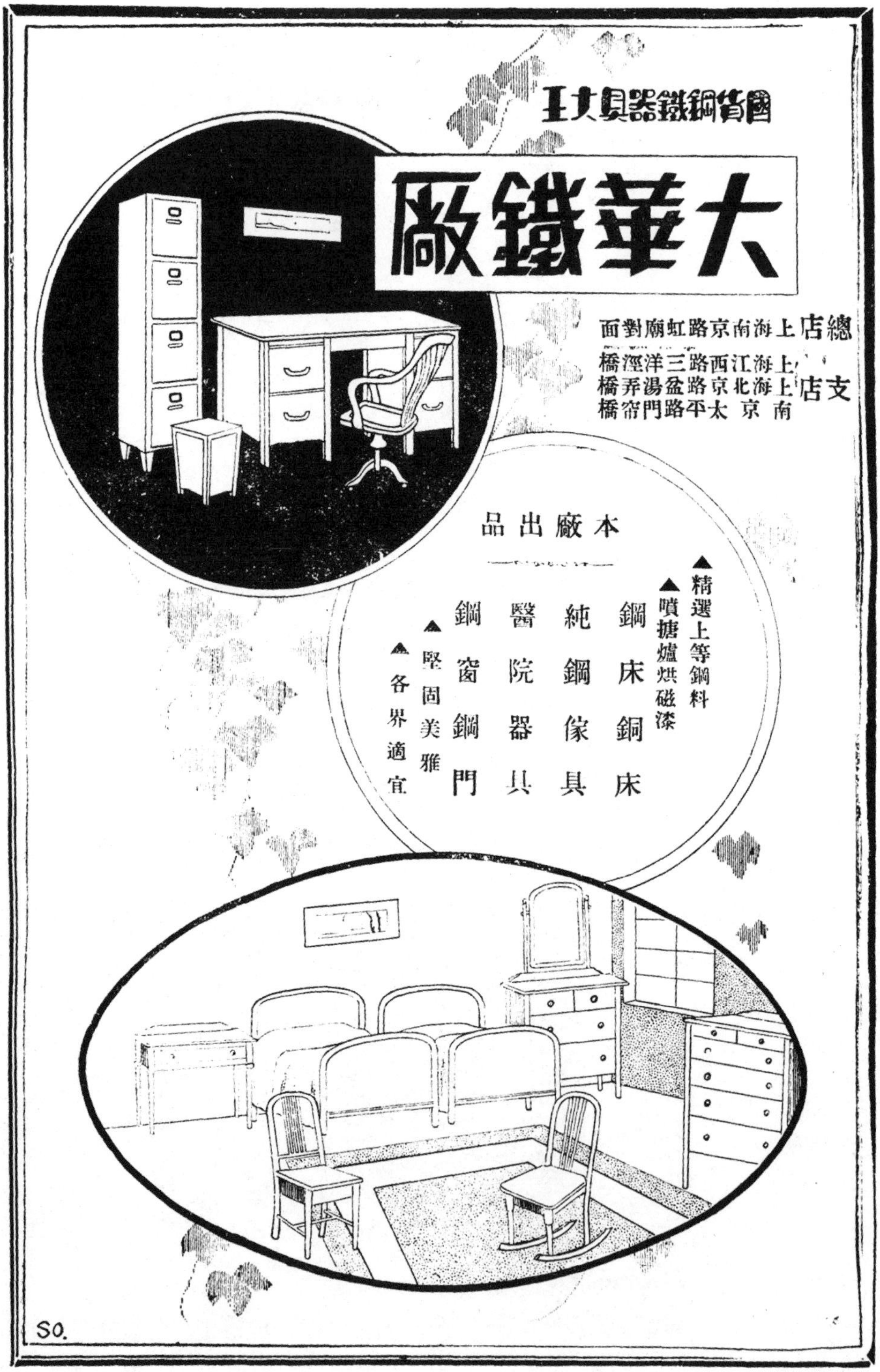
國貨鋼鐵器具大王
大華鐵廠
總店 上海南京路虹廟對面
支店 上海江西路三洋涇橋
上海北京路盆湯弄橋
南京太平路門帘橋
本廠出品
鋼床銅床
純鋼傢具
醫院器具
鋼窗鋼門
▲精選上等鋼料
▲噴搪爐烘磁漆
▲堅固美雅
▲各界適宜
SO.

協隆地產建築公司
The Yaloon Realty & Construction Co.

Architects
Real Estate
Mortgages
Property Owners
Construction

Work done:
Shanghai Silk Development Bldg.
Corner of Hankow & Fokien Roads.
Owners & Building Contractors for new buildings on corner of Bubbling Well Road & Love Lane.
Architects for the 8 story Apartments-Neon Building to be built in 1933 on Race Course Road.

設計打樣
代客買賣
地產押欵
承包工程
地產業主

承造工程：
上海綢業銀行大樓　漢口路石路口
承造兼業主：
新建市房　上海靜安寺路斜橋衖口
設計工程：
八層公寓　上海跑馬廳路

H. 313 HUPEH Road. Tel. 92651

事務所上海湖北路迎春坊三一三號

世界西式木器公司
The World Furnishing Co.

Complete Furnishing and Interior Decorations for:

APARTMENTS,
HOTELS,
CLUBS,
BANKS, etc.

Delightful modern and Period Furniture

Inspection Welcomed.

Address—Continental Emporium,
Room 224—Nanking Road.
Tel. 91334.

本公司專門設計繪圖裝飾門面及內部佈置若公寓旅館俱樂部銀行等以及精製各種西式木器倘蒙賜顧竭誠歡迎

發行所　南京路大陸商場二樓二二四號

電話　九一三三四號

CITROËN
異軍突起之兩噸
雪鐵龍
六汽缸運貨汽車
構造堅固。機力強大。費用節省。駛用極便。營造廠不可缺少之利器。分單後輪及雙後輪二種。
總經理
法大汽車公司
上海霞飛路第三五六號
電話第八二七九一號

CHARMING
SOLD
SOLD
SOLD
SOLD
SOLD
Silent Salesmen

成泰營造廠

本廠專造鋼骨水泥工程
商埠
鐵道
橋樑
及其他各種大小工程

廠設上海梹榔路一二〇一號
電話三一六八九

公大軋石廠

上海梹榔路一二〇一號
電話三一六八九

本廠有石山五座其著者如松江最佳之石山人山廬山故出品之富允推獨步上海各大工程鋼骨水泥中之石子及各處築路石子泰半爲本廠供給如蒙各界惠顧不勝歡迎

公大軋石廠啟

建築月刊

第一卷 第二號

民國二十一年十二月出版

目錄

插圖

居住問題

專著

廣告索引

“一日辛勤之後”

晚餐既畢，對爐坐安樂椅中，回憶日間之經歷，籌劃明天之工作；更進而設計將來之幸福的享用，興味盎然。神往於烟絲繚繞之中，腦際湧起構置新屋之思潮。思潮推進。希望『理想』趨於『實現』：下星期，下個月，或者是明年。欲實現理想，需要良好之指助；良助其何在？是惟『建築月刊』。精美之圖樣，專門之文字，能告你如何佈置與知友細酌談心之客房，如何陳設與愛妻起居休憩之雅室；且能指示建築需用材料，與夫房屋之內部位置外部裝飾等等之智識。『建築月刊』誠讀者之建築良顧問，『一日辛勤後』之良伴侶。伊將獻君以智識的食糧，贈君以精神的愉快。——伊亦期君爲好友。如君歡迎，伊將按月趨前拜訪也。

上海靜安寺路四行儲蓄會二十二層大廈工作情形　　鄔達克建築師　馥記營造廠

總理陵墓第三部工程擺設勒脚

牌樓

陵　　門

碑　　亭

國難當前 營造人應負之責任

漸

際茲國難，凡屬華裔，自宜力圖振作，以湔奇恥，而挽危亡。營造人既佔社會重要地位，更應勵精會神，踴躍參加：共赴國難。

然必先事內省，吾營造人已有健全之組織否？有優良之品格否？有眞正愛國之熱忱否？有深澈之决心否？試臚述之。

吾國人對於團體觀念之薄弱，乃一般之通病，營造人亦難例外。

然置身物競之場，獨力必不足自立，則必互相聯爲團體；惟團體之公益與個人之私利，時相枘鑿，不可得兼；則不得不拋棄個人之私利，以保持團體之公益。而營造人素缺公德之教育，故自恬者斷斷然束身寡過，任衆事之廢墮，塞耳瞑目，不問不聞。下也者，表爲我爲宗旨，先私利而後公益，傾軋同業，獨謀壟斷，不惜敗譽，以卜微利。當衆則肆口同仇敵氣，背地則蔭庇外人之名，購用低賤仇貨，其甘冒不韙，言之痛心！深冀營造人探首一望東北之風雲，並一思淞滬之慘劇，自應急起直追，團結實力，作有效之抵抗。

梁任公先生曰：「人之見禮於人也，亦不視其衣服文采，而視其人之品格。國之見重於人也，亦不視其國土之大小，人口之衆寡，而視其國民之品格」。營造人既乏基本德性教育，遇業主建築師或工程師，不遵商業正軌，（業主建築師及工程師，亦有不當之處，容於另篇論之。）時惟知一味奉迎，或且諂媚卑鄙，自降人格恬不知恥，同業視之，反譽之爲好資格，好功夫，善攏絡之斲輪老手。於是轉輾效顰，勢將盡趨營造人於陰險，諂媚，刁滑，齷齪之末流矣。間有一二秉性剛直，不甘自屈者，反譏之謂不諳世俗。社會之日習澆漓，吾營造人實負有一部份之重大責任也。

夫善媚者，亦必善驕。營造人之稍得志者，恢氣焰萬丈，不可一世。然與殷實之大資本家一較，不啻小巫之與大巫。逢集會則大言炎炎，遇事故則惟恐避之不速，事成則妄居首功，事敗則推諉卸過，甚或詆出力者之無能；因之狡猾者，遇事權詐。忠實者，未免氣沮矣。綜上數因，故營造人雖從事於建設之大役，終不見重於社會，而列之於包工，工頭，大包頭之流耳。

且也營造人之缺乏愛國心，亦不庸諱言者也。視國家如鴻毛，國之隆替似與已無關，咸孜孜於一身一家計。吾非敢謂身家之不當愛也，要知國家者，身家之託屬，苟無國家之藩籬以保護之，則徒挈此無所託屬之身家，纍纍若喪家之狗，流離瑣尾，不能一日立於天壤之間矣。然則，營造界人，固無愛國者乎？試觀二三人相遇，輙喋喋談仇人之窮凶黷武，慘殺吾同胞，侵佔吾土地，言者髮指眦裂，聽者怒形於色，斯非愛國乎？曰：此非眞愛國也。

不過縱談以逞一時之快而已！其有更甚於縱談者，若激於一時發憤，斷指血書，投江蹈海之志士，數十年來亦云衆矣。然於事實，究有何益耶？故吾之所謂愛國，乃求實踐，非尙空談。亦非謂荷鎗實彈，喋血疆塲爲救國難。亟用種種方法，以竭仇人之經濟活力。蓋現世界者，一金錢世界耳。彼虜之耀武揚威，亦惟恃彼人民之刻苦耐勞，全國上下一心一德！倣製西貨，賺取金錢，置兵艦，造鎗砲，闢空軍，實施侵略主義；吾則一味仰求於舶來品，金錢外溢，循至貧瘠。故一受刺激，卽攘臂奮呼，不終朝而酣睡如泥猪矣。

綜上數端，不過舉其犖犖大者。營造人亟應整頓，不容或緩。餘若致送外人建築師之冬至節禮，動輙數千金，雖云因營業關係，贈送節禮，藉增感情。然工程較巨，獲利較厚者，致贈隆儀，尙無捐害。惟工程較小者，或營業欠佳者，甚或縱無工程而與外人建築師素熟諳者，亦格於陋俗，不得不送，送又不得不厚，此種糜費。若以數目計之，僅就上海一埠而論，比較活動之營造廠，約五百戶，每戶平均年糜五百元，積之則得二十五萬元。若年將此欵積儲則年可設一建築材料工業廠，挽回採用外貨之巨大漏巵！但此僅就一端而論，營造廠苟能衆志成城，我敢謂不十年間，自可工廠林立，馳騁歐西矣。尙幸吾熟造人力自奮起，與窮凶黷武，野心侵略，延誤世界進化，破壞世界和平之惡魔戰，營造界幸甚，中國幸甚。

上海博物院路平治門棧房

馬海洋行建築師　義泰營造廠

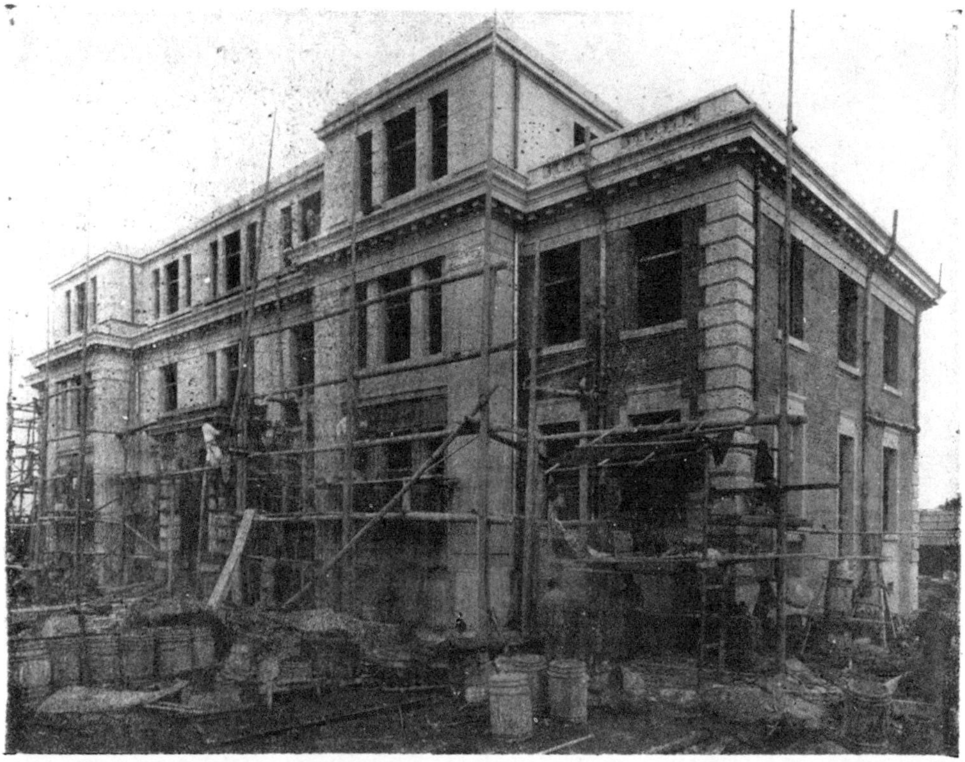

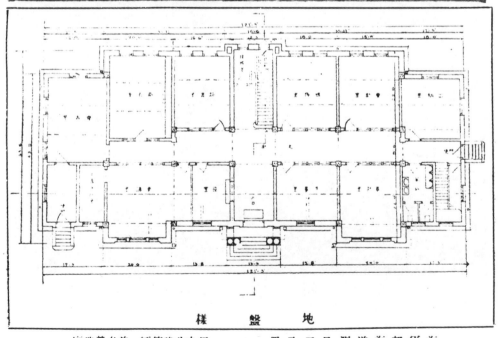

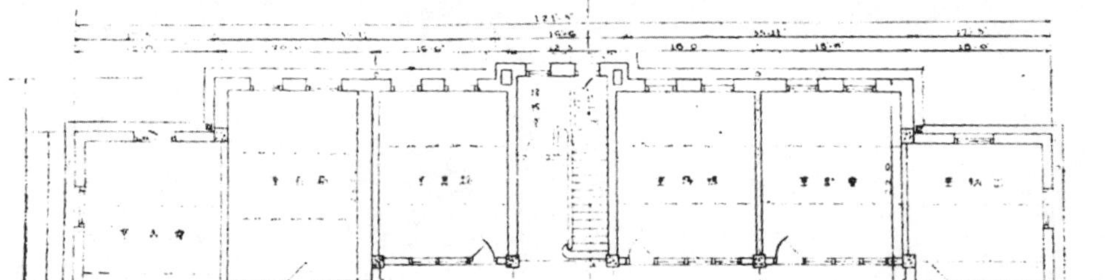

地盤樣

海軍部海道測量局公署　　思九生建築師　義泰營造廠

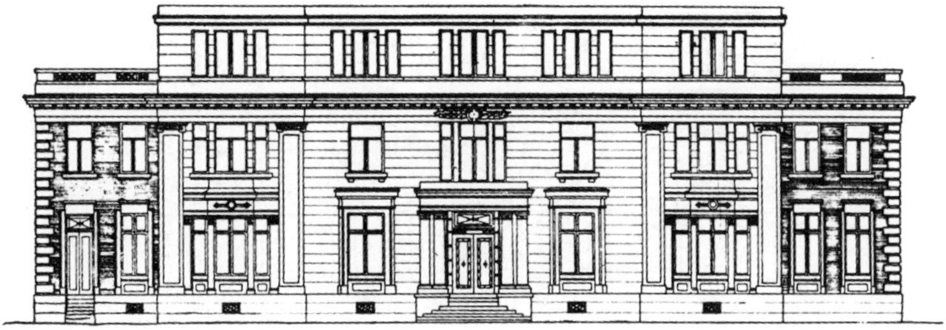

正面樣

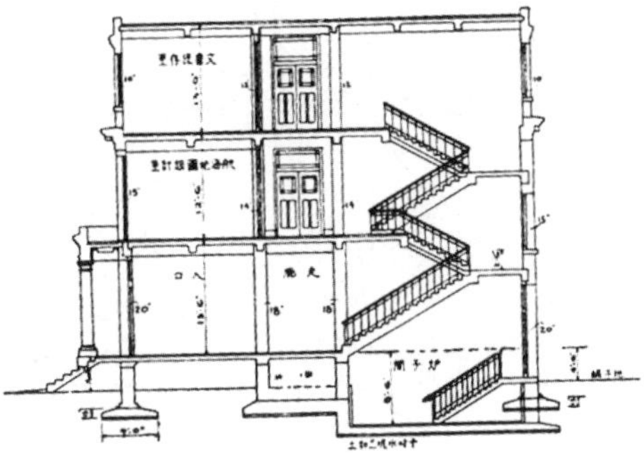

剖面樣

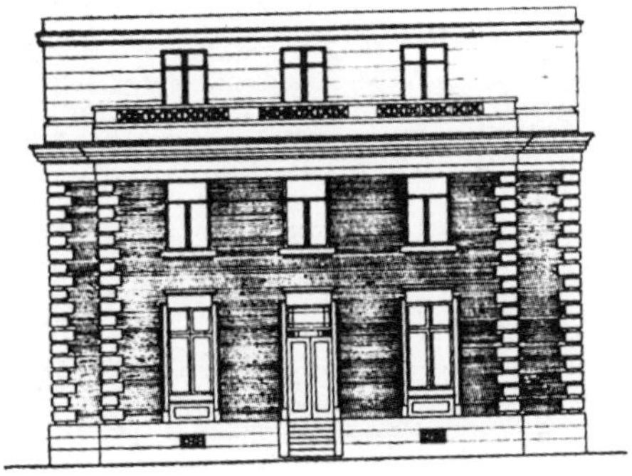

側面樣

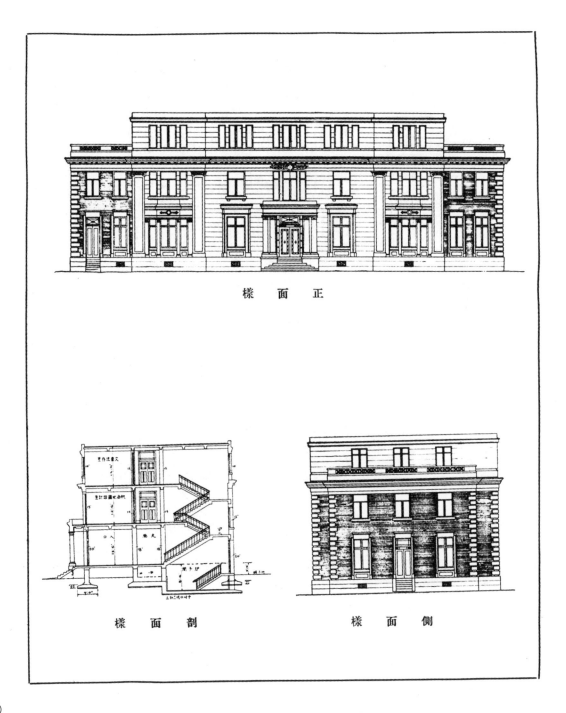

後面樣

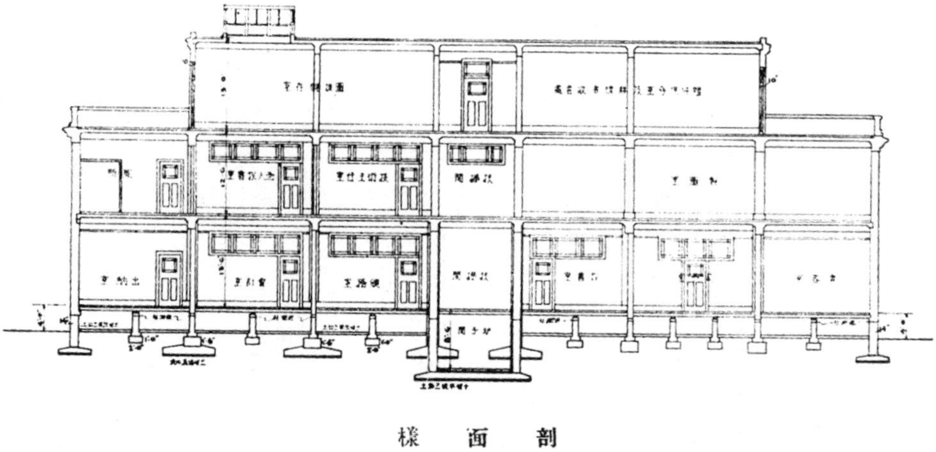

剖面樣

上海麵粉交易所

大昌建築師　　原和祥記營造廠

美國洛克斐洛城R.K.O.大戲院之鋼幹圖

工程估價

（續）

杜彥耿

材料・　樓板殼子用一寸六寸毛板。下托三寸六寸洋松擱柵及撑柱。每一平方須用木料二百三十尺。（230ft. B.M.即一寸厚二百三十平方尺。除圓木長梢松板外。其他木材均用此方式計算。）大料殼子用二寸厚或一寸半厚。惟須視大料之大小與長度而判定。

拆殼子之時間　大塊水泥之横板一日或三日後拆之。牆板於暑天時二日可拆。於冬天則須六日。樓板六尺開闊者於暑天六日。冬天則須十二日。大料或建築之骨幹十日或十四日，此指天熱時而言。倘遇冷天則須二十日。柱子之上端無重壓而每個均獨立者。僅須二日或四日。殼子若拆卸過早。實含有危險性質。切宜慎之。

露晒　巨大之底脚水泥。不妨露晒。惟單薄者如牆，樓板及類如之水泥。不能露晒。應加遮掩。藉以避免熱炎之侵入。並須時時洒水。所以防乾燥過速也。

價格之分析　分析詳算之法。必以實有計之。蓋因材料輾轉運輸。其間不無浪費。故僅就水泥一項而論。若需水泥一桶。必須加十分之一桶。爲損蝕之補足。因之黃沙石子。均應增加其量率。試列表如下。

第三表

每方水泥之詳細分析

一．三．六．成分

水泥	三．八五桶或一五．四〇立方尺	每桶洋六元半	洋二五．〇二五元
黃沙	一．九三三噸	每噸洋三元三	洋　六．三七九元
石子	三．八三噸	每噸洋四元半	洋一七．二三五元
擣工			洋　三．〇〇〇元
水			洋　〇．〇五〇元
		共計	洋五一．六八九元

第四表

每方水泥之詳細分析

一.二.四.成分

水泥	五.五五桶或二.二二立方尺	每桶洋六元半	洋三六.〇七五元
黃沙	二.〇八噸 或四九.九二立方尺	每噸洋三元三	洋 六.八六四元
石子	三.六六六噸或九七.九八四立方尺	每噸洋四元半	洋一六.四九七元
擣工			洋 三.〇〇〇元
水			洋 〇.〇五〇元
		共計	洋六二.四八六元

例證 上海著名營造廠新仁記報告承造之都城飯店Metropole Hotel)與南部漢彌爾登大廈(Hamilton House)（參閱本刊創刊號插圖第十四頁）包出黃沙石子。照水泥三和土量積計算。鋼骨鐵條不除。每方計元十七兩二錢至十七兩五錢。惟此係民國十九年與二十年中之價。現下每方約計元十六兩五錢。

一·二·四·水泥三和土每方用料。石子每方用九十五立方尺至一百〇五立方尺。其分別點須視石子之大小而定。黃沙每方用料四十五立方尺至五十五立方尺。其分別點與上述者同。水泥每方用五桶五〇。

安記營造廠所估算之水泥三和土列表於下。

第五表

成分	水泥	黃沙	石子
一·一半·三	七·四桶	四四·四立方尺	八八·八立方尺
一·二·四·	五·八桶	四六·五立方尺	九三立方尺
一·三·五·	四·五桶	五·四 立方尺	九六立方尺
一·三·六·	四·〇七桶	四八·八八立方尺	九七·六八立方尺
一·四·八·	三·七桶	四九·六立方尺	九九·二立方尺

成昌營造廠報告承造恆利銀行新行址工程。包出黃沙石子價每方洋二十二元。但每方實用黃沙石子若干。因無正確統計。故不詳。

注意 上述各表所載水泥三和土之噸量價格。係淨計者。毫無利益攙入。並因各地數量計載之或有不同。此應加注意者。石卵子每立方尺重九十八磅。軋石子每立方尺八十四磅。惟石子之品質各殊。其分量亦因之稍有參差。

估賬時應先將數量計出。然後塡注價格。

・黃・沙　購買黃沙。有用尺量算者。有用重量計者。同時並須知黃沙之分量在溼與乾時之差別。平均重量每一立方碼重二千六百磅。亦可以自二千四百磅至三千五百磅約算之。營造廠購進黃沙時。不必常用尺量。或可參用重量。

黃沙與石子之量算方式

第　一　圖

20'×10'×2'＝4,000方

400÷24＝16.66噸。

黃沙每二十四立方尺作重一噸。石子之重量與黃沙同。惟石卵子則以二十立方尺作爲一噸。

・試・例　上海第二特區邁而西愛路十九層高峨嶺寄廬之初層滿堂水泥三和土。地面計二百方。(二萬平方尺)厚五寸半。用一・三・六・合。上粉一・三合半寸厚細沙。

第六表

邁而西愛路峨嶺寄廬初層滿堂水泥三和土估算表

(細沙除外)

$$20,000\text{平方尺}\times\frac{11''}{2}\times\frac{1}{12}=110,000\times\frac{1}{12}=91.666\text{方}$$

91.666方	依第三表	每方用水泥	三.八五桶	結需三五二.九四四桶	每桶六元半	洋二,二九三.九四一元
,,	,,	,,　黃沙	一.九三三噸	,,一七七.一九〇桶	每噸三元三	洋　五八四.七二七元
,,	,,	,,　石子	三.八三噸	,,三五一.〇八〇噸	,,四元半	洋一,五七九.八六〇元
,,	,,	,,　擣工	每方三元			洋　二七四.九九八元
,,	,,	水	每方五分			洋　四五.八三三元
						共計　洋四,七七九.三五九元

澆面　下表詳列各項細沙澆面之成分。均以一百方碼計算。即九百方尺。若面積大於或小於一百方碼者。可依此表之成分增減之。

第七表

澆面水泥細沙成分表。分列所需黃沙與水泥之數量。（一百方碼）

成分	厚度	水泥桶數	黃沙立方碼
1與1	½寸	6.6	0.90
1與1	½寸	6.6	1.30
1與1	6分	10.0	1.40
1與1½	6分	8.1	1.70
1與1	1寸	13.0	1.80
1與1½	1寸	10.8	2.30
1與2	1寸	9.2	2.60

第三節　磚牆工程

丈量　牆之量算。均以面積計之。因牆身之厚薄而定價格之高下。普通牆垣之厚度。為五寸十寸與十五寸三種。二十寸者殊不多覯。

大小　磚之大小。種類繁多。列表如下。

第八表　各種青紅磚詳細表

產地	尺寸	顏色	備註
義品機窰	9"×4¾"×2⅛"	紅	B.P.N.
,, ,,	9¼"×4½"×3"	,,	空心磚
,, ,,	9¼"×9¼"×4½"	,,	,, ,,
,, ,,	9¼"×9¼"×2½"	,,	,, ,,
,, ,,	9¼"×9¼"×3"	,,	,, ,,
,, ,,	9¼"×9¼"×6"	,,	,, ,,
,, ,,	12"×12"×4½"	,,	,, ,,
,, ,,	12"×12'×6"	,,	,, ,,
,, ,,	12"×12"×8"	,,	,, ,,
,, ,,	12"×12"×10½"	,,	,, ,,
,, ,,	12.'×12"×12"	,,	,, ,,

產地	尺寸	顏色	備註
大中機窰	12"×12"×8"	紅	六孔磚
,, ,,	12"×12"×6"	,, ,,	八孔磚
,, ,,	12"×12"×4"	,, ,,	四孔磚
,, ,,	9¼"×12"×6"	,, ,,	六孔磚
,, ,,	9¼"×12"×4½"	,, ,,	三孔磚
,, ,,	9¼"×12"×3"	,, ,,	,, ,,
,, ,,	4½"×12"×9¼"	,, ,,	四孔磚
,, ,,	3"×4½"×9¼"	,, ,,	二孔磚
,, ,,	2½"×4½"×9¼"	,, ,,	,, ,,
,, ,,	2"×4½"×9¼"	,, ,,	,, ,,
,, ,,	2"×5"×10"	紅	
,, ,,	2½"×8½"×4¼"	,,	
,, ,,	2"×9"×4⅜"	,,	

第九表 其他各種青紅磚詳細表

產地	尺寸	顏色	備註
洪家灘	$9\frac{3}{4}'' \times 4\frac{7}{8}'' \times 1\frac{3}{4}''$	紅或青	||8+青放
盧墟	$9\frac{1}{8}'' \times 4\frac{1}{2}'' \times 1\frac{3}{4}''$	,, ,,	新三號
下甸廟	$8\frac{7}{8}'' \times 4\frac{1}{4}'' \times 1\frac{3}{4}''$	,, ,,	三號放
洪家灘	$8\frac{7}{8}'' \times 4\frac{1}{8}'' \times 1\frac{3}{4}''$	,, ,,	洪三號放
震蘇機窰	$10'' \times 5'' \times 2''$	,, ,,	
,, ,,	$9'' \times 4\frac{1}{2}'' \times 2\frac{1}{4}''$	,, ,,	
泰山	$4\frac{1}{2}'' \times 5'' \times 9\frac{1}{2}''$		路磚
,, ,,	$2\frac{1}{2}'' \times 4\frac{1}{4}'' \times 9''$		火磚
馬爾康	$12'' \times 24'' \times 2''$		A 汽號泥磚
,, ,,	$12'' \times 24'' \times 3''$		B ,, ,,
,, ,,	$12'' \times 24'' \times 4\frac{1}{8}''$		C ,, ,,
,, ,,	$12'' \times 24'' \times 6\frac{1}{8}''$		D ,, ,,
,, ,,	$12'' \times 24'' \times 9\frac{1}{4}''$		E ,, ,,
,, ,,	$12'' \times 24'' \times 8\frac{3}{8}$		F ,, ,,

磚之點算 陶磚運至營造地。其堆置之式。爲每手五塊。每堆之高度爲五層，七層或九層。故點算之法。若五層高者。點其中層。即第三層自一端點起。以二幢爲一對。點至另一端。設爲十對。則此一堆之磚。共計五百塊。參閱第二及第三圖說：

第二圖

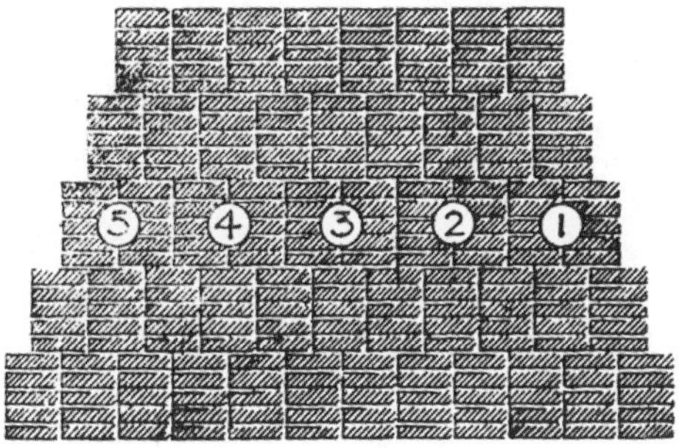

5 × 50 = 250

第三圖

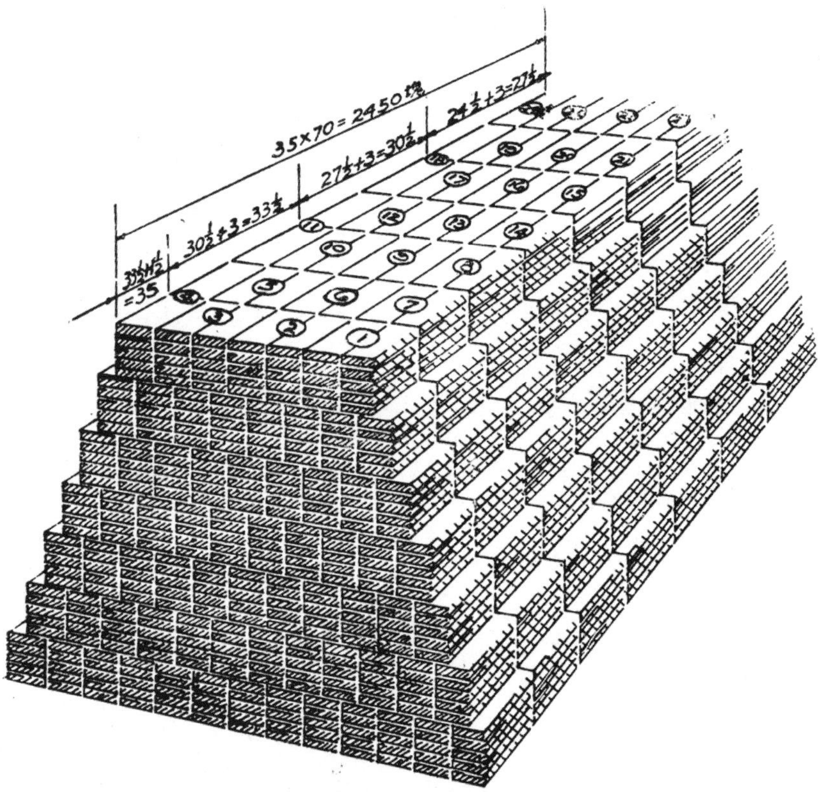

倣如九層者。亦用此式。（待續）

恆利銀行　　趙深陳植建築師

恆利銀行新屋工作圖

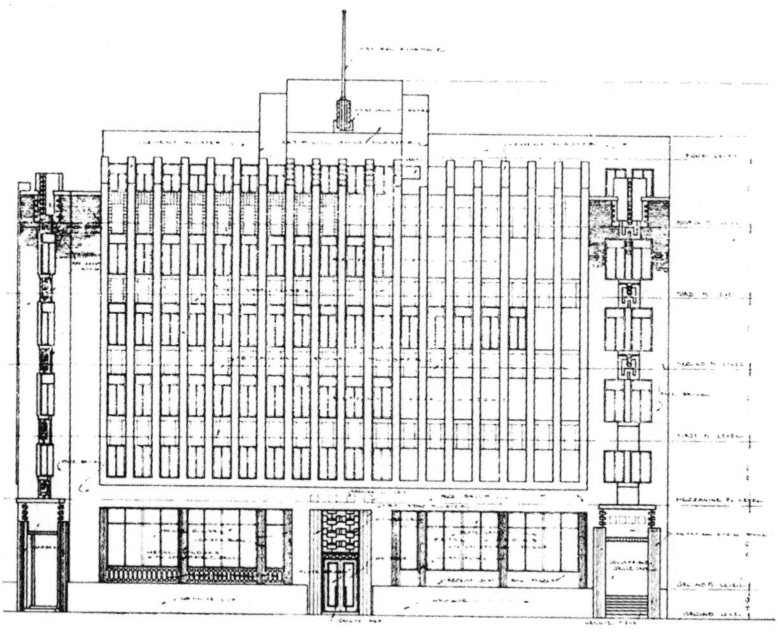
HONAN ROAD ELEVATION

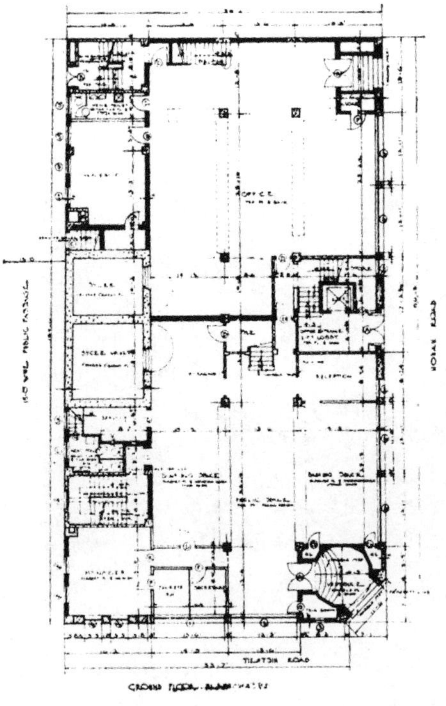

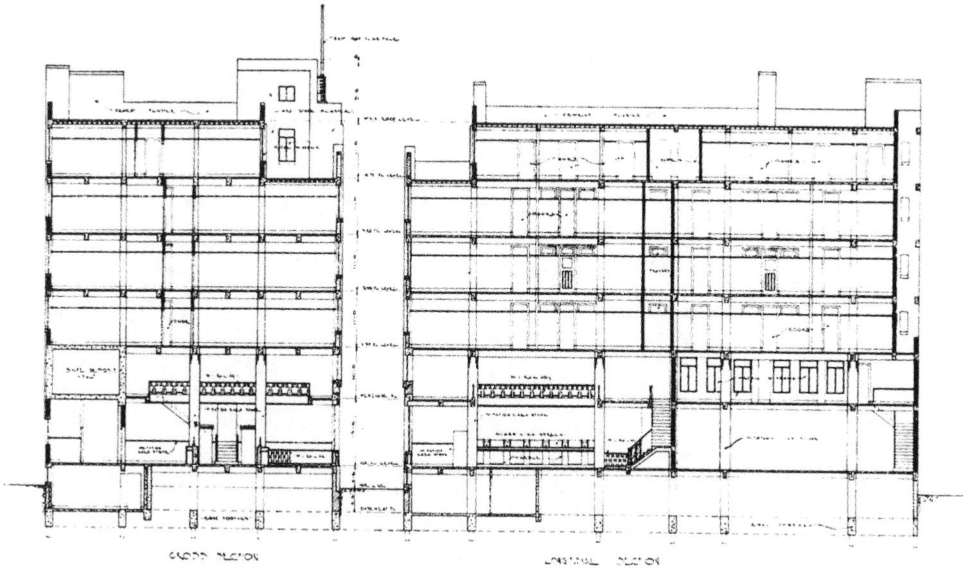
CROSS SECTION
LONGITUDINAL SECTION

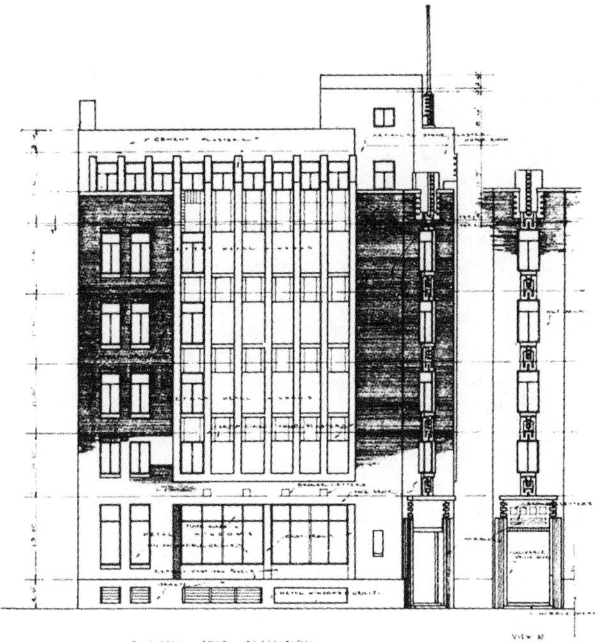
TIENTSIN ROAD ELEVATION
VIEW AT CORNER

峻嶺寄廬配景圖

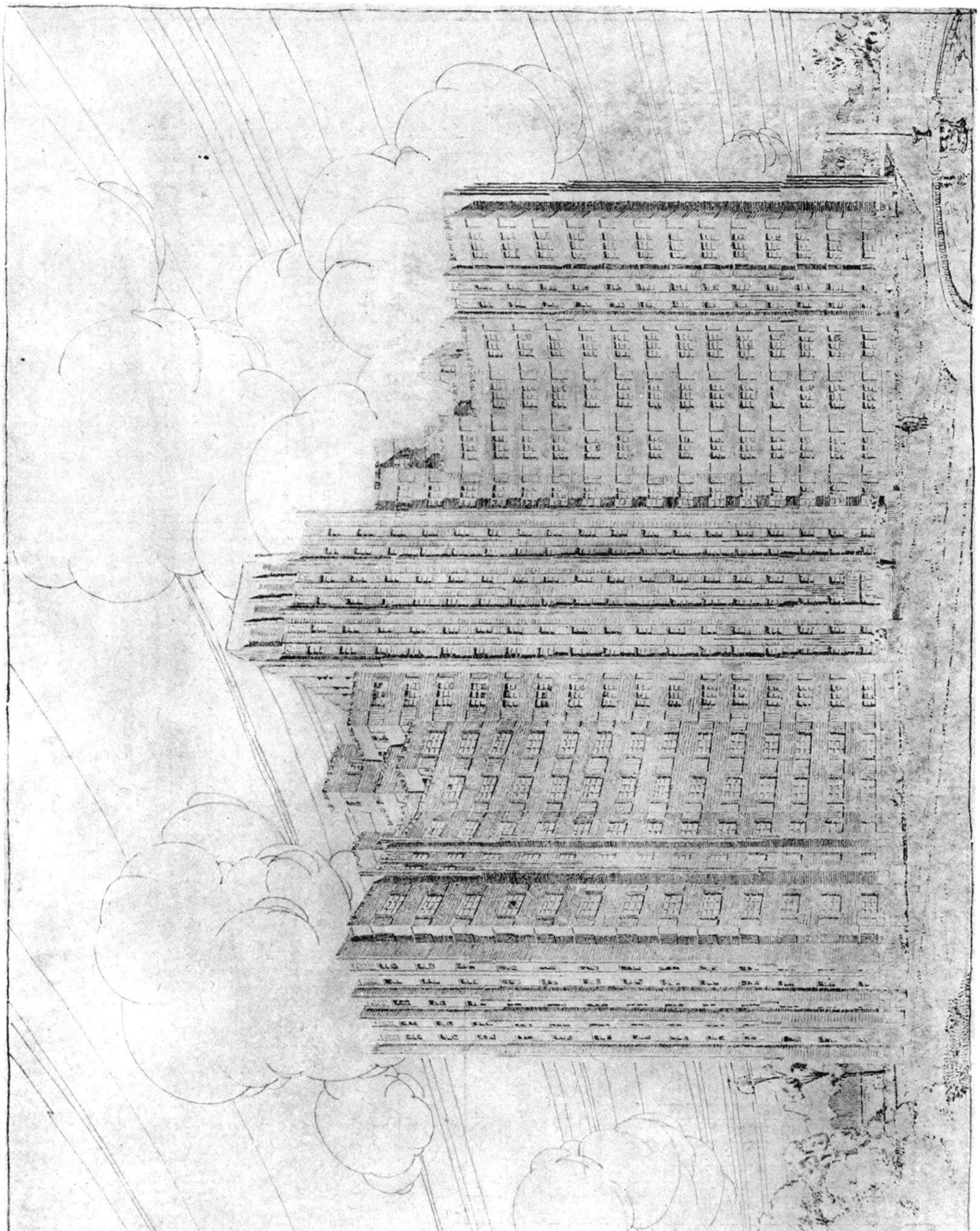

公和洋行建築師

建築章程

峻嶺寄廬建築章程（續）

八八、鋼條　承包人應供給鋼骨。並須將鋼骨裁斷及彎曲等等。承包人鋼條每噸之價。應包括彎工、裝置工及其損失。於工程完竣後計算。共用鋼骨若干。隨後付款。惟僅付所用鋼條之淨重量。其短損不計也。故短損虧失之要求。亦毋庸議。鋼條、應以溶化柔和之純鋼條。並合英國最新規定鋼骨專用於建築者之標準條件。即鋼條每方寸之拉力非有三十八噸不可。若每方寸之拉力僅三十三噸。則無討論之價值。一切鋼骨應置於營造地者。由建築師指定之。

建築師於必要時。得要求將鋼骨出品廠化驗所得之考驗單檢閱。承包人應包括鋼骨之彎斷。以應建築之用。並供給十二戩士之柔性鐵絲。

八九、鋼骨之試驗　每批鋼骨於未運抵時。須先將樣品呈交工程師檢察。以後於必要時。得根據工程師之要求。任何一批鋼骨均可化驗之。

九〇、化驗費　承包人應擔任一切材料之化驗費。

九一、指導　一切水泥三和土。或得由建築師指導之下進行之。承包人於壳子板完成將澆水泥三和土之前。應先請示建築師。得其允許後澆做。

水泥之未經請示於建築師。亦未得其許可。而擅自澆擣者。其已成之部分。應即拆去。重行做新。

分量與勻拌

九二、水泥三和土『A』　水泥三和土用於初層滿堂者。厚五寸半。其成分規定如下。

二寸石子……………………十二立方尺。

粗黃沙……………………六立方尺。

水泥……………………不能少於二百磅之重量。

大概爲一•三•六•之成分。

九三、水泥三和土『B』　水泥三和土用於地大料、滿堂、墩子、樓板、屋頂、扶梯、平頂、假大料、沿口、踏步下、台口線脚、烟囪帽子者如下。

六分石子……………………八立方尺。

粗黃沙……………………四立方尺。

水泥……………………不能少過二百磅之重量。

大概爲一•二•四•之成分。

九四、水泥三和土『C』　用於特別柱子之工程等等。註明於圖樣者。其成分如下。

六分石子……………………四立方尺。

粗黃沙…………………………二立方尺。

水泥…………………不能少於二百磅之重量。

大概爲一•一•二•之成分。

九五、成分　材料之成分。須視石子之粗細。建築師有命令加重水泥之權。

倘石子中發現黃沙水泥不足夠時。須加增至適度。所加水泥。不能加賬。

九六、水　拌水泥時。應和以適當之水。使水泥能牢結於鋼骨。但不可太薄。以致淌漏。

九七、機拌　一切水泥三和土。除別有規定者外。均應用機拌。

一切水泥均應於滾桶中拌之。水泥拌桶之多寡。以足敷應用爲度。無論何時不可傾拌過多。於天氣炎熱時。尤須注意及此。

水泥三和土應拌至色澤和勻時。方可應用。摻水之多寡。亦須一定。不可太乾。亦不可過薄。於開拌之始。必先酌定。每次所拌水泥。應加水若干。並應派能者監督拌桶每拌水泥之傾拌適度。每拌水泥之時間至少須二分鐘。

九八、手工拌　手工拌之水泥。不能通行於此項。除由建築師之許可。及能使其滿意。水泥三和土之用手工拌者。必設置不漏水之拌板。將材料傾上拌板時。必分數層薄層。隨後用手工翻拌三次或多次。務以各種材料呈現均勻之色時爲合度。非將三種材料乾拌至適當之狀態時不可加水。至拌和已達最適度。用蓮花頭灑水。再行翻拌三次或數次。至均勻濃凝。惟在各種可能範圍內。每拌水泥。常能保持同樣溼度爲最佳。

手拌水泥較機拌水泥之規定。應多加水泥一成。

九九、水泥之遮護　關於遮護水泥。已註述於圖樣者。自應特別注意。不可超越亦不可減少。保持此項遮護。首須整其步驟。並應得建築師之贊可。

一〇〇、重行調和　不論水泥三和土或水泥灰沙。因拌置過久。而重行調和應用者。是絕對不可。

一〇一、鋼條彎斷與設置　一切鋼條。應依據圖樣。細心彎曲。每一鋼骨之位置與形狀。事前應加考慮。鋼條不可沾染油漬或油漆。一切鋼骨均須光潔無銹。

鋼骨之長度。必須原條。不可鑲接或熔合。

鋼骨與鋼骨之銜接處。須用十八號鉄絲緊紮。並應將鋼骨位置於木壳中之正當地位。澆擣水泥時。應依據規定於圖樣之蓋護法行之。以免澆擣水泥時。將鋼骨驅至不正確之地位。

一〇二、澆擣水泥三和土　水泥翻拌均勻後。應即澆擣。並須小心澆於鋼骨之四周。用錘使之堅實。務使無氣泡發見。而臻於十分妥善之境。每一拌水泥。自第一車至最後之存餘。

其中時間至多不得過二十分鐘。且應預定步驟。連續進行。不使水泥久留而至於硬。

一〇三、關閘　不准關閘水泥。水泥勿太溼。而免關閘之可能。

一〇四、樓板之銜接等　水泥樓板之接縫。應直接。勿依澆擣傾瀉之勢而斜接。應用高低縫鑲接如指示者。

新水泥於未澆之先。應將舊有水泥之直面斬毛。及加以冲洗及澆漿。隨後新水泥方能貼接。

大料或樓板之接頭。均應接於同一距離之中段。倘承包人銜接於別處者。則建築師或須命其將水泥鑿至中段。

一〇五、工程進行時壓重　工程進行時。水泥樓板上。切勿堆置建築材料過重。有數處之樓板。每方尺祇能擔重自三十磅至二百磅。其尤須注意者。於新樓板澆擣後。至少須待三星期。方能置放較重之物料。

一〇六、鑿　承包人為履行合同所載之義務。或為別項承包商行。而有必須之錐鑿水泥。任何承包商行不能錐鑿水泥。建築師若認為某一種錐鑿工作。可以加賬者。其價目應照標準價目表計之。無論何處。欲須割鑿者。必先請示建築師。若因割鑿而損及水泥之力量者。均不准割鑿。

一〇七、大概　清掃、垃圾出運、器械及脚手（除已有規定者外）。平時須常保清潔與乾燥之狀態。使別項承包商可着手工作。免廢時間。

若圖樣上、承攬章程或其他文件上。關於鋼骨水泥三和土。承包人有不明瞭者。可用書面或口頭咨詢建築師。求其解答。

工人之技能。與材料之品質。均以上選為合格。建築師之思望與導言。亦為此項工程承攬章程之一部份。

一〇八、數量　承包人估價時。應列入下開材料之數量。

（甲）滿堂

五寸半厚純水泥三和土初層滿堂……計二百平方。

半寸厚細沙粉於初層滿堂上……計二百平方。

六分厚細沙粉於避水工程上……計二百平方。

滿堂、地大料、與墻牆之一・二・四・鋼骨水泥
計九百五十立方。

用於滿堂、地大料及墻牆之鋼條……計三百三十六英噸。

（乙）柱子

柱子一・一・二・鋼骨水泥……計五百〇五立方。

柱子一・二・四・鋼骨水泥……計九百五十四立方。

用於柱子中之鋼條……計八百七十五英噸。

（丙）樓板

樓板一・二・四・鋼條水泥(平均四寸厚)
計二千六百五十二平方。

樓板大料一・二・四・鋼骨水泥……計七百四十三立方。

用於樓板及大料之鋼條……計七百〇四英噸。

一〇九、注意水泥工程一欄內承包人應列入下開數目：

搬下屑石版……元一千兩。
不透水之池……元一千兩。
伸漲接頭……元一千兩。
雜項……元二千兩。
共計　元五千兩。

承包人並應於其估價內。列入購自業主之下開鋼條。平均價每噸元九十四兩。

二分圓……計一百〇四噸。
二分半圓……計七十噸。
三分圓……計一百十四噸。
半寸圓……計一百二十五噸。
五分圓……計六十八噸。
六分圓……計二百九十六噸。
七分圓……計二百八十五噸。
一寸圓……計三百十噸。
共計　一千三百七十二噸。

此項鋼條係運至營造地者。但承包人必用鐵絲帚刷清。

輕氣磚

一一〇、綱要　除另有規定者外。一切牆及分間。均用輕氣磚。承包人應向中國輕磚公司購辦之。並於其賬中列入人工、材料及器械。足以建造此項工程之用。依據本章程。同時亦須準照圖樣。承包人並應担任依照圖樣所指用之全部輕氣磚。

一一一、材料　輕氣磚用中國輕磚公司之出品。以選實堅者爲合格。並須依據交呈建築師檢閱之樣品。具同一之品質者。每立方尺之重量。不可輕於五十五磅。亦不可重過六十二磅。惟此爲乾燥時之重量。輕磚製成六個月後。每方寸之壓擠力至少須有三百五十磅。運抵營造地時。必隨時可以取用。

一一二、牆　外牆用十二寸×二十四寸×八寸三分。十二寸×二十四寸×六寸三分及十二寸×二十四寸×六寸一分，自樓板面至窗盤之牆。應砌十寸半厚度。用六寸一分與四寸一分厚之輕氣磚鑲砌而成。自窗盤至窗之上部之牆。厚八寸三分。即用一磚之厚。

每皮輕氣磚。必夾鋼板網一層。磚之鑲砌。應參差相搭。並須搭進柱子。砌磚所用之灰沙。係以一分水泥。四分黃沙。及一分半石灰混合。灰縫之闊度。不得過一分半。空隙處均應用灰沙刮足。每皮灰縫必須平齊、正直。灰沙未堅硬時。應加保護之。

輕氣磚均近大料。每皮終點。應留度頭。其找磚依出品廠之說明。可用泥刀斬斷或鋸斷。

外牆先粉避水水泥。隨後膠舖面磚。當於磁磚一欄中詳述之。裏牆與腰牆之粉刷。則於下列粉刷欄中言之。

一一三、分間牆　一切分隔。除於前章已有規定外。用十二寸×二十四寸×四寸一分之輕磚。鋼板網祇用一皮置於門堂上過樑之上。其長直達分間牆之兩端。

一一四、屋面避熱　一切平屋頂。除水池及煤棚外。應舖十二寸×二十四寸×四寸一分之輕氣磚一皮。用黃沙平舖。

一一五、墩子、摔頭及度頭　上述各項。均用輕氣磚組成。並以之爲收膠美飾花朵。作空堂之對峙。或建築坦壁。此項工程之進展。應依據圖樣或建築師之指導。並參照關於牆垣及分間之承攬章程說明。

一一六、裏部熱氣管、糞管、出水管、雨水管及各種縱或橫之管槽　各種管槽。俟驗試之後。卽用輕氣磚堵塞。或以二五五號二十二跋士之鋼板網遮釘。外塗粉刷。使與牆或分間作同一之色樣。

一一七、進口貨由承包人裝置　鋼窗及窗上裝配之零件(卽攀手及窗撑)及藥箱。由建築師指定之商行供給。送至營造地。並應妥藏。至應用時取出裝置。渠應負自運抵營造地至工程告竣移交業主時之責。中間設有遺失損壞。自須賠償。

一一八、鋼窗　牆壁預空地位。以便將鋼窗嵌入。用鐵脚鈎入牆中。窗之槽管。用水泥濃漿堵塞。外面復用葛烈道公司之麥司的克膠嵌。

一一九、藥箱　牆中預留空堂。以備嵌入藥箱。其背面應釘鋼板網。以資粉刷。

木工與裝修

一二〇、注意　一切木工裝修。如洋門、門頭線、窗盤板、氣帶蓋、書櫥、畫鏡線、椅枕、木樓板、門簾箱、居壁架、百葉板、碗櫥及洗碗盤板。均包含於另一合同中。木台度之於電梯川堂、會客室及大餐室。在十四層、十五層及十六層者。亦包列於另一合同中。

承包人之合同中。包含別項木工。如毛坯木工、亮子、毛條子、毛門頭線、毛踢脚線及木柔磚等種種關於別業連帶之下列工程。

一二一、毛堂子　所有門堂。應做一寸半×四寸一分洋松毛堂子。兩旁與分間牆離開九寸。用六個脚頭撑托。兩面釘以鋼絲網。

一二二、樓板下之擱柵　一切木樓板下。均以雙面斜度之硬木擱柵呈之。淨料爲二寸×二寸一分半。至多一尺中到中。擱柵應浸於熱沙利根、或他種能邀建築師贊許之防腐物中三次。取出後至少須俟二十八日後。方可舖釘樓板於其上。

一二三、硬木玻璃條子　洋門式樣 1A 2A 及 25A 之腰頭。應用硬木條子嵌釘鉛條玻璃。

一二四、柚木扶手　二寸方之柚木應刨圓如圖樣。一切應需彎頭等裝於一號二號及三號扶梯下。用鉄脚及欄干支撑。扶梯須做光泡立水。

一二五、假平頂　假平頂之平頂筋。用三寸×二寸洋松條子。一尺六寸中到中。紮於大料及板牆等之鋼條上。板牆筋上釘一寸×二分之板條子。以資粉刷。

一二六、臨空柱　柱長四尺至三十尺。用中國杉木裝於大水池間之上。柱子應選挺直者。裝置於假石坐盤。用熟鐵鈎板插入水泥三和土之平台。並用鐵箍一道。每根柱子用鐵箍一道及鈎插鉄版一塊。每根柱子之頂及下端。均須包以二十二號之紫銅。

粉　刷

一二七、概要　關於粉刷與水泥粉於牆或平頂者。其厚度為半寸。並須於未着手之前。先依照承攬章程之說明。製成樣品數方。呈建築師請其擇定。隨後方得進行粉刷。再別項承包商行所包之工程完竣後。其損壞之處。須用石膏粉修妥完善。

一二八、水泥　與水泥三和土欄內規定者相同。

一二九、石灰　一切石灰均於池中化合。惟至少須於二個月後方得取用。

一三〇、黃沙　一切黃沙。均以清潔而有鋒角者為上乘。並須經密篩篩過。將殼類及石屑篩出。

一三一、輕氣磚面部之初度粉刷　用水泥一分。黃沙三分拌和。粉於牆面。狀如石卵子牆面之式。俾末度粉刷有轉脚。其末度之平均厚度為二分。

一三二、輕氣磚以外之牆面初度粉刷　用石灰一分與黃沙三分拌合。每立方尺加二寸長之麻絲一磅。妥行打和。但本地繩索稻草及草紙均不准用。一切牆面。須先刷清。而後用水澆溼。方可粉刷。初度粉刷之牆面。須以板條劃毛。使二度粉刷有緊貼之效。並將牆面灑潮。再繼之以第二度。

一三三、第二度粉刷　用上選之石灰一分。黃沙三分。及麻絲一如上節所規定者。

當第一度之粉刷既乾。則自平頂至樓板脚刮以四寸闊之豎頭一條。每一空當之距離約四尺。豎頭應用托線板掛直。隨後將豎頭與豎頭間之中當粉滿。使面部平整無凹曲。至第二度粉刷已乾。稍灑以水。再加劃毛。以作末度粉刷之準備。

一三四、末度粉刷　用一分石灰與一分半之吳淞粗粒黑沙。（非黑泥）粉於牆面及再行劃毛。圖樣顯示之粗粉刷。（公寓「A」字號之裝飾、攻讀室、洋台在公寓室者、下層大門口川堂之平頂等等。）用木蟹沙打而完成最後之牆面粉刷。

一三五、初度、二度及末度　除已於上章或以後尚有說明者外。一切牆面、平頂、沿底及電梯井之裏部。均粉白石灰。

一三六、硬粉刷　硬粉刷用西勒比或花岡粉。或其他硬粉刷之材料。其粉製方法。一如上節所述。今將應用硬粉刷之處列下。

一切牆角、窗堂度頭及天盤。

座起間之門頭線、空堂及台度。公寓裝飾類『B』字號。

下層川堂牆面。高與門頭線之上口齊。

一、二、三層之扶梯弄台度。高六尺。

一三七、線脚美飾、圓弧等等　均用黃沙水灰及石膏於圖樣上註明及放大圖樣。下列係簡單之角平頂。其大小參照放大圖樣。

傭僕室。

管鑰室及下層川堂。

廚房及浜得利。

公寓中之洋臺。

浴室。

一、二、三層之扶梯平頂。

一三八、分隔板　書櫥之底與氣帶之兩面。均應裝包半寸厚之實牢得勢分隔板。或其他上選之分隔板。

一三九、假圈　用鋼板網釘於框圈之上。

一四〇、水泥粉刷　用水泥一分及黃沙三分。分二度粉於牆上。惟粉於輕磚之面者。應先使水泥濃如漿。一如上章所述。水泥粉刷中。均應加R、I、W、避水粉。每袋水泥摻加避水粉二磅。（每袋重量九十四磅）

下列各處係用水泥粉刷者。

傭僕室洋台之牆及平頂。

第四及第五層之扶梯牆及平頂。

冲洗盤、冲洗室下層之坑廁。

下列各處亦用水泥粉刷。惟不加避水粉。

下層坑廁及坑廁分隔牆。計六尺高。

水箱間內之牆面。

一四一、纖微粉刷　一切纖微粉刷工程。由魏達美飾行或其他可靠之製飾商行承辦。此種纖微做於鉛弗司布。釘於洋機木框或牛腿之上。再將釘眼補塡。

纖微粉刷『A』字號——座起間、大餐室、川堂、入門處、攻讀室及公寓中臥室之一切大料。均用『A』字號美飾。裝成假老木之大料。座起間並加設五寸×三寸之木筋式。如放大圖樣。

纖微粉刷『B』字號——座起間、大餐間、川堂、入門處及臥室中之平頂線脚及大料。均做『B』字號纖微粉刷。如放大圖樣。

一四二、注意　地坑下一切牆及平頂。及下層川堂至垃圾間、水箱間、馬達間、總管鈕及煤棚。均無須粉刷。惟牆面必須保持其原料之狀態。

一四三、下列牆面並不包刮於本合同內。係由建築師擇定別家商行承製者。

下層大門川堂、裏川堂、辦事處與候待室之牆面。及纖微粉刷平頂線脚。

電梯川堂之浜子台度。

座起間與大餐間之台度。

第十四層、十五層及十六層。

『A』字號浴間。

磁磚

一四四、概要　一應磁磚。必先由建築師檢閱樣品。認爲可用。而後向出品廠商購辦。面磚用水泥舖於牆上。其成分爲水泥一分。黃沙三分。水泥與黃沙之品質。與前章規定者同。磚縫嵌白水泥。

一四五、烤火處舖用假大理石、面磚及方磚。分別於下：

假大理石——假大理石應向馬爾康洋行購之。或經建築師准許之別家商行承辦。烤火處之面及底。用整塊大理石。磨擦光亮。與勻合之色澤。

面磚——用泰山面磚。已於本章別項內規定者。

方磚——六寸方上選之啓新方磚。

一四六、英國或美國白磁磚　『B』字號浴間應舖英國或美國三寸×六寸白磁磚台度。高五尺一寸。中嵌美化一寸腰帶一條。下脚舖六寸下口弧圓之踢脚磚。餘如必要之陽角陰角。均須用同一出品之式樣。

一四七、大陸白磁磚　廚房及浜得利間之磁磚台度。高四尺。用六寸方大陸白磁磚。下脚用弧圓之踢脚磚。一應外角裏角。及壓頂線。亦須用同一廠家之出品。

一四八、外面面磚　一切面磚用八寸半×二寸半×七分之泰山面磚。或其他上選之面磚。舖砌之式樣。依照圖樣或建築師之指導。面磚背面之水泥。係用水泥一分。黃沙三分及RIW避水粉。每袋水泥加粉二磅。（每袋水泥之重量爲九十四磅。）灰縫中嵌白水泥。水泥與黃沙之規定。與前章相同。

平面舖設

一四九、塡平高低參差之地平　每層之擱面。均應平坦。每層水泥樓板之上。須做三寸厚之煤屑水泥。用一分水泥及六分煤屑混合。惟下層僅於水泥做高一寸。（但管理人之寓室應三寸。）及地坑地面。及水箱間、馬達間之地面。均係水泥樓板之本色。

一五〇、落水　一切落水於圖樣上註明者。如屋面。僕人洋台。每丈落水一寸半。用水泥細沙粉出落水。

一五一、進口陶磁磚　『B』字號浴間之地面。舖用外國製造之陶磁磚。六分方或六角形。硬油光面及適當之顏色。此項陶磚。初係膠粘於紙者。再舖於水泥之上。其水泥與黃沙之組合成分。應由出品廠商說明。舖設式樣。應依照放大圖樣。或由建築師指導之。

一五三、方磚　用啓新上選六寸方磚。舖於水泥之上。斜坡平正。式樣依照圖樣或建築師之指導。一切方磚之面。須於舖置後卽行擦清。廚房間，浜得利間——在洋台南者。公寓內之洋台、小孩遊戲室及一切平屋面。除水箱間上面及第十六層與十七層之上面外。均舖六寸方磚。磚縫中嵌白水泥黃沙。

工房及抽水機間之地面。亦舖方磚。惟縫中嵌以普通水泥黃沙。

一五四、方磚踢脚線　平屋面，工房及抽水機間踢脚舖方磚一皮。作爲踢脚線。洋台，小孩遊戲室舖方磚踢脚線。上端須弧圓者。磚縫中之鑲嵌。均與地面所嵌者同。

（待續）

居住問題

衣食住行乃人生四大要素，尤以「住」爲關係最切，故近代居住問題，已成社會問題之一。惟我國書報猶未加以具體之研究與指導，都市及鄉村之居住房屋亦尚少改良；討論改進，實不容或緩。而人煙稠密，住屋求過於供之各大都市，居住者之精神與衛生，更感痛苦，非予以適宜之改良方法，殊不足以滿足人類生存之權利。本刊有鑒及此，爰闢「居住問題」一欄，專載各種新式合用之房屋的圖樣攝影，內容與形式並重，且加以說明，藉供讀者參考。本期側重西式，自後當陸續刋登我國暨日本等各種式樣，而於我國大都市中之「里弄住屋」，亦將指示改善之切實方法，爲一般民衆謀住的幸福。

可愛的小住宅

上面是一所精巧住宅的攝影，在大門旁邊矗立一個煙囪，平添不少藝術的意味。內裏的部序與裝飾亦在在予居住者以便利安適與愉快。下面是一所殖民式住宅，和汽車間連着，尤其便利與合用。

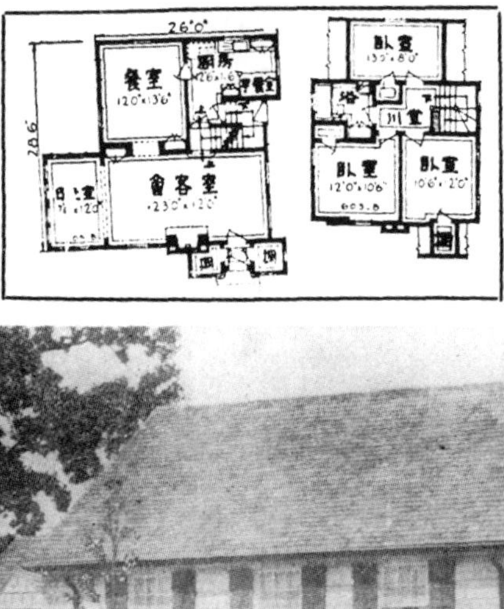

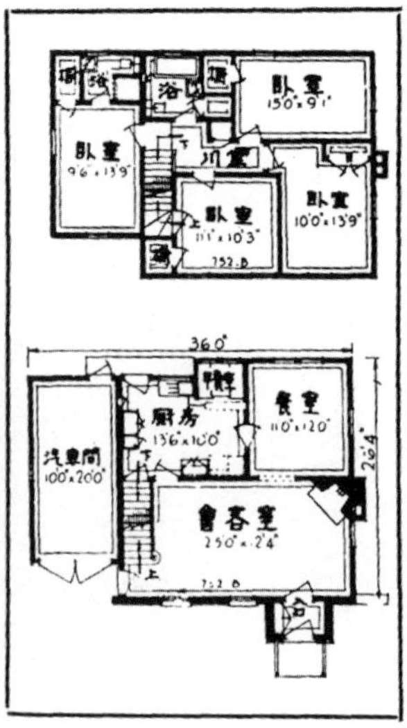

上圖係新建於美國紐極賽蒙脫克利那之住宅，此種式樣爲美國最早之移民式住宅，迄今尚盛行。

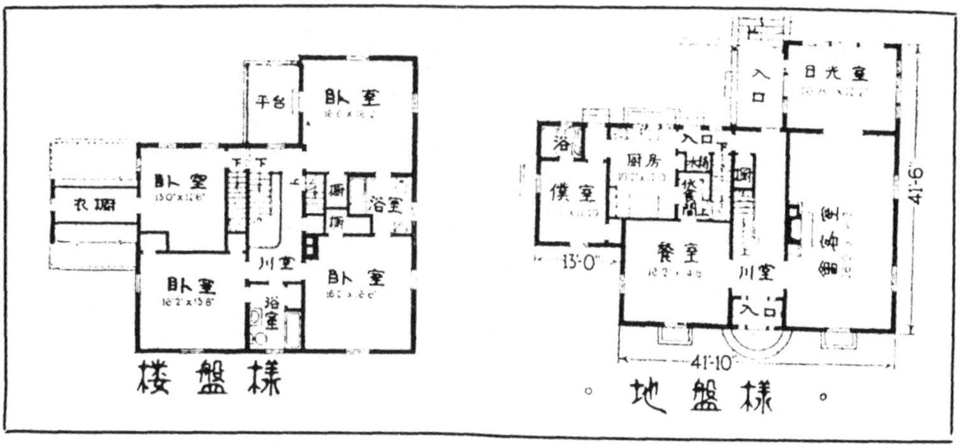

樓盤樣　　。地盤樣。

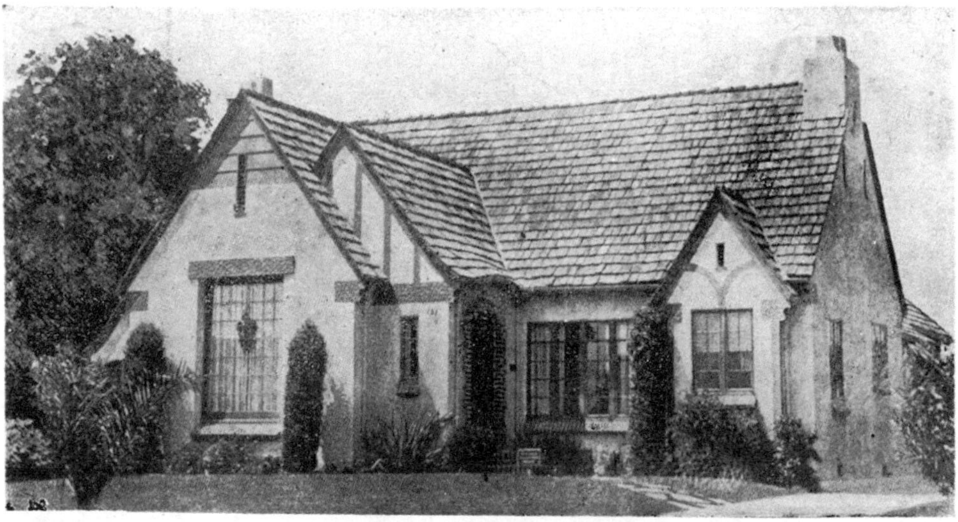

美國加利福尼省的小住宅

在太平洋沿岸，矗立着本頁所列的二所美麗住宅。上圖是英國式，地盤設計的巧妙，眞是獨具匠心。

設計小住宅的樣式，很多很多；可是下圖的樣式，常站在不敗的優越地位。

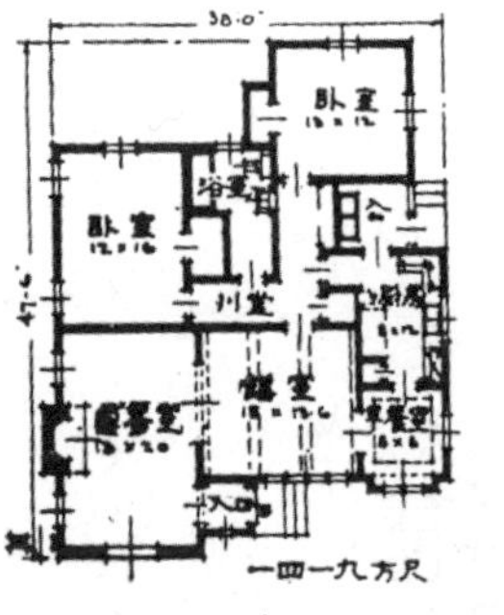

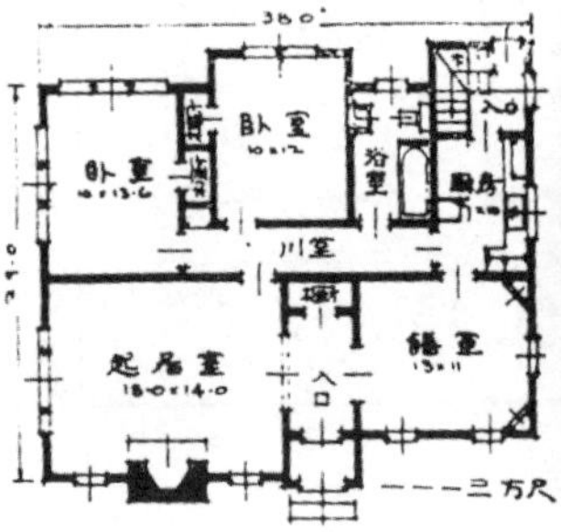

和合式住宅

上圖外觀，若爲一屋，實則內部分作二所，可供兩個家庭居住，故名之曰和合式。而每一家庭，亦各有入口。

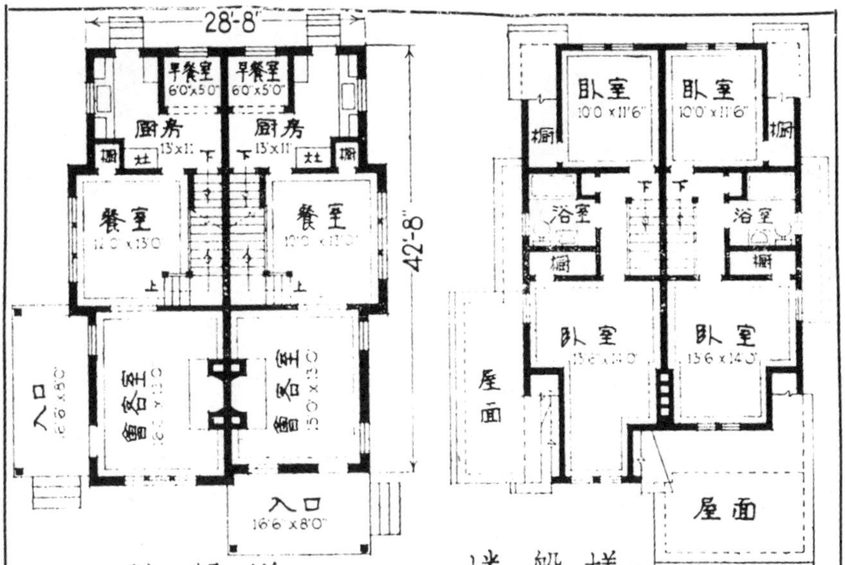

•地盤樣•　　•楼盤樣•

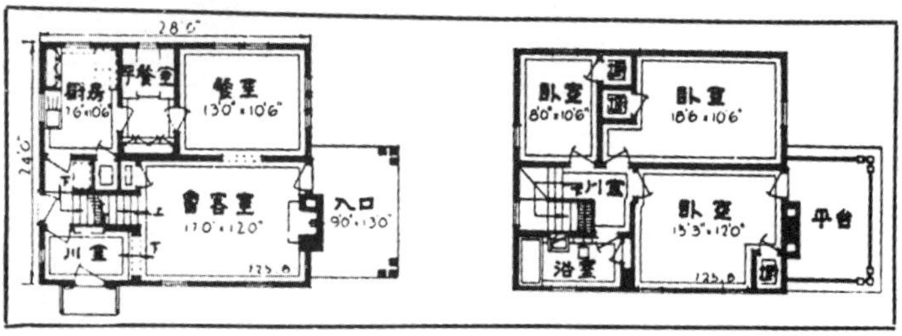

上圖爲美國古代之住宅式樣，長窗外加裝鐵欄杆，且入門處頗爲別致而精美。下圖之佈置與設計，頗合於居住，而所費則甚廉。圖中房屋之地位與佈置均具巧思，而進口之幽雅，尤能引人入勝●

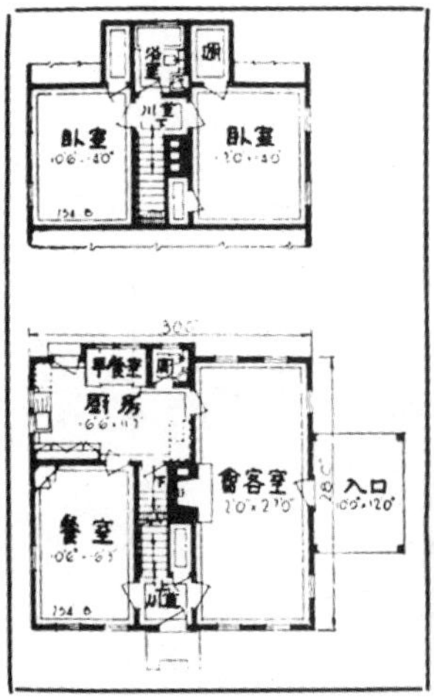

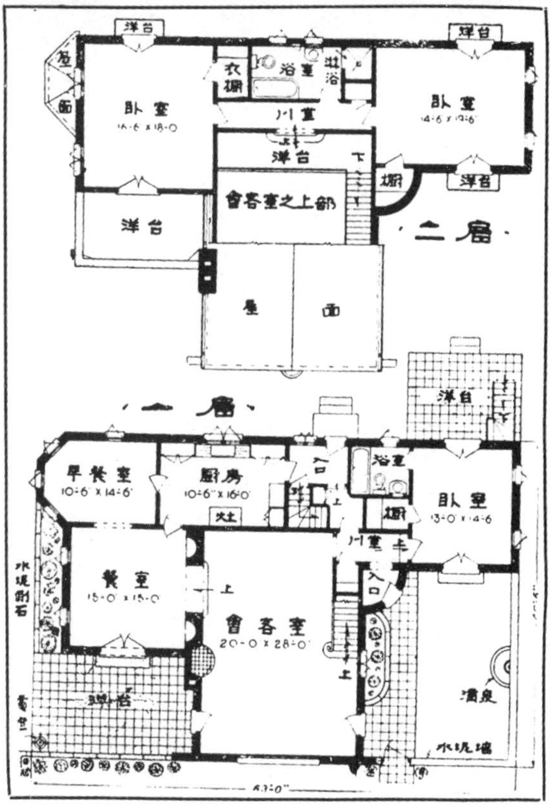

這所修雅的西班牙式平屋，頗合吾國人居住的習慣；內部的佈置，請看右列二幅平面圖樣。若欲適合小家庭之用，則可依下面平面圖與對頁之攝影構造。

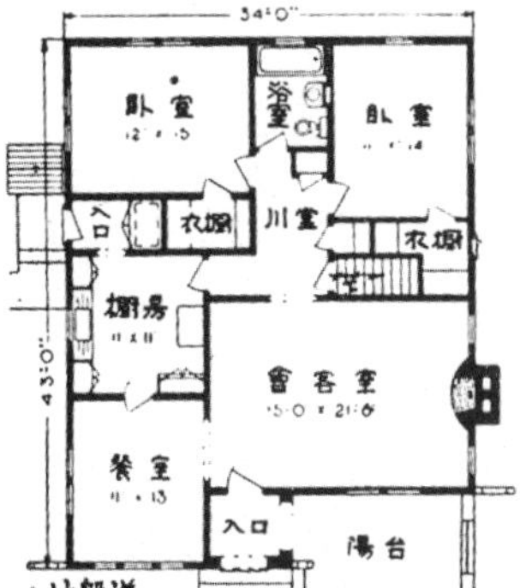

・地盤樣・

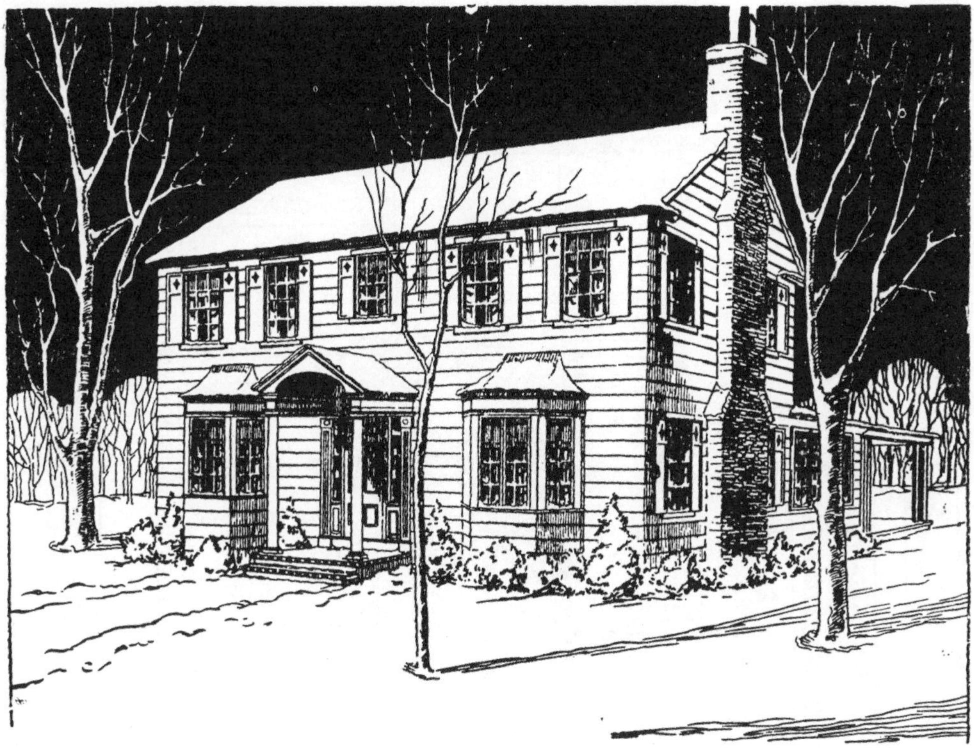

一宅小規模的精緻住宅

◀既美觀▶◀又省費▶

上圖乃一所精美住宅之繪樣，係美國康納脫州紐漢文城住宅區內之最新建築物。該屋之構造，經建築師精心設計而成。烟囱，大門，窗牖，及屋頂等，無不詳經考慮，故地位等均甚適當。

外牆全漆白色，內壁則塗淺綠色，非常雅潔。至於每層之底盤樣，另列於後，圖示各個房間之地位，排列亦極適宜。該屋頗合現代中上階級之家庭居住。

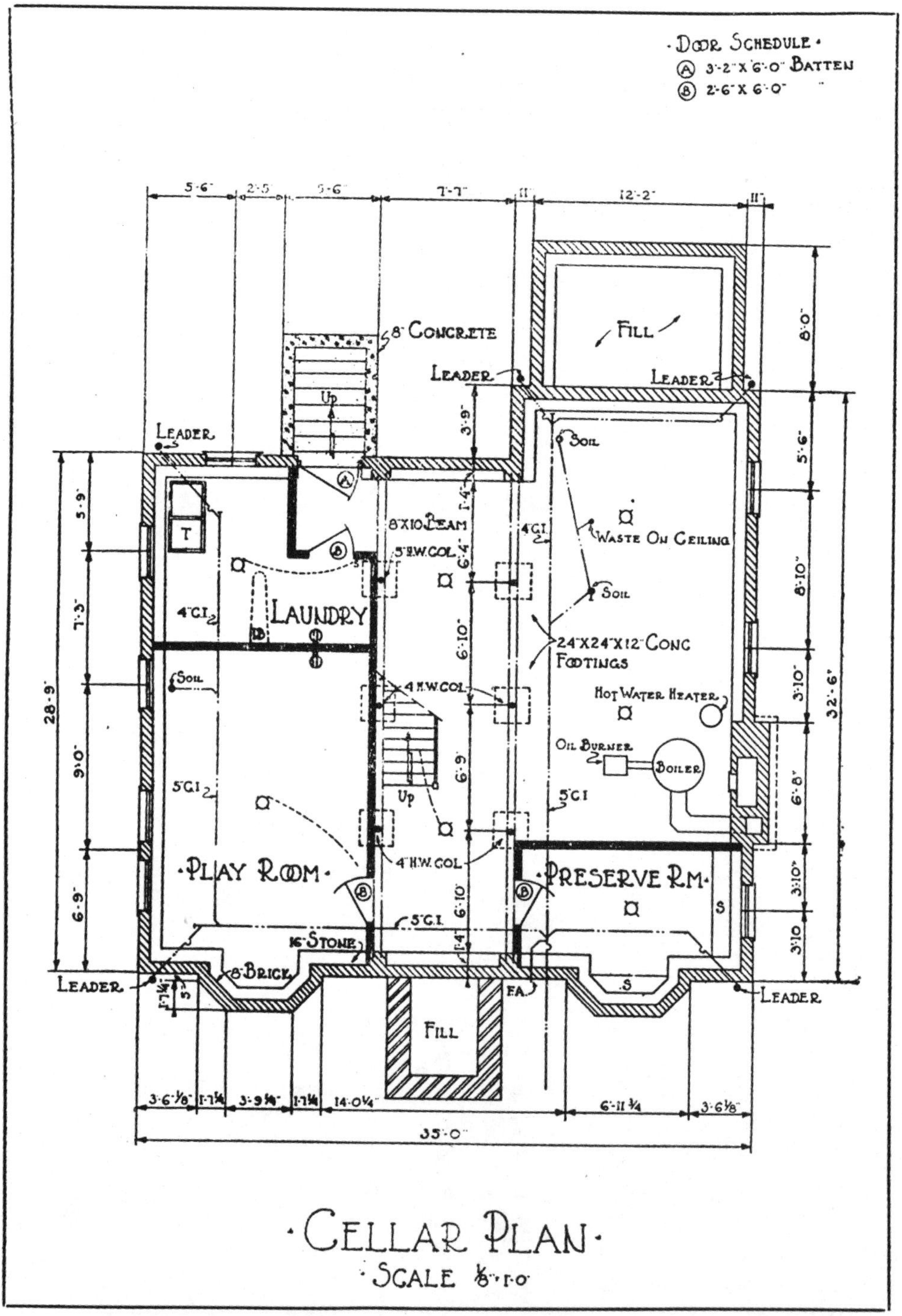

·CELLAR PLAN·
·SCALE 1/8"=1'-0"·

此屋底脚用十六寸厚之石坡實舖至地平綫，八寸厚之磚牆自地平綫銜接石牆砌起•

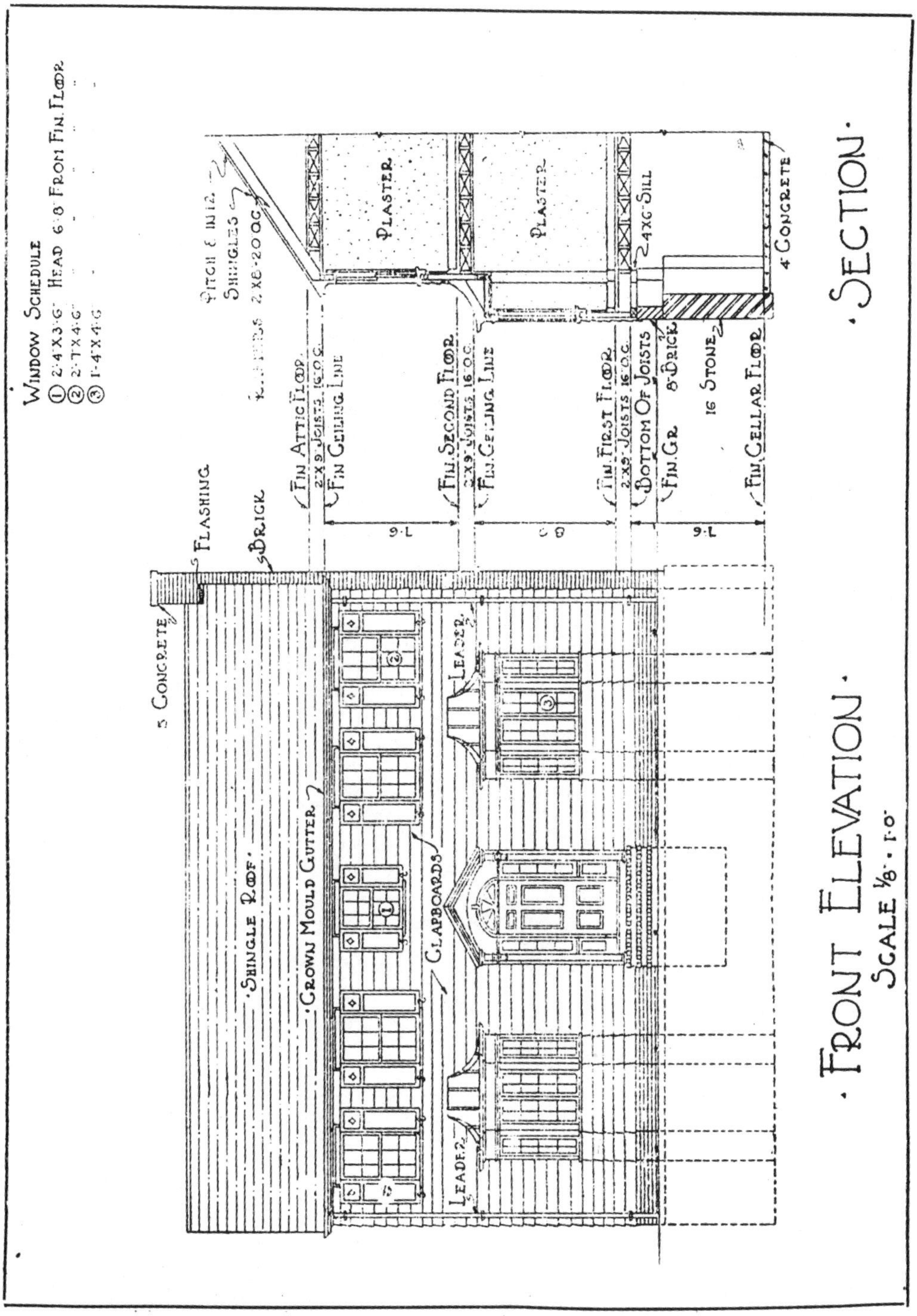

直徑剖面圖，圖示平頂經濟之低度構築式。

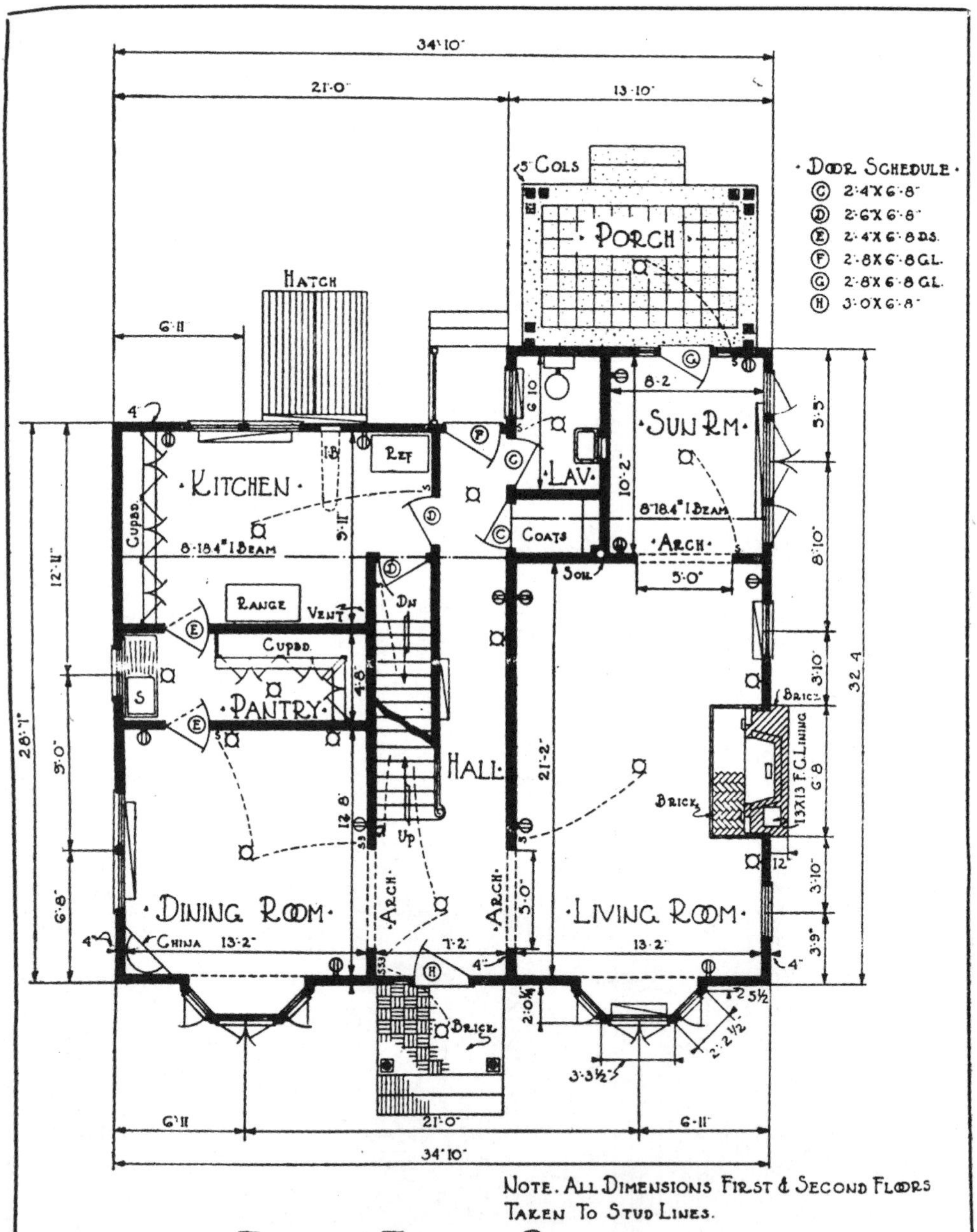

·FIRST·FLOOR·PLAN·

SCALE 1/8"=1'0"

注意圖中日光室與眺台(Sun room & Porch)，連接會客室，並於樓下闢出洗盥處。浜得利間位於一隅，尤為特色。

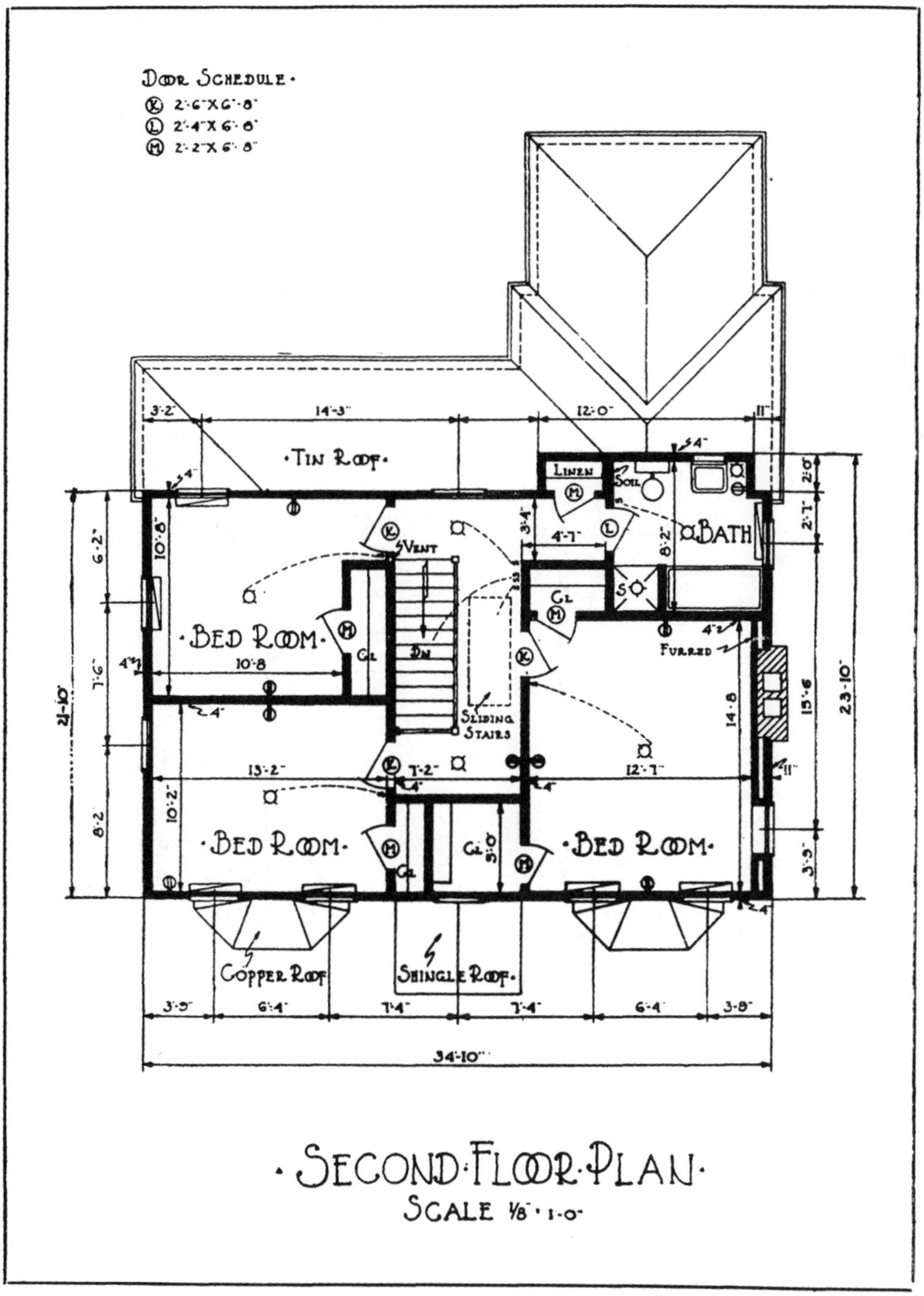

主人臥室靠近烟卣一面之牆放厚，使窗盤地位加闊，以資設置花瓶。

上樓各處衣廚特大，尤予住者以儲放物件之便。

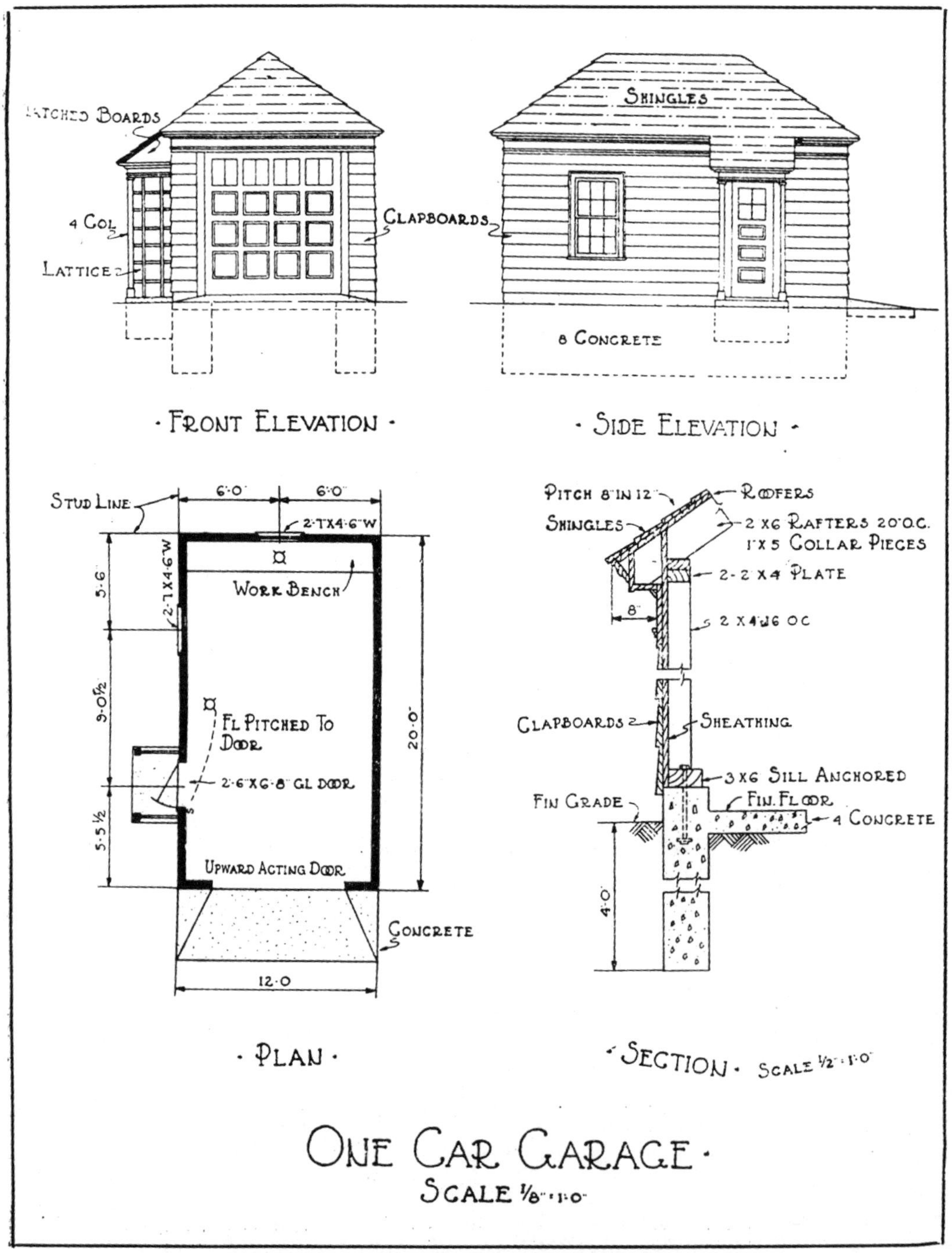

一間小而適用之汽車間，及其全部構築之詳細圖樣與面樣。

建築工程中雜項費用之預算

蔡寶昌

在建築工程中，有一困難問題亟待解決者，厥爲雜項費用之預算。整個建築物之估計，既有某項單位可資遵循，同時復可參酌市場情形，調查材料價格，因此而得準確之造價。若雜項開支，則種類旣夥，名目繁多，往往某種開支，常出人臆料，非當時所能計及，而列入預算表中者。然此僅一般指雜項開支而言，至其必需費用，如薪給管理廣告修理等費，亦不難先事預算，未雨綢繆。美國波斯頓某名建築工程師，對於編製此項預算，獨具研究，頗有介紹之價值。其法極爲簡便，並可免去會計部份之麻煩；而區區一預算表，對於業務上收效之宏，實爲吾人所不能否認者也。

下表費用項目，有係預先確定，而知其必然之數者。有係參照已往情形，而知其開支數目者。有係根據經驗及調查所得，而加以確定者。此表每月估計之數係爲累積的，故其十二月份之數卽係代表某項開支之總數。每格之黑線卽表示某種費用到期已付之數額。其日期則於到期最後一月之上用箭頭表明之。此處有一點須加注意者，卽預計數目與實在開支之更動，（卽超出預算。）實具有極大重要性。大概此種更動之重要，係視其費用之性質而定。例如薪給一項，若預算更動，其數額相差必鉅；因此負擔加重，發生極大影響。試觀廣告費用一項，雖其數額有所更動，而

費用項目	一月	二月	三月	四月	五月	六月	七月	八月	九月	十月	十一月	十二月
經理薪資	1500	3000	4500	6000	7.500	9.000	10.600	12.000	13.500	15.000	16.500	18.000
職員薪資	500	1.000	1.500	2.000	2.500	3.000	3.500	4.000	4.500	5.000	5.500	6.000
總事務所開支	45	90	135	180	225	270	315	360	405	450	495	540
廣告費	200	400	600	800	1.000	1.200	1.400	1.600	1.800	2.000	2.200	2.400
保險費及債券	150	300	450	600	750	900	1.050	1.200	1.350	1.500	1.650	1.800
稅項	100	200	300	400	500	600	700	800	900	1.000	1.100	1.200
租費	500	1.000	1.500	2.000	2.500	3.000	3.500	4.000	4.500	5.000	5.500	6.000
修理費	200	400	600	800	1.000	1.200	1400	1.600	1.800	2.000	2.200	2400
電燈費	20	40	60	80	100	120	140	160	180	200	220	240
臨時工資	100	200	300	400	500	600	700	800	900	1.000	1.100	1.200
施工雜費	200	400	600	800	1.000	1.200	1.400	1.600	1.800	2.000	2.200	2.400
臨時雜費	50	100	150	200	250	300	350	400	450	500	550	600
額外償金	200	400	600	800	1.000	1.200	1.400	1.600	1.800	2.000	2.200	2400
折舊	30	60	90	120	150	180	210	240	270	300	330	360
電話及電報	25	50	75	100	125	150	175	200	225	250	275	300
推銷員薪金	700	1400	2.100	2800	3.500	4.200	4.900	5.600	6.300	7.000	7.700	8.140
推銷費	400	800	1.200	1.600	2.000	2.400	2.800	3.200	3.600	4.000	4.400	4.800

無論如何對於全部預算，不致有若何重大影響也。如上表廣告費之估計，若在十一月一日前全數支用完盡，根據預算總額年計二千四百元，（每月二百元）但若十一及十二兩月份並無廣告費支出，則本年廣告費用之更動，即不受其影響。再視電話電報費用一項，因開支過度，至此實有加以考慮之必要。蓋本年業務未竣，距預算尚有相當時期，則本年之預算，顯然已感不敷；非但此項開支未能撙節減少，實有增加之趨勢也。至於此種超出預算之開支，則常以他種準備補助不足，使之平衡。所謂「利潤得之於節用與賺取」(Profits are saved as well as earned) 此誠至理名言。蓋各種事業之經營者，莫不以撙節費用爲其中心思想；而節用之結果，必有相當之準備或儲蓄，以備萬一之需。然則以此種準備或儲蓄，補助上表預算開支之不敷，則有恃無恐，可免後顧之慮矣！

美國西北電話公司二十六層大廈

古健

美國西北電話公司二十六層大廈，是建築於孟尼波立斯(Minneap lis)的第三南街(Third Avenue South)和第五街(Fifth Street)的轉角處，在今年纔落成的。舊有九層房屋——卽西北電話公司舊址，在距離第三街的轉角約七十呎處；靠近第五街，是一宅五層樓的房屋；在第三街的轉角，却是一所三層樓房屋。聯合這三處房屋的地位，便建造這所西北電話公司二十六層新屋。在工程進行時，九層屋裏的電話公司工作人員和機件，並不遷出，當然，依舊照常工作。

新屋的主要部分，直上至十四層，並不收進。從十五層起，直至二十六層，則收進二次。而舊有的九層房屋，却並不拆去，僅加以改建而已。因爲該屋建造時，本預有可造十四層樓的底脚和基礎；所以能與旁邊新建之屋銜鏁在一起，造成這一所二十六層獨立的大廈。電話機室的隔音，避塵，和避火是特別的注意。而於挖掘底脚時，因爲地下藏有電話線，故工作時尤爲小心。

將落成之西北電話公司正面

新屋圖樣上的工程進行，包容五步狀態。第一步工作，將三層房屋拆去，在那裏開掘底脚深至地平線下四十二尺。迨五層房屋拆去後，却開掘自地平線下三十尺。因爲房屋高的緣故，而欲增加建築的穩固起見，底脚下加造地坑(Caisson)，使地基每方所受之壓力減少。在三層房屋拆去時，旁邊尙未拆去的五層房屋必須加撐，以防坍倒。

因爲建築的高大，所以風壓的力量也增加了。(普通房屋每方呎平面所受的風壓力爲二十磅，斜面則爲三十磅。)因此鋼幹構搭至第十層時，便須澆置鋼骨水泥地板。

上述之工程，是在一九三一年的十月中完成的。

圖示開掘底脚時密密的撐頭,開掘至地平線下四十二尺。

現在，工程的進行，要趨入第二步了。五層房屋的拆去，開掘底脚，將鋼幹構起至十層。於是，那舊有的九層房屋，便須和新建的房屋銜合在一處。把第三街舊屋的正門堵塞，另在第五街的後面開闢一門，以便該公司職工的出入。這種新舊房屋鑲接的工程，於一九三二年四月十五日開始，至七月方纔告竣。

第三步將舊屋內的烟囱，扶梯，運貨與乘客電梯，著衣室遷至新建屋內。在靠近第五街的一面，則另建新扶梯和乘客電梯。新舊房屋的鑲接處，裝架極堅固的橫樑。在工作時，因恐舊屋的電話機件，跌入灰

轉角處,舊有三層房屋已拆去底脚工程正在進行中。

層，所以每層均裝設臨時間壁。這種間壁內均置隔音紙版，使外間的工作聲音不能擾入。每間內仍裝置電扇使室內的空氣清新。

九層舊屋的改建

在新舊屋的中間，設置跳出脚手(Hanging Scaffold)二埭，下面的一埭，是用以拆去舊屋的窗和牆；上面的一埭，用以裝配新鋼窗和石樑。（鋼窗和石樑在裝配之前做就。）此種工程，每一層需時一星期。最下層改建的牆面，更爲精緻，是用淺紅色磨光

拆去房屋部分鋼幹已構搭至第十層，水泥地板正在澆置。

石砌起。此種石塊，用四尺轉方的平台吊上；但鋼條木料等却用起重機升吊。

舊屋的三面牆面都改建好後，於是，把屋內舊有的扶梯，和電梯，均改建成新的式樣。如此全屋的工程已臻至十四層了。——至此，第四步工程亦告終。第五步工程，便是完成屋頂部分，直上至二十六層。

水泥三和土之負重，都須能擔受二千五百磅的重量。水泥，黃沙，石子的成分，爲1.0:2.0:3.5。水泥三和土倘在冬天澆擣者

九層房屋後牆面正在改建之情形

，必須保持七十度的溫度，並用布遮掩。

用電話指揮工作 節省時間

西北電話公司新屋的營造場中，各處都裝置電話；在指揮工作時，時間的消耗，可以節省不少。總線裝在辦公處，由那裏分出許多線來，像業主的督工員呀、建築師及其督工員呀、都有一分機，每層的中央也裝分機，在那裏可以予各項分包商行所派頭目不少的便利。而對於各部施工進行，也都能聯絡一氣。當然，全部工程進行的速率，增加多多了。同時，在每層脚手上，也裝着電話，那裏的工作人員，自然也能直接受到頭目的指揮了。

九層房屋牆面改建之又一圖

夜間，如果突然遇到火警，那麼各部的守夜人也可呼應一氣。而且對於材料的須添，和營造地的防禦，都能受到莫大的利益。

· · · · ·

西北電話公司的全部工程，已於最近告成。現在，我們如果到美國孟尼波立斯去，可以看見這巍巍的二十六層建築物了。

九層房屋鋼幹已加建至十四層之後形

建築中的頂尖部分，構搭鋼幹，澆擣水泥三和土同時進行。

圖示主要十四層之牆面，大部已經告成。

調查

日本水泥傾銷概況

一、日本水泥之生產能力　日本全國及台灣大連朝鮮。全年最高產量總數三四・〇〇〇・〇〇〇桶。銷在本國者占百分之五三・四。銷至國外（中國及南洋等處）百分之二〇。（現僅百分之一〇）

（註）日貨除銷在其本國外。餘就出口數量之多少。定產量之伸縮。

二、國產水泥全年產量（民國二十一年）

馬牌・塔牌（啓新華記）		一・八五〇・〇〇〇桶。
泰山牌（中國）		七五〇・〇〇〇桶。
象牌（上海）		五〇〇・〇〇〇桶。
五羊牌（廣州新廠）		四〇〇・〇〇〇桶。
廣州水泥廠		一五〇・〇〇〇桶。
	共計	三・六五〇・〇〇〇桶。

（註）上列數量。係依照各廠普通產額計算。如無日貨傾銷。則國貨銷路必增。各廠產量尚可增加。

三、國產水泥全年銷數（民國二十年）

馬牌・塔牌		一・六〇〇・〇〇〇桶。
泰山牌		六二〇・〇〇〇桶。
象牌		四四〇・〇〇〇桶。
廣州水泥廠		一二〇・〇〇〇桶。
	共計	二・七八〇・〇〇〇桶。

（註）民國二十年。因全國抵制日貨。故國貨水泥之銷數。較前數年特多。

四、日本水泥在華傾銷數量　每年約共八〇〇・〇〇〇桶至一・〇〇〇・〇〇〇桶。

五、日本水泥傾銷之區城　吾國沿海各埠。如上海，天津，青島，汕頭，廈門，廣州等。以及長江流域東三省等處。

六、日本水泥在其本國之售價　袋貨合每桶（重三百七十五磅）計日金三・六〇圓。（按八月七日滙率每圓合元九錢。）等於元三兩二錢四分。

（註）運華傾銷之水泥。以袋貨爲主。

七、日本水泥在上海之售價　上海碼頭棧房交貨。袋貨每桶售元三兩四錢。（統稅等一概在內）

八、日貨運華費用之計算（以運至上海爲準）

由廠上輪運力每桶	元	一錢
水脚保險每桶		四錢五分

進口稅（關金·72合）每桶　一兩
統稅（銀元六角合）每桶　四錢二分
進棧力及棧租每桶　一錢
佣金每桶　一錢
共計　元二兩一錢七分

九、日貨在日與在華售價之差額

在日售價每桶　元三兩二錢四分
加運華費用每桶　二兩一錢七分
在華應售價格每桶　五兩四錢一分
現在售價每桶　三兩四錢
差額每桶　二兩〇一分

十、日貨在華售價與國貨售價之差額

國貨水泥平均售價每桶　四兩六錢二分
日貨水泥在上海售價每桶　元三兩四錢
差額每桶　一兩二錢二分

（說明）日貨售價及運費等。以滙率關係。時有變動。

去年美國之建築總額

談鋒

▲全年建築費共達美金四十三萬一千二百八十三萬九千〇十九元之巨額

美國建築事業之發達。甲於全球。而去年一年間之投資於建築上者。共達美金四十三萬一千二百八十三萬九千〇十九元之鉅。足抵美國前五年中建築總額之半。其進步之神速。亦堪驚人矣。（譯者曰。反視吾國。百業莫不瞠乎其後。僅上海一隅。吾人固視爲建築最發達之區。然與美國紐約比擬。尚未免大巫之見小巫，其他內地建築之不發達。更無論矣。急起直追。以謀建築普遍於全國。幸吾國之建築家注意及之。）

此項建築總額。係根據美國道奇公司（F. W. Dodge Cor.）之報告。惟西部十一州及在五千元以下未經註册之小工程與改造。尚不在道奇公司報告之內。若以造價而論。則一九三一年份反較一九二九年份爲廉。住宅造價一九二九年份約每方尺四元九角。而一九三一年份每方尺僅四元二角七分。所廉約計百分之十三。則倘建造價值美金一萬元之住宅一所。可節省一千三百十六元矣。

茲將美國一九三一年間之建築總額。詳細分列二表。一則以各項建築物之種類計者。一則以按月份之總額計者。現分列於后。

一年間之建築物分類統計

類別	建築總數	共計面積	造價（均美金）
（一）住宅類			
單幢房屋	五六·五九四所	一〇一·五四二·四六四方尺	四三二·八七二·九一九元
較寬大之屋	二五·四一一所	三九·九八五·五六二方尺	一五四·六四〇·四一六元
雙連房屋	六·一一八所	一三·五五四·九七八方尺	四九·七三六·七二二元
公寓	四·九四七所	五二·八五三·九三九方尺	二四一·九三四·〇七四元

旅館	四〇九所	三·八七一·六六六方尺	二三·〇六七·二九六元
未經註册之工程	一九三·四七七所	一一七·八〇七·九七四方尺	五〇三·〇四〇·〇四九元
未註册之房屋改造			三五九·三一四·三二一元
總計	二八六·九五六所	三二九·六一六·五八三方尺	一·七六四·六〇五·七九七元
(二)商業類			
飛機場	一九八所	一·八二七·九六八方尺	九·五四〇·〇七七元
銀行	二七五所	五六七·九四三方尺	一四·七八三·七五六元
汽車行	五·一七六所	一〇·二七九·五九九方尺	四三·〇二八·〇五九元
公司	一·六三九所	一四·〇八一·四二三方尺	一一九·七七八·三三〇元
公司與銀行	三九所	二·五八三·一三五方尺	二九·〇四一·〇五四元
店舖	七·八六二所	一三·七四九·五三六方尺	八三·六七六·〇九一元
棧房	一·九三一所	一五·八三一·四二五方尺	六五·二四九·八八三元
總計	一七·一二〇所	五八·九二一·〇二九方尺	三六五·〇九七·二四一元
(三)工廠	三·〇三二所	二二·九七四·〇五五方尺	一三一·一〇一·二八一元
(四)教育類			
體育館	一〇七所	八二五·八四一方尺	五·九七二·九三四元
圖書館與化驗室	二二八所	一·九三四·七五〇方尺	二二·四四四·〇七三元
學校	三·二六四所	三九·三三六·八五六方尺	二二八·八一八·三一一元
總計	三·五九九所	四二·〇九七·四四七方尺	二五七·二三五·三一八元
(五)醫院與法院			
醫院	六八二所	一三·五五〇·八六五方尺	一〇三·九六五·六五〇元
法院	三二八所	三·五四一·六五〇方尺	二三·一四一·九三三元
總計	一·〇一〇所	一七·〇九二·五二四方尺	一二七·一〇七·五八三元

（六）公家場所			
市政廳與會議廳	四九三所	六・九二〇・九二〇方尺	七二・三八三・三五九元
救火會與警察廳	四四七所	五・〇四六・二四四方尺	二八・七七九・一五八元
軍政部與海軍部	二二八所	三・四〇三・三二〇方尺	一六・二四九・六四〇元
郵局	四三九所	九・九五四・八七〇方尺	七五・二六八・六一八元
總計	一・六〇七所	二五・三二五・三五四方尺	一九二・六八〇・七七五元
（七）教堂與紀念堂	一・七五〇所	六・三七〇・六六八方尺	六一・一七一・八七八元
（八）公共娛樂場所			
大會堂	一四二所	一・三〇一・五三九方尺	一〇・六二七・四二二元
俱樂部	八八一所	五・三一六・七九九方尺	三三・六一〇・一八九元
公園	一九三所	四五〇・八八方尺	五・八六五・八三四元
公園房屋	八二八所	三・八九五・六九四方尺	二五・一四二・九六五元
戲院	四一七所	五・一二四・七〇四方尺	三九・八二〇・三七九元
總計	二・四六一所	一五・六八三・八二四方尺	一一五・〇六六・七八九元
（九）公益建築物（如造橋築路等）	二〇・四八二所	八・四一九・三七七方尺	一・二九八・七七二・三五七元
以上總計	三一七・五三五所	五一八・〇八一・四八四方尺	四・三一二・八三九・〇一九元

建築額之按月統計

（下列表內均爲美金）

月份	建築物 已經註冊者 總數	建築物 已經註冊者 造價	建築物 未經註冊者 總數	建築物 未經註冊者 造價	公共建築物 總數	公共建築物 建築費	造價總計
正月份	七·四七八所	一四六·〇二九·八三〇元	一四·〇六五所	六二·六八八·〇二〇元	一·〇七六	一〇四·七三一·二一〇元	三一三·四四〇·〇六〇元
二月份	一〇·六五三所	一七五·五七三·七七六元	一三·六〇五所	六〇·六四〇·三五三元	一·二一〇	八八·〇七九·九三六元	三三四·二九四·〇六五元
三月份	一三·一五七所	二四〇·五五二·九五〇元	二一·九三九所	九七·七八七·二六三元	一·八四九	一六六·八九三·九八〇元	五〇五·二三四·一九三元
四月份	一五·五八八所	二二三·二五三·〇七一元	一九·七七八所	八八·一五一·七五八元	二·〇七九	一四四·九六二·五八八元	四五五·三六七·四一七元
五月份	一五·八七四所	二三〇·七八六·三八四元	一九·三二八所	八五·七〇三·一四八元	二·三九八	一三三·〇三三·二〇八元	四三八·五二〇·七四〇元
六月份	一一·三二一所	一九五·一〇四·四七〇元	二〇·四七七所	九一·二六六·九一七元	二·二三三	一六九·九六三·二〇〇元	四五六·三三四·五八七元
七月份	一二·二二二所	一八八·四〇二·五三〇元	一七·八〇六	七九·三六四·二五〇元	二·二七三	一三九·〇五四·四八三元	三九六·八二一·二五三元
八月份	九·九〇七所	一七六·一五六·八六〇元	一四·三八二	六四·一〇四·一七七元	一·八九一	八〇·二五九·八五〇元	三三〇·五二〇·八八七元
九月份	九·〇九九所	一八一·九九七·六二七元	一六·〇三〇	七一·四四七·八八八元	一·九六二	九二·八〇一·九四六元	三四六·二四七·四六一元
十月份	九·八二五所	一七五·五九五·七五六元	一六·一三三	七一·九〇一·九七七元	一·四一七	九〇·七〇七·八七〇元	三三八·二〇五·六〇三元
十一月份	七·八六八所	一二四·一六四·八三〇元	九·七〇二	四三·二四二·〇二七元	一·〇九一	五二·一五〇·六七〇元	二〇九·五五七·五一七元
十二月份	七·〇七六所	一二五·一〇四·三三六元	一〇·三三三	四六·〇五七·六〇二元	一·〇〇三	五七·一四三·四一六元	二二八·三〇五·二四六元
總計	一三四·〇五八所	二·一五一·七二三·二九二元	一九三·四七七	八六二·三五四·三七〇元	二〇·四八二	一·二九八·七七三·三五七元	四·三一二·八三九·〇一九元

建築界消息

礦灰業糾紛實業部着滬市府查辦

關於礦灰業聯合營業所非法壟斷礦灰營業糾紛，與我建築界有切膚之關係，本刋曾於創刋號中揭載被害之浦東石灰窰戶沈雲巖等致浦東同鄉會一函詳陳經過，轉請澈查，浦東同鄉會接函後，當卽據實呈轉實業部省政府及市滬政府，請卽澈查封禁。呈文內有「自強致富，應通商惠工之是謀，而閉關自守，固非今日商界之所宜也等語」茲聞實業部及省政府已有批示，着滬政府澈查辦理，不日當有具體之解決辦法云。惟該聯合營業所之壟斷市場，爲各界所不滿，業已較前斂迹，各窰戶已可自由運滬求售，故價市亦交前畧平，諒當局將有切實之解決方法，以免日後重起糾紛也。

首都外交部辦公處新屋開工

外交部於南京獅子橋建築辦公處新屋，計劃已久。今始實現。由趙深陳植建築師設計，江裕記（卽本會執行委員江長庚君）營造廠承造，尅日卽將開工建築。聞投標者頗踴躍，江裕記以三十二萬元之造價得標云。

大陸商場將加高一層

上海南京路大陸商場，北部（卽沿南京路之一面）原高六層；現因承租者日衆，故擬加高一層，改爲七層，以應各界需求。現正在設計中，不久當可實現云。

大舞台新屋興工建造

上海漢口路（卽三馬路）大舞台翻建新屋，由德利洋行工程師汪敏章君設計打樣，由周鴻興營造廠承造。該屋用最新式鋼骨水泥建築，爲滬上最新式之舞台。原屋大門在三馬路，現爲便利觀客起見，新屋大門已改闢於九江路（卽二馬路）云。

本會附設職業夜校近訊

本會附設職業夜校，開辦迄今，將屆三載。本學期自遷入牯嶺路長沙路口十八號新校舍以來，積極擴充設備，校務更形發達。校內現分四級，學生七十五名，敎職員十二人。（內敎員九人職員三人。）校長湯景賢先生，主持規劃，銳意整頓，努力進展，不遺餘力。平日辦學主張以重質不重量爲宗旨，每屆考試新生，甄別至爲嚴格。本學期預科三年級新舊各生，竟淘汰至四名，可見嚴格之一斑。開設學科，學理與實驗並重，本屆新聘敎授，如江紹英先生（唐山交大畢業，現任工部局工程師。）担任材料力學敎課，並特請名建築家本會常委陶桂林先生（馥記營造廠廠主）及會員賀敬第先生（昌升營造廠經理）於每星期到校演講，對於實地營造經驗，剴切指導，至爲詳盡，裨益學子，實匪淺鮮。現且已向市敎育局舉行登記手續。學校名稱現爲「上海市建築協會附設職業補習夜校，」將遵照登記章程，加題專名，以示識別。

又校方除每學期招考新生一次外，餘時概不通融入學。下屆招生廣告，已在本刊登載，新章亦在印刷中，願入學者須依照手續辦理。

營造與法院

本欄專載有關建築之法律譯著，建築界之訴訟案件，及法律質疑等，以灌輸法律智識於讀者爲宗旨。法律質疑，乃便利同業解決法律疑問而設，凡建築界同人，及本刊讀者，遇有法律上之疑難問題時，可致函本欄，編者當詳爲解答，并擇尤發表於本欄。

應棠記等訴田樹洲履行津貼

原告之訴被駁斥

江蘇上海第一特區地方法院民事判決（二十一年民字第五三號）

判決

原告應棠記（住牛莊路一號三樓第二十一號）

葉同記（同上）

訴訟代理人黃人龍律師

郭　衛律師

被告田樹洲（住麥特赫司脫路八十四街三號田豐記營造廠

訴訟代理人張正學律師

右兩造因債務涉訟一案。本院判決如左。

主文

原告之訴駁回。

訴訟費用由原告負擔。

事實

原告代理人聲明請判令被告償還原告銀五千兩。並自完工時起至執行終了日止之法定利息。並令負擔訟費。其陳述略稱。被告田樹洲前次承造天主堂。坐落法大馬路鄭家木橋轉角地方之三層水泥市號工程後。因無意營業。自願將全部建築已完未完之工程。讓與原告繼續營造。因於民國二十年八月間。由雙方簽立退業受業合同。並載明由被告津貼原告等銀一萬兩。除當付五千兩外。

約定至完工時付清。現全部工程業已完工。依約被告應付津貼銀五千兩。不意原告屢次追索。被告竟延不交付。祇得訴請救濟等語。當提出合同一紙爲證。

被告代理人答辯意旨略稱。查兩造所立合同。其眞意係被告繼受工程虧欠數額未達萬兩時。仍由被告自理。今該項工程既據原告本人自稱。僅虧三千。而被告已經給與原告之數已有五千。玆原告復訴求五千。顯屬不合。請予駁回。並令負擔訟費等語。當提廢合同一紙爲證。

理由

查本案審究要點。即原告所稱被告將其承攬工程。轉讓與原告時。曾允無條件津貼原告銀一萬兩。是否屬實。是已據原告所呈合同。雖有被告津貼原告等銀一萬兩。除當時交付五千兩外。其餘俟完工時付清之記載。但其下即云。『以後如虧欠不到一萬兩之數。則仍歸田樹洲君理直』等語。又據原告所邀證人王蘭記供稱。『如虧不到一萬兩。這是田樹洲的額角頭。（即運氣好的意思）。』是兩造當訂立契約時。所有被告津貼原告之款。係附有解除條件。極屬顯然。玆原告既自稱『我們接手後虧三千多兩。』而其收受被告之款已有五千兩。玆復請求再給五千兩。實屬毫無理由。依民事訴訟法第八十一條。特爲判決如主文。

中華民國二十一年九月十日。

江蘇上海第一特區地方法院民事庭

推事　楊鵬印

不服本判決得自送達後二十日內上訴江蘇高等法院第二分院。

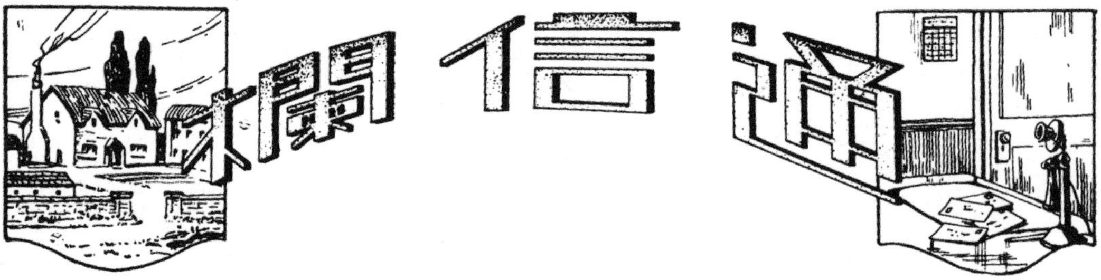

本欄選載建築協會來往重要文件，代為公布。并發表會員暨讀者等關於建築問題之通信，以資切磋探討。惟各項文件均由具名者負完全責任。

本會為組織建築學術討論會分函

本會謀具體之改進建築事業，特組織「建築學術討論會」，廣徵建築界人物參加，俾便薈集羣才，而獲實效。十一月二十二日分函楊錫鏐等十數人，請襄盛舉。現正積極籌備，務於最近期間促其實現。茲錄原函如後：

逕啓者。本會創設之初，即以研究建築學術，改進建築事業為宗旨，茲為謀具體之改進計，擬組織「建築學術討論會」，廣徵同志加入討論，以便集思廣益，藉圖亢進；最近期間，務須促其實現。第一步討論問題，以確定建築技術及材料等之統一的名辭為範圍。蓋我國建築名辭，龐雜不一，非惟從業者每感不便，即事業之演進亦受影響。故對於「名辭」決儘先討論，一俟名辭確定，即通知全國建築界一律採用。名辭既統一，乃進而探討其他問題。硜硜之鄙，不敢自私。素仰台端學識經驗，俱臻豐富，振興建築事業，尤具熱心。本會此舉，當荷贊許，用敢函請參加，展抒宏論。至於議事程序，容再商定。請先函覆，俾行定期召集會議，毋任翹企之至！此致

○○先生

上海市建築協會啓

十一月二十二日

贊同討論會之覆函

（一）

逕復者。迭接來函。備悉一是。承示開會討論建築名稱。確為基本工作。鄙意深表贊同。耑此佈復。即希查照為荷。此致

上海市建築協會。

沈　怡謹啓

十一月廿九日

（二）

逕復者：接奉

大函，敬悉一是。

貴會擬組織「建築學術討論會」，俾得集思廣益，藉圖亢進。俊極表贊同，又擬第一步討論確定建築技術及材料之統一的名稱，則更爲俊素耿耿而常欲提議者也。蓋我國建築名稱本無一定之規則，應用者咸都譯自西文，以致各自採用，字類不一，每有無法考查，不知何從來者，今得

貴會發起討論，使之統一，是誠建築界之便利也。承蒙

不棄，囑俊參加，敢不附驥？何日集議？尚祈先期

示知。並盼

不吝賜教，是幸！此致

上海市建築協會

莊俊謹啟

十一月二十五日

（三）

逕復者。接奉

大函。藉悉本會有開會研究統一建築名稱之舉。猥承

不棄。邀僕參加。事關建築。允宜酌貢蒭見。屆時自當追附末席。共同討論。先此函覆。即希

查照。爲荷。此致

建築協會

湯景賢啓

二十一年十一月三十日

北平朱啟鈐先生來函

本會謀國內建築學術界之聯絡，以圖改進我國建築事業起見，嘗致函北平中國營造學社社長朱啓鈐先生，旋得復書，茲錄刊如後：

敬復者：奉誦

大示，並荷

惠錫建築月刊二冊；

鴻篇巨作，觸目琳瑯。領受之餘，銘感無旣。啓鈐留心斯學，久成痼癖。自民八影印李氏營造法式以來，復組織中國營造學社，糾集同志，研求歷代建築結構與歷史二類，旁及琉璃，髹漆，絲繡各項工藝；惟造端雖宏，而才力經費兩感困竭，益以年事漸長，時虞隕越，倘望

時賢，不吝南針，以匡不逮，是所企盼。專復。即頌

公祺

朱啓鈐謹啓

十一月二十三日

本會分函會員注意仇貨水泥朦混

逕啓者。項接中華水泥廠聯合會函稱。頃據確訊。近有到滬仇貨水泥。改用白蔴袋包裝。冒充國貨出售。該項袋上印有圓形商標。文字爲「中華民國水泥廠造」。並有「法商」二字。希圖朦混。其心可誅。

貴會員熱心愛國。素所欽仰。用特函告。務希隨時注意。免墮奸計。俾貫澈抵制仇貨之初衷。是幸。順頌

台祺

上海市建築協會啓 十二月五日

附中華水泥廠聯合會來函

逕啓者。頃據確訊。近有到滬仇貨水泥。改用白蔴袋包裝。袋上印有圓形之商標。上書中華民國水泥廠造。中有法商二字。在改裝者以爲如此異想天開。可以朦混國人。相應函達。應請

貴會轉知各會員。嚴密注意。以免受欺。無任盼幸。此致

上海市建築協會

中華水泥廠聯合會啓

十二月三日

上海市民提倡國貨會函本會估計會場造價

逕啓者。敝會遵議舉辦滬西國展會。所需會場，業已勘定曹家渡肇基中學運動場。並擬蓋建蘆棚。以供陳列。爲特函請

貴會派員估計建築工程價格。以利進行。至爲盼企。此致

上海市建築協會

上海市民提倡國貨會常務委員虞和德

馮少山 陳翊廷 陳炳輝 方劍閣

徐緘若 張德齋

本會爲當選職員呈報民訓會教育局文

呈爲改選職員請求備案事。竊查屬會於十月九日舉行全體會員大會。報告一年來會務進行狀況。並照章修訂會章。改選職員。曾呈請鈞會局派員監督在案。本屆改選職員結果。計開執行委員九人。爲湯景賢（三十票）陶桂林（二十九票）江長庚（二十四票）謝秉衡孫德水杜彥耿（各二十票）盧松華（十八票）王岳峯（十五票）殷信之（十二票）。候補執行委員二人。爲賀敬第（十二票）陶桂松（九票）（執委陳壽芝以十三票當選後。因辭職由候補執委殷信之遞補。故候補執委三人改爲二人。）監察委員三人。爲竺泉通（十一票）陳松齡（九票）孫維明（五票）。候補監察委員一人。爲王法鎬（四票）（監委陳士範孫維明票數相同。用抽籤法決定。陳士範當選後。因辭職由候補監委孫維明遞補。故候補監委二人改爲一人。）並經十月十四日第一次執監聯席會議議決。推定陶桂林杜彥耿及具呈人。爲本屆常務委員。理合備文呈請。仰祈

鑒核。准予備案。實爲公便謹呈

中國國民黨上海市執委會民訓會

上海市教育局局長潘

上海市建築協會常務委員謝秉衡謹呈

本會附設職業夜校呈請教育局登記文

呈爲設立職業補習夜校。仰祈 鑒核准予登記事。竊以建築一術。關係國家文化。至爲鉅大。本市各營造工場。所有中下級工作人員。如監工學徒等。於未置身建築事業前。率因境遇關係。不能獲得充分之教育機會。其日常應付本能。大半得諸經驗。知其然而不知其所以然。未能以學理輔助經驗之不足。故其建築思想之幼稚。拘沿成習。國際瞻觀。相形見絀。屬會有鑒及此。爰特

利用公餘時間。設立職業補習夜校。以啓示實踐之教授方法。灌輸入學者。以切於解決生活之建築學識。並推定景賢爲校長。負責進行。理合塡具表格。檢同章程。備文呈請。仰祈　鑒核。准予登記。實爲公便。謹呈　上海市教育局局長潘

附呈登記表格及章程各二份。

校址　另設牯嶺路長沙路口十八號

上海市建築協會執行委員
兼附設職業補習夜校校長湯景賢謹呈

中華民國二十一年十月二十四日

讀者來函

逕啓者。祐以建築爲一國文化最具體之表現。社會之繁榮與衰替。雖不能盡於此中卜之。然於建築物之中。亦可覘其七八也•吾國建築事業近頗發達。祇因缺乏建築原理與科學智識•故國人仍未能享受住的幸福。如敝地（福建省福清縣）各處新建房屋。外表果已採用新模。內部則仍腐舊。猶屬不適居用。徒耗金錢。無裨實益。誠憾事也。今
貴會洞悉時弊，既創組協會於前。復發行月刊於後。提倡建築學術。促進建築事業。服務社會之熱忱。至足欽敬。祐並非建築業中人。但素感興趣。愛讀專門論著。樂聞各國建築消息。用特附奉郵票五角。購建築月刊創刊號一册。乞即查照見寄爲盼。此致
上海市建築協會。

陳祐生拜啓

十一月十五日

建築材料

建築材料價目表

本欄所載材料價目，力求正確，惟市價瞬息變動，漲落不一，集稿時與出版時難免出入。讀者如欲知正確之市價者，希隨時來函或來電詢問，本刊當代爲探詢詳告。

磚瓦類

貨名	商號	標記	數量	價格	備註
紫面磚	泰山磚瓦公司	2½" × 4" × 8½"	一千	銀 80.00	
白面磚	,,	,,	一千	80.00	
紫薄面磚	,,	1" × 2½" × 8½"	一千	48.00	每百方尺需用500塊
白薄面磚	,,	,,	一千	48.00	,,
紫薄面磚	,,	1" × 2½" × 4"	一千	24.00	每百方尺需用1000塊
白薄面磚	,,	,,	一千	24.00	,,
路磚	,,	4½" × 5" × 9½"	一千	150.00	每百方尺需用280塊
火磚	,,	2½" × 4¼" × 9"	一千	70.00	,,
紅平瓦	,,		一千	80.00	每百方尺需用136塊
青平瓦	,,		一千	55.00	每百方尺需用205塊
脊瓦	,,		一千	160.00	
特號火磚	瑞和磚瓦公司	C B CAI	一千	120.00	瑞和各貨均須另加送力
頭號火磚	,,	C B C	一千	80.00	火磚每千塊送力洋六元
二號火磚	,,	壽字	一千	66.00	
三號火磚	,,	三星	一千	60.00	
木梳火磚	,,	C B C	一千	120.00	
斧頭火磚	,,	C B C	一千	120.00	
一號紅瓦	,,	花牌	一千	80.00	紅瓦每千張運費五元
二號紅瓦	,,	龍牌	一千	75.00	
三號紅瓦	,,	馬牌	一千	65.00	

貨名	商號	標記	數量	價格	備註
一號精選瑪賽克磁磚	益中機器股份有限公司	全白	每方碼	銀4.20	下列瑪賽克磁磚大小爲六吩方形或一吋六角形
二號精選瑪賽克磁磚	,,	白心黑邊黑磚不過一成	,,	4.50	
三號精選瑪賽克磁磚	,,	花樣簡單色磚不過二成	,,	5.00	
四號精選瑪賽克磁磚	,,	花樣複雜色磚不過四成	,,	5.50	
五號精選瑪賽克磁磚	,,	花樣複雜色磚不過六成	,,	1.00	
六號精選瑪賽克磁磚	,,	花樣複雜色磚不過八成	,,	6.50	
七號精選瑪賽克磁磚	,,	花樣複雜色磚十成以內	,,	7.00	
八號普通瑪賽克磁磚	,,	全白	,,	3.50	
九號普通瑪賽克磁磚	,,	白心黑邊黑磚不過一成	,,	4.00	
[illegible]紅新放	大康		每萬	洋124.00	下列五種車挑力在外
[illegible]清新放	,,		,,	112.00	
三號清新放	,,		,,	78.00	
洪正二號瓦	,,		,,	70.00	
小瓦	,,		,,	40.00	
花磚	啓新洋灰公司		每方(225塊)	銀20.26	目下市價上海棧房交貨爲標準
A號汽泥磚	馬爾康洋行	12"×24"×2"	每方五十塊	8.70	
B號汽泥磚	,,	12"×24"×3"	,,	13.00	
C號汽泥磚	,,	12"×24"×$4\frac{1}{8}$"	,,	17.90	
D號汽泥磚	,,	12"×24"×$6\frac{1}{8}$"	,,	26.60	
E號汽泥磚	,,	12"×24"×$8\frac{3}{8}$"	,,	46.30	
F號汽泥磚	,,	12"×24"×$9\frac{1}{4}$"	,,	40.20	
紅磚	義品	9"×$4\frac{3}{8}$×$2\frac{1}{8}$	每千	11.00	車挑力外加
空心磚	,,	$9\frac{1}{4}$"×$4\frac{1}{2}$"×3"	,, ,,	22.	
,, ,,	,,	$9\frac{1}{4}$"×$9\frac{1}{4}$"×$4\frac{1}{2}$"	,, ,,	31.	

貨名	商號	標記	數量	價格 銀	備註
空心磚	義品	$9\frac{1}{4}$"×$9\frac{1}{4}$"×$2\frac{1}{2}$"	每千	35.	
,,	,,	$9\frac{1}{4}$"×$9\frac{1}{4}$"×3"	,, ,,	50.	
,,	,,	$9\frac{1}{4}$"×$9\frac{1}{4}$"×6"	,, ,,	74.	
,,	,,	12"×12"×$4\frac{1}{2}$"	,, ,,	87.	
,,	,,	12"×12"×6"	,, ,,	135.	

油漆類

貨名	商號	標記	數量	價格 洋	備註
上上白漆	振華油漆公司	飛虎牌厚漆	每28磅	11.00	
AA上白漆	,,	,,	,,	7.00	
A上白漆	,,	,,	,,	5.30	
AA二白漆	,,	,,	,,	9.00	
二白漆	,,	,,	,,	4.80	計有綠黃藍紫紅黑灰棕八種顏色
A各色漆	,,	,,	,,	4.60	,,
各色漆	,,	,,	,,	4.00	
白及各色漆	,,	雙旗牌厚漆	,,	2.90	
AA紅丹	,,	飛虎牌紅丹	,,	8.00	
紅丹漆	,,	,,	每56磅	20.00	
熟油	,,	飛虎牌漆油	每五介倫	15.00	
			每四介倫	12.00	
			每一介倫	3.30	
漆油	,,	,,	每五介倫	13.00	
松節油	,,	飛虎牌乾料	每五介倫	8.00	
			,,一,,,,	1.80	
燥液	,,	,,	,,五,,,,	14.50	
			,,一,,,,	3.00	

貨名	商號	標記	數量	價格洋	備註
			每半介倫	1.60	
			每2.5介倫	.90	
燥漆	振華油漆公司	飛虎牌乾料	每28磅	5.40	
			每7磅	1.40	
			2磅(每打)	4.80	
			1磅(每打)	2.60	
硍硃漆	,,	飛虎牌有光調合漆	一介倫	11.00	
			半 ,,	5.60	
			2.5 介倫	2.90	
白漆	,,	,,	一介倫	5.30	
			半介倫	2.70	
			2.5 介倫	1.20	
灰漆	振華油漆公司	飛虎牌防銹漆	56磅	22.00	赭黃紫紅灰棕
紫紅漆	,,	,,	,,	20.00	
各色漆	,,	飛虎牌普通房屋漆	,,	14.00	
硍硃漆	,,	飛虎牌打磨漆	一介倫	12.00	
			半介倫	6.10	
			2.5介倫	3.16	
白漆	,,	,,	一介倫	7.70	
			半介倫	3.90	
			2.5介倫	2.00	
各色漆	,,	,,	一介倫	6.60	
			半介倫	3.40	
			2.5介倫	1.80	
硍硃磁漆	,,	飛虎牌汽車磁漆	一介倫	12.00	
			半介倫	6.10	

貨名	商號	標記	數量	價格 銀	備註
			2.5介倫	3.10	
白磁漆	振華油漆公司	飛虎牌汽車磁漆	一介倫	8.50	
			半介倫	4.30	
			2.5介倫	2.20	
各色磁漆	,,	,,	一介倫	7.70	
			半介倫	3.90	
			2.5介倫	2.00	
金粉銀粉	,,	飛虎牌快燥磁漆	一介倫	10.70	
			半介倫	5.50	
			2.5介倫	2.90	
			一磅(每打)	12.00	
			半磅(每打)	6.20	
			2.5磅(每打)	3.50	
硍硃磁漆	,,		一介倫	12.00	
			半介倫	6.10	
			2.5介倫	3.10	
			一磅(每打)	12.00	
			半磅(每打)	6.20	
			2.5磅(每打)	3.50	
白及各色磁漆	,,	,,	一介倫	7.00	
			半介倫	3.60	
			2.5 介倫	1.90	
			一磅 每打)	7.00	
			半磅(每打)	3.80	
			2.5磅(每打)	2.50	
特製罩光漆	,,	飛虎牌光漆(凡立水)	五介倫	22.00	

貨名	商號	標記	數量	價格洋	備註
			一介倫	4.60	
			半 ,,	2.40	
			2.5 介倫	1.30	
汽車罩光漆	振華油漆公司	飛虎牌光漆	五 ,,	19.00	
			一 ,,	4.00	
			半 ,,	2.10	
			2.5 ,,	1.10	
明光漆	,,	,,	五 ,,	16.00	
			一 ,,	3.30	
			半 ,,	1.40	
			2.5 ,,	.90	
黑光漆			五 ,,	12.00	
			一 ,,	2.50	
			半 ,,	1.30	
			2.5 ,,	.70	
			五 ,,	20.00	
烘光漆	,,	飛虎牌木漆器（地板漆）	,, ,,	18.00	
改良金漆	,,	,,	一 ,,	3.90	
			半 ,,	2.00	
		,,	2.5 ,,	1.10	
各色漆	,,	,,	一介倫	3.90	
			半 ,,	2.00	
		,,	2.5 ,,	1.10	
貢藍	,,	飛虎牌精練漆	一 磅	1.50	
貢黃	,,	,,	,,	.60	
塡眼漆	,,	飛虎牌塡眼漆類	28磅	10.00	

貨名	商號	數量	說明	價目 洋	備註
			14磅	5.10	
			7磅	2.10	
油灰	振華油漆公司	飛虎牌塡眼漆	,,	1.50	
紅牌三羊白鉛粉	,,	原料類	一百斤	40.00	
藍牌三羊白鉛粉	,,	,,	,,	30.00	
三羊牌黃鉛粉	,,	,,	,,	40.00	
飛虎牌鐵丹（辦柄）	,,		一會	20.00	
淺色精煉油（魚油）	元豐公司	157	每五加倫	16.50	色淡乾快用調厚漆結膜堅固
三煉光油	,, ,,	158	,, ,,	25.00	和松香水用調厚漆光潤堅勻
淸光車漆	,, ,,	32	,, ,,	24.00	漆面罩光在鋼車上用999藍漆漿塗刷後以此油蓋面
貼金凡宜水	,, ,,	25	,, ,,	20.00	貼金用加入油漆幷能促乾
頂上白厚漆	,, ,,	151Z	每28磅	12.00	質細色純用157號魚油二介倫加159號燥漆成調合漆三桶
頂上白厚漆	,, ,,	151Y	,, ,,	12.00	
頂上白厚漆	,, ,,	151X	,, ,,	11.00	同上
頂上黑厚漆	,, ,,	525	,, ,,	11.00	同上
燥漆	,, ,,	159	每7磅	1.80	每桶魚油加燥漆七磅
防鏽紅漆	,, ,,	8	每5介倫	30.00	
防鏽棕色漆	,, ,,	9	,, ,,	30.00	
防銹灰漆（深）	,, ,,	17A	,, ,,	37.50	防銹薄漆以機器調合供
,,,,,,（淺）	,, ,,	17B	,, ,,	37.50	舟車橋梁一切鋼鐵器物
防銹白漆	,, ,,	4	,, ,,	37.50	塗面防銹之用
抗硫白	,, ,,	51	每一介倫	10.00	潔白光潤永不變色
黃磁漆	,, ,,	11	,, ,,	10.00	防銹防溼耐熱四小時可乾堅實美觀
藍磁漆	,, ,,	418	,, ,,	10.00	同上
警號紅	,, ,,	10	,, ,,	14.00	鮮明耐久專供鐵道或公路標誌之用

貨名	商號	說明	數量	價目 洋	備註
車頭黑	元豐公司	15	每一介倫	12.00	防銹防溼耐熱專供車頭烟卤鍋鑪等用
新甯漆(廣漆彩)	,,	23B	,,	5.00	透明易乾堅比川漆光彩過之門窗地板傢具均通用
999 藍漆漿（又名藍鉛油）	,,	999	每 28 磅	30.00	
沙立根油	吉星洋行		五介倫	銀12.83	即23先令6辨士（每銀一兩＝1先令九辨士）
			十介倫	銀25.35	即45先令6辨士
			四十介倫	銀91.53	即164先令

泥灰類

貨名	商號	標記	說明	價目 銀	備註
桶裝水泥	中國水泥公司		每桶	5.00	每桶重170公斤
袋裝水泥	,,		每170公斤	4.600	以上兩種均以上海棧房交貨爲準
洋灰	,,		每桶	4.65	(一)外加統稅每桶六角 (二)亦係上海棧房交貨
頭號石灰	大康		每担	洋1.90	
二號石灰	,,		每担	洋1.70	
三會火泥	瑞和	白色	每袋	洋3.60	運費每袋計洋三角
三會火泥	,,	紅色	每袋	洋3.00	,,
火坭	秦山磚瓦公司		一噸	洋20.00	

粗細紙類

貨名	商號	標記	數量	價目 元	備註
頂尖紙	大康		每塊	.50	
細紙	,,		每塊	.30	
粗紙	,,		每塊	.25	

木　材　類

貨　名	商　號	說　明	數　量	價格 銀	備　註
洋　松	上海市同業工會公議價目	八尺至三十二尺再長照加	每千尺	60.00	下列各種價目以普通貨爲準揀貨及特種鋸貨價目另議
洋　松	,,	一半一寸一二	,,	63.00	
洋松一寸二寸毛板	,,		,,	62.00	
洋松二寸光板	,,		,,	54.00	
四尺洋松條子	,,		每萬根	120.00	
四寸 一寸 洋松一號企口板	,,		每千尺	90.00	
一六 寸寸 洋松一號企板口	,,		,,	9.500	
[illegible]四寸一號洋松企口板	,,		,,	125.00	
[illegible] 寸一號洋松企口板	,,		,,	130.00	
柚木　頭號	,,	僧帽牌	,,	500.00	
柚木　甲種	,,	龍　牌	,,	400.00	
柚木　乙種	,,		,,	375.00	
柚　木　段	,,	,,	,,	350.00	
硬　木	,,	,,	,,	180.00	
硬木火介方	,,		,,	170.00	
九尺寸坦戶板	,,		每　丈	1.30	
柳　安	,,		每千尺	180.00	
紅　板	,,		,,	120.00	
抄　板	,,		,,	120.00	
十二尺三寸六八皖松	,,		,,	54.00	
十二尺二寸皖松	,,		,,	54.00	
[illegible]四寸柳安企口板	,,		,,	208.00	
一六 寸寸 柳安企口板	,,		,,	200.00	
二寸一半建松片板	,,		,,	52.00	
一丈宇印建松板	,,		每　丈	3.50	
一丈足建松板	,,		,,	5.50	

貨名	商號	說明	數量	價格	備註
八尺寸甌松板	上海市同業公會會議價目		每丈	銀 4.00	
一寸六寸一號甌松板	,,		每千尺	42.00	
一寸六寸二號甌松板	,,		,,	38.00	
八尺機鋸五分杭松板	,,		每丈	1.75	
九尺機鋸五分杭松板	,,		,,	1.30	
八尺足寸皖松板	,,		,,	3.60	
一丈寸皖松板	,,		,,	5.40	
八尺六分皖松板	,,		,,	2.70	
台松板	,,		,,	3.10	
九尺八分坦戶板	,,		,,	1.10	
九尺五分坦戶板	,,		,,	1.00	
八尺六分紅柳板	,,		,,	1.60	
七尺白柳板	,,		,,	2.00	
八尺白柳板	,,		,,	2.00	

鋼條類

貨名	商號	尺寸	數量	價格 銀	備註
鋼條	蔡仁茂	四十尺長二分及二分半光圓	每噸	九十二兩	
竹節	,, ,,	四十長三分至一寸圓	每噸	八十六兩	

編餘

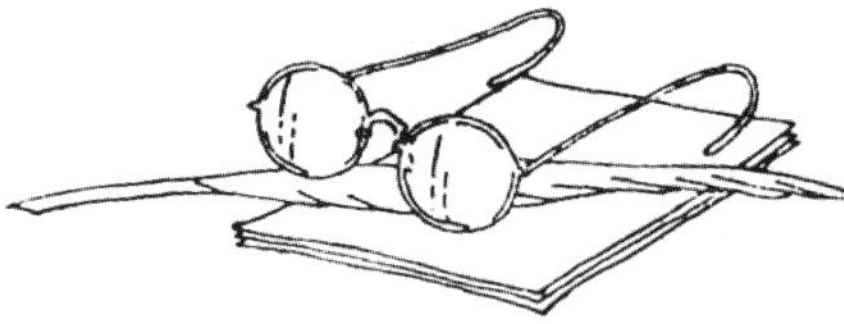

本刊創刊號沒有經過充分的籌備就問世，在內容與外觀上，相去我們的理想太遠；當印刷所把樣本送到我們面前時，眞是說不出的難堪。只因各方的催詢和預告日期的限制，不得不草率地發刊了。出版以後，訂閱與零購者紛至沓來；並且出乎意外地接到了不少奬飾與勉勵的信，那種愛護本刊的熱誠，在此用我們泛濫的謝忱表示我們的感謝。

本期已於可能範圍內盡量地改進了。銅鋅版的圖樣攝影增加很多；幷已更換了一家製版公司，因爲創刊號裏的插圖，太差了一些。這期除了已製就而未及改製的幾張外，都由新公司承製已很清楚美觀。

研究建築這門學術，不能僅藉文字的抽象理論，須憑圖樣與攝影的具體指示。質的耐用果可用文字來論述，但適用與美觀終非文字所能盡職，須把具體的圖樣攝影以供觀摹參考。本刊基於上述原因，材料的蒐集，很注意有參考價値的中西新建築的圖樣與攝影，貢獻於讀者之前。本期已酌量增加，以後還當盡力搜羅。

現今建築界的革新，好像很忽略住屋的改良，實則住屋對於精神與身體都有密切的關係，亟宜注意，本刊特闢「居住問題」一欄，選載可作參考之中西住屋圖樣攝影，俾營屋者有所依據，本期所登，都是西式房屋的式樣，下期起將酌刊我國與日本的各種住屋。

本期文字，除杜彥耿先生的「工程估價」續作外，尙有古健君譯的：「美國西北電話公司重建大廈的情形，」這是一篇很實際的新建築智識的文字，對於每一層每一階段的施工情形都有明晣的敍述。文中更有攝影的穿插，更可指示實際的工作狀況，確是一篇很値得注意的作品。

建築章程欄的「峻嶺寄廬建築章程」，原文係西文，尙未發表，由本刊商借譯載，下期卽可登完。

「建築與法院」是新增的一欄，除發表建築上之法律的實例外，幷酌登有關建築的法律文字，以便建築界的隨時參考。

下期爲新年特大號，擬增加篇幅一倍，幷力求質的充實。售價亦增爲一元，但定閱長期者不加。

建築物的形式果然需要具體的表現，但色的顯露也很重要。建築物的色彩的調和與適宜，對於美觀既有密切的關係，對於精神生活也有強烈的影響，所以近代建築家對之都很注意，本刊爲供讀者觀摹起見，不惜鉅資增印彩色圖樣，下期已決定刊登的有大上海影戲院的四色面樣等。還有從下期起將加登建築辭典，諒爲讀者所歡迎的。

最後，還希望讀者時常給我們以指導與鼓勵。

中華民國二十一年十二月出版

建築月刊 第一卷第二號

編輯者 上海市建築協會

發行者 上海市建築協會

地址 上海南京路大陸商場六樓六二〇號

電話 九二〇〇九

投稿簡章

一、本刊所列各門，皆歡迎投稿。翻譯創作均可，文言白話不拘。須加新式標點符號。譯作附寄原文，如原文不便附寄，應詳細註明原文書名，出版時日地點。

一、一經揭載，贈閱本刊或酌酬現金。撰文每千字一元至五元，譯文每千字半元至三元。重要著作特別優待。投稿人却酬者聽。

一、來稿本刊編輯有權增刪，不願增刪者，須先聲明。

一、來稿概不退還，預先聲明者不在此例，惟須附足寄還之郵費。

一、抄襲之作，取銷酬贈。

一、稿寄上海南京路大陸商場六二〇號本刊編輯部。

本刊定價表

零售	每冊大洋五角
定閱	每年十二冊大洋五元
郵費	國內不加，南洋羣島及西洋每冊一角八分，全年二元。
優待	同時定閱二份以上者，定費九折計算。

定閱諸君如有詢問事件或通知更改住址時，請註明（一）定單號數（二）定戶姓名（三）原寄何處，方可照辦。

特刊零售每冊大洋壹元定閱不加

廣告價目表
Advertising Rates Per Issue

地位 Position	全面 Full Page	半面 Half Page	四分之一 One Quarter
底封面外面 Outside Back Cover	四十元 $40.00	二十四元 $24.00	十四元 $14.00
封面及底面之裏面 Inside Front & Back Cover	三十五元 $35.00	二十元 $20.00	十二元 $12.00
普通地位 Ordinary Page	三十元 $30.00	十六元 $16.00	九元 $9.00

廣告概用白紙黑墨印刷，倘須彩色，價目另議；鑄版彫刻，費用另加。長期刊登，尚有優待辦法，請逕函本刊商洽。

東方鋼窗公司

上海南京路大陸商場六二五號

電話九〇六五〇

製造廠　上海華德路遂陽路口

電話五〇六九〇

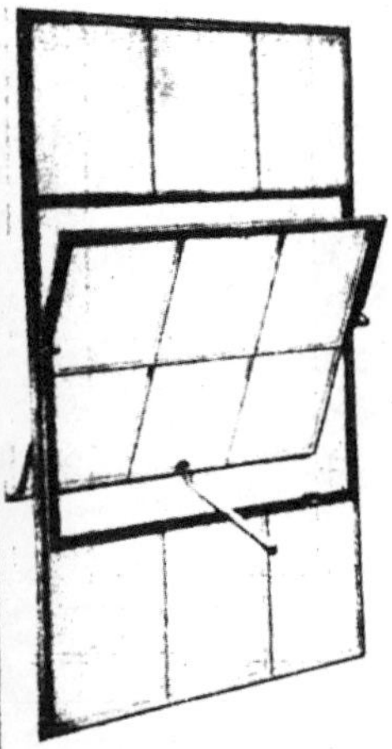

ASIA STEEL SASH CO.

Steel Windows, Doors, Partitions & Etc.

OFFICE: No. 625 Continental Emporium,
NANKING ROAD, SHANGHAI.
Tel. 90650

FACTORY: 609 Ward Road.
Tel. 50690

中國近代建築史料匯編（第一輯）

建築月刊

第一卷　第三期

1933
THE BUILDER
THE BUILDER
1933

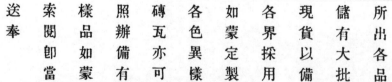

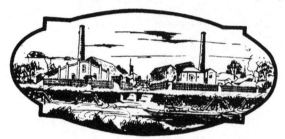

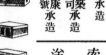

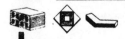

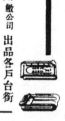

上海地板建築公司

THE SHANGHAI FLOORING CONSTRUCTION CO.

FLOOR PLAN No.11

Specialists in:

Floor construction.

All classes of hard-wood supplied and laid down.

New floors designed in modern style.

Sanding of floors by modern machinery.

Competitive prices.

本公司專造各種地板

本公司專採各國硬木及其他適合做地板之材料

本公司承造地板式樣新穎花紋別緻

本公司地板均聘專門技師用新式機器製造故質地堅固經久耐用

本公司最近承包工程略舉如下

(一)美國學堂　貝當路

(二)怡泰房子　北京路

(三)字林報館　外灘

(四)楊君新住宅　環龍路

(五)美國領事館　江西路

(六)美華地板公司新屋　四川路

Office: 72 Szechuen Road.

Telephone 17852

辦事處：上海四川路七十二號

◀電話一七八五二▶

雙斧牌油漆
開林油漆有限公司出品
輪船
鐵路房屋
傢具欲使之壽
命長遠美麗觀瞻
務須採用雙斧牌
超等國貨油漆担
保用户諸君得到
萬分滿意
商標 註冊
REGISTERED TRADE MARK
製造廠及總事務所 上海江灣西體育會路
本埠發行所 西華德路永同昌 北四川路永元昌
分銷處 本外埠各五金店生漆店及顏料店均有出售
電話
租界四五五〇五
閘北一〇三七
江灣十一
電報掛號
中文 七二九〇
英文 "MULIAKCO"

SING ZENG CHONG

HARDWARE

564-6 NORTN SOOCHOW ROAD,

TELEPHONE 40876

新仁昌五金號

本號專辦大小五金水泥鋼骨建築材料常備現貨如蒙惠顧價格克己

地址 上海北蘇州路五六四－六號

電話 四〇八七六

各營造廠建築家賜顧不勝歡迎

東方鋼窗公司
上海南京路大陸商場六二五號
電話九〇五六〇
製造廠
上海華德路遂陽路口
電話五〇六九〇
ASIA STEEL SASH CO.
Steel Windows, Doors, Partitions & Etc.
OFFICE: No. 625 Continental Emporium,
NANKING ROAD, SHANGHAI.
Tel. 90650
FACTORY: 609 Ward Road.
Tel. 50690

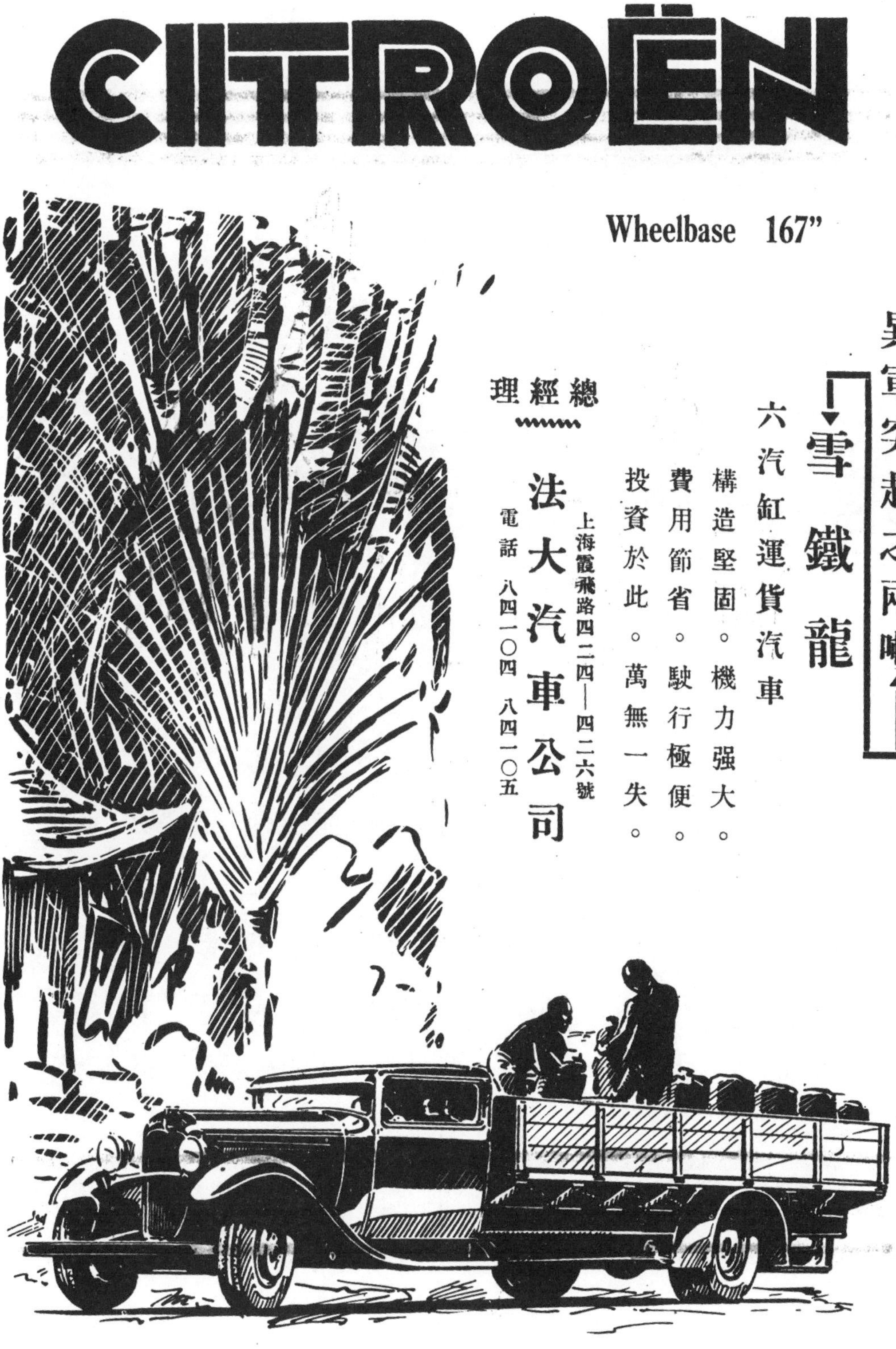
CITROËN
Wheelbase 167"
異軍突起之兩噸
雪鐵龍
六汽缸運貨汽車
構造堅固。機力強大。
費用節省。駛行極便。
投資於此。萬無一失。
總經理
法大汽車公司
上海霞飛路四二四—四二六號
電話 八四一〇四 八四一〇五

藝術化的建築事業

本廠專門承造一切大小工程堅固美觀工作迅捷凡經本廠承造之各業主莫不一致十分滿意如蒙委託承造無不竭誠歡迎

總事務所　海防路六一一號
電話　三四五一六號
分事務所　大陸商場五二九號
電話　九二八八二號

KUNG KEE & Co.
BUILDING CONTRACTORS

OFFICE: 529 CONTINENTAL EMPORIUM, NANKING ROAD.
TELEPHONE: 92882.

仁昌營造廠

承造：

各式中西房屋

銀行堆棧

廠房校舍

橋樑道路

碼頭鐵道

一切大小工程

事務所：上海同孚路
基安坊二十五號

電話：三五三八九號

SHUN CHONG & CO.

Building Contractors

Lane 315, House V25, Yates Road,
Shanghai.

Telephone 35389.

LANE 526 N. JA 4
TAKU ROAD, SHANGHAI
Telephone. 33188

創新建築廠

CHANG SING & CO.
BUILDING CONTRACTORS.

上海新大沽路
鈞福里四號
電話三三一八八號

▷上圖為本廠最近完工之上海普益地產公司大華公寓◁

本廠創始於前清宣統二年春原名裕昌泰民國十一年冬改組為創新建築廠歷年承包本外埠工程有上海福州路英工部局等一百餘處總計造價都二千萬金並承接業主委託設計打樣如杜氏家祠等多處茲略舉造價在十萬金至二百萬金間之承包工程於後以示一斑

楊樹浦電燈新廠
保安寫字房
麥邊寫字房
英工部局
南京郵政局
上海第三四五紗廠
日華第三紗廠
怡和新寫字房
南洋兄弟烟草公司
大西路宏恩醫院
乍浦路橋
沙利文麵包廠
新聞小菜場
自來水公司水池

牡丹雖好　猶須綠葉相扶

偉大的建築中糊以

美麗花紙則

美奐富麗自無倫比

新舊房間之比較

左圖未經花紙裱糊陳俗可厭

新旧房間之比較

右圖一經花紙裱糊美麗悅目

上海美麗花紙行特派專員向歐美各大名廠直接採辦各色時新出品運華以應社會需要是以各色花紙莫不

品質高貴　價格公道

花色之繁多與新異堪稱海上巨擘故海上各種最新式建築中無不樂予採用如中國飯店，一品香，大中華飯店，冠生園，及其他公館或私人住宅等是如蒙　參觀或採用必當竭誠爲君服務

上海美麗花紙行　南京路三百另六號　電話九一八六〇號

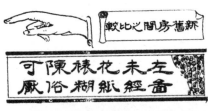

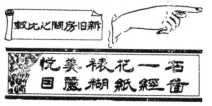

久記營造廠

事務所：上海圓明園路二十三號 ◉ 電話 一九一七六 / 一六二七〇

廠設上海南市機廠街二百十七號

本廠專造：

碼頭

鐵道

橋樑

一切大小鋼骨水泥工程

本廠最近承造工程之一 大上海影戲院

Specialists in

HARBOR

RAILWAY

BRIDGE

REINFORCED CONCRETE

AND

GENERAL CONSTRUCTION WORKS

THE KOW KEE CONSTRUCTION CO.

Office: 23 Yuen Ming Yuen Road. Tel. 19176 / 1627.)

Factory: 217 Machinery Street, Tungkadoo.

新仁記營造廠

事務所：江西路一七〇號

電話一〇八八九

本廠承造工程之一班：

沙遜大樓 南京路

漢彌爾登大廈 江西路

都城飯店 江西路

漢彌爾登大廈

Sin Jin Kee & Company

170 KIANGSE ROAD, HAMILTON HOUSE.

TELEPHONE 10889

江裕記營造廠

本廠專門承造
一切大小建築
鋼骨水泥工程
工場廠房以及
碼頭橋樑等等

事務所：上海靜安寺路九六弄十二號
電話 九二四六四

Kaung Yue Kee & Sons.

Building Contractors

Office: Lane 96, No. 12 Bubbling Well Road.

Telephone 92464

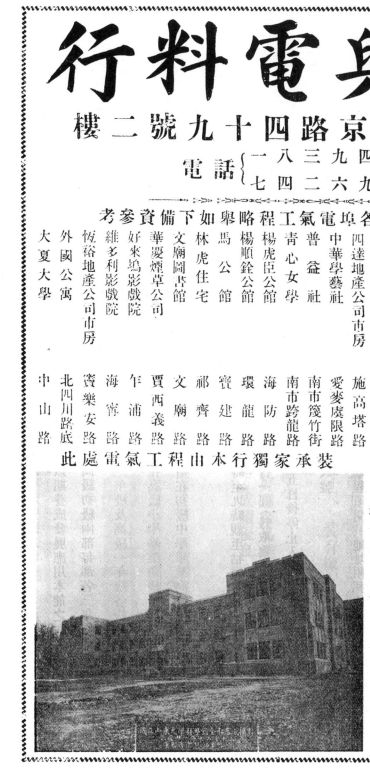

上海市建築協會附設

私立正基工業補習學校招生

本校原名上海市建築協會附設職業補習夜校現奉市教育局訓令加題專名改稱私立正基工業補習學校

宗旨 本校利用公餘時間以啓示實踐之教授方法灌輸入學者以切於解決生活之建築學識以期養成發展應用本能之人才爲宗旨

編制 本校參酌學制暫設高級初級兩部每部各三年修業年限共六年

年級 本屆招考初級一二三年級及高級一年級各級插班生

程度 凡投考初級部者須在高級小學畢業初級中學肄業或具同等學力者凡投考高級部者須在初級中學畢業高級中學肄業或具同等學力者

報名 即日起每日下午六時至九時親至牯嶺路長沙路口十八號本校填寫報名單隨繳手續費一圓(錄取與否概不發還)領取應考證

考試 隨到隨考(二月二十五日後停止入學)

校址 牯嶺路長沙路口十八號

附告

(一)函索本校詳細章程須開具地址附郵四分寄牯嶺路本校空函恕不答覆

(二)凡高級小學畢業持有證書者准予免試編入初級一年級試讀

(三)本校授課時間爲每日下午七時至九時

(四)本屆招考插班生各級名額不多於必要時得截止報名不另通知之

中華民國二十二年二月　日　校長湯景賢

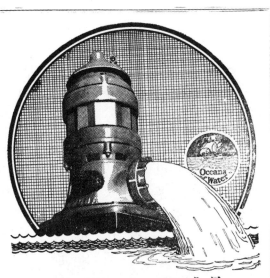

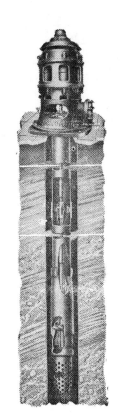

建築月刊

第一卷第三號
一月特大號
民國二十二年一月份出版

目錄

插圖

廣告索引

“一日辛勤之後”

晚餐既畢，對爐坐安樂椅中，回憶日間之經歷，籌劃明天之工作；更進而設計將來之幸福的享用，與味盎然。神往於烟絲繚繞之中，腦際湧起構置新屋之思潮。思潮推進，希望『理想』趨於『實現』：下星期，下個月，或者是明年。

欲實現理想，需要良好之指助；良助其何在？是惟『建築月刊』。有精美之圖樣，專門之文字，能告你如何佈置與知友細酌談心之客房，如何陳設與愛妻起居休憩之雅室；且能指示建築需用材料，與夫房屋之內部位置外部裝飾等等之智識。『建築月刊』誠讀者之建築良顧問，『一日辛勤後』之良伴侶。伊將獻君以智識的食糧，贈君以精神的愉快。——伊亦期君爲好友。如君歡迎，伊將按月趨前拜訪也。

趙深陳植建築師設計

開闢東方大港的重要及其實施步驟

杜漸

在這嚴重的國難期中，國人應如何勵發精神，對付當前的厄運，謀我們中華民族的出路。這件事情不是單尙空言所能奏效，也不是徒湧熱血暴跳嚎叫所能濟事；當要每個人負起應負的責任，各業各團體盡他們應盡的力量，纔能收取宏效。譬如各個人各團體能力範圍內所能辦到的事，倘能切切實實地去幹，那末定有實效可收。不要突然受了外來勢力的侵略，因一時之刺激而鼓起五分鐘的憤懣，過後便很快地遺忘，我們只要埋頭去幹，我們只要脚踏實地去追，依照預定的計劃，堅持正確的方針，不屈不撓地前進，向着充足的大富與廣博的土地去努力。經過了相當時期，定能在民族的經濟基礎上樹下鞏固的柱石，給予民族的復興以有力的援助。否則，倘再因循苟且，那末免也要淪於萬刼不復的慘境了。

作者是建築人，所以屢次說：『今日建築界的重要任務，急待開闢東方大港。』希望同業們運用我們的建設本能與學術，投放我們的所有財力，去從事開闢這重要的港埠。假使同業的財力不夠，更當喚起大衆的興趣，使大家都來參加我們的隊伍。集液成裘，衆擎易舉，創辦一件大事業，不是少數人所能奏效的事。

東方大港的促成，須靠建築人一致的努力，當起急先鋒，不畏困難地前進。我們已有幾個同志在籌劃去負起這引導的重任，希望各界同志來參加我們的集團。我們不久將派遣測量隊赴目的地，從初步的測量工作，首先測量獨山黃山一帶的山地與海水浴場的灘地。一俟測量工作完畢，當即製圖發表於本刊，指出其重要與美點，使讀者可親歷其境般的明瞭。東方大港完成後的利益，不厭煩瑣，當慢慢地詳述於後。至於要實現這種利益的收穫，那末務須求大衆的參加與政府的合作方可。

乍浦在往昔原是一個重要的鎮市，在上海沒有開闢商埠的時候，乍浦的市面極盛，尤以本市爲最興旺，海產也很豐富。現在上海吃的海蜇大都是那裏的產品，單就海蜇這一項而言，每年已有價値六萬至八萬元的產額。況且目前捕捉的方法還是陳舊的土法，倘加以改良，產額必可增加。還有食鹽，也是一項大宗出產；其他農產品也很多很多。那麼豐足的天然富源，正急待我們去開發呢！

再從運輸與交通二點講罷，也有開闢的必要。以前安徽浙江江蘇幾省的出產品，都輸由乍浦出口；由福建廣東等地來的進口貨品，也都在乍浦交卸，再行分送江浙皖等省。倘東方大港而實現以後，不但能恢復已往的繁盛，更有凌駕上海的可能。目前外國來滬的船隻，噸位較大的，因黃浦江較淺，不能入口，只得停泊吳淞口外，另用小輪駁運，極感不便。像乍浦就不是這樣了，無論怎麼大的輪船都可以直靠碼頭。自金山起至乍浦一帶，水之深度，最淺爲三十五尺，最深達一百三十六尺；吳淞口則最淺處僅三十二尺，最深處亦不過六十六尺。所以乍浦之爲商港，實比黃浦江爲適宜。加以乍浦風景絕佳，有山有水，有海島可瞭望，有巖嶺可攀援，有黃沙灘地可作海水浴場，確是游覽的勝地。

且交通四達，駕乘汽車可直達首都；將來五省市公路築通，更爲便捷了。大港完成，并可促成自杭江路擴展而通達福建線及浙贛線，交通事業亦將隨之而更發達了。

又如安徽省婺源祁門等地出產的茶葉，原由鄱陽湖轉長江運滬出口，大港築成後，也可改由乍浦出口，減短路程在一半以上，省時經濟，殊有利益。茶葉本爲我國出口品之大宗，年來已漸遜色，倘於運輸上力謀改善，也許是復興的一助罷

總之，此港的開成，可予東南五省以很大的新氣象，平添不少的活力，而謀新的發展。我們不要因爲受了外來勢力的侵逼，便垂頭喪氣的消極氣餒，我們應該開發富源，以圖自强。乍浦距離上海，只有二個鐘點汽車行程的距離是比較容易着手的事業，自然需要及早開發，等到有了很好的成績，再行推廣到其他各方面。按步就斑的去努力，國富民强是很有實現的希望的，到了那時，暴隣强敵，誰敢再來欺侮呢？同胞們！我們要保持我祖宗的光榮，我們保留子孫的地位，亟應努力開闢我國的天富，開闢東方大港是初步工作。

東方大港的築成，是中華民族的出路。東方大港能否實現，是中華民族盛衰的關鍵。……也可以說：中華民國的國運將卜之於東方大港。

× × × × ×

上海扼揚子江的咽喉，乃京滬滬杭甬二鐵道的總匯，又是外洋航輪薈萃之地，交通便利，金融實業文化咸集中於此，遂成爲我國唯一的大商埠。更因爲國內政治社會之不安定，內地人民生活危殆，稍有資產以上者，都以上海爲安樂窩，紛紛奔集，人口便日漸增多，形式上也就更漸繁榮。且國民政府建都南京到現在，京滬路上冠蓋不絕，黨國巨公，或卜居於租界，或酬酢於洋場，因此上海除了在經濟上處於重要的地位外，在政治上也含有相當的意義。上海的旺盛，確是可憑我們的直覺所承認了。

但是，上海的旺盛，與我們的國事却成爲反比例，什麽原因？祇要觀察已往的事實便可明白，例如每次內地發生一回人禍或天災，上海的人口率卽跟着增多一次，上海的表面也就更形旺盛一層。那麽，上海這樣旺盛，不就是內地的凋敝嗎？所以我說：上海的旺盛，與國家成了反比例。上海的畸形發展，既是內地的騷亂所促成，頭腦簡單之流，見了上海表面的旺盛而沾沾自喜者，不啻昧於局勢的贅瘤罷了。其實逍遙於上海，簡直是釜底游魚，若不急自反省，難免有同歸於盡之虞。寫到這裏，不禁不寒而慄了。

負上海建設治安之責的機關有三，一是市政府，一是公共租界工部局，一是法租界工董局。市政府的管轄區域在租界以外的市區範圍，如南市，閘北，江灣，吳淞等，其中比較熱鬧者爲南市閘北二區。但閘北精華已盡燬於一二八之役，復興需時。南市人口雖多，但物質的建設，因歷史與經濟關係，一時尚難猛進；商業則以人民心理與習慣的原因，亦未能與租界並馳。至於市中心區，自一二

八戰事以後，市政經費支絀，與一般人心趨向西區的原因，故不能如初期的迅快。

市政府管轄的上海區域，其情狀既如上述，可知所謂繁榮的上海，乃僅是給外人操縱着的公共租界與法租界而已。所以譽爲紐約第二倫敦第二的上海者，祇是外國人的上海罷了，言之能不慚愧！

然而建設繁榮的上海的財力，却是我們黃膚黑眼的主人翁的膏血。把自己的資財，給外國人拏去建築他們的繁榮上海，可以見得同胞們惰性的一班。安居在租界之上，恬不知惕，更可見得我們只有依人的奴性，沒有獨立與創造的精神。

現在，大家應該可以覺悟了罷？我們須憑自己的精神財智去開闢一個我們自己的商埠，以湔前恥，而挽利權。密邇上海的東方大港，是先總理指定的商埠，於地理於人事均較上海爲更優，一俟開闢成功，將來之繁榮，不難駕乎上海之上。不過，我們須得及早努力；免爲外人捷足，因爲他國人士的覬覦此東方唯一優越商港者，正大不乏人呢。

有財力，有智力的同胞們，速起圖之！并希望政府當局以國家的力量獎掖扶助之！使於最短期間得獲實現！因爲這是有關全國經濟榮衰的重大建設咧！

租界上雖聳立着很多的高樓大廈，點綴成世界巨埠的模樣，不過這只是表面上的偉觀，倘推究他的內在，那眞是不堪聞問了。商埠的盛衰，當以商業的興替爲標準，說到上海目前的商業，那一個商店的老闆，那一個工廠的經理，不搖着頭憂嘆營業的不振呢？可知上海的繁盛，僅是形式上的而已。若要找營業發達的機關，那麼只有旅館吧？崇樓華屋的旅館，時常掛着客滿的招牌，旅館老闆的囊橐固豐，但於社會却並不是好的現象。上海的旅館是藏垢納汚的所在，眞正的旅客怕還不到十分之一，却是一般淫逸的人們假以作爲聚賭抽烟叫窰子的處所；更甚者如開了房間以演穢褻的影片，和借爲作奸犯科的機關。所以旅館的興盛，實是上海社會黑暗的表徵。此外如花會燕子窩賭攤等等的非法機關都成了公開的祕密；其他未能形諸筆墨者，更是難以數計。所謂繁華的上海，不過如是罷了。

偌大的一個上海，人口是那麼的衆多，可是沒有公餘遊息之所，供民衆作高尚的娛樂。以致閒暇的時候，比較上流者也只好趨之於電影院，去看褚民誼先生說的盜殺淫的影片。或者呼朋喚友而去聚賭吃嚼了。

若將乍浦闢爲商埠，有山有水可供遊息，不至像上海這樣的單調枯燥；並且在開闢之初，便可把上海做殷鑒，而避免上海的各種缺點。向着善良的方面進行，而爲模範商埠的試驗。如治安道路教育衛生等市政，及其他農工等實業，都要舉起革新的旗幟而謀積極的進行，務使有實際的成效，把乍浦成爲一個模範的都市。

關於開闢東方大港的實施，可分做二方面來講：一政府方面，二人民方面。

政府現正亟亟於籌劃抵禦暴敵的侵略，一時還不能致力於乍浦的開闢，但是顧孟餘先生曾說：『我們現在丁着國難，受着武力侵略的痛苦，而不能急起抵禦的原因，是因爲我國的工業不發達，以致戰爭必需的物質不能供應。工業的不發達，經濟凋竭爲各原因中之重要點，故我人亟須覓探裕國的途徑，現人不要視資本主義如毒獸般恐懼，不加推討，要知發展工商業實爲救國的第一要著。』顧先生要覓探發展經濟的途徑，亦爲救國的要圖，那麽開闢東方大港，實是各途徑中的一條光明大道，因爲開闢東方大港就是發展我國的實業啊！希望政府當局也注意及之。

（待續）

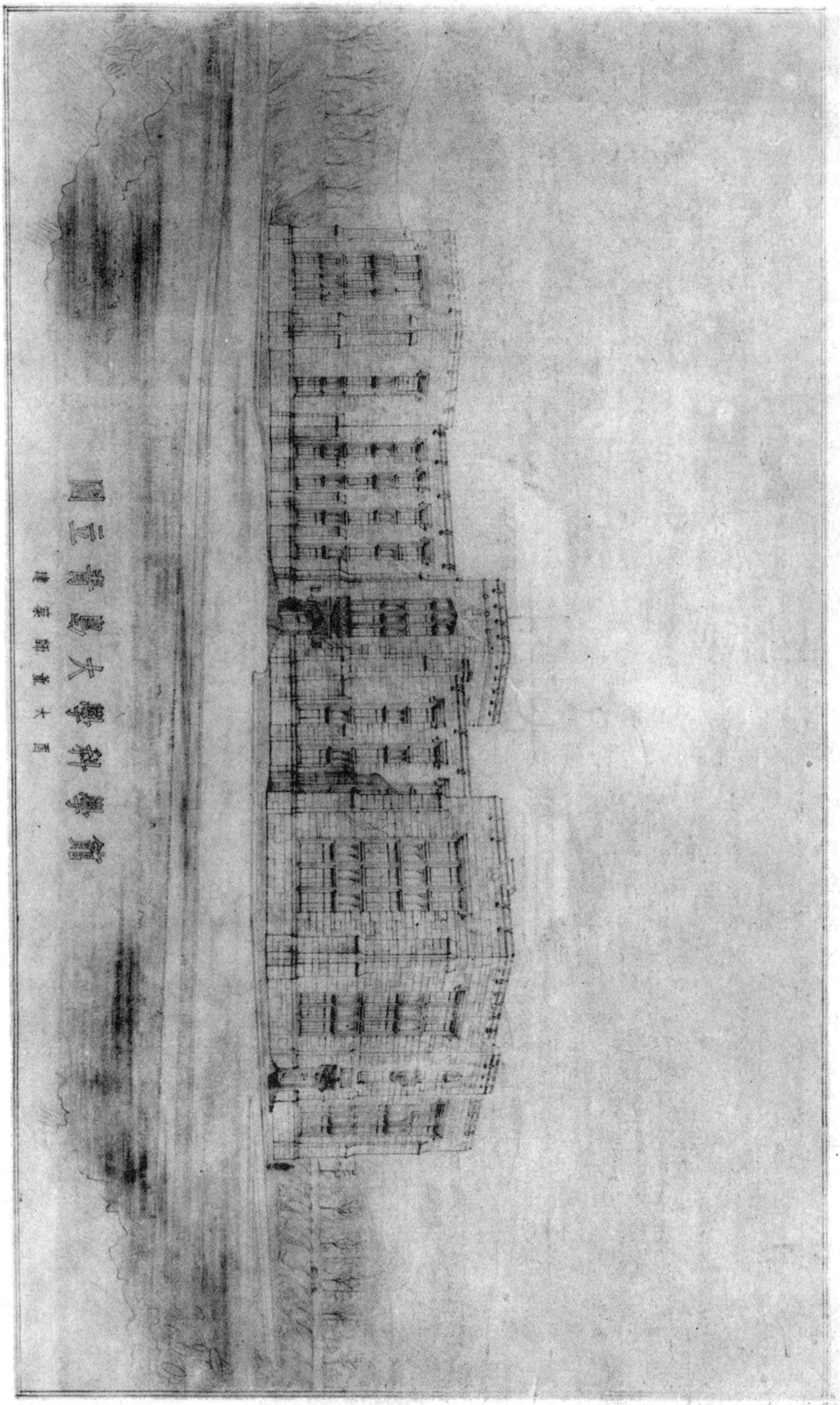
國立青島大學科學館
建築師董大酉

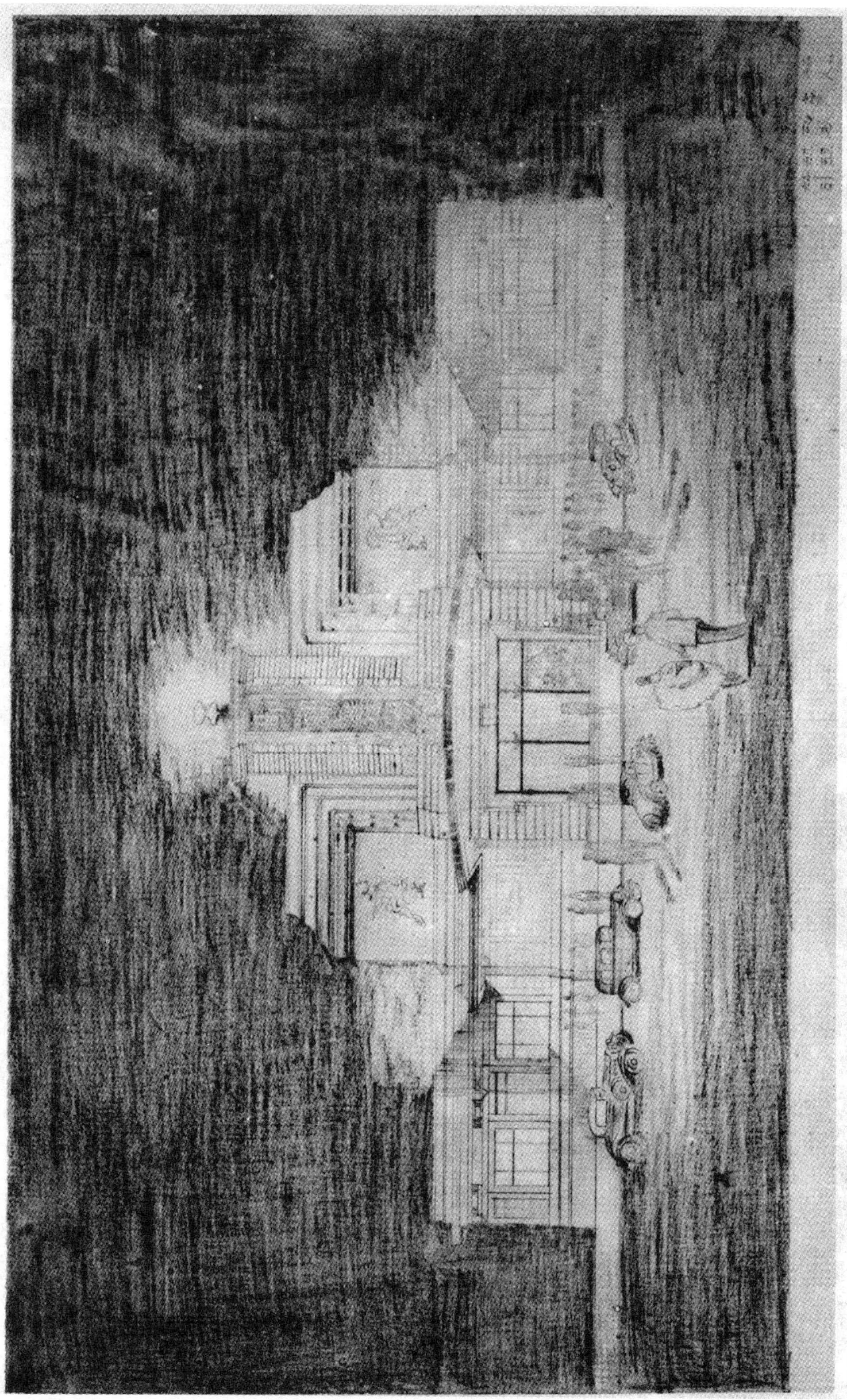

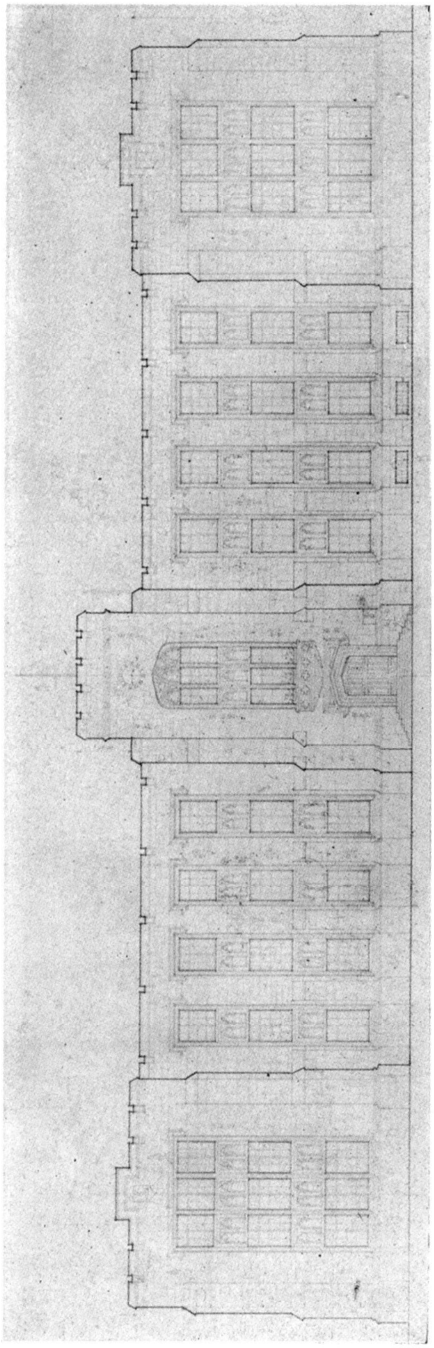

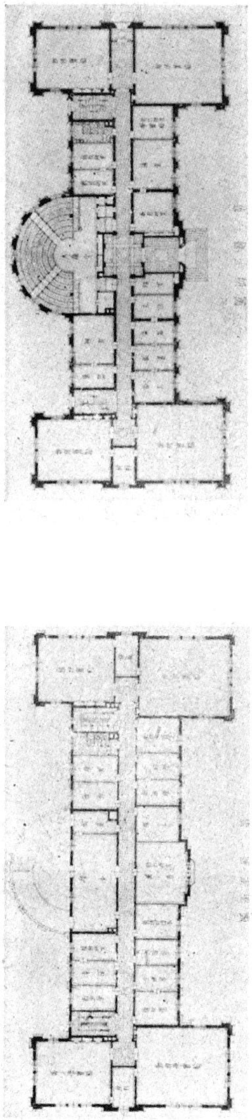

國立青島大學科學館

正面樣

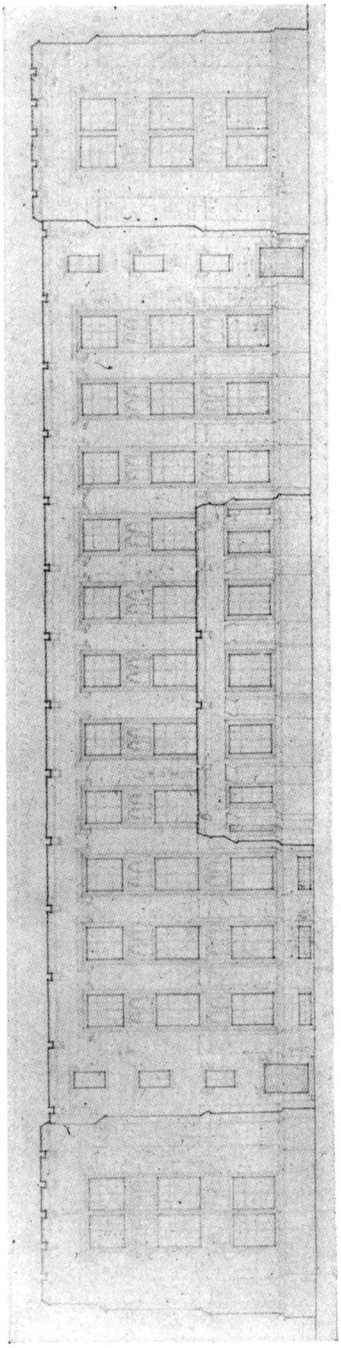

國立青島大學科學館後面樣

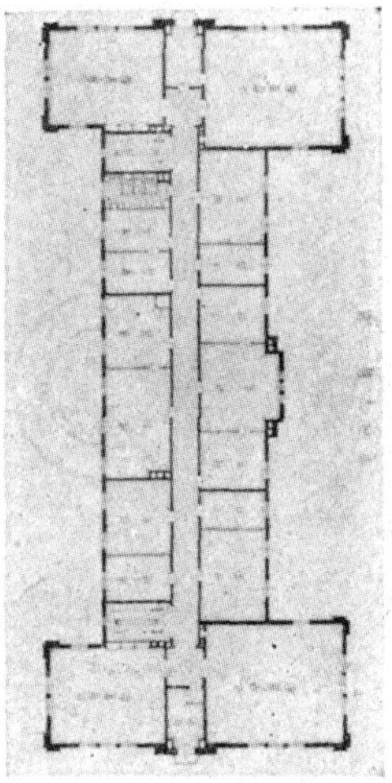

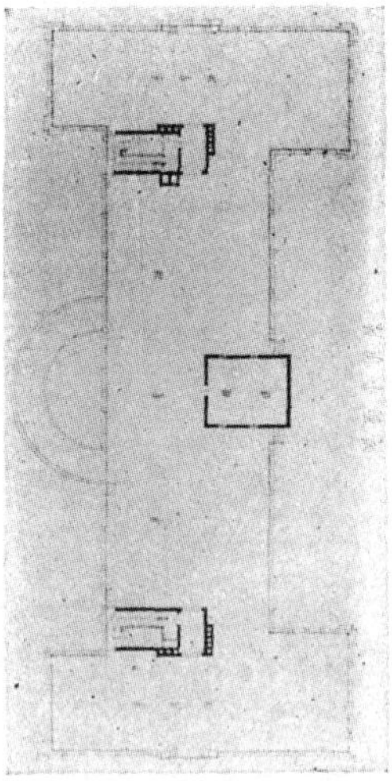

上海英商自來火公司因西藏路一帶地價日貴，故已將沿蘇州河及西藏路之廠址暨辦公處基地出售，另於楊樹浦東梢購地百餘畝，構置新辦事房，瓦斯廠等，上圖係容積瓦斯鍋之鋼骨水泥底基，承造爲創新建築廠。

上海靜安寺路大華公寓　　創新建築廠

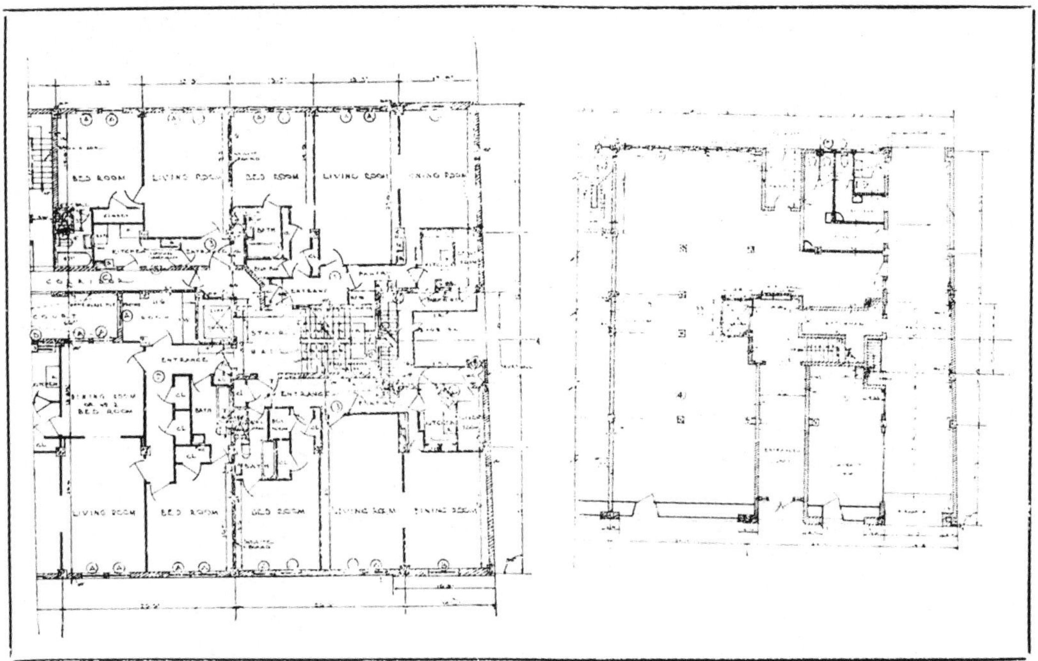

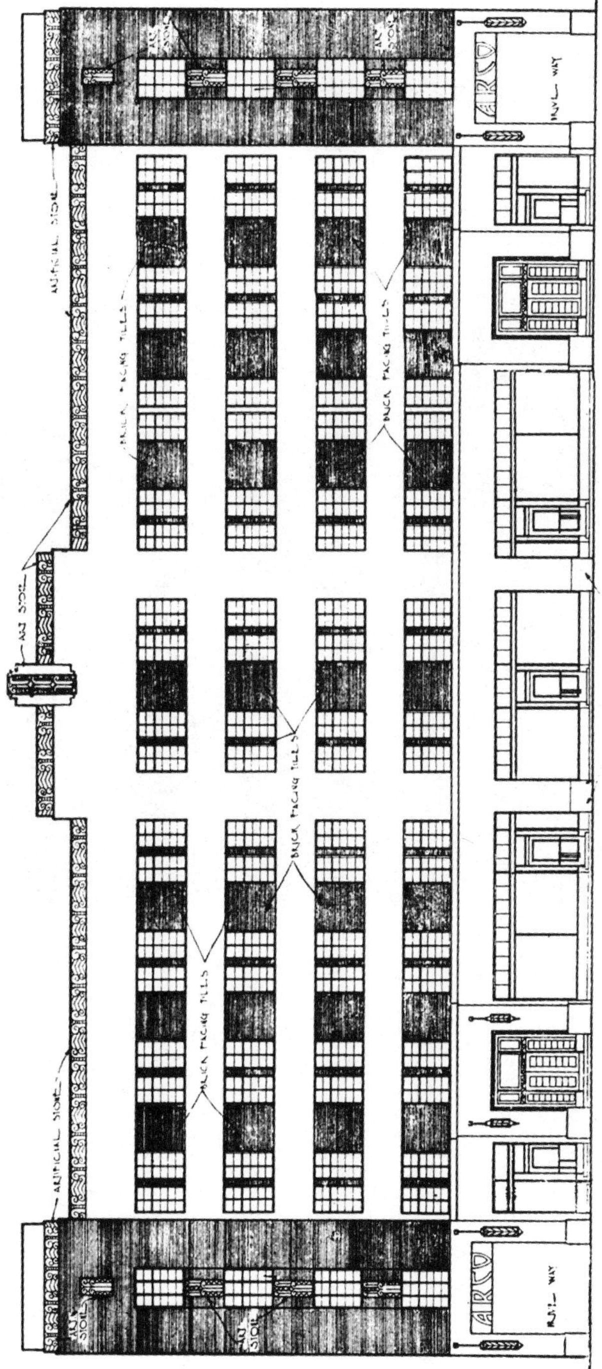

上海靜安寺路大華公寓

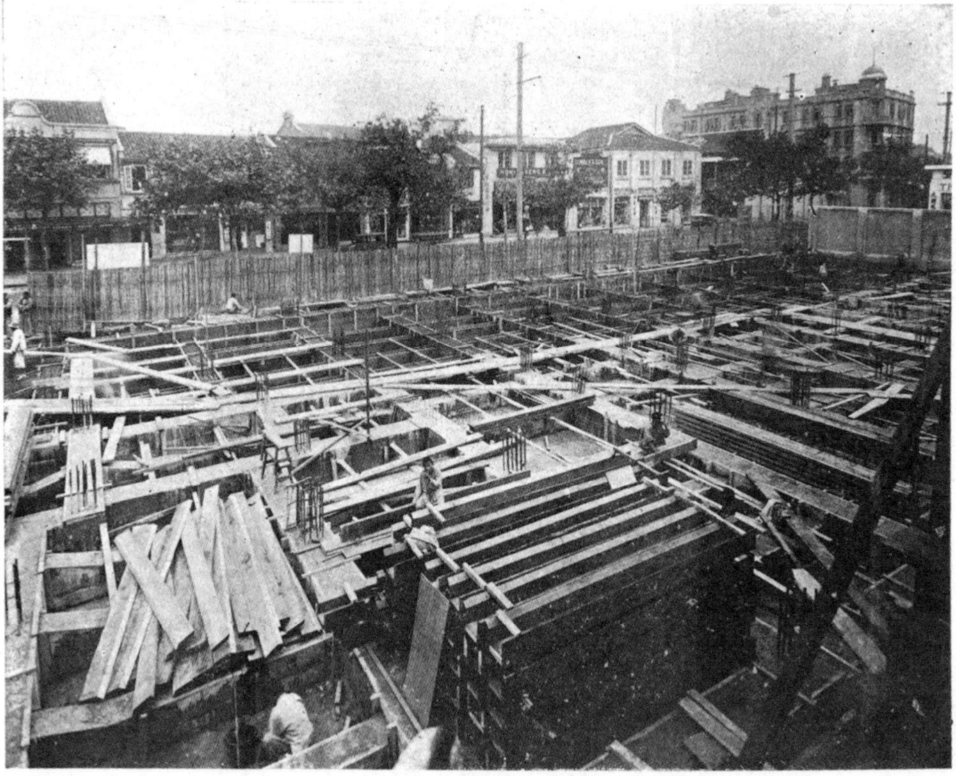

上海靜安寺路普益地產公司大華公寓做底基時攝影

上海靜安寺路普益地產公司大華公寓起全二三層水泥樓板時攝影

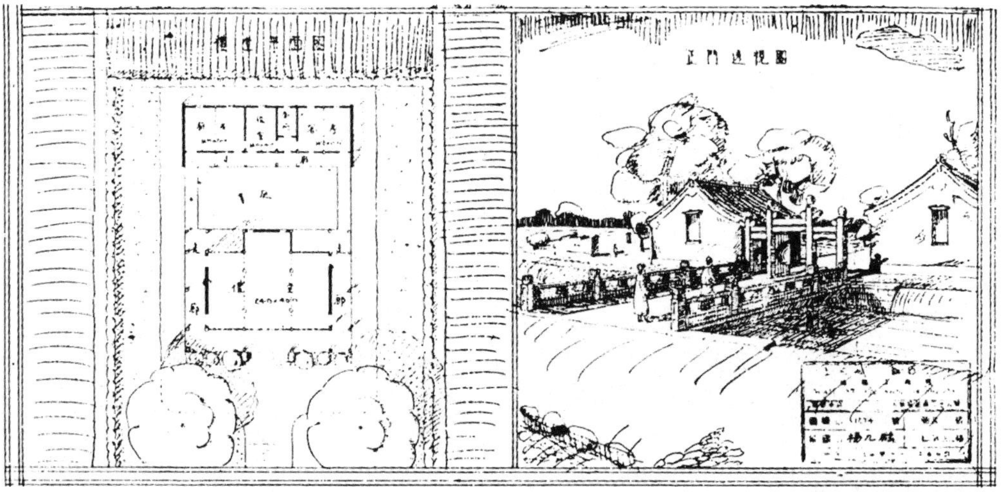

久安公墓闢於浦東洋涇區盛家行，由滬乘小輪渡浦前往，至春江碼頭起岸，約再行六里即達。該公墓共容三千穴，幷建有門樓禮堂涼亭等，設計頗佳，不久即將竣工。日來定穴者非常踴躍，不少且已安葬矣。

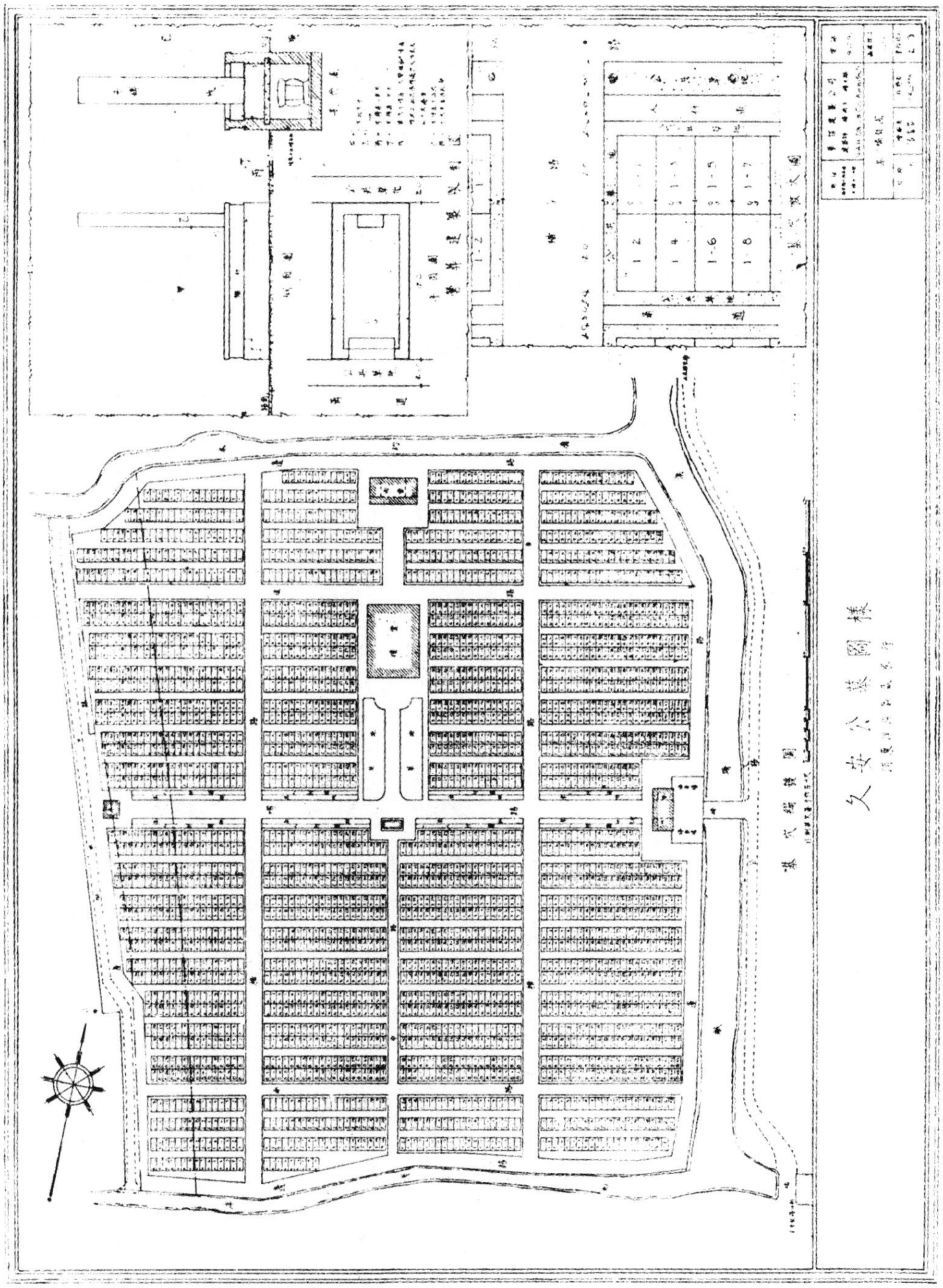
久安公墓圖樣
墓穴編號圖

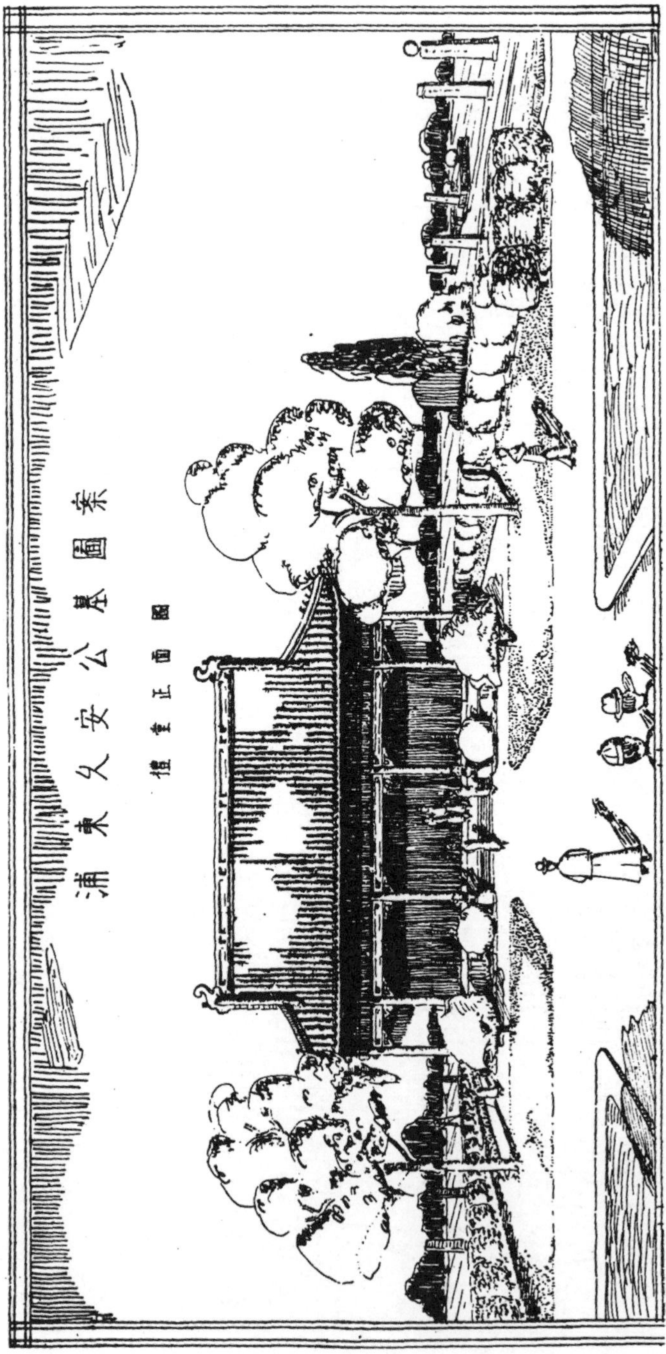
浦東久安公墓園案
禮堂正面圖

正在建築中之麥特赫司脫公寓

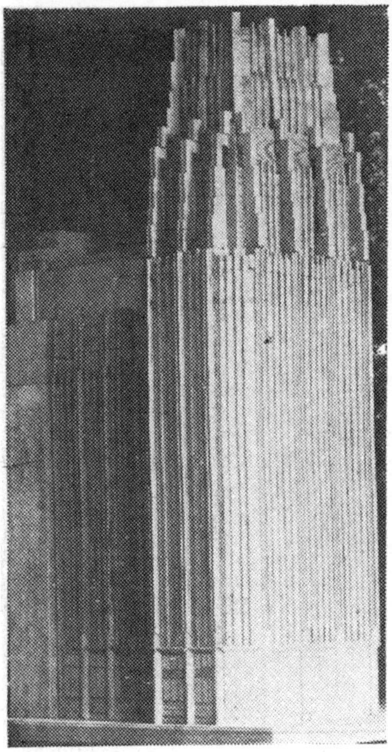

建築中之四行儲蓄會廿二層大樓

上海公和祥碼頭打樁攝影

協泰工程師

復記營造廠

英和建築語彙編纂始末概要

編纂之緣起　我國（日本）建築譯語之不統一。建築界已久感不便。故有心者均倡議編纂建築語彙爲必要。晚近建築事業與歲並進。語彙之編輯尤屬迫需。惟編纂建築語彙。殊非易事。故迄未有人從事也。本會（日本建築協會。下倣此。）會員頗多倡議。明治二十四五年間。嘗以確定建築名辭爲論題。各抒偉見。促其實行。咸爲文載諸建築雜誌。藉以喚起會員之注意。且一致主張以確定建築譯語爲本會事業也。明治三十二年三月。本會舉行臨時大會。會長工學博士辰野金吾氏。會列舉本會之事業方針。僉認編定建築熟語爲重要工作之一。此所謂建築熟語者。卽建築術語也。本會之編纂建築語彙。實胚胎於此時。明治三十六年初。工學博士塚本靖氏。亦以編纂建築語彙爲本會應有工作。向役員會提議從速選出委員。以便着手進行。役員會據之作爲議案。提交會議。卒獲通過。編纂機運。乃漸趨成熟矣。旋推定編纂委員中村達太郎，大澤三之助，塚本靖及關野貞次等四氏。儘先起草編纂方法暨經費預算。同年七月正員會開臨時會議。亦全體一致贊同編纂建築語彙。同年九月在京正員以通訊法票選委員五名。負責進行。三十七年一月委員會宣告成立。翌年二月籌備就緒。三月着手編纂。歷長期之努力。改訂草稿凡數次。迄大正七年五月而完成。自起稿至脫稿。爲時歷十四年又五閱月。

編纂方針　編纂本語彙之方針。於明治三十六年七月臨時正員會議議決有案。建築語彙編纂委員會乃依此決議方針而進行者。茲紀其要點如左。

（一）先行確定外國名辭之譯語。

（二）本國（日本）術語雖不統一。惟暫緩整理。

（三）外國語。以採用英、法、德、三國語言爲限。

（四）習用或見諸書籍雜誌之譯語。得選用之。如一名辭。分有學術語。普通語等數種者。均採用之。

（五）如無適當譯語。則可引用外國語代。惟須加釋義。又外國語而已成普通用語者。可多用之。

委員會依此大綱而詳訂細目。幷議決先行編訂英和對譯辭書。至法日對譯及德日對譯兩種。則留待他日進行。本書將成時。有附加和英建築語彙於本書（英和建築語彙）之議。終以完成本書之迫切及其他之原因。未克實現。本書所載現成語。均選用建築界所習用及書籍嘗採登者。譯語則均求平易而不陋俗爲原則。詳細方針。於本書凡例中已可覘一斑矣。

編纂之程序及方法　編纂本書之程序方法。約分四個時期。第一次爲準備起草至脫稿。其餘三次。均屬纂易工作。蓋本書乃易稿四次而編成者也。茲述其工作經過如后。

第一次之編纂。乃選錄 "Guilts Encyclopadia of Architecture" 末卷建築術語解百語成草案。供委員擇要翻譯。並於草案之外。擇譯若干。提供討論。彙集各委員之提案。作成最後草案。經委員會之鄭重討論。決其存廢。乃按月發表被採用之原語與譯語於雜誌。廣徵一般會員之意見。作是否適當之公決。而成初稿。編纂本書之難關。卽第一次之編纂也。

第二次編纂工作。則依第一次議定之初稿。而審議各語之存廢。及譯語之當否。將初稿分發各委員。集衆見而成第二次草案。將初稿大加增減與修正。

第三次則除解決前次懸案外。并選擇插圖整理全部稿件。更詳細查閱既定原語及譯語之是否適當。至於新語與舊語亦略有增減。

第四次則將全稿作最後之審查整理。製成定稿。準備付梓。

本書編纂期中。承各會員熱心指教。并蒙正員工學博士佐野利器氏外四氏寄贈所編「關於鐵筋水門汀譯語及記號私案」一文。獲益不少。均深感謝。委員會已大抵擇要採用矣。

委員會議　明治三十七年舉行第一次委員會。互選曾禰委員為委員長。決定委員會每月開常會一次。日期為每月之最後星期二。並任中村，關野兩氏編纂方法之起草委員。同月二十九日開第二次委員會。議定編纂方法。迨同年三月二十九日之第三次委員會。始議定正式編纂。嗣卽循序進行編纂工作。明治三十八年十月三十一日舉行第十六次委員會。議決自後改為每三星期會議一次。如是者時歷四年。至大正元年十二月中舉行之第一百二十一次委員會。而結束第一次之編纂工作。自大正二年二月二十五日之第一百二十三次委員會議起。開始第二次編纂起稿會議。大正三年十二月八日第一百四十七次會議時。決定由翌年起改委員會常會為每隔一週舉行一次。至大正五年十二月二十五日之第一百八十七次委員會時。乃完成第二次編纂。因欲謀速成。故議定改由大正六年一月起。委員會每週開一次。大正六年一月十七日開第一百八十八次委員會時。卽開始第三次編纂。同年六月杪完成。七月進行第四次編纂。在此編纂期中。委員長或委員每晨必有一人至本會事務所。監督書記進行。同年（大正六年）十一月始着手謄清，時開會議。以決取捨。迄同年十二月之第二一九次委員會時。始告一段落。大正七年之編纂工作。雖仍繼續第四次而進行。其工作則偏於復行整理全稿。完成清書及查閱插圖等事。故暫廢每週常會。必要時始行開會。迄大正七年五月二十二日之第二百二十五次委員會議。完成本編纂事業。

委員之更易　明治三十六年以在京正員之投票。選定中村達太郎，塚本靖，三橋四郎，大澤三之助等五人為建築語彙編纂委員。塚本靖辭任。舉行補缺選舉。結果。由關野貞氏補任之。明治三十七年十月。因中日戰役。大澤三之助為當時後備陸軍中尉。被調從軍而辭職。故以妻木賴黃繼其任。妻木氏未幾亦告辭。又由長野宇平治氏補其缺。大正四年編纂將竣。三橋四郎氏不幸逝世。翌年補選結果。大澤三之助當選。七年二月關野貞氏被政府派遣出洋留學。其時本語彙已大略完竣。全稿亦以行準備付梓。委員亦無須屢次開會。不再另行選任。故本書編成時之在任委員。為曾禰達藏，中村達太郎，長野宇平治，大澤三之助，關野貞等五氏。惟三橋四郎氏已去世。氏雖播種。未見收獲。誠不勝遺憾者也。

購置之圖書　建築語彙編纂委員會成立之前。建築學會所有書籍。多係著者或出版人所寄贈。由會購買者不足十本。編纂資料之缺乏。於此可知。本委員會乃要求役員會購備可供參考之必要書籍。凡二十餘次。計三十八種。書名茲紀於下。（書名從略）委員之各以自已所藏及轉向他處商借之書籍。以供參考者頗多。不再贅述。

語數及圖數　編纂本語彙之建築原語。初假定為三千五百語。但於進行編纂中逐次增加。竟逾四千九百九十六語。因母語與子語之關係。致重複印出者亦不少。故本書原語。實數雖為四千九百九十六語。而總計則有七千七百另五語之譜。插圖從名稱言之。僅四百種。但一名稱常含有二圖。故全數為四百八十二種。

關於編纂本書之雜務。由松原康雄武井邦彥兩氏負責。插圖相片等事。由土佐林義雄氏擔任。其他如會議事務。印刷雜務。整理淨書等。則均由木村貞吉，鈴木善夫進行。皆有助於編纂委員之不足者也。

建築辭典

我國建築名辭，或循習慣，或譯西文，因地不同，因人而異，向不統一，爲建築事業亢進之障礙。本會抉其流弊，擬圖改善；爰於建築學術討論會中，儘先予以磋議，彙集羣見，確定名稱，再行呈請中央鑒核，通令全國建築界採用，以資統一，而利事業。本文乃『建築辭典』之未定稿，亦討論會之藍本也。讀者如有高見，務希不吝賜示，俾資參考。一俟確定，當再將修正稿刊印單行本，幸讀者注意及之。

『Abaciscus』㈠嵌子。一方小石或一方磁磚嵌於碎錦磚（俗名瑪賽克）（Mosaic）中者。㈡小帽盤。

『Abaculus』與。"Abaciscus" 同義。

『Abacus』帽盤。花帽頭上之最高部份，其體大都方正，下襯線脚；亦有弧形者，如圖、並參閱柱子項。〔見圖〕

各式帽盤圖

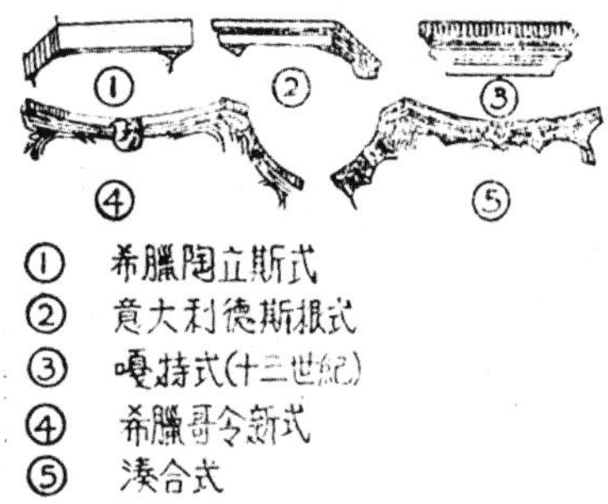

『Abattoir』屠畜場。屠宰牛羊等畜類之場屋。

『Abbey』僧院。僧寺及其附屬之房屋，爲僧衆所居住者。〔見圖〕

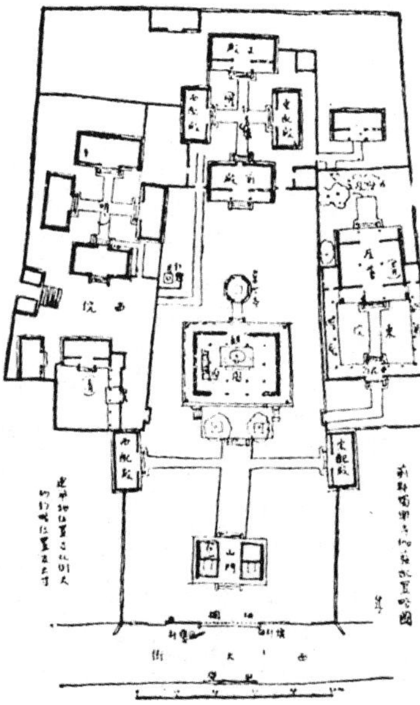

『Absir』同 "Apris"。

『Absorbing Well』抽吸井。井之用幫浦抽引井水者。

『Abstract』類別。

『Abutment』 接面。法圈與圈脚山頭，或橋與橋墩之接合處。〔見圖〕

『Acanthus』 反葉。襯依花帽頭或平頂線脚等處者。〔見圖〕

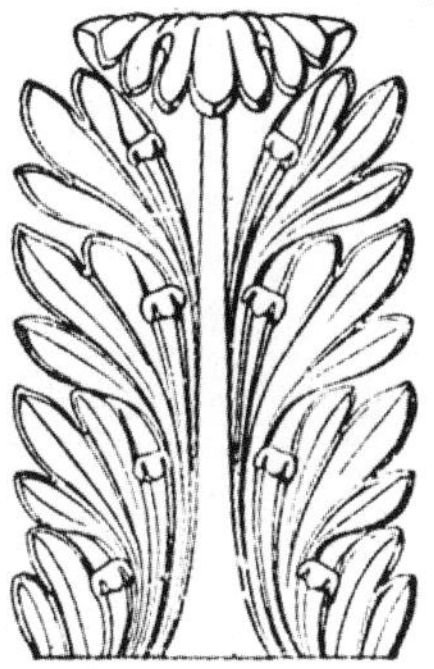

『Accers』 廊下，出入口。

『Accolled Column』 繞綑柱。〔見圖〕

『Accouplement of Columns』 雙柱。〔見圖〕

『Acourtics』 聲學。建築中關於聲響的科學。

『Aeroterium』 像座。飾座。座之設於最外或最頂尖處者，用以供設偶像，花飾或各種紀念物。〔見圖〕

『Addition』 增築。

『Adobe』 土磚。——以泥土製成，於日下暴乾而成磚。土磚行於墨西哥及美之西南部；我國亦有，較著者如南京之湯山等處。

『Aerial Perspective』 空瞰配景圖。為一種藝術學理之用圖樣以表出者。及理想中搆成之建築形式，用以憑取捨者，或作為繪製正式工作圖樣之標準者。

『Aerodrome』 飛機場。兼可用為飛機房、棚或飛行機。倘欲明顯者，可於"Aerodrome"後加"track"或"park"為飛機場；後加"shed"則為停放飛機之機房。

『Aggregate』 混凝。以數種材料使之凝成一體，而發生效用。

『Aerocrete』 氣泥磚。最近發明之輕磚，用水泥澆擣，中有汽窒，如海棉或麵包狀。凡高大房屋，都用此磚砌之。其重量每立方尺僅五十五磅至六十二磅，每立方尺之壓力為三百五十磅。〔式樣見圖〕

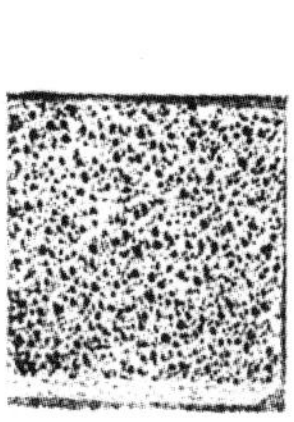

『Air Brick』 通風磚。

『Air Drain』 氣道，空匱。

『Air Hole』 通風空。

『Air Pipe』 通風管。

『Air Trap』 防臭氣管，防臭氣蓋。鐵管或鐵蓋之防止臭氣外洩而容穢水流通於內者。

『Airle』 甬道，耳房。教堂，聽講堂，戲院或其他公共場所之出入甬道。耳房，在教堂側面者，自正屋突出，並以柱子或墩子分隔。此種構築，大抵陋不守規，而尤以三甬道式Three—airle爲最，然於古代教堂，所屢見者。〔見圖〕

『Alabarter』 蠟石。白色或略帶顏色呈細膩紋采之膏粉石。此石澄白色者，用以彫刻纖巧像物；有雲朵花紋者，可供房屋內部之牆飾。因此石之質地柔嫩，不耐風雨，故不宜露於外。蠟石在礦科中含有二義：一名水性硫養石灰；另一爲炭酸石灰。前者屬於現時。後者大都屬於古代

『Alcove』 凹室，壁龕。

『Alette』 輔柱庨頭。〔見圖〕

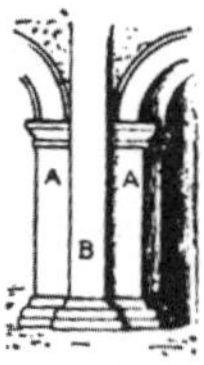

『Alley』 衖衕。狹長之小街，園中小徑，里弄走道，兩邊箱籠，辦公桌，觀劇座，或聽講座等中間之小道。

『Almonry』 救貧所。儲放濟品之堆棧，辦理賑務之辦事房或辦賑人員之住所。

『Almshowse』 養老院，救貧院。

『Altar』 祭壇。〔見圖〕

——Piece 祭壇飾。

——Rail 祭壇欄。

——Screen 祭壇屏。

——Tomb 祭壇狀墓。

『Alteration』 變更。

『Alto=relieve』 高肉彫。彫刻深切，人物自後突出，雖纖小部份，亦無不畢露。

『Ambo』 高座。舊時基督教堂中置高座，左右二座，一如現在之講台，作爲講道及祈禱之用。

『Ambulatory』 步廊。

『American Bond』 美國鑲砌式。（參閱"Bond）

『Amphiprostyle』**兩向拜式**。寺院或他種房屋之前後均用柱支撐，兩旁無柱者。〔見圖〕

『Amphithestre』**鬬技場**。羅馬，雅角兒地方一座圓形中空，四圍擺置坐位，前面底下往後逐級上升，藉瞰鬬獸或他種競技之場舍。

『Anchor』**曰鉄錨飾**。以箭頭及蛋圓綫成之飾。

曰控制鉄。用以控制牆垣者。〔見圖〕

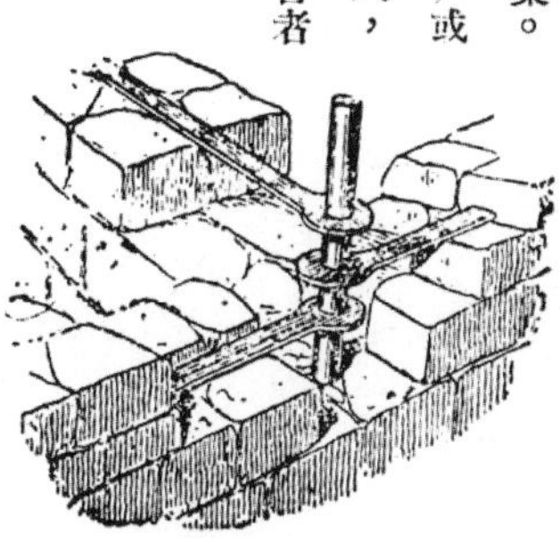

控制鐵

『Ancient Arslitecture』**古代建築**。

『Ancient Light』**採光權**。窗戶或空堂之使光線透入，經二十年未有違言者。

『Ancon』
『Ancone』 **臂形托支**。牛腿（Bracket托支俗稱牛腿。）突出如臂形者。法圈中心圓肚飾老虎牌。牆角或牆角督頭。

『Anderite』**安山石**。安地斯山火石。

『Andiron』**薪架**。牆壁火爐空肚中架置活動爐柵燃燒炭薪。此種薪架之組成，係以鉄條一根架於二端三足或四足之銅架。〔見圖〕

『Androsphinx』**男形思奮獸**。男子面首獅身之彫刻象〔見圖〕

『Angel』**天使**。習俗天使之想像為一青年，背插兩翅，衣蟬薄之衣，全身或僅只一頭之彫刻像。

『Angel Light』**天使窗**。

『Angle』方角，角度。〔見圖〕

——iron 鉄屈尺。

——bar 三角條。

——bead 牆角圓線。

——brace 方角托支。

——bracket 方角托支，牛腿。

『Angle brick』**方角磚**。

——Capital 方花帽頭。

——Chimney 方煙突。

———Column 方柱子。

———Iron 三角鐵。

———Joint 折角鑲接。

———Modillion 花牌鬚。（台口線或沿頭線等處。）

———of Repose 止角。

———Rafter 角椽。

———Rib 角筋。

———Staff 牆角圓線。

———Stone 方角石。

———Tie 方角托支。

『Cement Angle』 水泥角。

『Connection Angle 聯繫角。

『Re-entering Angle』 復進角。

『Anglet』 小角。

『Angular Capital』 四面花帽頭。（參看Capital）

『Angular Column』 四面柱子。

『Annex』 附接室。從正屋添闢之附室，如Annex to a house, hotel, etc.

『Annular Moulding』 循環線脚。

『Annular Vault』 隧圈穹窿。

『Annulated Column』 鐶附柱。

『Annulet』 脛底線脚。（參看Capital）

『Anta』 壁端柱。半露柱兩邊相對者。〔圖同上〕 〔見圖〕

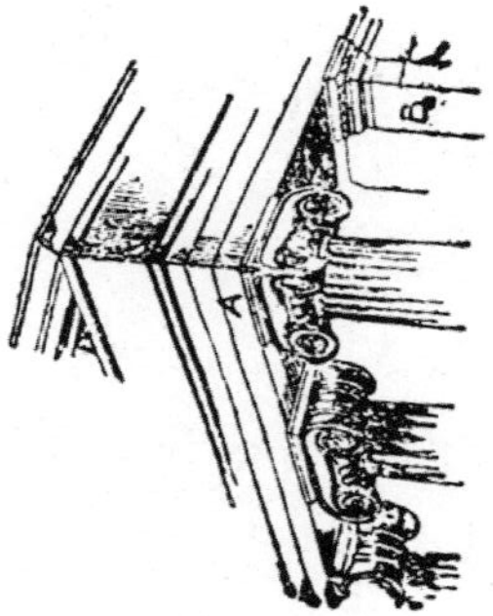

『Ante Chamber』 川堂。進大門口通達各室之咽喉室。

『Ante Court』 前庭。

『Ante fix』 滴水瓦。沿口滴水瓦片。〔見圖〕

『Ante Hall』 前川堂。

『Antependium』 懸飾（祭壇前）。

『Ante room』 次室。

『Anthemion』 手掌飾。形如手掌或如耐冬花模樣之飾花，頗普遍於希獵建築裝飾中。〔見圖〕

———Moulding 手掌形線脚。

『Anti-corrosive Paint』 防腐油漆。

『Anticum』 相對柱。〔與Anta同。〕

『Antiquarium』 古物室。

「Apartment」 公寓。合數十家或數百家住於一巨廈中，世界都市中數十層之巍巍大建築，大半均屬此種公寓。

「Apartment house」 小公寓。

「Aperture」 壁孔。（窗戶等）

「Apex stone」 絕頂石。石之置於房屋最高部份者。

「Apiary」 養蜂所。

「Apodyterium」 更衣室。（古羅馬浴場）

「Apophyge」 凹線。柱子座盤凹線隆起聯接柱子處。〔見圖〕

「Apotheca」 藏。（希臘建築中貯藏葡萄之所在。）

「Appentire」 庇。大宕之庇頭。〔見圖〕

「Appraisement」 評價，鑑定。

「Appraiser」 評價人，鑑定人。

「Approach」 出入道。家屋之前面。

「Apron」 庇水板。〔見圖〕

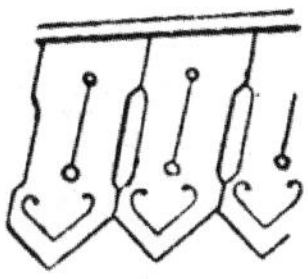

（待續）

上海之鋼窗業

二十世紀乃科學之時代，凡百事業均日趨於科學化之途，我建築事業亦莫不利用科學以求改良；建築材料尤日新月異，以科學方法製造之新材料代舊有者而勃興，鋼窗蓋其中之一也。

我國房屋建築，曩昔均用木窗，歷時稍遠，必致朽損；且觀瞻亦嫌簡陋。鋼窗之製造，所以補救此種缺點者也。鋼窗質地既堅固，自可經久耐用，雖風雨侵蝕，寒暑遞嬗，不易損也。且鬧市巨埠之崇樓大廈，尤非裝置鋼窗，不足以御車馬之震顫。至於式樣新穎，光線充足，猶其餘事耳。上海爲我國第一大商埠，亦世界之著名大都市，繁華日甚，巨廈年增，因喬皇典麗的是圖，故多採用鋼窗，而鋼窗之銷售遂亦日旺矣。

惟我國向無製造鋼窗之工廠，往日均購用洋貨，海外各廠如好勃司及葛來道等。紛紛運滬求售，售價居奇昂貴，我國建築界以無國產，祇能忍痛採購，於一九一四年間，總計銷額約一百萬兩之譜，最近十年前（一九二一—一九二二）竟達一百五十萬兩。利權外溢，有心者亟圖挽救之方焉。

其時，泰康行湯景賢君，主張國人自營鋼窗製造之一也。嘗悉心研究，費若干時日，幾許精力，乃對於製造工程及訓練工人等問題，獲豐富之心得，由泰康行創設鋼廠從事製造，華人自營之鋼窗製造工廠於是成立矣。泰康出品堪與舶來品相抗衡，售價則較廉一二成，故國內營造界咸樂用之，由是外貨鋼窗受一重大之打擊矣。

繼泰康廠而起者，有東方上海中國等廠，規模雖不一，出品則同爲研究之結晶，咸不遜於外貨。製造廠日多，貨品逐漸改良，銷售亦累增，每年銷額可達三百萬兩。誠屬全盛矣。惟此時外國各廠。以華廠日多，營業大受影響，故亦有來滬籌劃設廠者矣。

社會需用鋼窗者日多，故各廠均從事擴充，藉增產額。新廠相繼開設，舊有之鐵廠機器廠等亦間有改造鋼窗者，目前除外人經營者外，已有華商廠十餘家，最著者爲泰康東方上海中國勝利大東等數廠。華商廠實力既厚，幹出品益精，建築界多棄外貨而採國產，故廠家雖增，而供求仍可相等也。售價較前數年間已減低三四成，故銷售雖增，而金額仍在三百萬兩左右也。

五年前，滬上鋼窗銷額中除泰康佔其一部外，餘均外貨，漏卮之鉅，實堪驚人。今則十之七八已屬華商，外貨則僅佔一二而已。蓋每年三百萬兩銷額，除原料及舶來品外，均爲華商之營業範圍，利權外溢之挽回，已奏大效矣。且也，鋼窗廠之設立，需僱用大量工人，於社會經濟破產之失業聲中，亦社會治安之一助也。

國產鋼窗銷路之日益進展，誠我國人經營鋼窗業之良好現象，甚望努力前進，精益求精，庶幾駕乎歐美以上，則他日國產鋼窗之得銷售於國外市場，亦易事也。

峻嶺寄廬配景圖

峻嶺寄廬建築章程（續）

一五四、水泥地與水泥踢脚線　在下層之傭僕室、傭僕坑廁、管鑰間及馬達間。粉一寸厚之水泥。踢脚線六寸高。六分厚。下端圓角。水泥中應加鐵屑。其成分依照出品廠商之說明辦理。一切扶梯。如第一、二、三、四及五層之扶梯。所粉水泥。不用鐵屑。惟平台與踏步上。應做卡蓬一度。於水泥未乾時。選能手任之。

一五五、水泥地加避水粉者　一切傭僕洋台、水箱間之水泥中。應加避水粉每袋二磅。（每袋水泥重九十四磅）第四及五層之扶梯粉水泥不加鐵屑。惟平台與踏步之上。應加一度卡蓬。如上節所述者。

一五六、顏色水泥地　川堂、後大門及一二三層扶梯。均用顏色水泥。粉一寸厚。踢脚線粉六寸高。六分厚。下端粉圓。且於水泥未乾時。做顏色卡蓬一度。

一五七、注意　一切水泥地於未着手時。先做就樣品。經建築師檢看允可後。方得動工。水泥地之過長者。若下層川堂傭僕洋台等處。應以一寸X二分之銅條分隔。每塊不過六十方尺。

一五八、注意　洛間『A』字號、下層大門川堂、裏川堂、辦事室、候待室、扶梯自大門川堂至上層及左川堂之軟木地與瑪賽克地。均應由建築師指定之商行承辦之。但承包人應先粉水泥與黃沙之脚地。以待若輩之完工。

一五九、爐子間之地面　爐子間之地面。以力之所及。無論光至若何程度聽之。然於澆擣水泥時。地面須加鐵屑。

雲石工

一六〇、注意　氣帶上之雲石蓋。及下層大川堂裏、川堂、辦事室及候待室之牆面雲石。均由建築師指定之商行任辦之。

五金工程

一六一、一二三層之扶梯欄干　一二三層之扶梯。用六分方熟鐵欄干。上裝柚木　手。牆上之柚木　手。下以熟鉄鉄脚承之。鉄脚裝入水泥三和土中。（必要之煤屑磚可於澆擣水泥時埋入。）扶梯若經越窗堂者。則同樣之扶梯欄干必須裝置。（見放大圖樣）

一六二、其餘之扶梯欄干　用半寸方熟鉄。與六分厚二寸濶之圓背鉄板。均依照放大圖樣裝置。注意。此項欄干。於靠牆之一邊。均無需裝欄干或鉄脚。

一六三、鐵攀手與步梯　扶梯欄干所裝之鐵攀手與步梯。均依照圖樣所示者。其所用熟鉄之大小式樣。應相當適度。

一六四、樓板分隔鋼條　一切樓地板於門戶之下。架設二分厚一寸闊之鋼條。以與門內外之樓板隔別。（註。樓板係直譯自英文 "Floor"。惟不祗限於木板。凡花水泥地、木屑地、油氈地等均可謂之 "Floor"。）

一六五、門口地氈陷框　承包人須設長六尺闊四尺之門口地氈陷框五個。

一六六、坑廁門上之鉸鏈　鉸鏈之裝於坑廁與下層洗盥室之半節門者。用鍍灰白色之搖梗。鉸鏈式樣依照放大圖樣。每扇門上裝二道。其一端之鉄梗澆入水泥之中。

一六七、烤火處裝之牆角　烤火處一寸方之酸化鍾。打方釘於『B』字號烤火處。參照放大圖樣。及裝置之適宜。

一六八、地下出風洞　滿堂下裝設六根四寸圓白鐵管。穿越墻牆而出。高起地平線一尺外。蓋白鉄絲網。

一六九、天窗　供設二尺方雙套生鐵天窗蓋。其地位依照圖樣所指示者。

一七〇、垃圾斗　供設垃圾斗二隻。其大小二尺裏淨。圓形用三分厚之生鐵澆成。桶中須極光滑。而接鑲尤須平齊。俾垃圾倒傾時。全無阻塞之弊。每層裝設十八寸方之斗口、蓋罩、拉手、撑鈎及自閉盪鍾等。

一七一、鉛條玻璃　洋門 1A 2A 25A 裝於公寓『A』字號者。其腰頭窗上裝嵌美觀玻璃亮窗。如圖樣。以硬木條子釘軋。玻璃用俾根登洋行三十六行子淨片。

一七二、假搖梗鉸鏈　裝配打麻點之鐵板搖梗鉸鏈。厚一分。用假方頭螺絲錐釘。每扇門上裝用二道。式樣依照放大圖樣。此項鉸鏈。係裝於『A』公寓 1A, 2A, 3A, 4A, 5A, 6A, 7A, 8A, 9A, 25A, 26A, 與 29A 字號之洋門者。

一七三、窗簾梗　裝設半寸圓熟鉄簾帷梗。鉄脚及門簾箱裝於氣帶蓋，書櫥，電流處者。務以便於拆卸爲上。

一七四、馬達間之出風洞柵　馬達間裝設熟鉄出風洞柵。其齒輪與式樣。均依照圖樣。

一七五、地坑下之出風洞　裝設熟鐵出風洞於地坑下（地平線上）。其大小尺寸及式樣。均依照圖樣所示裝嵌於水泥三和土或水泥假石。

一七六、地坑間鐵柵　地坑間裝設熟鐵鐵柵。式樣大小與用料。均依照圖樣及放大圖樣。須裝入水泥或水泥假石。以資鞏固。

一七七、煤倉鐵平台　供設煤倉鐵平台。用鋼架挑出擱柵擱澀。鐵平台所必需之欄干等。均應裝齊。式樣與尺寸。則依照圖樣與放大圖樣。

一七八、注意　下列五金物件。均不在本章程範圍內。蓋由建築師另向別處訂辦者。

北首大門口古銅遮蓋棚三架。

古銅正大門框堂與花柵四堂。

大門口古銅牌與門燈六個。

一切下層洋門之花柵、氣帶花柵、一、二與三號扶梯自下層至二層花柵。

垃圾箱鐵門二堂。

爐子間鐵門二扇。

煤倉瀉斗。

左走廊屏風花柵。

玻璃

一七九、概要　一切二分厚白片。須用俾根登洋行出品。或其他品質優良而經建築師核准者。一切二六行子淨片用俾根登洋行之三等貨。或其他同等之貨。鉛絲玻璃亦用俾根登出品。玻璃不可有水泡。均須潔淨無疵者。玻璃之大小尺寸。應由供給窗牖者供給之。

一八〇、玻璃之用於窗者　一切窗、長窗、腰頭窗與廚房及浜得利間之玻屏。均用二六行子淨片。四號與五號扶梯。窗上玻璃。用二分厚白鉛絲片。

一八一、玻璃之用於門者　一切玻璃用於門、大門花鐵柵、下層自關門及左走廊之屏風者。均爲二分厚白片。

一八二、潔淨光亮　一切裝配之玻璃。於完工時。均應乾淨光亮。

一八三、承包人應命俾根登洋行配裝玻璃及予以一切便利。油灰用魚油化合。並加金油。其成分爲一百磅油灰加金油一盃半。並須隨合隨用。玻璃之底面應用底灰。外面嵌光。

一切玻璃配於木框上者。均用玻璃條子釘之。此項條子由承包小木裝修者供給。

油漆與裝飾

一八四、承包人應命費而德洋行或別家能邀建築師准可之商行辦理全屋油漆與裝飾事宜。

一八五、油色　色油應向吉星洋行或別家能得建築師允許之商行購原聽者。

每一度油漆。其色澤應隔離不同。末度拿麻選用派利兵牌。或別種拿麻油。惟均須固封之原聽貨。

一八六、飾粉　用吉星洋行或闢闢洋行及其他經建築師選擇之飾粉。

一八七、每度油漆。均須俟乾燥後用砂皮打光。方可漆二度。

一八八、一切鐵器　鐵器包含管子、裝插、氣帶、鉄窗及門等等。於未做油之前。先須揩拭潔淨。倘有鉄銹等情。亦應擦去之。一切鉄件。先塗刷化銹鉄油二度與耐腐蝕色油二度。氣帶則做二度特別適於氣帶之拿麻油。

一八九、一切裝修　洋松裝修做淺色。水汀則揩泡立水上蠟。餘均刷四度色油。

注意：『B』字號房間之一切裝修。均飾以洋松。

一九〇、樓地板　一切木樓地板由承包裝修者揩泡立水並打蠟。

一九一、油牆與油平頂　下列各處。應打砂皮及補嵌。並做三度油與一度拿麻。其顏色則依照建築師所允准者。

下層全部平頂及牆面。惟管理人住室、鑰匙室之內部。及辦事室與候待走廊除外。

扶梯弄電梯弄之牆面平頂及扶梯底。

洗浴間、廚房與浜得利間。

注意一：纖微粉刷之假古色大料均做油、揩色及上蠟。一如建築師辦公室之標本樣。

注意二：硬粉刷、門頭線及『B』字號裝飾之油漆。與本條所述者相同。

一九二、刷白石灰　上列所述者均刷二度白石灰。

做工間、封浦間與地坑下之棧倉牆面及平頂。

爐子間之平頂。

下層管鑰室之平頂。

傭僕室與傭僕廁所之牆面平頂。

水箱間、輪齒間與馬達間之平頂及牆面。

一九三、飾粉牆面與平頂　一切牆面與平頂除已於上節規定做油或刷白石灰者外。均做二度上好飾粉。

分包工程

關於各項分包工程已於以上各節中論及者。由建築師徵取之。承包人對於此種分包商應與之合作。及須予以相當可能之便利。

如手脚、自來水、電燈、電力。以及俟各分包商工程完畢後之修補等。均須依建築師之導言行之。承包人並須另闢能鎖閉之屋倉。以備各分包商行堆置貨物之用。

茲將各項工程須分包者列下。

裝熱氣帶。

裝冷熱水管。

裝防火物者。

裝衛生器具。

裝升降電梯。

裝電燈、電鈴、電扇及電力。

裝設平屋頂耐水工程。

五金。

『A』字浴室牆面。

（完）

工程估價

（二續）

杜彥耿

磚之尺寸 磚之大小。既如上節所述之種類繁多。今姑以 $2\frac{1}{4}'' \times 4\frac{3}{8}'' \times 9''$ 之機窰磚為標準。單磚厚（四寸三分。俗稱五寸牆）每方（十尺方）需磚六百二十四塊。每百加三塊損碎。則每方牆共需磚六百四十二塊半。

例一——試以一牆。長四十尺。高十尺。厚九寸（俗稱十寸牆）。結之則面積四方需磚五千一百三十六塊。

例二——設或牆中有四尺七尺之之空堂。與一二尺方之空堂。更有二個三尺六尺者。其面積為六十八平方尺。或六角八分。四方除六角八分，乘三方三角二分。每方一千二百八十四塊。總結需磚三千九百三十塊。

例三——牆之長度為四十尺。此僅就牆之一端而言。若側面為二十尺。則四圈共計長一百二十尺。然其四角九寸厚之牆面應除去。以求正確之淨長。故其淨長為一百十七尺。再乘十尺高。計十一方七角。除去空堂假定為二方。則其淨牆為九方七角。每方需磚一千二百八十四塊。共需磚一萬二千四百五十五塊。

例四——茲再以四十尺十尺之牆。計算其各種厚度需磚之多寡。如五寸厚者。需六百四十二塊。十寸者需一千二百八十四塊。十五寸者需一千八百七十二塊。二十寸者需二千四百九十六塊。

大方脚——上述之平面牆。推算磚數。自屬易易。惟大方脚則稍煩瑣。普通大方脚比牆身濶出十五寸。以作牆之礎基。

例五——牆身厚十寸（實九寸）。每邊放出七寸半。則牆脚之濶度為二十五寸。牆身直立其上。普通習慣十寸牆用二十寸厚之大方脚亦可。惟本節所述用二十五寸。大方脚之厚度。既已瞭然。惟更有單皮與雙皮之別。設底基之泥土鬆脆不實。則每皮大方脚應砌雙皮。若底脚泥土堅實。單皮已夠。茲就以單皮者推算如下。

第一皮為二十五寸。第二皮二十寸。第三皮十五寸。其上卽為十寸厚之牆身。兩邊之收數每皮為二寸半。如圖。

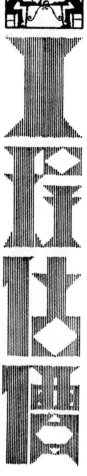

第四圖

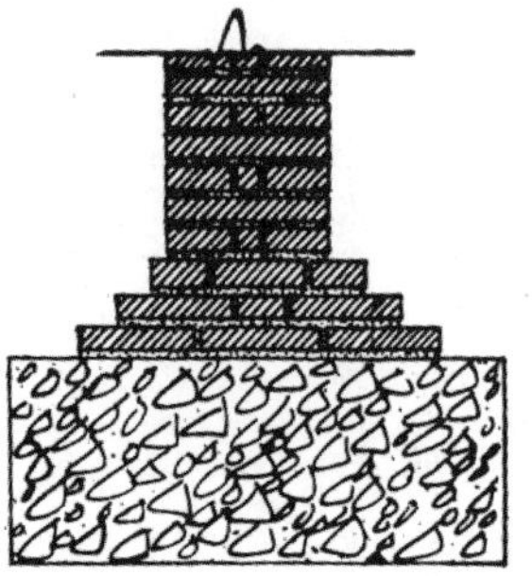

第五圖

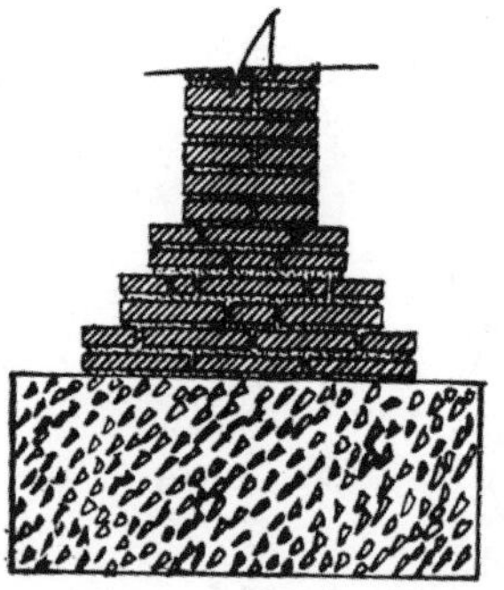

三皮大方脚自二十五寸厚至十五寸。因知其折中厚度爲二十寸。故如前述之四十尺長牆垣十寸牆身者。其牆脚平均爲二十寸厚。估算牆垣之法。既如上述。茲更將皮數表及價格表。臚列如后。以資參考。惟表中價格。均爲編著時之上海市價。市價固有漲落。幸讀者注意。

第十表

二寸半厚之磚層皮數表

根據大中磚瓦公司2¼″厚之標準磚

Based on standard brick 2 ¼″ + ¼″ joint

皮數	直立體高度	皮數	直立體高度
1	2½″	50	10′-5″
2	5″	51	10′-7½″
3	7½″	52	10′-10″
4	10″	53	11′-0½″
5	1′-0½″	54	11′-3″
6	1′-3″	55	11′-5½″
7	1′-5½″	56	11′-8″
8	1′-8″	57	11′-10½″
9	1′-10½″	58	12′-6″
10	2′-1″	59	12′-3½″
11	2′-3½″	60	12′-6″
12	2′-6″	61	12′-8½″
13	2′-8½″	62	12′-11″
14	2′-11″	63	13′-1½″
15	3′-1½″	64	13′-4″
16	3′-4″	65	13′-6½″
17	3′-6½″	66	13′-9″
18	3′-9″	67	13′-11½″
19	3′-11½″	68	14′-2″
20	4′-2″	69	14′-4½
21	4′-4½″	70	14′-7″
22	4′-7″	71	14′-9½″
23	4′-9½″	72	15′-0″
24	5′-0″	73	15′-2½″
25	5′-2½″	74	15′-5″
26	5′-5″	75	15′-7½″
27	5′-7½″	76	15′-10″
28	5′-10″	77	16′-0½″
29	6′-0½″	78	16′-3″
30	6′-3″	79	16′-5½″
31	6′-5½″	80	16′-8″
32	6′-8″	81	16′-10½″
33	6′-10½″	82	17′-1″
34	7′-1″	83	17′-3½
35	71-3½″	84	17′-6″
36	7′-6″	85	17′-8½″
37	7′-8½″	86	17′-11″
38	7′-11″	87	18′-1½
39	8′-1½″	88	18′-4″
40	8′-4″	89	18′-6½″
41	8′-6½″	90	18′-9″
42	8′-9″	91	18′-11½″
43	8′-11½″	92	19′-2″
44	9′-2″	93	19′-4½″
45	4′-4½″	94	19′-7″
46	9′-7″	95	19′-9½″
47	9′-9½″	96	20′-0″
48	10′-0″	97	20′-2½″
49	10′-2½″	98	20′-5″
		99	20′-7½″

第十一表

五寸牆每方價格之分析

用大中磚瓦公司2¼″×4⅜″×9″機磚灰沙砌爲標準

工料	數量	價格	結洋	備註
每方用磚	六二四塊	每萬價洋一四五元	洋 九•○四八元	破碎未計
運磚車力	六二四塊	每萬力洋十六元	洋 •九九八元	視路遠近以別上下
石灰	.二七五擔	每擔洋一元七	洋 •四六七元	二號灰連車力
沙泥	三.七五立方尺	每方洋捌元	洋 •三○○元	黑沙
砌牆工	一方	每方包工連飯洋六元	洋 六•○○○元	參看本刊第四期工價欄
脚手架	一方	每方洋一元一	洋 一•一○○元	竹脚手連搭及折回
水	二十七介侖	每萬介侖洋八六元一	洋 •○二三元	用之澆浸磚塊及擣灰沙
		共計	洋 一七•九三六元	

第十二表

十寸牆每方價格之分析

用大中磚瓦公司2¼″×4⅜″×9″機磚灰沙砌爲標準

工料	數量	價格	結洋	備註
每方用磚	一,二四八塊	每萬價洋一四五元	洋 一八•○九六元	同第十一表
運磚車力	一,二四八塊	每萬力洋十六元	洋 一•九九七元	,,
石灰	.七六七擔	每擔洋一元七角	洋 一•三○四元	,,
沙泥	一○.四二八立方尺	每方洋捌元	洋 •八三四元	,,
砌牆工	一方	每方洋七元正	洋 七•○○○元	,,
脚手架	一方	每方洋一元一	洋 一•一○○元	,,
水	五十四介侖	每萬介侖洋八六元一	洋 •○四六元	,,
		共計	三○•三七七元	

第十三表

十五寸牆每方價格之分析

用大中磚瓦公司2¼″×4⅜″×9″機磚灰沙砌爲標準

工料	數量	價格	結洋	備註
每方用磚	一,八七二塊	每萬價洋一四五元	洋 二七•一四四元	同第十一表
運磚車力	一,八七二塊	每萬力洋十六元	洋 二•九九五元	,,
石灰	一.二三二擔	每擔洋一元七	洋 二•○九四元	,,
沙泥	一六.七四五立方尺	每方洋捌元	洋 一•三三九元	,,
砌牆工	一方	每方洋八元	洋 八•○○○元	,,
脚手架	一方	每方洋一元一	洋 一•一○○元	,,
水	八十一介侖	每萬介侖洋八六元一	洋 •○六九元	,,
		共計	洋 四二•七四一元	

第十四表

廿寸牆每方價格之分析

用大中磚瓦公司2¼″×4⅜″×9″機磚灰沙砌爲標準

工料	數量	價格	結洋	備註
每方用磚	二,四九六塊	每萬價洋一四五元	洋 三六•一九二元	同第十一表
運磚車力	二,四九六塊	每萬力洋十六元	洋 三•九九三元	,,
石灰	一.六六四擔	每擔洋一元七	洋 二•八二九元	,,
沙泥	二二.六二二立方尺	每方洋捌元	洋 一•八○九元	,,
砌牆工	一方	每方洋九元	洋 九•○○○元	,,
脚手架	一方	每方洋一元一	洋 一•一○○元	,,
水	一○八介侖	每萬介侖洋八六元一	洋 •○九三元	,,
			五五•○一六元	

第十五表

五寸用黃沙水泥砌每方價格之分析

用大中磚瓦公司2¼"×4⅜"×9"機磚為標準

（成分一分水泥三分黃沙）

工料	數量	價目	結洋	備註
每方用磚	六二四塊	每萬價洋一四五元	洋 九•〇四八元	破碎未計
運磚車力	六二四塊	每萬力洋十六元	洋 •九九八元	視路遠近以別上下
水泥	一，二五立方尺	每桶洋六元半	洋 二•〇四〇元	每桶四立方尺漏損未計
黃沙	三，七五立方尺	每噸洋三元三	洋 •五一五元	每噸廿四立方尺
砌牆工	一方	每方包工連飯洋六元半	洋 六•五〇〇元	參看本刊第四期工價欄
脚手架	一方	每方洋一元一	洋 一•一〇〇元	竹脚手連搭及折回
水	廿七介侖	每萬介侖洋八六一元	洋 •〇二三元	用以澆浸及擣灰沙
		共計	洋 二〇•二二四元	

第十六表

十寸牆用黃沙水泥砌每方價格之分析

用大中磚瓦公司2¼"4⅜"×9"機磚為標準

（成分三分黃沙一分水泥）

工料	數量	價目	結洋	備註
每方用磚	一，二四八塊	每萬價洋一四五元	洋 一八•〇九六元	同第十五表
運磚車力	一，二四八塊	,, 洋十六元	洋 一•九九七元	,,
水泥	三•四七六立方尺	每桶洋六元半	洋 五•六四八元	,,
黃沙	一•四二八立方尺	每噸洋三元三	洋 一•三九〇元	,,
砌牆工	一方	每方洋七元半	洋 七•五〇〇元	,,
脚手架	一方	,, 洋一元一	洋 一•一〇〇元	,,
水	五十四介侖	每萬價洋八六元一	洋 •〇四六元	,,
		共計	洋 三五•七七七元	

第十七表

十五寸牆用水泥黃沙砌每方價格之分析

用大中磚瓦公司2¼"×4⅜"×9"機磚為標準

（成分一分水泥三分黃沙）

工料	數量	價目	結洋	備註
每方脚磚	一，八七二塊	每萬價洋一四五元	洋 二七•一四四元	同第十五表
運磚車力	一，八七二塊	,, 力洋十六元	洋 二•九九五元	,,
水泥	五，五八二立方尺	每桶洋六元半	洋 九•〇七〇元	,,
黃沙	一六，七四五立方尺	每噸洋三元三	洋 二•二三二元	,,
砌牆工	一方	每方包工洋八元半	洋 八•五〇〇元	,,
脚手架	一方	每方一元一	洋 一•一〇〇元	,,
水	八十介侖	每萬介侖洋八六一元	洋 •〇六九元	,,
		共計	洋 五一•一一〇元	

第十八表

廿寸牆用水泥黃沙砌每方價格之分析

用大中磚瓦公司2¼"×4⅜"×9"機磚為標準

（成分一分水泥三分黃沙）

工料	數量	價目	結洋	備註
每方用磚	二，四九六塊	每萬價洋一四五元	洋 三六•一九二元	同第十五表
運磚車力	二，四九六塊	,, 洋十六元	洋 三•九九三元	,,
水泥	七，五四〇立方尺	每桶洋六元半	洋 一二•二五二元	,,
黃沙	二二，六二二立方尺	每噸洋三元三	洋 三•〇〇八元	,,
砌牆工	一方	每方包工洋九元半	洋 九•五〇〇元	,,
脚手架	一方	每方一元一	洋 一•一〇〇元	,,
水	一〇八介侖	每萬價洋八六元一	洋 •〇九三元	,,
		共計	洋 六六•一三八元	

天一地產公司天一大廈面樣

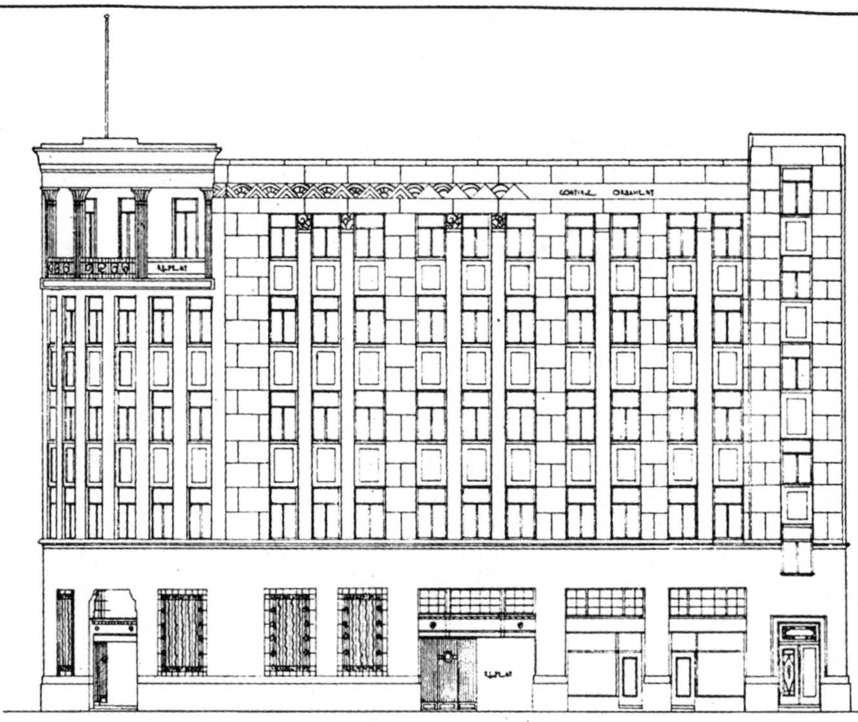

CHAPOO ROAD ELEVATION

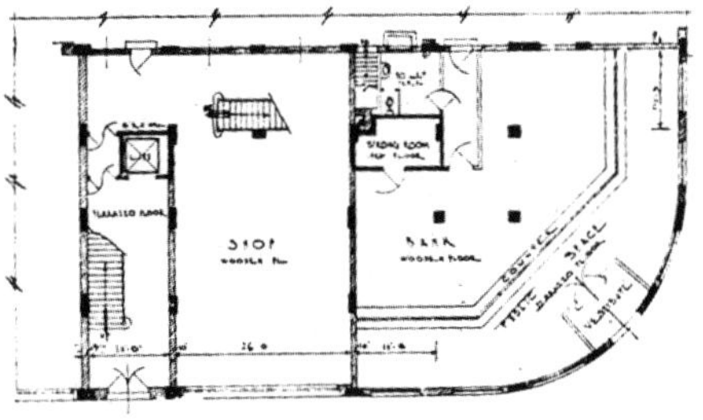

GROUND FLOOR PLAN

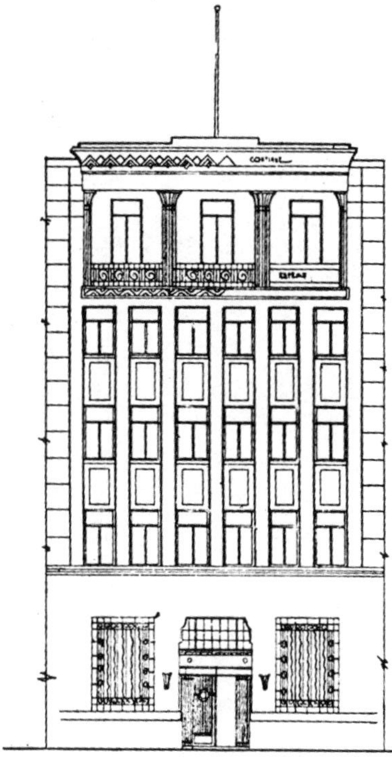

CORNER ELEVATION
DEVELOPED

居住問題

本刊爲讀者謀住的幸福，自第二期起特闢居住問題一欄，擬逐期刊載精美住宅的圖樣與攝影，以供讀者選擇參考。並注意經濟與合用，藉免業主無謂之浪費。

上期已將西洋式的房屋圖樣擇要選載，蒙讀者紛紛賜函贊揚與鼓勵，同人深表感忱，自後更當努力改進，充實內容，務使對於各方讀者都有一點供獻。

本期本欄蒐羅的圖樣，偏重於中國式的，如鄉村房屋及都市中的里弄房屋等。鄉村房屋通常都爲五間堂的平屋。里弄房屋則不出單間石庫門，兩間一廂與三間兩廂等，幾乎千篇一律。這種房屋的地位呢？又都是這樣的，客堂的前面是天井，天井的牆頭高立，擋住了外來的光線與空氣，因此普通住屋的東西二廂房雖在白天，也總是黑沉沉的。前門對着前鄰的後門，後門對着後鄰的前門，傾瀉在陰溝裡的洗滌便桶的穢水，堆積在垃圾桶中的污穢的東西，發出來的臭氣，給空氣的流動散播在各室，空氣的汚濁與微生菌的飄揚，自不能免，對於衛生的有害也是必然的事情。

但是一般市民雖知其弊却仍擠居在里弄房屋，因爲除此之外，再沒有比較經濟的房屋可供居住了、其他較爲適合的居住條件的洋房等，因爲租價太昂，普通市民實難負擔。還有因房金太貴的緣故，往往做起二房東來，把餘屋分租給別人，那末影響於居住者的衛生與思想更大了。小孩子須有空曠的地方給他玩，以養成廣闊的胸襟，强健的體格，日處在這麼狹隘的里弄房屋，將漸漸地趨於狹窄懦弱了。

並且，住屋的四週應該種些樹木，才合衛生與美觀，但現在的里弄房屋則盡去了樹木的栽植，這也是很不適合的，須要加以改良才是。

上述的許多缺點，本刊將予以改善的指示，請讀者注意，關於改善的重要問題，則在建築費的減低與居住的適合，以輕租住者的負擔，並謀居住者的幸福。甚盼讀者時賜卓見。

華蓋建築事務所設計

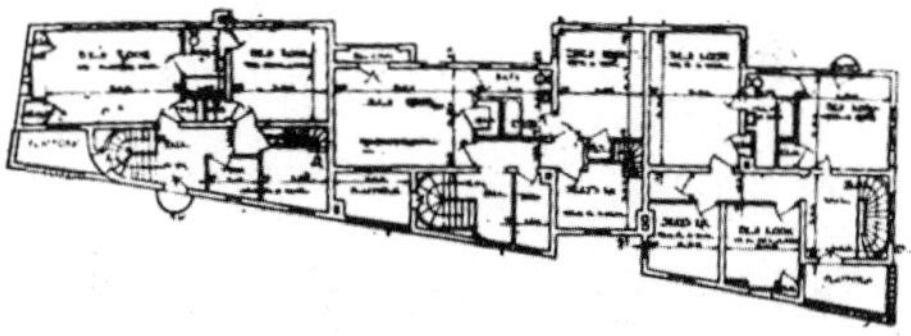

樓盤樣

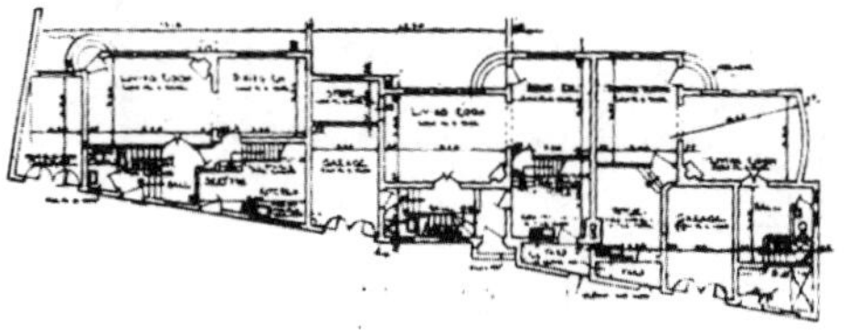

地盤樣

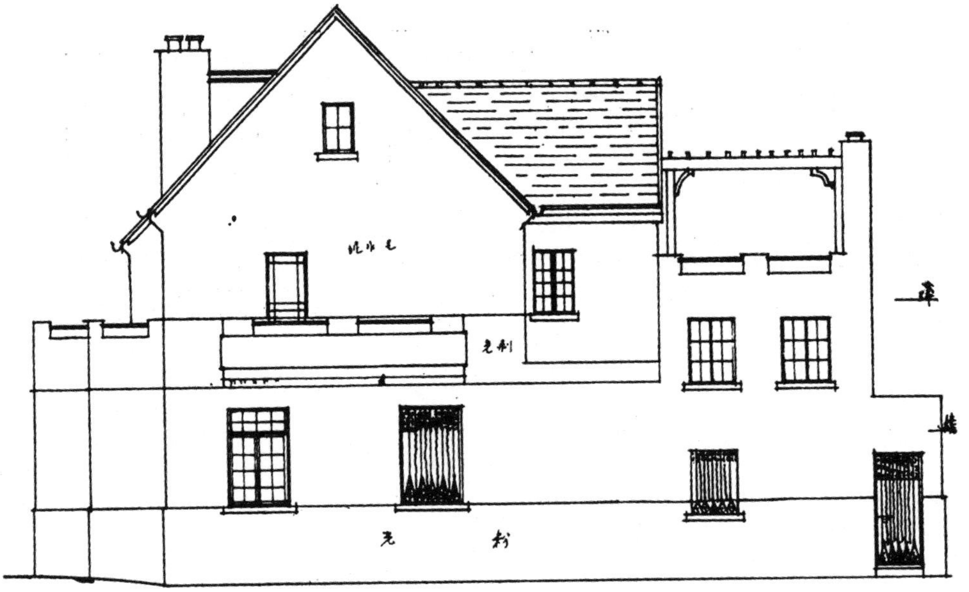

側面圖

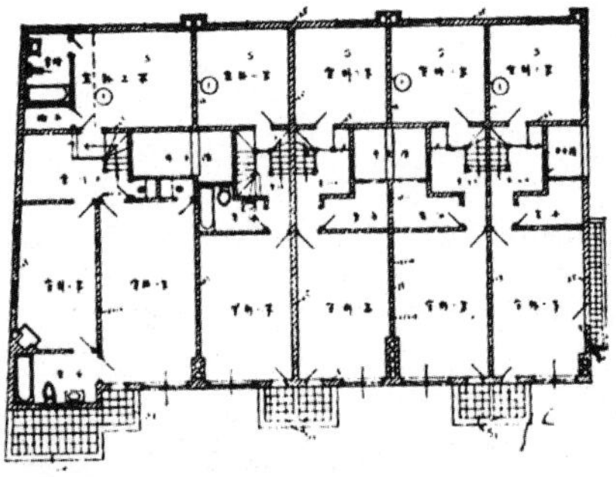

樓盤樣

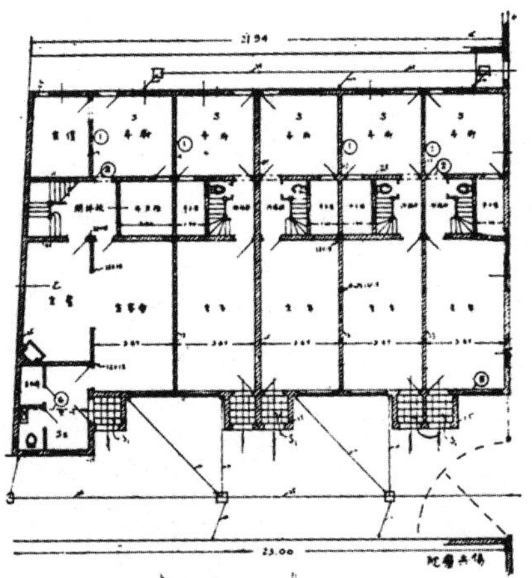

地盤樓

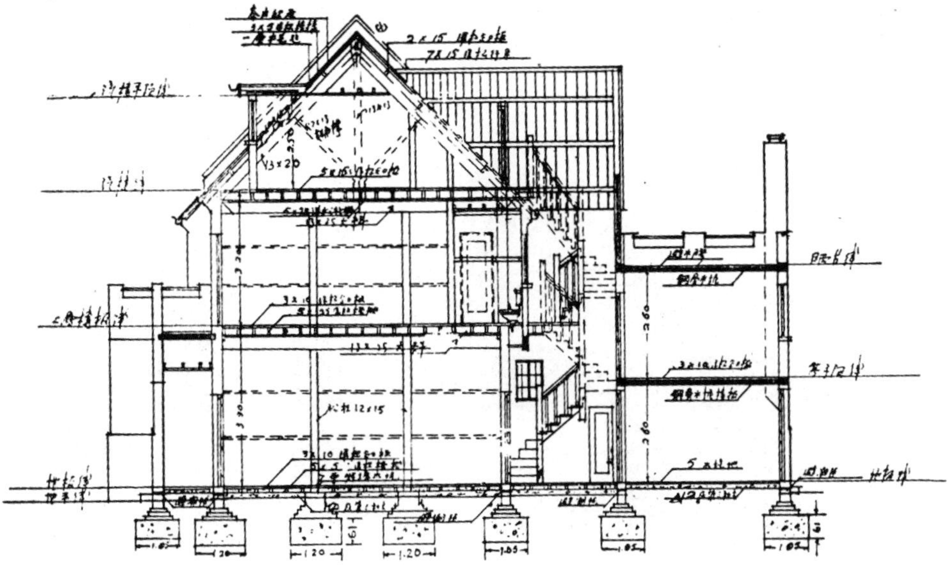

剖面樣

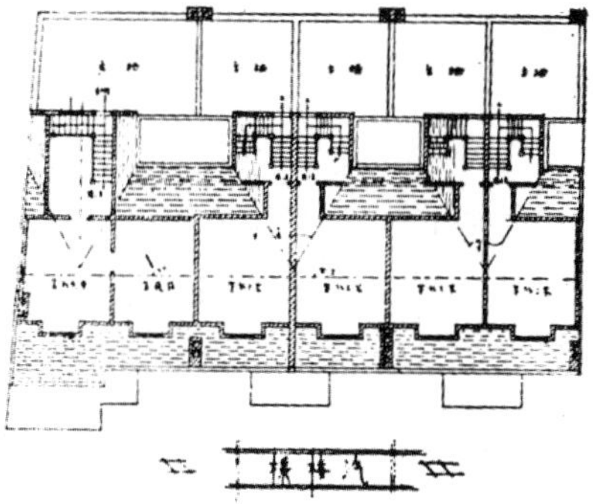

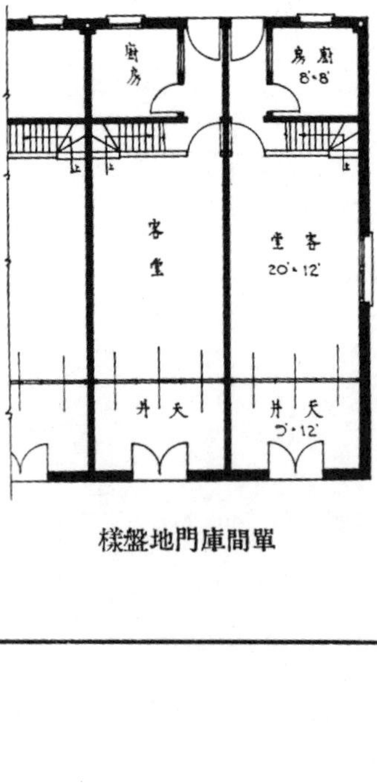

單間庫門地盤樣

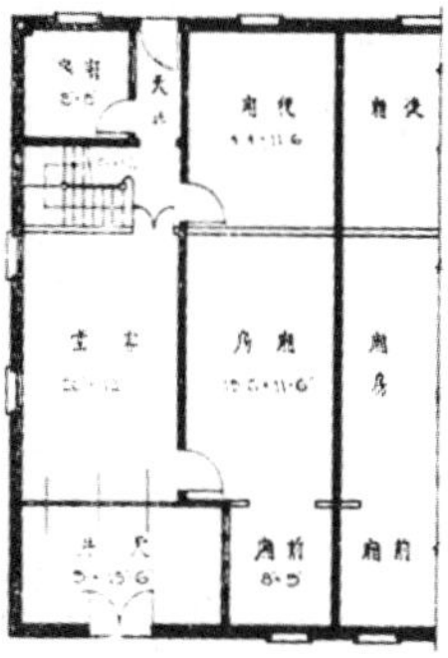

二間一廂地盤樣

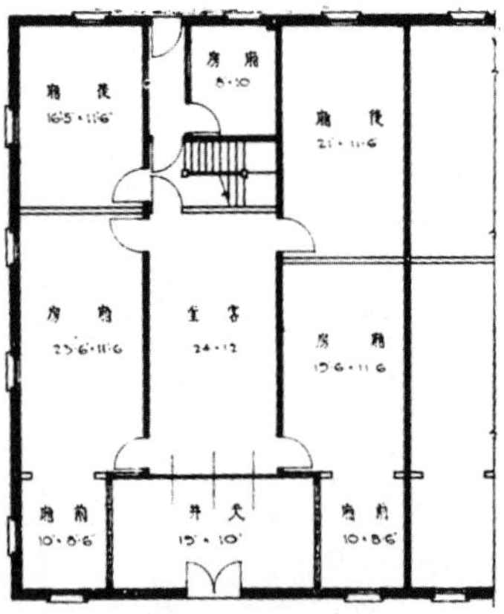
後廂
16'5"×11'6"
廂房
8×10
後廂
21×11.6
廂房
23'6×11.6
客堂
24×12
廂房
19'6×11.6
前廂
10'×8'6"
天井
15'×10'
前廂
10×8'6"

三間二廂平面圖

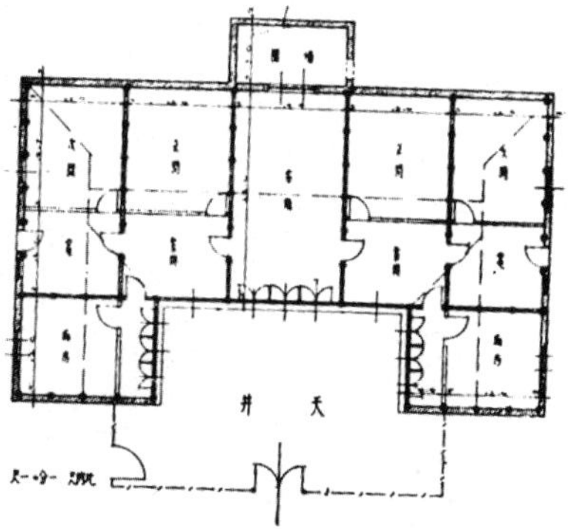

平屋平面圖

一二八閘北建築物被燬之一斑

閘北被燬建築物之一

閘北被燬建築物之二

閘北被燬建築物之三

閘北被燬建築物之四

閘北被燬建築物之五

閘北被燬建築物之六

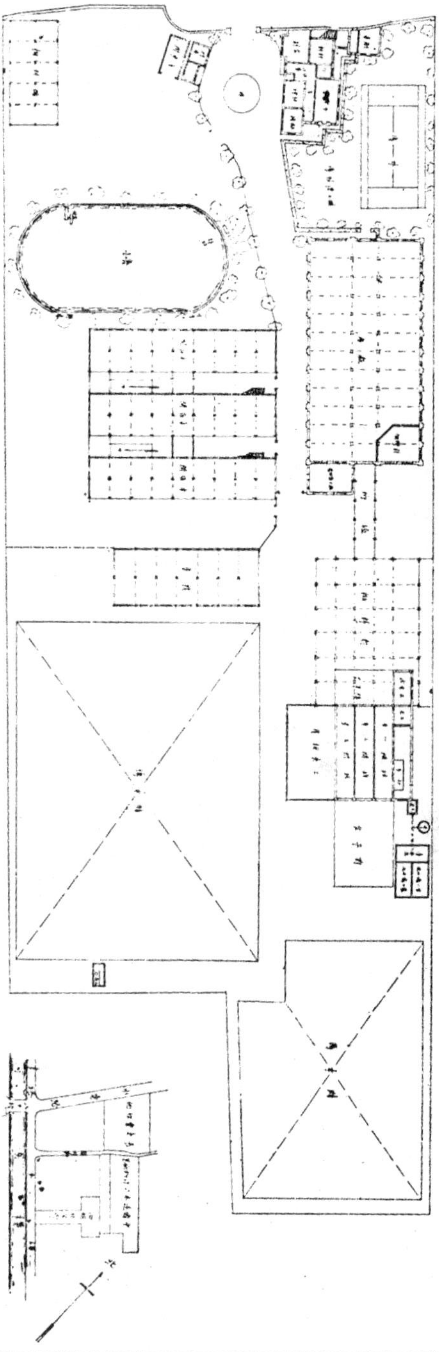

中國造木公司原係國人創設，資本初僅四萬兩，經逐漸擴增股本達二十八萬兩；旋建新廠於上海閘北八字橋南四明公所北廠後面，計闢地二十二畝，構築廠屋，烘房，儲棧，并添置機器，如五個刨刀頭子之線脚機，刨筍頭機，鑿機，打砂皮机，軋門机，大鋸機等。新購機件約値規元十萬兩之譜。新廠厥成，殆爲我國製造門窗裝修等之惟一大廠，其出品爲各大建築物所採用，如上海沙遜大廈，河濱公寓，匯豐銀行大廈，蒲石路十三層樓公寓，江海關大廈，南京勵志社，財政部，財政部長官邸及廣州中山紀念堂等建築，內部所用木質裝修，均屬該廠出品。該公司新廠成於二十年六月，僅歷半載，即燬諸一二八之役。迨停戰協定簽訂，日軍退出閘北，勘閱遺蹟，僅見斷垣殘壁間剩有若干被損機件而已。公司方面限於資力，未能繼續經營，不得意而將舊機件作價四萬兩，歸併於上海英商祥泰木行。

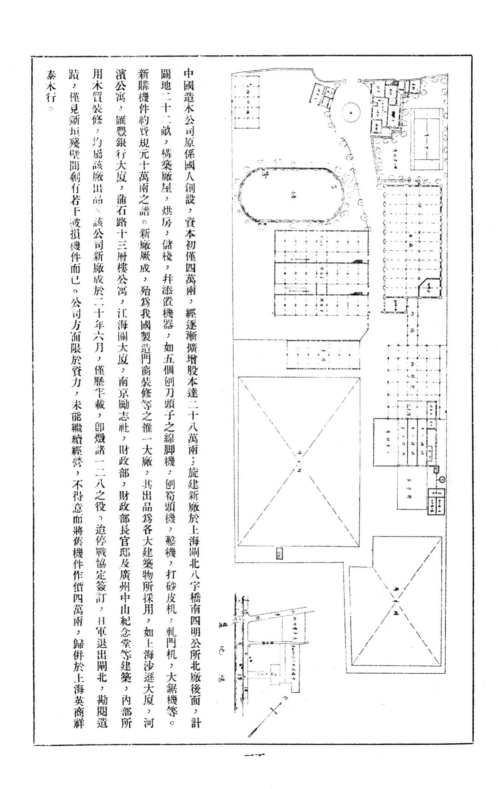

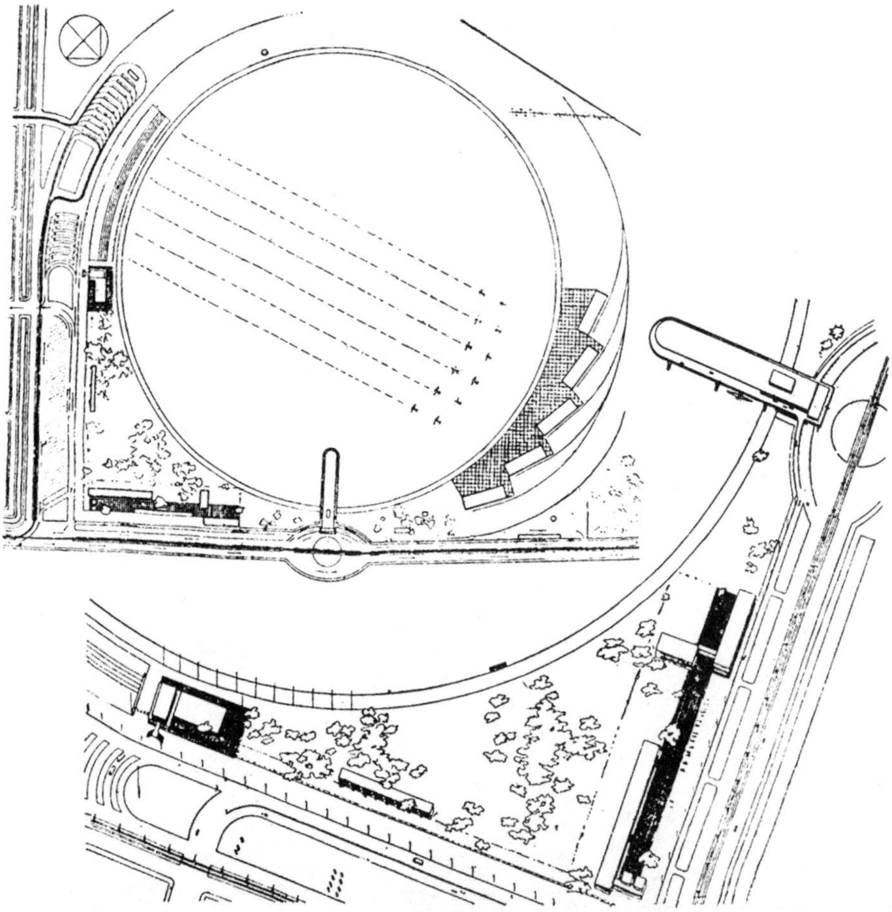

國際戰爭，已由海陸戰鬥而進於空戰，當此第二次世界大戰行將爆發之時，列强莫不積極準備。去年滬戰我國亦失利於敵人的空軍，目前國難更深，有志者因高呼航空救國，謀空軍之建設。本刊愛國不敢後人，對於建設航空，擬盡力供獻芻蕘。除本期刊登地面飛機場的建造圖樣外，尚有地下飛機場的建築法及圖樣將於下期發表，如飛機場面，修理工場，及汽車道火車道等的建造，都有很詳細的說明與圖樣刊登。地下飛機場的目的在避免受敵人的轟擊，爲空軍建設的極重要者，務希讀者注意！還有外國軍隊爲鼓勵空軍作戰起見，常於飛機上附製各種標識，我國尚未注意，本刊認爲有提倡的必要，特繪製多種標識式樣，下期卽可刊登，以供參考。

外牆建築法

運策 譯

凡有經驗之包工，當能完全明瞭牆應具之功能；及有選擇各式建築物之外表，使能應用最完美的材料之能力。各式房屋所具之功能，皆自不同•適用於住宅之材料，必適於商店及學院之建築•例如住宅所需之防火力，不若工廠及學校之爲重要是也•有時包工之意見，可供建築師之採納，並節省其經費•茲依照順序將外牆解析之，或亦可供閱者之參攷歟！

現爲便利討論起見，且將房屋分作二大類，(一)住宅之高度不超逾二層者，(二)他種房屋，對於第一類房屋，各種材料皆可應用。惟第二類房屋，則建築成例中，常規定須選用不能焚燬之材料—多半屬於磚石之類。但各種房屋，其牆所具之功能皆須滿足之—至少一條以上，其滿足之程度，則或稍有上下。

牆應具之功能

牆之第一要素爲受重力，卽能承受一切加於牆之重量•此種牆所受之力，因地位之不同，其所受之力，亦遂有拉力壓力及剪力之異。普通承受力量之牆，皆作爲承受壓力之用•但因風力及他種緣由，故亦常須能受彎力。一般言之，壓力及彎力之組合，已足包含其他可能之一切所受力量。

木材，鋼條，及他種金屬之彎力的改變，與其壓力及拉力之改變相似•但光面磚石所砌之牆，能受彎力極小，且不固定；故除知其能稍橫面所來之力外，平常皆不計算其彎力•鋼筋加入磚石建築中，可增加極大之彎力阻擋力，如篇後所言及之鋼骨混凝土，及磚石與鋼骨混凝土合組之建築是也。

因限於篇幅，此文未能將各種材料之可能力量，詳細以圖表示之；閱者可由實用之參攷書中查閱之。但應注意各種材料—如木料，磚料，空心磚，混凝土等，其同一種類材料之强弱性，亦有極大之變化•卽如鋼類材料之製造，雖有精密之管理，其力亦間有不同焉。

牆之第二要素爲防火力，根據建築成例，此項力之需要性，應依各式房屋之性質及地位而定•磚石材料中，磚與混凝土等之耐火力，較他種材料爲高•關於耐火力若用力的數量表示之，則閱者可詢諸此項研究者，其耐火力之定法，爲用標準之方法，試驗材料耐火之能力，則此類普通材料之耐火力，卽可獲得•此項試驗結果，可與美國商業建築法規委員會(U. S. Department of Commerce Building Code Committee)及國家救火局(National Board of Fire Underwriters)及類似組織之報告參攷之。

牆之第三要素爲氣候之抵抗力，卽抵抗風及水之穿透之能力，對於此問題，選擇材料，不過爲一種方法，卽使其牆身不致穿透，其重要要點就在工藝•如窗架裝置欠妥，或護牆啣接不密，外飾不當，及類似之原因，皆爲主要之弊病所在•建築牆壁不透水法，另成一專門題目，此處未能詳加討論●用建築材料之吸收水份多寡以定牆之氣候抵抗力，殊欠準確，因實際上此種關係並不多也。

氣候抵抗力實爲耐久之專門名詞—除臨時牆外，無論何種材料皆具有相當之耐久性，但有幾種材料須另用他法保護之，始可耐久不壞，

牆之阻熱力一項，現已漸趨重要，因對於熱氣設備之函量，及每年消費燃料之價值，皆有直接之影響也●但牆之阻熱力若太高，亦無必要，蓋大部熱量，常由門窗及屋頂等處散發也。築牆所用各種材料及普通合組材料之熱阻力比較，在美國之「熱及空氣流通工程師協會」(American Society of Heating and Vantilating Engineers)所出版之「導報」(Guide)內有詳細及精確之記載●若欲選擇用作比較或特種計算之數目，則應選用其傳熱力之總數，即內部空氣與外部空氣之差，內部傳導力，不用以代總數之用，因尚須加表面阻力也。

聲的阻力，對於外牆之關係並不重要，故此文不復加以討論。

牆之外表，前面雖曾提及，因其爲協助外表美觀之一重要部份，故仍須加以考慮●卽如平常不重要之建築物，亦應具此種性質。因美觀外牆所需之費，較諸不雅觀者，實相差無幾也。

總括以上諸點，得一結論：外牆必具功能之重要者爲受重力，防火力，氣候抵抗力，耐久力，及美觀●重要性稍差者爲阻熱力。

建築要點

現當進一步考查建築之要點，卽對於上列需要之建築部份●但應記得，在許多情形之下，並非全部需要皆應具備，僅滿足一二較重要之功能卽可，在某種情形之下，純一物質建築之牆，卽可滿足其需要，於是混凝土牆，磚牆，石牆，或竟至搗固之泥牆，亦可供此用途，一種材料所造之牆，若已能滿足受重力及防火力，則加一美觀而能抵抗氣候變化之外層，卽可應用，其後再加一注目之內層，同時可增加抵抗氣候變化之性質，

牆之內外面層，對於中心牆自有其相當作用，以適合於一項或多項必具之功能，如牆之本身與其外護及內飾，有完全相連，同受壓力者，於是對於牆之分析，比較複雜，實際上，複雜者亦實較多。

考查各種材料之利用，及其合組以供應用方法以前，可分牆爲二大類：(一)受力牆，(二)骨架房屋之牆。就前者而言，全部動力及靜力，皆爲牆所承担，有時其力散佈於較大之面積，但平常皆集力於較小之面積，由集中力所產生之壓力卽刻散佈於牆脚下，地板桁架，桁構，內牆，及隔牆所受之力，皆傳至外牆，此種重力，在外牆上發生壓力及彎力。

骨架房屋之牆，所有動力及靜力，皆由骨架承受之，其外表之牆，僅作補充牆或鑲嵌或遮蓋外表面之用。但近代之研究，已明顯的證明此種補充牆之作用，增加骨架之堅固，功效甚大，不但可幫助抵抗風力，并可增加地震之抵抗力，於是可知補充牆之力量之一般，並可因以縮小骨架之粗細，及減小其價值，關於補充牆之形態，將於後文再事討論，因實際上牆之作用，與其他建築部份，皆有

關係，如地板，腰牆，及骨架等。故在得到合理的結論以前，當先考查此中之關係。

住宅，公寓，學校，教堂，廠房及他式房屋之牆，多爲承受壓力之建築。房屋之高超過五六層者，現代常用骨架建築之。此種設計，在較低之房屋，亦常用之。其建築設計之實施，皆依其房屋之佔有者將加於地板及牆之力量而定。至於受重牆所用之材料，對於住宅房屋及小型建築，幾乎任何材料或合組之材料，皆可應用。因彼等之主要必具功能爲氣候抵抗力及美觀是也。對於阻熱力之關係則較小。在高大之房屋，其牆壁不承受全部壓力，因墩子，柱牆墩子，純柱等皆分担一部份壓力。至於分担壓力之多寡，則須另行確定之。故此種牆所採用之材料，其質可較弱，價可較廉。

牆之穩固，或抵抗側面之力量，若連入腰牆或地板，皆可增大其穩固。選擇牆之厚度及應用材料，可得經濟的建築。建築章程中常規定某種情形之下，應用某種材料，但亦有選擇之餘地。

骨架建築之房屋，其牆僅作鑲嵌之用的見解，是錯誤的，並增加其造價。假設建築良好之補充牆，其骨架抵抗彎力之力量，大爲增加，實屬可靠。最近美國國家標準局　（Notional Bureau of Standards）試驗之結果爲：鋼柱建築於磚砌工程中，可多受其原

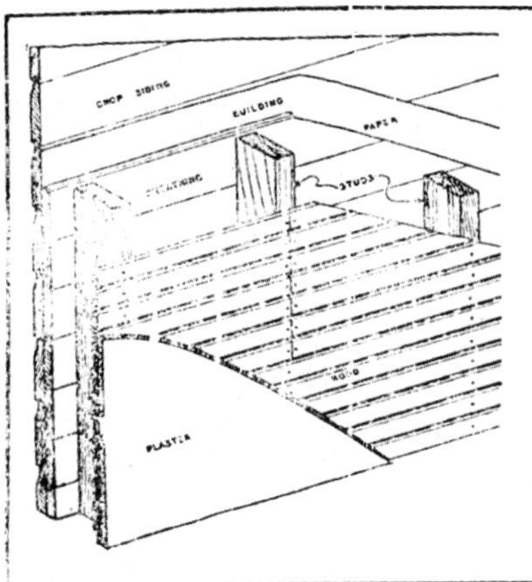

Standard Wood Wall Using Drop Siding.

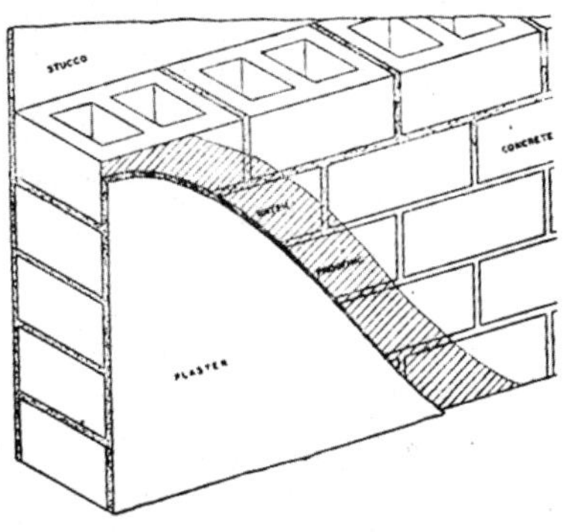

Concrete Block Wall. Stucco and Plaster.

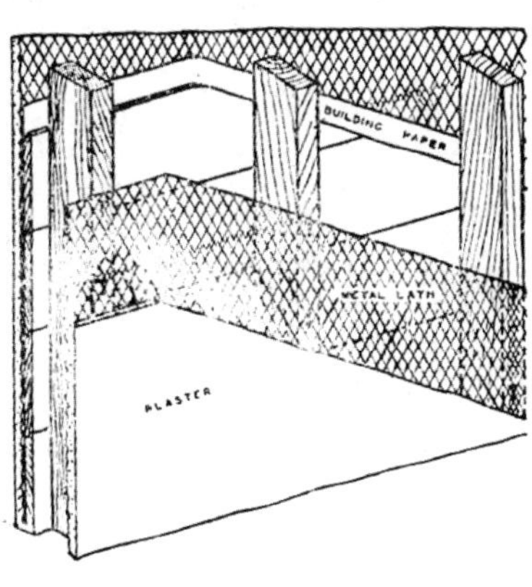

Wood Wall.Stucco on Metal Lath.

有壓力之一倍。在斜柱中，其影響於斜柱之彎曲，因磚石包圍而減低。

若以此等事爲題外之說，則應知適當之設計，及建築合宜之牆，可增加骨架之力量，或可使用較小之骨架，即所以減低骨架之價格。其應注意之點，即牆之設計及牆之價格，影響於全部建築極大，故有詳加研究之價值也。

牆之設計

現當研究實際上牆之設計及其組成，同時決定滿足其功能及價值之需要。此種研究，用合理的及簡單的方法，將牆分作三部：（一）中心牆，（二）外護，及（三）內部遮飾。住宅房屋之牆，可用磚，空心磚，板條子及灰粉建築之。磚層爲外護，空心磚爲中心牆及板條子。灰粉爲內部遮飾，事實上。單獨中心牆亦可達到各項需要，如工廠及堆棧，所用之混凝土牆或磚牆等。若用外護及中心牆，亦足可應用，惟欲滿足外表及內部之美麗，則三者皆應用之。

各項材料皆可用以作外護，中心牆，或內飾，此事極明顯，故牆之築法，可有多種之材料組合方法，因此，磚，混凝土，或空心磚，可作中心牆之用。其外護則可用上等磚，磁磚，或他種普通建築用石。其內飾之與任何種外護及中心磚相連者，可用板條子及泥灰，木板，或一層隔離之印燥來紙版。關於各種材料所組合之牆，其適合必具功能之能力的討論，必將占極大篇幅，并可發生多方之意見；因各種材料之應用，實無完全相同之必要。因在事實上所需材料，或有所限制也。包工之最好領導，即爲其經驗，但對於專門的章本，包工者應參照不偏執之前例。

特種牆壁所用之建築材料，其材料之數量，恆無大變化。故可得一整列完全之表册，以供此種牆所需材料之量的設計之用。此事可依前分作三部，外護，中心牆，及內飾。如此則可隨意組合此三部，並定其全部牆所需要之材料數小住宅及中等人家單獨居住之房屋，其外牆爲磚砌者，常爲八吋厚之中心牆，而不加外護。故吾等在名義上，常以八吋厚爲中心牆之計算。骨架房屋之補充牆，其厚度十二吋即足，若加四吋外護於八吋中心牆上，即可得需要之厚度。

大都內部遮飾，皆用板條，牆筋及泥灰，或牆筋與紙筋直接做於木框上。故可假設板條，或木板牆筋及石膏粉，作爲內部遮飾之標準。因以此爲準，改用他種材料時，其價格不致超過此種標準甚大，或可較此數稍低，外護及內部遮飾之特別者，其價値或將超出牆之其他部分之總額。關於此種設備，此處不復加討論。

關於應材用料之數量表，分爲三組：（一）外護，（二）中心牆，及（三）內部遮飾，後者。此處僅將普通用之板條子及灰粉詳述之。用此分組法所得之結果，非但較各種牆全部材料需要量表爲簡單，且可皆有多種組合法，有自由選擇之便利。但尚應知另須增加材料以使外護連接於中心牆上。

在下列十二吋牆表中，僅示其最普通之方式。天然石之外護，其性質複雜，其大小厚薄種類亦多，故除大約以重量表示之外，别

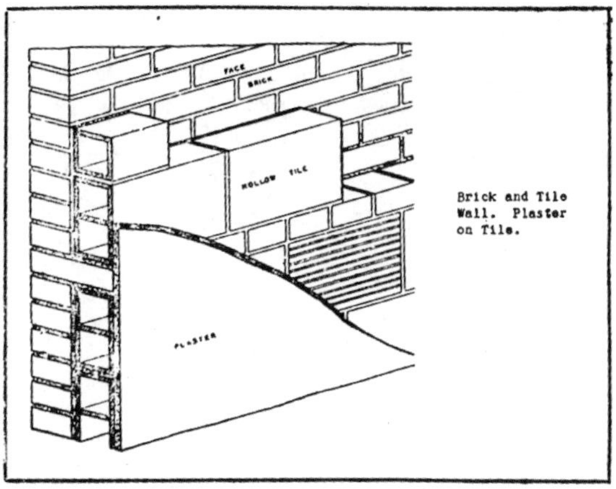

Brick and Tile Wall. Plaster on Tile.

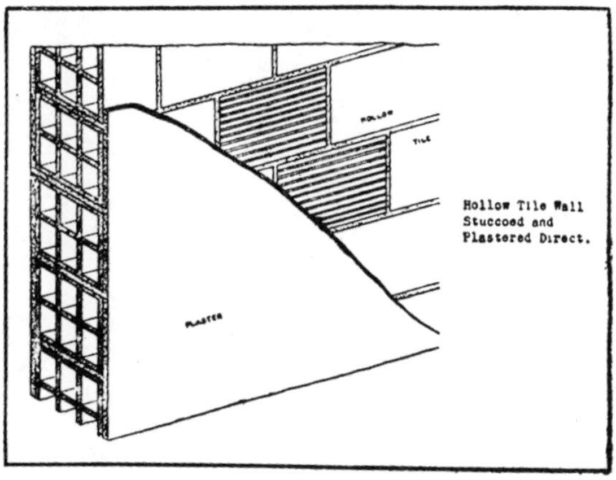

Hollow Tile Wall Stuccoed and Plastered Direct.

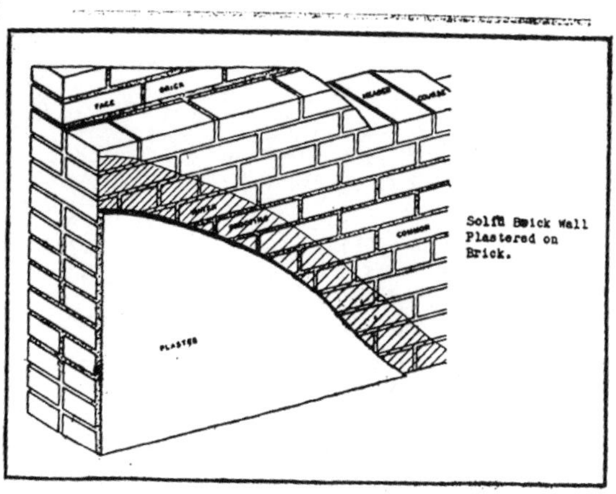

Solid Brick Wall Plastered on Brick.

無他法。磁磚之外護，常用三和土直接粘於磚上，而不需要金屬之羈絆，但以石片鑲嵌作外護者，無論其背面爲何物，皆須用金屬羈絆以束縛之，故其數量及價格之估定，須包含此種情況。

在商店上及類似之房屋，以骨架建築者，其補充牆在名義上祇厚四吋，雖其外護厚六吋，當外護砌固於背面時，此種連繫之石，常爲八吋厚，至於灰石建築，則常將第三塊嵌入後牆中，表中所示數量，或就須稍加以校正。因其特種具備之減輕，尤以對於石料外護爲甚。

住宅房屋之牆

前已假設此種居住房屋之牆，其厚度爲八吋●今爲避免淆混起見，特將普通住宅之各種牆壁，及其所需材料之種類，列表如下：（一）木；（二）磚；（三）薄磚鑲於木框間，（四）磚與空心磚，（五）空心磚與清水粉，（六）混凝土塊及清水粉，（七）全部混凝土與清水粉。

有地習慣，將灰泥直接塗於磚石牆面，但在平常氣候之下，以板條子爲粉刷之襯底，可得較佳之結果。直接粉刷於牆之有空隙者，若其外護能不透水，則可極牢固●灰泥之直接粉刷於磚建之空心牆者，卽中心牆爲空心磚或空心木塊所造者，則板條子可以省去。但

此種節省，並非純利，因無板條子時，若欲牆面光滑，即須多加粉灰泥也，

下列數量表內表示（一）裏部粉刷塗於木板牆筋者材料之數量，（二）普通中心牆用材料之數量，（三）外護所需材料之數量。其中心牆之厚度爲八吋，外護爲四吋，俾任何組外護及中心牆之厚度和爲十二吋，各項數量，皆以一百平方呎牆面所需材料爲準；其他面積所需之數量，可由此推算，極爲簡便。

項目	數量
第一表 粉刷於木板牆筋者	
粉刷之底層	
（一）板條1"×2"	一〇〇呎
（二）木板牆筋	〇・一六一千
鋼絲網則爲三與二之比：	
（三）鋼絲網249a.3416.	一一・八三方碼
他種灰泥底，可代入適當面積。	
（四）洋釘	一・一磅
灰泥面	
（一）石膏粉	一五一磅
（二）黃沙	〇・一三三立方碼
（三）石灰	三二磅
（四）水泥	一七磅
第二表 木牆	
（一）下垂之屋外板壁	〇・一二〇呎×
他種屋外板壁可代入適當數量：	
（二）蓋板	〇・一二〇呎×
（三）板牆筋	〇・〇六八呎×
（四）洋釘	七・六磅
（五）建築用紙	一一〇方呎
（六）油漆	〇・八加侖
另加第一表中灰泥面各項材料數量，除却板條（板條釘於牆筋上）。	
第三表 鑲於木框中間之薄磚	
（一）板牆筋	〇・〇六八呎×
（二）蓋板	〇・一二〇呎×
（三）洋釘	四・六磅
（四）建築用紙	一一〇方呎
（五）磚	〇・六一六千
（六）灰沙	一〇・五立方呎
（七）牆夾	九八片
另加第一表中灰泥面各項材料數量，除却板條（板條釘於牆筋上，）	
第四表 磚砌實牆	
（一）磚	一・二三二千

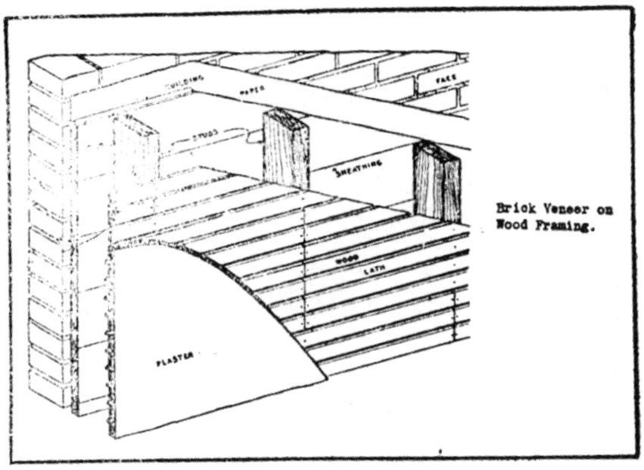

Brick Veneer on Wood Framing.

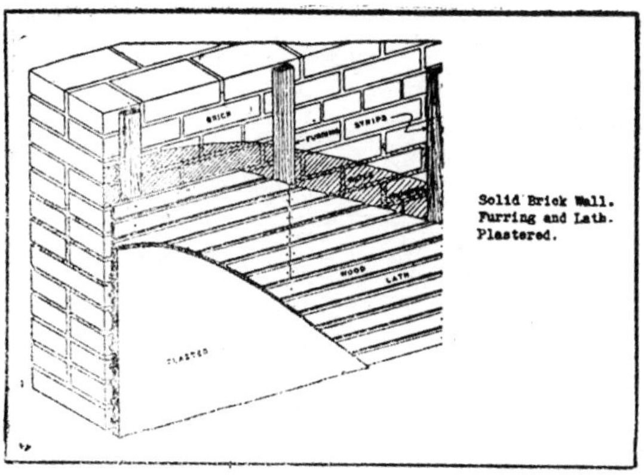

Solid Brick Wall. Furring and Lath. Plastered.

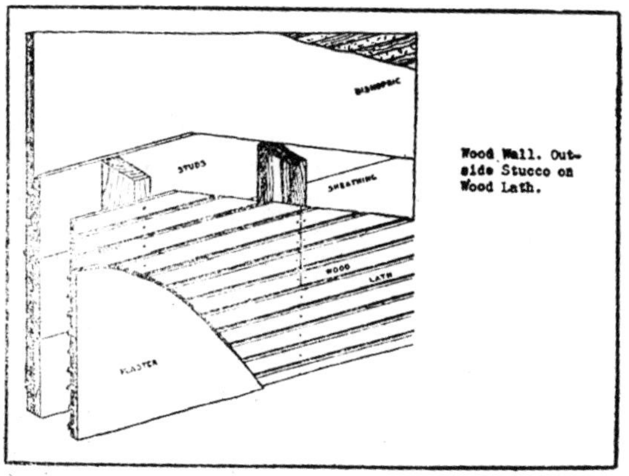

Wood Wall. Outside Stucco on Wood Lath.

(二)灰沙　二一立方呎

另加第一表中灰泥面及灰泥底各項材料數量。

第五表　磚及空心磚

(一)磚　〇•六一六千

(二)空心磚 4"×12"×12"　一〇〇塊

(三)灰沙　一八•五立方呎

另加第一表中灰泥面各項材料，其數量如下：

(四)石膏粉　一一八•〇磅

(五)石灰　三二磅

(六)水泥　一七磅

第六表　清水粉粉於空心磚

(一)空心磚 8"×12"×12"　一〇〇塊

(二)灰沙　一〇立方呎

(三)水泥(清水粉灰用)　三袋

(四)黃沙(清水粉灰用)　〇•五立方碼

(五)石灰(清水粉灰用)　九〇磅

另加第一表中灰泥面各項材料，若灰泥直接粉於空心磚上，則除却板牆筋及洋釘。

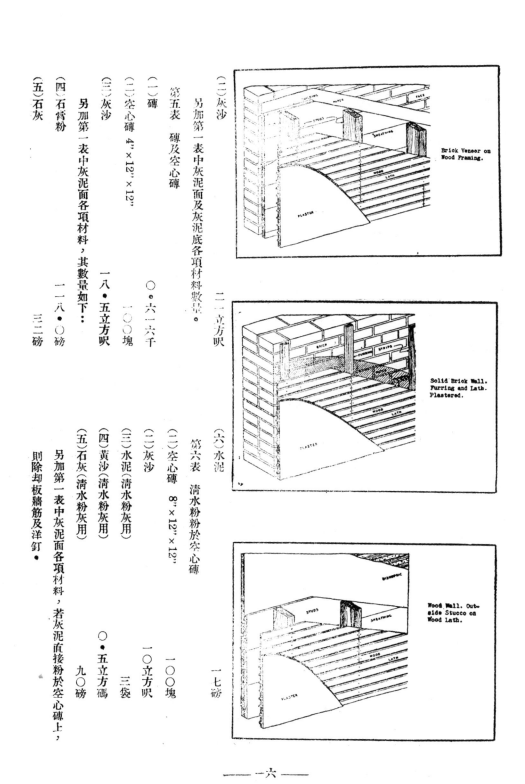

第七表　清水粉灰粉於混凝土塊

(一)混凝土塊 2"×12"×16"	七五塊
(二)灰沙	一〇立方呎
(三)水泥(清水粉灰用)	三袋
(四)黃沙(清水粉灰用)	〇•五立方碼
(五)石灰(清水粉灰用)	九〇磅

另加第一表中灰泥面各項材料，若灰泥直接加於混凝土塊上，則除却板條牆筋及洋釘。

第八表　混凝土加清水粉灰

(一)混凝土	二•五立方碼
(二)木壳子(全部)	一〇〇方呎
(三)水泥(清水粉灰用)	三袋
(四)黃沙(清水粉灰用)	〇•五立方碼
(五)石灰(清水粉灰用)	九〇磅

另加第一表中灰泥面各項材料•

×〔註：此處「呎」字，乃購買木料之單位，即一吋厚一呎闊一呎長之意•〕

外護

普通用作外護之材料爲(一)磚，(二)天然建築用石，(三)磁磚，及(四)清水粉•磚之種類極多，但關於計算方面，其形式大小，幸皆相似•建築用石，即無如此整齊，其種類則有花岡石，石灰石，砂石，大理石等。此種外護之厚度，常由四吋至六吋，其面積之大小，則不固定•故一定面積內所需石料數量之確定，除用平方呎或平方碼表示外，別無他法•此中所需三和土之數量亦難估定，因與石之大小及粘接處三和土之厚薄有關也•故下列各表中材料之數量，若應用於石料之外護，則稍有變動，若應用於他種外護，可較準確•

第九表　磚料外護

(一)磚	〇•六一六千
(二)灰沙	一〇•五立方呎

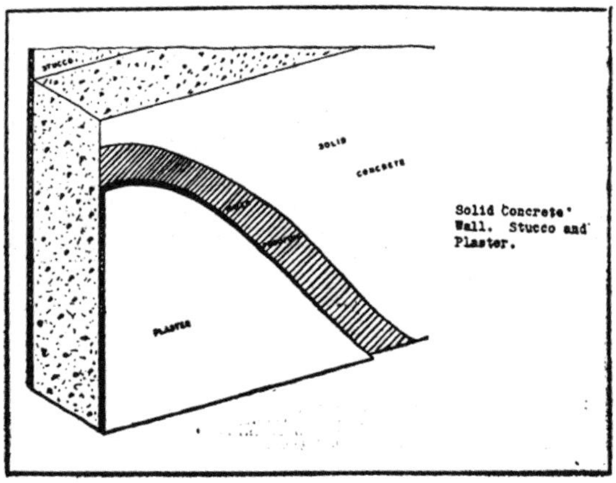

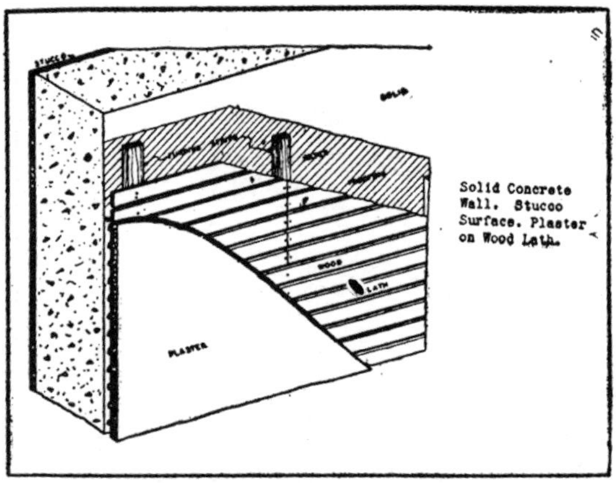

若磚之表面並不砌實，而背面連於他物者，則加：

（三）牆夾　一〇〇片

第十表　天然石外護

（一）外護　一〇〇塊

實厚三又四分之三吋—除却七吋半厚之砌合石料。

（二）灰沙（大約）　五立方呎

（三）牆內之控制鐵柱及板（大約）　五〇塊

（按：控制鐵柱及板，卽英文Anchor與Strap，由建築學術討論會定名。）

（形狀爲 $\frac{1}{2}''\times2''\times8''$ 其數量依外護石之大小而定。每一鐵柱之面積約爲一．五平方呎。）

第十一表　磁磚外護

（一）外護石塊　一〇〇方呎

（二）灰沙（當連於磚上時）約　一〇立方呎

（三）灰沙（當連於混凝土時）約　五立方呎

若背面砌於混凝土牆時，須加：

（四）牆夾　七五片

第六表與第七表中所示用於清水粉灰外護者，可應用於任何以清水粉灰爲表面之牆。

普通牆壁式樣，所用之全部材料，可由上列表中選擇之，卽外護，中心牆及內飾之組合而成。有適當的組合，卽可求得此種牆所需材料之數量，如實砌磚牆加以板牆筋及粉刷；混凝土牆加以板條子粉灰泥；混凝土牆加磚，磁磚，或天然石爲外護；磚牆以天然石或磁磚爲外護；空心磚牆以天然石爲外護；或他種欲得之組合之有無內部粉刷。

牆之估價

關於牆之價格之估計，極難決定，因非僅各地材料之價格不同，卽同一地方之市價，亦幾乎日有變動，同一地點工人之價格及其工作能力亦不平衡。現時統一勞工之制度雖已實行，但不能普遍明瞭，仍有多數工人，依然過其原有受僱之生活。

如此則關於牆價，似乎不能提出估計，因此事實無標準也。但普通物價之平均數，或可供包工者及設計者作參攷，以便選擇建築之材料，下列結果，爲一種報告，始以最廉之價值，其後漸次增高，（一）木材，（二）混凝土，（三）混凝土塊，（四）磚及空心磚，（五）磚砌工程，（六）石及空心磚，（七）石及混凝土。此種秩序，並非完全固定的，在不同的情況之下，其價格之順序，或可完全更動。

唯一之妥當方法，卽以現行之之單價，乘前列各表中所示材料之數量，卽可得最近此項材料之價格。

若欲試定工資，其地位之影響，尤難決定。勞工之工價及工作能力，大有上下。故欲得確實之參攷，須明瞭當地之情形。上項比較價值之順序，已含有勞工一項，故其順序，不可復將勞工從總價格中分出，其工作或可由各式牆壁造成所需之時間定之，但此中錯誤，與指定材料之單價之錯誤同。

選擇牆壁之因子

運用適當的判斷力，爲唯一可靠之方法，同時幷可獲得最低之造價。前部所示各項，卽可幫助此項決定。

以上所述，關於各種牆所需要之物理性質，猶未論及，故現當再作一表，以表示其比較能力。於此卽可約略知其大概情形。下示之表，材料之名稱在前者較佳。

壓力——（一）鋼，（二）石，（三）混凝土，（四）磚砌工程，（五）木，（六）空心磚，（七）混凝土塊。

或有對此排列有懷疑者，則須知磚石材料及混凝土之力量，其變動範圍甚大。例如磚砌工程及混凝土承受壓力之能力，每方吋可由數百磅至數千磅不等。更有一點，卽同一材料，如混凝土柱，在試驗時所求得單位之力量，常較實際混凝土牆所受單位力量爲大，一塊磚所能受之力量，常較堆砌之磚單位力量爲大。故若各項條件無精密之管理，則其力量，未能確定。

彎力——此處排列，其力量由大而小：（一）鋼，（二）鋼骨混凝土，（三）鋼骨磚砌工程，（四）他種鋼骨磚石工程，（五）石，（六）木（七）磚石及他種材料。在實際建築上，僅鋼，木，及鋼骨之建築，可計算其實際抵抗之彎力。

防火力——等厚之牆。其防火力之比較如下（排列由大而小，）：（一）磚砌工程，（二）混凝土，（三）石，（四）空心磚，（五）混凝土塊，（六）鋼，（七）木，僅磚料有極大之防火力，用以建築房屋，可保護完全不焚或一部不焚，故建築用之鋼料，常用磚料保護之，以建不焚房屋之用，廠房地板及重料木材，皆視爲慢燃燒性，故此種房屋之防火力頗大。

阻熱力——現今因尚無充分之試驗報告可供參攷，故各種牆之阻熱力，就未能確知，但其大約數目，可從參攷書中獲得，牆之間若有一層空氣，無論其厚薄如何，或含有數層不同材料，如各種合組之牆，可完全改變其用一種材料時傳熱之速率，故下示之表，其價値由大而小，其應用則須加以注意，此表僅可用於牆，不可用於單純之材料，（一）空心磚上加磚，（二）空心磚外粉清水粉灰，（三）空心木塊外加磚，（四）實砌磚，（五）木，不加隔絕紙版（六）混凝土及石。

氣候抵抗力——依現今所知，尚無一種牆之材料，可確保能阻擋風及水之侵入，不滲透之牆，須依特別之設計建築之，其材料之選擇可能性較少。卽使牆之表面極爲嚴密，水就可由裝置不良之窗，門框，木檻，及連接不密之護牆中流入，磚石之牆，其氣候抵抗力，與其砌實處所用之灰泥及三和土極有關係，尤以上下連接處爲重要，磚石之吸收性，與此種抵抗力，無甚影響。

氣候之抵抗力或耐久力——材料之能侵蝕者，常保護於牆中。木面可加漆，鋼外可用磚石遮蔽。普通關於房屋設計，應能担保其能抵抗特殊之侵襲，今暫定材料並不加以保護，則其耐久力，由久而暫，列表如下：（一）磚砌工程及天然石，（二）空心磚，（三）木及混凝土，（四）混凝土塊（五）鋼。

建築界消息

峻嶺寄廬將動工建造

上海西愛咸斯路峻嶺寄廬，由公和洋行設計打樣，本刊曾載其圖樣及建築章程。該項工程業經本會第一屆主席委員王皋蓀君得標承造，造價共計元九十三萬一千兩，不日即將簽訂正式合同，開始動工建造。

楊氏公寓由余洪記承造

上海霞飛路華龍路轉角之楊氏公寓，設計打樣者爲馬海洋行（本刊第一期曾載其圖樣），承造者爲本會執行委員余洪記，開造價計元三十五萬七千兩。現正從事打樁做底基工程。

古拔路將建新式中國住房

上海古拔路將建之新式三層樓中國住房，係普益地產公司業產，現爲本會會員徐得記得標承造，造價計二十七萬兩。

趙深陳植建築事務所更改新名

上海甯波路四十號趙深陳植建築事務所，近因業務蒸蒸日上，並又有童寯建築師加入合作，故已於一月一日起，改稱華蓋建築事務所云。

漢彌爾登大廈五月底竣工

上海福州路之漢彌爾登大廈第二步工程，（Hamilton House, Section II）由新仁記承造，共計造價七十四萬五千兩；於前年十月開工，將於今年五月底竣工。該屋自下層至四層爲出租行號辦事處，自五層至十三層爲出租公寓。設計該屋之建築師係英商公和洋行，業主係英商華懋地產公司。

貝當路九層公寓開工建造

上海貝當路九層公寓（Carbendish Court），係英商公和洋行設計打樣，前曾招商投標承造，業經新仁記得標，已開始動工，造價計元十五萬兩云。

久記承造中匯銀行新屋

上海公館馬路中匯銀行新屋，由法人麗娜樊賽建築師設計打樣，業定久記營造廠承造，造價計元四十五萬兩。

正基之宴

向華

本會附設正基建築工業補習專門學校，於一月二十二日正午十二時，假座協會交誼廳，歡宴全體教職員，到者有湯景賢，江長庚，杜彥耿，賀敬第，朱友仁等濟蹌一堂，頗極盛況。迨酒至數巡，湯景賢校長起力致詞，略謂夜校由全體教職員努力合作，艱辛締造，至今已有三載之歷史。在此三年中雖無特殊成績，貢獻社會，但全校師生均能認真教讀，剴切指導，尙不負各家長付託之殷，同時有一點足堪自慰者，卽鄙人辦學主張，素以重質不重量爲宗旨，故不論經費如何支絀，學額如何稀少，對於物質設備，訓導管理，無時無刻不在積極擘劃，力謀進展之中。蓋辦學須有持久的決心，與犧牲的精神，始克達其作育人材之目的。此外尤須聲明者，卽本校現行學制，及全部課程，經過極愼重之考慮，而加決定。肄業年限六年。前三年爲預備部（原名預科，現改初級。）對於各生之中英文及數學自然科學業施以嚴格訓練以爲深造之準備。後半部三年則漸涉及建築工程之專門學識，由淺入深，由簡入繁，使學生有領會貫通之能力，故夜校肄業期限雖短，若勤加攻讀，則他日獻身築建事業，當可應付裕如，無格格不入之弊。誠恐外界不察以為學生一入校門，即應授以建築學識，對於中英文數學自然科學等均可置之不讀。此種誤解，不能謂其絕無，但亦不值一辯。殊不知欲建大廈，先固其基，造屋如此，求學亦然，此即本校命名「正基」之由，同時外界對於本校之性質，及教授方法之實施亦可見其概略矣。茲若學期結束，教務稍暇，得與諸先生歡敍一室，其愉快誠不可抒述，切盼諸先生秉固有合作精神，努力進展鄙人當追隨左右，以出世的決心，從事於入世的教育事業也！此祝努力加餐。繼由本會常委杜彥耿起立致詞，略謂鄙人與湯校長同爲夜校發起人之一。現由湯校長及在座諸先生努力進展之結果，已有欣欣向榮之勢，中國工業教育，在今日至感缺乏，倘若工業補習教育，更不待言矣。一般大學工科畢業生，所最感痛苦者，厥爲書本上所得之智識，每多不能應用於實地之工作。究其癥結，實不能不歸咎於國內工業課程方面教本缺乏，借材異地，致適合於此國，並不適合於彼邦。例如首都某大學工科所有懸橋及水紋學二學程，其課本係採自美國珂羅列陀省立大學，此書係該大學教授所著；：於珂省之水利工程者。此書若用於珂省則可，用於中國則不可；但中國無此教本，不得不勉爲採用，因此欲能實用，抑亦難矣。故目前實施工業教育，其最要步驟，即在着手編纂適合國情之教本。至於本會對於日校之創設，亦在積極籌劃中。鄙見錄取學生，其入學待遇，可分取費與免費二種。免費學生，於課餘有工作之義務取費學生，除工作外，有繳納「開

杜彥耿（本會常委） 江長庚（本會執委兼營造學教授） 葉敬樑（數學教授） 賀景第（本會執委兼工程估價教授） 陳昌賢（工程地質學兼工程畫教授） 談紫電（國文教授）
江紹英（材料力學教授） 袁宗耀（教務長） 湯景賢（本會執委兼校長） 朱友仁（理科教授） 胡允昌（英文教授）

業準備費」之義務。每學期各生繳納若干，由校保管，代存銀行生息。迨至畢業，集一級中所有人數，提取前存之款，作爲營業準備

費，由學校領導之下，從事於建築事業。此集團資本集中，人材集中，工具集中，俱有極大之魄力，若本埠無可發展，則遠可至西北墾拓荒地，自闢蹊徑；近可至東方大港所在地之乍浦，從事建設，以謀發展。如此各有生路，各不傾擠，融融洩洩，其樂無藝。至於此種計劃之實現，尚有待於諸先生共同之努力云云。繼由江長庚朱友仁江紹英陳昌賢諸先生相繼發言，對於本校之革進，及課本之採用，頗多論列。餐畢舉行全體撮影，至三時許盡歡而散。

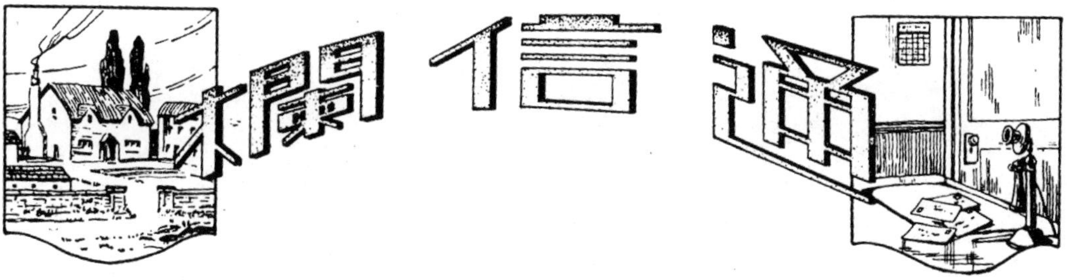

本欄選載建築協會來往重要文件，代爲公布。并發表會員暨讀者等關於建築問題之通信，以資切磋探討。惟各項文件均由具名者負完全責任。

致本會建築學術討論會委員函

本會組織之建築學術討論會，於去年十二月二十五日舉行籌備會議，當時議決要案分函各委員，俾便遵行，茲錄原函如后：

逕啓者。敝會組織建築學術討論會。從事確定建築名辭。以求統一。而利建築事業。前曾函請
台端參加。發抒讜論。共襄盛舉。當蒙
覆示贊同。不勝榮幸。上星期六一度召集籌備會議。當經議決進行辦法如下。(一)各種名辭先由起草委員擬定。然後交委員會議修正確定之。(二)起草委員推定莊俊董大酉楊錫鏐杜彥耿等四君。并決定莊俊起草建築材料名辭。董大酉起草裝飾名辭。楊錫鏐起草地位名辭。杜彥耿起草依英文字母排列之名辭。(三)開會日期每二星期舉行一次。并規定星期三下午一時至二時爲會議時間。如一點鐘內未及付議者。交下次會議續議等四項。用特專函奉達。祇希查照爲荷。第一次會議日期。俟決定後再行函告。屆時務祈
蒞臨與議是禱。此致

先生

上海市建築協會

十二月廿六日

致北平中國營造學社函

逕啓者。我國建築名辭。向不統一。或因循習慣。或纂譯西文。以人地而異。殊影響於建築業之進展。敝會有鑒於此。爰組織建築學術討論會。並儘先討論建築統一名辭。業已聯合上海市中國建築師學會。中國工程師學會等共籌進行。不日卽將開始工作。俟行結果。擬將確定之名辭。呈請中央通令全國建築界採用。以資統一。而利事業之亢進。諒貴社以改進中國營造業爲宗旨。當蒙
贊許。惟同人學識譾陋。未免掛一之譏。但茲事體大。更非集合羣力不可。尙祈
不遺在遠。時賜南針。如能作通信之討論。俾此舉獲臻美善。則我建築業之幸也。務希
惠覆爲禱。此致

中國營造學社

上海市建築協會啓

二十一年十二月二十日

費，由學校領導之下，從事於建築事業。此集團資本集中，人材集中，工具集中，俱有極大之魄力，若本埠無可發展，則遠可至西北墾拓荒地，自闢蹊徑；近可至東方大港所在地之乍浦，從事建設，以謀發展。如此各有生路，各不傾擠，融融洩洩，其樂無藝。至於此種計劃之實現，尚有待於諸先生共同之努力云云。繼由江長庚朱友仁江紹英陳昌賢諸先生相繼發言，對於本校之革進，及課本之採用，頗多論列。餐畢舉行全體撮影，至三時許盡歡而散。

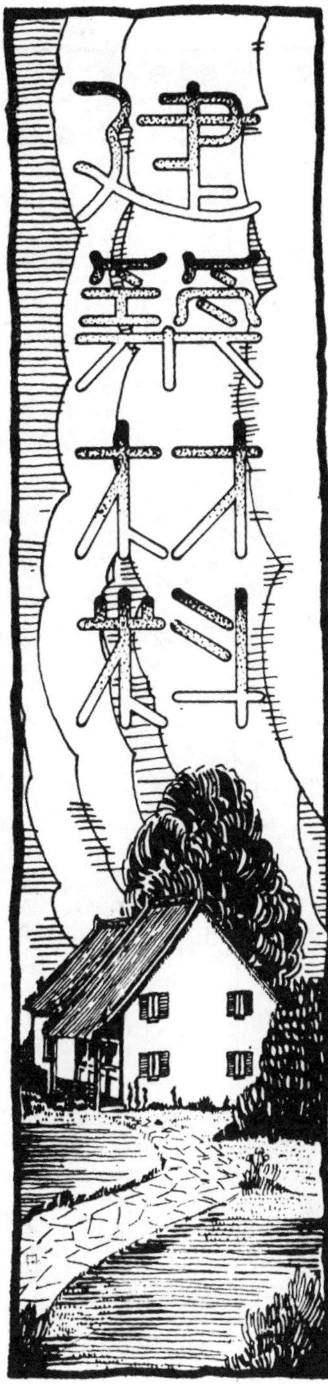

建築材料價目表

本欄所載材料價目，力求正確，惟市價瞬息變動，漲落不一，集稿時與出版時難免出入。讀者如欲知正確之市價者，希隨時來函或來電詢問，本刊當代為探詢詳告。

磚瓦類

貨名	商號	標記	數量	價格（銀）	價格（洋）	備註
六孔磚	大中磚瓦公司	12"×12"×8"	每千	一八〇兩		須外加車力
八孔磚	同前	12"×12"×6"	同前	一三二兩		同前
四孔磚	同前	12"×12"×4"	同前	九〇兩		同前
六孔磚	同前	9¼"×9¼"×6"	同前	七〇兩		同前
三孔磚	同前	9¼"×9¼"×4½"	同前	五五兩		同前
三孔磚	同前	9¼"×9¼"×3"	同前	四五兩		同前
四孔磚	同前	4½"×4½"×9¼"	同前	三一兩		同前

磚瓦類

貨名	商號標記		數量	價格 銀	價格 洋	備註
二孔磚	大中磚瓦公司	3"×4½"×9¼"	每千	二二兩		須外加車力
二孔磚	同前	2½"×4½"×9¼"	同前	二一兩		同前
二孔磚	同前	2"×4½"×9¼"	同前	二〇兩		同前
紅磚	同前	2"×5"×10"	每萬	一一〇兩		同前
紅磚	同前	2½"×8½"×4¼"	同前	一一五兩		同前
紅磚	同前	2"×9"×4⅜"	同前	九五兩		同前
紅平瓦	同前		每千	五五兩		車力在內
青平瓦	同前		同前	六〇兩		同前
紅脊瓦	同前		同前	一一〇兩		同前
青脊瓦	同前		同前	一二〇兩		同前
紫面磚	泰山磚瓦公司	2½"×4"×8½"	每千	八〇兩		
白面磚	同前	同前	每千	八〇兩		
紫薄面磚	同前	1"×2½"×8½"	一千	四八兩		每百方尺需五百塊
白薄面磚	同前	同前	一千	四八兩		同前
紫薄面磚	同前	1"×2½"×4"	一千	二四兩		每百方尺需用一千塊
白薄面磚	同前	同前	一千	二四兩		同前
路磚	同前	4½"×5"×9½"	一千	一五〇兩		每百方尺需二八〇塊
火磚	同前	2½"×4¼"×9"	一千	七〇兩		
紅平瓦	同前		一千	八〇兩		每百方尺需一三六塊

磚　瓦　類

貨名	商號	標記	數量	價格（銀）	價格（洋）	備註
青平瓦	泰山磚瓦公司		一千	五五兩		每百方尺需二〇五塊
脊瓦	同上		一千	一六〇兩		
特號火磚	瑞和磚瓦公司	C B C A1	一千	一二〇兩		瑞和各貨均須另加送力
頭號火磚	同上	C B C	一千	八〇兩		火磚每千送力洋六元
二號火磚	同上	壽字	一千	六六兩		
三號火磚	同上	三星	一千	六〇兩		
木梳火磚	同上	C BC	一千	一二〇兩		
斧頭火磚	同上	同上	一千	一二〇兩		
一號紅瓦	同上	花牌	一千	八〇兩		紅瓦每千張運費五元
二號紅瓦	同上	龍牌	一千	七五兩		
三號紅瓦	同上	馬牌	一千	六五兩		
[illegible]紅新放	大康		每萬		一二四元	下列五種車挑力在外
[illegible]青新放	同上		每萬		一一二元	
三號青新放	同上		每萬		七八元	
洪正二號瓦	同上		每萬		六〇元	
小瓦	同上		每萬		四〇元	
一號精選瑪賽克磁磚	益中機器股份有限公司	全白	每方碼	四兩二錢		下列瑪賽克磁磚大小為六吩方形或一寸六角形
二號精選瑪賽克磁磚	同前	白心黑邊黑磚不過一成	每方碼	四兩五錢		

磚瓦類

貨名	商號	標記	數量	價格 銀	價格 洋	備註
三號精選瑪賽克磁磚	益中機器股份有限公司	花樣簡單色磚不過二成	每方碼	五兩		
四號精選瑪賽克磁磚	同前	花樣複雜色磚不過四成	每方碼	五兩五錢		
五號精選瑪賽克磁磚	同前	花樣複雜色磚不過六成	每方碼	六兩		
六號精選瑪賽克磁磚	同前	花樣複雜色磚不過八成	每方碼	六兩五錢		
七號精選瑪賽克磁磚	同前	花樣複雜色磚十成以內	每方碼	七兩		
八號普通瑪賽克磁磚	同前	全白	每方碼	三兩五錢		
九號普通瑪賽克磁磚	同前	白心黑邊黑磚不過一成	每方碼	四兩		
花磚	啓新		每方（二二五塊）	二十兩二五		目下市價上海棧房交貨爲準
瓦筒	義合花磚瓦筒廠	十二寸	每只		八角四分	
瓦筒	同前	九寸	每只		六角六分	
瓦筒	同前	六寸	每只		五角二分	
瓦筒	同前	四寸	每只		三角八分	
瓦筒	同前	小十三號	每只		八角	
瓦筒	同前	大十三號	每只		一元五角四分	

磚瓦類

貨名	商號	大小	數量	價格 銀	價格 洋	備註
十二寸瓦擺工	義合花磚瓦筒廠		每丈		一元二角五分	
九寸瓦擺工	同前		每丈		一元	
六寸瓦擺工	同前		每丈		八角	
四寸瓦擺工	同前		每丈		六角	
粉做水泥地工	同前		每方		三元六角	
青水泥花磚	同前		每方	十五兩		
白水泥花磚	同前		每方	十九兩		
A號汽泥磚	馬爾康洋行	12"×24"×2"	每方五十塊	八兩七〇		
B號汽泥磚	同上	12"×24"×3"	同上	一三兩		
C號汽泥磚	同上	12"×24"×4 1/8"	同上	一七兩九〇		
D號汽泥磚	同上	12"×24"×6 1/8"	同上	二六兩六〇		
E號汽泥磚	同上	12"×24"×8 3/8"	同上	三六兩三〇		
F號汽泥磚	同上	12"×24"×9 1/4"	同上	四〇兩二〇		
白磁磚	元泰磁磚公司	6"×6"×3/8"	每打	一兩一錢		德國出品
白磁磚	同上	6"×3"×3/8"	每打	六錢五分		德國出品

磚磁類

貨名	商號	大小	數量	價格 銀	價格 洋	備註
白磁磚	元泰磁磚公司	6"×6"×3/8"	每打	一兩一錢		奥國出品
白磁磚	同上	6"×6"×3/8"	每打	一兩一錢		捷克出品
白磁磚	同上	6"×3"×3/8"	每打	六錢五分		捷克出品
壓頂磁磚	同上	6"×1"	每打	一兩四錢		
壓頂磁磚	同上	6"×2"	每打	一兩六錢		
裡外角磁磚	同上	6"×1¼"	每打	一兩二錢半		
裡外角磁磚	同上	6"×1½"	每打	一兩二錢半		
白磁浴缸	同上	五尺	每只	四十一兩		德國貨
白磁浴缸	同上	五尺半	每只	四十二兩		同上
磁面盆	同上	16"×22	每只	十二兩半		德國貨
磁面盆	同上	15"×19	每只	十一兩半		同上
二號尿斗	同上		每只	十一兩		同上
低水箱	同上		每只	四十七兩半		同上
高水箱	同上		每只	二十二兩		同上

木材類

貨名	商號	說明	數量	價格 銀	價格 洋	備註
洋松	上海市同業公會公議價目	八尺至三十二尺(再長照加)	每千尺	六十兩		下列各種價目以普通貨爲準
洋松	同前	一半 一寸 一二	每千尺	六三兩		
洋松一寸二寸毛板	同前		每千尺	六二兩		
洋松二寸光板	同前		每千尺	五四兩		
四尺洋松條子	同前		每萬根	一二〇兩		
一寸四寸洋松一號企口板	同前		每千尺	九〇兩		
一寸六寸洋松一號企口板	同前		每千尺	九五兩		
一二寸四寸一號洋松企口板	同前		每千尺	一二五兩		
一二五一六寸洋松一號企口板	同前		每千尺	一三〇兩		
柚木(頭號)	同前	僧帽牌	每千尺	五〇〇兩		
柚木(甲種)	同前	龍牌	每千尺	四〇〇兩		
柚木(乙種)	同前		每千尺	三七五兩		
柚木段	同前		每千尺	三五〇兩		
硬木	同前		每千尺	一八〇兩		
硬木火方介	同前		每千尺	一七〇兩		
九尺寸坦戶板	同前		每丈	一兩三〇		
柳安	同前		每千尺	一八〇兩		
紅板	同前		每千尺	一二〇兩		
抄板	同前		每千尺	一二〇兩		

木材類

貨名	商號	說明	數量	價格 銀	價格 洋	備註
十二尺三寸六八皖松	上海市同業公會公議價目		每千尺	五四兩		
一二五—四寸柳安企口板	同上		每千尺	二〇八兩		
十二尺二寸皖松	同上		每千尺	五四兩		
一寸六寸柳安企口板	同上		每千尺	二〇〇兩		
二寸一半建松片	同上		每千尺	五二兩		
一丈宇印建松板	同上		每丈	三兩五〇		
一丈足建松板	同上		每丈	五兩五〇		
八尺寸甌松板	同上		每丈	四兩		
一寸六寸一號甌松板	同上		每千尺	四二兩		
一寸六寸二號甌松板	同上		每千尺	三八兩		
八尺機鋸五分杭松板	同上		每丈	一兩七五		
九尺機鋸五分杭松板	同上		每丈	一兩三〇		
八尺足寸皖松板	同上		每丈	三兩六〇		
一丈寸皖松板	同上		每丈	五兩四〇		
八尺六分皖松板	同上		每丈	二兩七〇		
台松板	同上		每丈	三兩一〇		
九尺八分坦戶板	同上		每丈	一兩一〇		
九尺五分坦戶板	同上		每丈	一兩		
八尺六分紅柳板	同上		每丈	一兩六〇		

貨名	商號	標記	數量	價格 銀	價格 洋	備註
七尺白柳板	上海市同業公會議定價目		每丈	二兩		
八尺白柳板	同上		每丈	二兩		

油漆類

貨名	商號	標記	數量	價格 銀	價格 洋	備註
白打磨磁漆	開林油漆公司	雙斧牌	半加倫		三元九角	
白打磨磁漆	同前	同前	二·五加倫		二元	
各色打磨磁漆	同前	同前	半加倫		三元四角	
同上	同前	同前	二·五加倫		一元八角	
甲種嗶呢士	同前	同前	五加倫		二十二元	
同上	同前	同前	四加倫		十七元	
同上	同前	同前	一加倫		四元六角	
乙種嗶呢士	同前	同前	五加倫		十六元	
同上	同前	同前	四加倫		十四元一角半	
同上	同前	同前	一加倫		三元三角	
黑嗶呢士	同前	同前	五加倫		十二元	
同上	同前	同前	一加倫		二元五角	
烘光嗶呢士	同前	同前	五加倫		二十四元	
烘光嗶呢士	同前	同前	一加倫		五元	
白牌純亞蔴仁油	同前	同前	四十加倫		一五六元	
同上	同前	同前	五介倫		二十元	

油漆類

貨名	商號	標記	數量	價格 銀	價格 洋	備註
白牌純亞蔴仁油	開林油漆公司	雙斧牌	一介倫		四元二角	
紅牌熟胡蔴子油	同前	同前	五介倫		二十元	
乾液	同前	同前	五介倫		十四元	
乾漆	同前	同前	二十八磅		五元四角	
紅牌白鉛粉	同前	同前	每担		四十五元	
藍牌白鉛粉	同前	同前	每担		三十四元	
綠牌白鉛粉	同前	同前	每担		二十七元	
正純鉛丹	同前	同前	二十八磅		八元	
AAA純鋅上白漆	同前	同前	二十八磅		九元五角	
AA純鉛上白漆	同前	同前	二十八磅		八元五角	
A白漆	同前	同前	二十八磅		六元八角	
B白漆	同前	同前	二十八磅		五元三角半	
K白漆	同前	同前	二十八磅		三元九角	
KK白漆	同前	同前	二十八磅		二元九角	
A各色漆	同前	同前	二十八磅		三元九角	計有紅黃藍綠黑灰紫棕八種色
B各色漆	同前	同前	二十八磅		三元九角	計有紅黃藍綠黑灰紫棕八色
銀硃調合漆	同前	同前	一加倫		十一元	
白色調合漆	同前	同前	一加倫		五元三角	
各色調合漆	同前	同前	一加倫		四元四角	

油漆類

貨名	商號	標記	數量	價格 銀	價格 洋	備註
白及各色磁漆	開林油漆公司	雙斧牌	一加倫		七元	
金粉磁漆	同前	同前	一加倫		十二元	
上上白漆	振華油漆公司	飛虎牌厚漆	每二八磅		一一元	
AA上白漆	同上	同上	每二八磅		七元	
A上白漆	同上	同上	每二八磅		五元三角	
AA二白漆	同上	同上	每二八磅		九元	
二白漆	同上	同上	每二八磅		四元八角	
A各色漆	同上	同上	每二八磅		四元六角	計有綠黃藍紫紅黑灰棕八種顏色
各色漆	同上	同上	每二八磅		四元	同上
白及各色漆	同上	雙旗牌厚漆	每二八磅		二元九角	
AA紅丹	同上	飛虎牌紅丹	每二八磅		八元	
紅丹漆	同上	同上	每五六磅		二〇元	
熟油	同上	飛虎牌油漆	每五介倫		一五元	
			每四介倫		一二元	
			每一介倫		三元三角	
漆油	同前	飛虎牌油漆	每五介倫		一三元	
松節油	同前	飛虎牌乾料	每五介倫		八元	
			每一介倫		一元八角	
燥液	同前	同前	每五介倫		一四元五角	

油漆類

貨名	商號	標記	數量	價格 銀	價格 洋	備註
			每一介倫		三元	
			每半介倫		一元六角	
			每25介倫		九角	
燥漆	振華油漆公司	同前	每二八磅		五元四角	
			每七磅		一元四角	
			二磅（每打）		四元八角	
			一磅（每打）		二元六角	
碾硃漆	同前	飛虎牌有光調合漆	一介倫		一一元	
			半介倫		五元六角	
			25介倫		二元九角	
白漆	同前	同前	一介倫		五元三角	
灰漆	同前	飛虎牌防銹漆	五六磅		二二元	
紫紅漆	同前	同前	五六磅		二〇元	赭黃紫紅灰棕
各色漆	同前	飛虎牌普通房屋漆	五六磅		一四元	
碾硃漆	同前	飛虎牌打磨漆	一介倫		一二元	
填眼漆	同前	飛虎牌	一四磅		五元一角	
固木油	大陸實業公司	馬頭牌	一介倫	二兩五錢		
			五介倫	一二兩五錢		
			四十介倫	八〇兩		

油漆類

商號	品號	品名	裝量	價格	用途	用法
元豐公司	建一	白厚漆	二十八磅	二元八角	木質打底	八桶加燥頭十四磅快燥魚油八介侖成打底白漆廿一介侖。
同前	建二	黃厚漆	二十八磅	二元八角	土木質打底	同上
同前	建三	紅厚漆	二十八磅	二元八角	鋼鉄打底	同上
同前	建四	頂上白厚漆	二十八磅	十元	蓋面(外用)(內用)	二桶加燥頭七磅快燥魚油六(五)介侖成上白蓋面漆九(八)介侖
同前	建五	燥頭	七磅	一元二角	促乾	和魚油或光油調合厚漆
同前	建六	淺色魚油	六介侖	十六元半	調合原漆	又可用爲水門汀三和土之底漆及木器之揩漆
同前	建七	快燥魚油	五介侖	十四元半	同前	同上
同前	建八	三煉光油	六介侖	二十五元	同前	同上(稍加香水)
同前	建九	發彩油(紅黃藍)	一磅	一元四角半	配色	加入白漆可得雅麗彩色
同前	建十	香水	五介侖	八元	調漆	徐加勤拌
同前	建十一	漿狀洋灰釉	二十磅	八元	門面	和香水(光油)一介侖成漆(平光)(足光)二介侖可漆牆面(門面)
同前	建十二	調合洋灰釉	二介侖	十四元	門面地板	開桶可用能防三合土建築之崩裂
同前	建十三	漿狀水粉漆	二十磅	六元	牆壁	和水十磅成平光三介侖後耐洗
同前	建十四	橡黃釉	二介侖	七元五角	門窗地板	開桶可用宜各式木質建築物
同前	建十五	柚木釉	二介侖	七元五角	同上	同上
同前	建十六	花利釉	二介侖	七元半	門窗地板	同上
同前	建十七	上白磁漆	二介侖	十三元半	蓋面	開桶可用宜廠站廳堂
同前	建十八	朱紅磁漆	二介侖	二十三元半	蓋面	開桶可用宜大門庭柱等裝修
同前	建十九	純黑磁漆	二介侖	十三元	蓋面	同上
同前	建二十	紅丹油	五十六磅	十九元半	防銹	開桶可用永不結塊

油漆類

商號	品號	品名	裝量	價格	用途	用法
元豐公司	建二一	鋼窗灰	五十六磅	二十一元半	防銹	開桶可用宜各式鋼鐵建築物
同前	建二二	鋼窗李	五十六磅	十九元半	同前	同上
同前	建二三	鋼窗綠	五十六磅	二十一元半	同前	同上
同前	建二四	屋頂紅	五十六磅	十九元半	同前	同上
同前	建二五	上白調合漆	五介侖	三十四元	蓋面	開桶可用宜上等裝修
同前	建二六	上綠調合漆	五介侖	三十元四	蓋面	同上
同前	建二七	水汀銀漆	二介侖	二十一元	汽管汽爐	開桶可用耐熱不脫
同前	建二八	水汀金漆	二介侖	二十一元	同上	同上
同前	建二九	凡宜水（淸黑）	二介侖 五介侖	九元 二十二元	罩光	開桶可用耐熱耐潮耐晒

泥灰類

桶裝水泥	中國水泥公司		每桶	五兩		每桶重一七〇公斤
袋裝水泥	同上		每一七〇公斤	四兩六錢		以上二種均以上海棧房交貨爲準
洋灰	同上		每桶	四兩六錢五		外加統稅每桶六角
頭號石灰	大康		每担		一元九角	
二號石灰	大康		每担		一元七角	
三會火泥	瑞和	白色	每袋		三元六角	運費每袋洋三角
三會火泥	同上	紅色	每袋		三元	同上
火泥	泰山磚瓦公司		一噸		二十元	
黑沙泥			每方		自六元至八元	

貨名	商號	標記	數量	價格（銀洋）	備註
水沙			每方	自十五元至十八元	
甯波沙			每噸	三元一角	
湖州沙			每噸	二元四角	

鋼條類

貨名	商號	尺寸	數量	價格（銀洋）	備註
鋼條	蔡仁茂	四〇尺長二分光圓	每噸	九二兩	
鋼條	同前	四〇尺長二分半光圓	每噸	九二兩	
竹節	同前	四〇尺長三分方圓	每噸	八六兩	
竹節	同前	四〇尺長四分方圓	每噸	八六兩	
竹節	同前	四十尺長五分方圓	每噸	八六兩	
竹節	同前	四十尺長六分方圓	每噸	八六兩	
竹節	同前	四十尺長七分方圓	每噸	八六兩	
竹節	同前	四十尺長一寸方圓	每噸	八六兩	

粗細紙類

貨名	商號	標記	數量	價格（銀洋）	備註
頂尖紙	大康		每塊	五角	
細紙	同上		每塊	三角	
粗紙	同上		每塊	二角半	

〇〇三〇七

編評

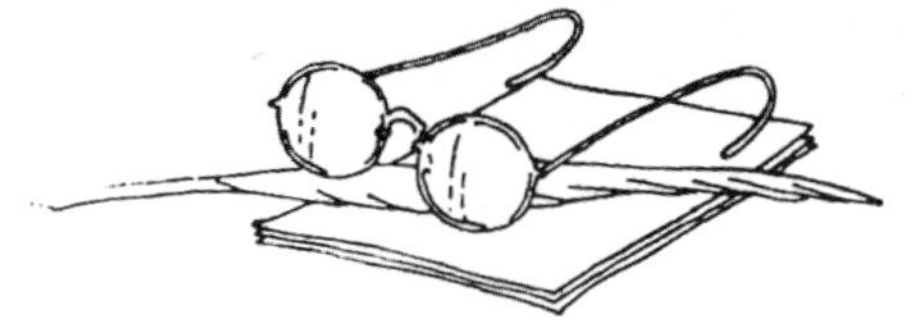

本期爲新年特大號，原擬盡量擴增篇幅，充實內容，以期放一異彩。惟事實不能盡如理想，我們終覺得和預設的計劃相差太遠了。不過，我們自信並未偷懶，確會爲了我們的希望而努力過一番。單就印刷方面講，如大上海電影院的用四色套印，國立青島大學科學館的用珂璐版精印，以及三色的封面等等，都會費過許多的精神。

本期開始刊載建築辭典草案。建築辭典的編纂，是本會學術研究工作之一，盼望着能給予我國建築界以有效的供獻。我國建築名辭向無統一的製定，建築界都循用習慣流傳，因人因地而異，對於建築同人殊多不便，甚且影響於建築事業的進展。本會既持改進我國建築事業的職志，乃蓄意編纂建築辭典；俟書成之日，呈請中央通令採用，以資統一。本會於去冬卽開始籌備編纂，會一度集議，現由常委杜彥耿先生主持進行，本期所載建築辭典草案，乃杜先生參考各國建築辭彙而擬就者；將交建築學術討論會議修正確定。以後當將草案及修正稿陸續發表於本刊，讀者如有意見，請隨時賜敎。

一二八之役，於民族鬥爭史上有重大的意義，我閘北精華盡付强寇炮火，建築物之被燬者不可勝數。本刊特於本期增加閘北戰蹟一欄，除刊登戰後之攝影外，幷選刊已燬之各大建築物的原有圖樣，以供復興參考。本期已登的如造木公司等圖樣，都有相當的研究價值。

强敵壓境，國難日深，禦侮亟需建設空軍，本刊擬盡量刊載建設航空的文字圖樣，以供參考。本期已發表地面飛機場的圖樣二幅，下期尚須刊登地下飛機場的圖樣及說明，請讀者勿等閒視之！

上期的居住問題，僅包含了西洋的房屋圖樣，本期則蒐羅了很多中國式的居屋圖樣，尤其注意於鄉村房屋的改良。附登的幾幅西式房屋，也由中國人所設計，故很適合中國人的習慣與愛好。

文字方面，除了杜彥耿先生的「工程估價」續作外，如杜先生的「開闢東方大港的重要及其實施步驟」與運策先生的譯作「外牆建築法」等，都是狠值得一讀的作品。東方大港的須要開闢，孫中山先生於建國大綱中已言之綦詳，杜先生又於本文中依目前的情勢補充了不少的理論；關於開闢的實施計劃，也有詳細的敍述，將有狠實際的指示哩。本文正按期發表於上海申報建築專刊，經作者加以修正而轉載於本刊。

其他的文字與圖樣等，編者不想多費筆墨來介紹，還是請讀者自己評判罷！

中華民國二十二年一月出版

建築月刊 第一卷 第三號

（一月特大號）

編輯者 上海市建築協會

發行者 上海市建築協會

地址 上海南京路大陸商場六樓六百二十號

電話 九二〇〇九

投稿簡章

一、本刊所列各門，皆歡迎投稿。翻譯創作均可，文言白話不拘。須加新式標點符號。譯作附寄原文，如原文不便附寄，應詳細註明原文書名，出版時日地點。

一、一經揭載，贈閱本刊或酌酬現金，撰文每千字一元至五元，譯文每千字半元至三元。重要著作特別優待。投稿人却酬者聽。

一、來稿本刊編輯有權增删，不願增删者，須先聲明。

一、來稿概不退還，預先聲明者不在此例，惟須附足寄還之郵費。

一、抄襲之作，取消酬贈。

一、稿寄上海南京路大陸商場六二〇號本刊編輯部。

本刊價目表

零售	每冊大洋五角
定閱	全年十二冊大洋五元
郵費	國內不加，南洋羣島及西洋各國每冊一角八分，全年二元。
優待	同時定閱二份以上者，定費九折計算。

定閱諸君如有詢問事件或通知更改住址時，請註明(一)定單號數(二)定戶姓名(三)原寄何處，方可照辦。

本期特刊零售每冊大洋一元，定閱全年者不加。

廣告價目表

地位	全面	半面	四分之一
底封面外面	七十五元		
封面及底面之裏面	六十元	三十五元	
封面裏頁及底面裏頁之對面	五十元	三十元	
普通地位	四十五元	三十元	二十元
分類廣告	每期每格 一寸高三寸半闊 大洋四元		

廣告概用白紙黑墨印刷，倘須彩色，價目另議；鑄版彫刻，費用另加。長期刊登，倘有優待辦法，請逕函本刊廣告部接洽。

THE BUILDER

Published Monthly by

THE SHANGHAI BUILDERS' ASSOCIATION

Office - Room 620, Continental Emporium,
Nanking Road, Shanghai.
TELEPHONE 92009

ADVERTISEMENT RATES PER ISSUE.

Position	Full Page	Half Page	Quarter Page
Outside Back Cover	$75.00	----	----
Inside Front or Back Cover	$60.00	$35.00	----
Opposite of Inside or Back Cover	$50.00	$30.00	----
Ordinary Page	$45.00	$30.00	$20.00
Classified Advertisements — $4.00 per column. (on classified page)			

NOTE :- Designs, blocks to be charged extra.
Advertisements inserted in two or more colors to be charged extra.

SUBSCRIPTION RATES

Local & Outports (post paid).......... $5.00 per annum, payable in advance.
Foreign countries, (post paid) .... $7.00 per annum, payable in advance.

MECHANICAL REQUIREMENTS.

Full Page .... 7" Wide × 10" High
Half Page.................... 7" „ × 5 " „
Quarter Page.................. 3½" „ × 5 " „
Classified Advertisement.......... 1" × 3½" per column.

（定閱月刊）

茲定閱貴會出版之建築月刊自第……卷第……號起至第……卷第……號止計大洋……元……角……分外加郵費……元……角一併匯上請將月刊按期寄下列地址爲荷此致

上海市建築協會建築月刊發行部

……啓……年……月……日

地址……

（更改地址）

啓者前於年……月……日在

貴會訂閱建築月刊一份執有……字第……號定單原寄……收現因地址遷移請即改寄……收爲荷此致

上海市建築協會建築月刊發行部

……啟……年……月……日

（查詢月刊）

啓者前於年……月……日

訂閱建築月刊一份執有……字第……號定單寄……收茲查第……卷第……號尙未收到祈即查復爲荷此致

上海市建築協會建築月刊發行部

……啓……年……月……日

營造漆之蓋方

愼成

漆以營造名者，所以別于舟車橋樑飛機傢俱機械軍用美術等漆也。凡宜于屋頂地板門窗戶壁之漆皆屬焉。但宜于金者未必適于木，而適于土者未必宜于金。選擇偶一不愼，則鋼鐵之銹折木屬之腐朽土質之崩敗接踵而至。此建築師營造廠油漆作三方相互之職責非愼之于始不爲功也。故採料之初，須辨明欲漆物體之種類（如屋頂大門地板等）質地（鋼鐵土木）顏色（深淺與回光及經久有關）並指定內用抑外用、打底抑蓋面、及所期光澤（如平光透光油光磁光）尤須注重油漆之品質（如上刷爽利、蓋方廣闊、結膜堅勻、耐潮，耐熱等之實地檢驗）茲篇首重蓋方，因蓋方廣闊之油漆必其上刷爽利者。上刷爽利，結膜乃能堅勻。未有結膜不堅勻而能耐潮耐熱者。易言之，蓋方爲判別優劣之中樞。即每介侖（約四公斤）一層改觀所蓋之方數。下表所載爲營造漆之標準蓋方。遜乎此者不可用。

品名	裝量	用途	用法	每介倫應蓋方數
白厚漆	廿八磅	木質打底	八桶加燥頭十四磅快燥魚油八介倫成打底白漆廿一介倫	三方
黃厚漆	仝右	土(木)質打底	仝右	仝右
紅厚漆	仝右	鋼鐵打底	仝右	四方
頂上白厚漆	仝右	蓋面	(外用)二二桶加燥頭七磅淺色魚油六介侖成上白蓋面漆九介侖 (內用)二二桶加燥頭十七磅快燥魚油五介侖成上白蓋面漆八介侖	五方
燥頭	七磅	促乾	和魚油或光油調合厚漆	
淺色魚油	六介侖	調合厚漆	又可用爲水門汀三合土之底漆及木器之揩漆	(土)三方 (木)六方
快燥光魚油	五介侖	調合厚漆	仝右	仝右
三煉光油	六介侖	仝右	仝右(稍加香水)	仝右
發彩	一磅	配色	加入白漆可得雅麗彩色（紅）（黃）（藍）	
香水	五介倫	調漆	徐加勤拌	
漿狀洋灰釉	二十磅	門面	和香水二介侖成漆(平光)二介侖可漆牆壁 和光油二介侖成漆(足光)二介侖可漆門面	四方
調合洋灰釉	二介侖	門面地板	開桶可用能防三合土建築之崩裂	五方
漿狀水粉漆	二十磅	牆壁	和水十磅成平光漆三介侖乾後耐洗	三方
橡黃釉	二介侖	門窗地板	開桶可用宜各式木質建築物	五方
柚木釉	仝右	仝右	仝右	仝右
花利釉	仝右	仝右	仝右	仝右
上白磁漆	二介侖	蓋面	開桶可用宜廠站廳堂	六方
朱紅磁漆	仝右	仝右	開桶可用宜大門庭柱等裝修	五方
純黑磁漆	仝右	仝右	仝右	五方
紅丹油	五十六磅	防銹	開桶可用永不結塊	四方
鋼窗灰	五十六磅	防銹	開桶可用宜各式鋼鐵建築物	五方
鋼窗李	仝右	仝右	仝右	仝右
鋼窗綠	仝右	仝右	仝右	仝右
屋頂紅	仝右	仝右	仝右	仝右
上白調合漆	五介侖	蓋面	開桶可用宜上等裝修	五方
上綠調合漆	五介侖	仝右	仝右	仝右
水汀銀漆	二介侖	汽管爐	開桶可用耐熱不脫	五方
水汀金漆	仝右	仝右	仝右	仝右
營造凡宜水	(二)(五)介侖	罩光	仝右耐潮耐晒	五方

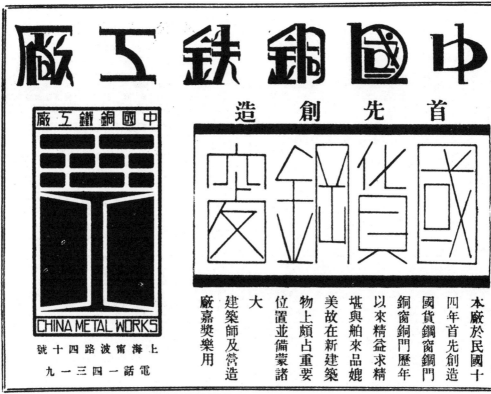

成泰營造廠

上海栟櫚路三〇一號

本廠專造鋼骨水泥工程

碼頭
鐵道
橋樑
等等

及其他各種大小工程

電話三一六八八九

CHENG TAI CONSTRUCTION Co.

公大機器軋石廠

辦事處 上海湖北路迎春坊二九八號

本廠設於松江羅山購置德國名機採用羅山青石聘請著名技師監工督軋尺寸正確各大建築家一經購用均稱滿意並承包大小路料工程如蒙賜顧無任歡迎此啓

經理陳成德啓

電話六三六三九

KUNG DAH STONE CRUSHING WORKS

HEAD OFFICE: 298 HOPEI ROAD

TEL. 63639

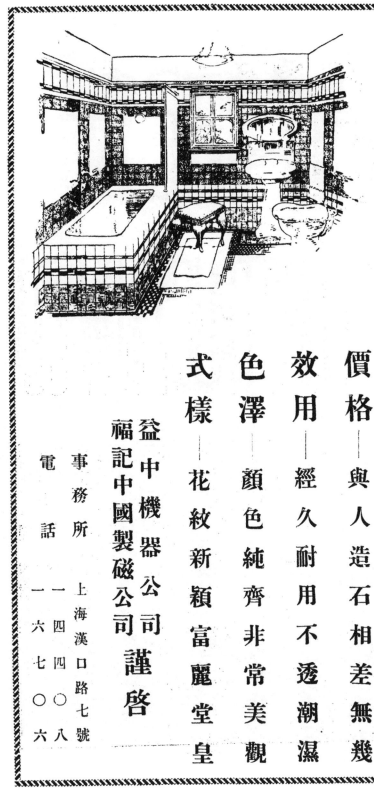

鶴記營造廠

NGO KEE CONSTRUCTION CO

電話 一九九二五
TEL 19925

事務所 九江路十九號三樓
OFFICE 19 KIUKIANG ROAD 2ND FLOOR

WOO SUNG KEE
HEATING & PLUMBING
吳勝記
ADDRESS: CORNER OF
CHANG SHA ROAD
AND AVENUE ROAD
地址：愛文義路
長沙路口
本公司承接冷
熱水管以及熱
氣水汀各種磁
器浴缸馬桶等

元泰磁磚公司

上海南京路大陸商場六樓六二四號

電話九〇五六九號

高樓大廈欲避免潮濕欲令人雅觀非點綴花磚磁磚不可本公司自運歐美花磚磁磚及新式面盆浴缸尿斗及油毛毡等衛生器具式樣新穎質料精良堅固耐用永不變色且備有現貨頗夥價目格外克己如蒙惠顧無任歡迎

THE ASIATIC TILE & SANITARY CO.

Continental Emporium, Room No. 624

Nanking Road. Tel. 90569.

大成沙石公司
品質優良
定價克己
愛多亞路四三四弄四十四號
電話二四四六一號

新金記康號營造廠

本廠專門承造各種
中西房屋橋樑鐵道
碼頭等以及一切大
小鋼骨水泥工程

總事務所
上海南京路大陸商場五四一號
電話九一三九四

分事務所
上海蒲石路三百十八號
上海海甯路一七〇四號
電話四〇九三八

SING KING KEE (KONG HAO)

GENERAL BUILDING CONTRACTORS

Head office:
Continental Emporium, Room 541
Nanking Road.
Tel. 91394
318 Rue Bourgeat.

Branch office:
1704 Haining Road,
Tel. 40938

此屋自始至終
需用
中國泰山牌泥水
中國水泥股份有限公司
上海江西路四五二號
電話 一五一五七
一五一五八
廠設龍潭
The China Portland Cement Co. Ltd.
Head Office: 452 Kiangse Road.
Tel. 15157
15158
Works: Lungtan, Kiangsu.

陶桂記營造廠

事務所：上海成都路一四〇弄內三七號

電話 三三四九三

精美的房屋
須要良好的營造家建築
本廠承造各種建築工程
歷有年所經驗豐富工作
精良久蒙各界信任倘承
委以建築事務謹當竭誠
歡迎

DOE KWEI KEE — BUILDING CONTRACTOR

馥記營造廠

本廠承造各埠建築達數十處都千萬餘金略舉如下備資參攷

▲事務所
上海四川路六號
電話一二三〇五

總工廠
戈登路三五五號
電話三四五七九

本埠工程

儉德儲蓄會　福生路
寶隆醫院　白克路
公共宿舍　聖母院路
劉公館　亞爾培路
上海牛皮廠　白利南路
七層公寓　國富門路
七層公寓　海格路
義泰興碼頭　浦東董家渡
中華碼頭　浦東周家渡
交通大學工程館　徐家匯
西式住宅市房　梅白格路
公和祥碼頭及棧房　浦東
公和祥碼頭　兆豐路
四行念二層大樓　跑馬廳

外埠工程

總理陵墓第一部工程　南京
中山紀念堂　廣州
陣亡將士公墓全部　南京
美領事署　廈門
財政部辦公處　南京
宋部長官邸　南京
中國銀行　南京
新村合作社　南京

▲本埠分廠
虹口兆豐路公和祥碼頭
跑馬廳四行念二層大廈

外埠分廠
南京靈谷寺　廈門鼓浪嶼
廣州德宣路　青島

上圖即上海海格路七層公寓

電報掛號　上海一五二七　廣州〇五四七　南京七四五〇

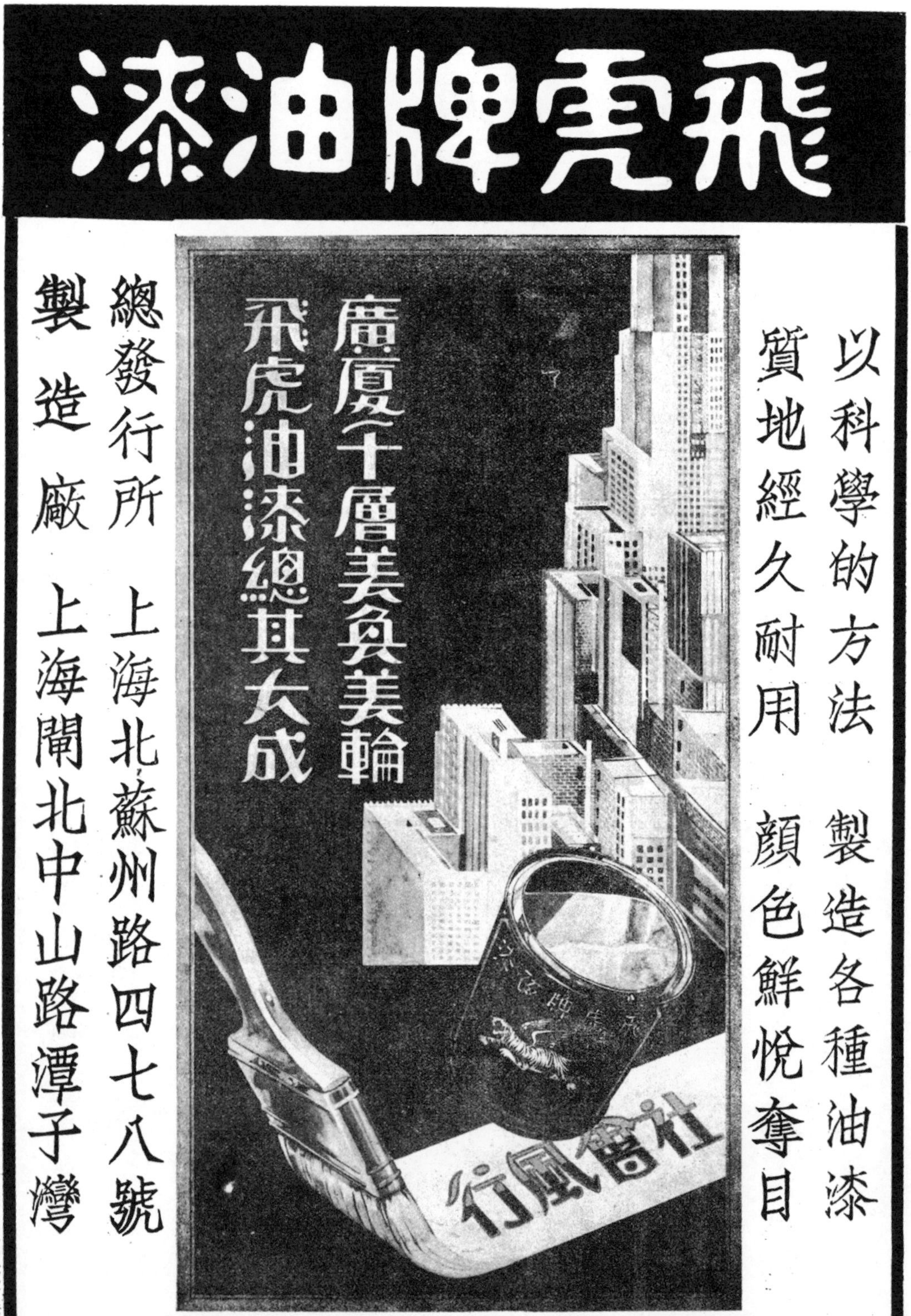
飛虎牌油漆
以科學的方法 製造各種油漆
質地經久耐用 顏色鮮悅奪目
廣廈千層美奐美輪
飛虎油漆總其大成
社會風行
總發行所 上海北蘇州路四七八號
製造廠 上海閘北中山路潭子灣

大東鋼窗公司

事務所 四川路七十二號
電話一四〇九七

製造廠 榆林路二〇二號
電話五二四〇四

本廠出品均用最新式機器製造爲中國唯一國貨鋼窗且另有裝配紗窗者尤爲特色

用本廠機製鋼窗可得左列四大優點：

（一）尺寸準確
（二）式樣美麗
（三）質地堅固
（四）價格便宜

Great Eastern Steel Window Co.

72 Szechuen Road Shanghai.

Telephone 14097.

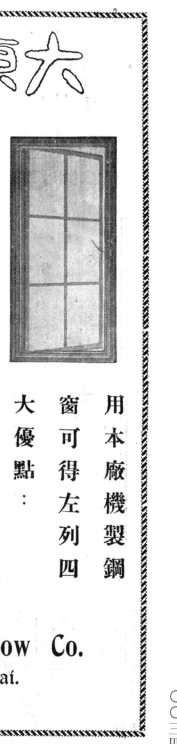

本廠新出機製鐵絲網籬最合大規模工廠外圍裝置之用既能保護週密又極耐用美觀網眼大小鐵絲粗細尺度高低俱備一切裝置設計可由本廠完全負責上圖乃工廠外圍裝置式樣之一種

本廠圓釘分釘銅釘鞋釘拼箱釘騎扣釘油毡釘地板釘等均備有現貨

公勤鐵廠股份有限公司

廠址 上海楊樹浦臨青路五十三號
電話 五〇二一四號
五〇一六七號
電報掛號 二〇六〇號
分廠 齊齊哈爾路四〇號
電話 五二五四號

中國近代建築史料匯編（第一輯）

建築月刊

第一卷 第四期

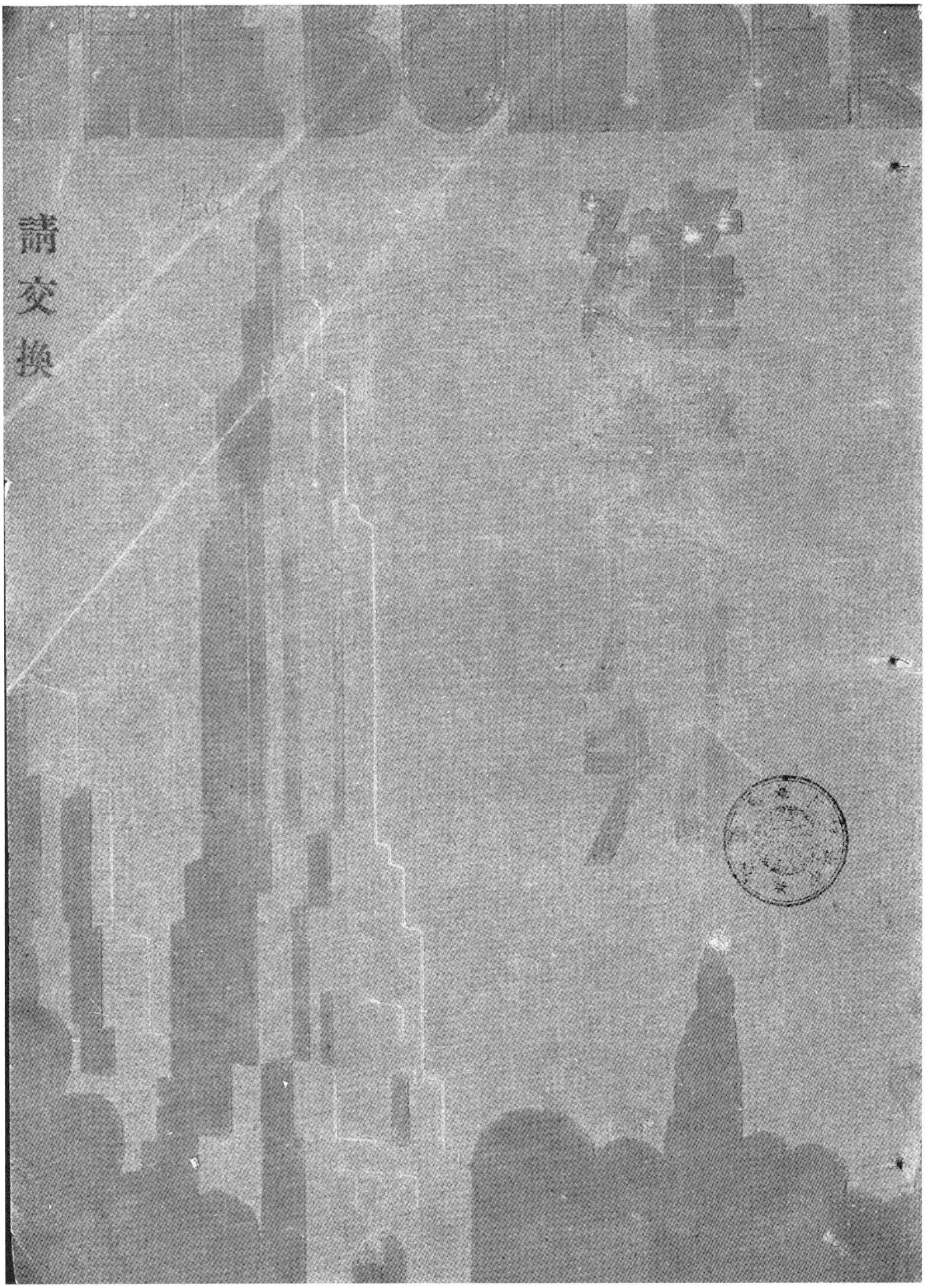
THE BUILDER
請交換

〇〇三五二

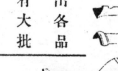

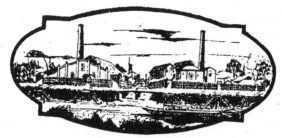

魯創營造廠
TEL 72237
電話七二二三七
B.F. YOUNG
GENERAL BUILDING CONTRACTOR
上海
辣斐德路六二三號
623 RUE LAFAYETTE, SHANGHAI.

雙斧牌油漆
輪船鐵路房屋傢具欲使之壽命長遠美麗觀瞻務須採用雙斧牌超等國貨油漆担保用户諸君得到萬分滿意
商標註冊
REGISTERED TRADE MARK
開林油漆有限公司出品
製造廠及總事務所 上海江灣西體育會路
本埠發行所 西華德路 永同昌 北四川路 永元昌
分銷處 本外埠各五金店生漆店及顏料店均有出售
電話 租界四五五〇五 閘北一〇三七 江灣十一
電報掛號 中文七二九〇 英文 "MULIAKCO"

東方鋼窗公司

ASIA STEEL SASH CO.

STEEL WINDOWS, DOORS, PARTITIONS & ETC.

OFFICE: No. 625 CONTINENTAL EMPORIUM,
NANKING ROAD, SHANGHAI.
TEL. 90650

FACTORY: 609 WARD ROAD.
TEL. 50690

上海南京路大陸商場六二五號
電話九〇六五〇

製造廠
上海華德路遼陽路口
電話五〇六九〇

CITROËN
Wheelbase 167"
異軍突起之兩噸
雪鐵龍
六汽缸運貨汽車
構造堅固。機力強大。
費用節省。駛行極便。
投資於此。萬無一失。
總經理
上海霞飛路四二四—四二六號
法大汽車公司
電話 八四一〇四 八四一〇五

牡丹雖好　猶須綠葉相扶

偉大的建築中糊以美麗花紙則

美奐富麗自無倫比

新舊房間之比較

左圖未經花樣紙糊陳俗可厭

新旧房間之比較

右圖一經花樣紙糊美麗悅目

上海美麗花紙行特派專員向歐美各大名廠直接採辦各色時新出品運華以應社會需要是以各色花紙莫不

品質高貴　價格公道

花色之繁多與新異堪稱海上巨擘故海上各種最新式建築中無不樂予採用如中國飯店，一品香，大中華飯店，冠生園，及其他公館或私人住宅等是如蒙參觀或採用必當竭誠爲君服務

上海美麗花紙行

南京路三百另六號

電話九二八六〇號

慕烈道門

Crittall
METAL WINDOWS

本公司特設鋼窗製造廠於上海，專造各式鋼門鋼窗，精美耐用，信譽素著。且深知處此商戰時代，「高價必無人顧問」，並爲優待惠顧諸君起見，故定價亦力求低廉，倘　蒙垂詢，當以最低價格奉答也。依本公司多年觀察之經驗，建築師或業主等因未曾下詢，致常以高價購置他種劣貨鋼窗，損失不貲，

事務所
上海仁記路沙遜房子一四〇號
電話一二〇七六

Crittall
METAL WINDOWS

新仁記營造廠

事務所：江西路一七〇號

電話一〇八八九

本廠承造工程之一班：

沙遜大樓 南京路

漢彌爾登大廈 江西路

都城飯店 江西路

漢彌爾登大廈

Sin Jin Kee & Company

170 KIANGSE ROAD, HAMILTON HOUSE.

TELEPHONE 10889

江裕記營造廠
本廠專門承造
一切大小建築
鋼骨水泥工程
工場廠房以及
碼頭橋樑等等
事務所：上海靜安寺路九六弄十二號
電話九二四六四
Kaung Yue Kee & Sons.
Building Contractors
Office: Lane 96, No. 12 Bubbling Well Road.
Telephone 92464

建築月刊

第一卷第四號
民國二十二年二月份出版

目錄

插圖

編著

廣告索引

"一日辛勤之後"

晚餐既畢，對爐坐安樂椅中，回憶日間之經歷，籌劃明天之工作；更進而設計將來之幸福的享用，興味益然。神往於烟繚絲繞之中，腦際湧起構置新屋之思潮。思潮推進，希望『理想』趨於『實現』：下星期，下個月，或者是明年。

欲實現理想，需要良好之指助；良助其何在？是惟『建築月刊』。有精美之圖樣，專門之文字，能告你如何佈置與知友細酌談心之客房，如何陳設與愛妻起居休憩之雅室；且能指示建築需用材料，與夫房屋之內部位置外部裝飾等等之智識。『建築月刊』誠讀者之建築良顧問，『一日辛勤後』之良伴侶。伊將獻君以智識的食糧，贈君以精神的愉快。——伊亦期君爲好友。如君歡迎，伊將按月趨前拜訪也。

正在動工時之新亞酒樓

五和洋行建築師　桂闊記承造

— 二 —

開闢東方大港的重要及其實施步驟

（續）

杜漸

際此內憂外患方殷的時候，我們站在救國的立場，也有實行開闢東方大港建設乍浦商埠的必要。開發天富，振興實業、在國民經濟上既可塞金錢外溢的漏巵，并可謀民族國家之經濟的繁榮，以自臻於富强。萬一國際間一旦發生戰事，更可予供給軍需的各種便利。且把一二八戰爭時的情形作為前例罷：當戰端開始以後，敵方用全力壓迫，我軍運輸車輛驟感缺乏，對於軍士的調動與器械的搬移，異常不便，旋經滬上實業界助以運貨卡車，始解困難。——這是發展實業有助於禦侮的一個實例，假使當時而沒有實業界借贈卡車，其不能計算的損失，也許是不可避免的事，所以為禦侮戰爭的利益起見，發展實業也是亟需的呢。

上海是我國金融商品原料等的集中地，欲發展工商事業，依目前的情形講，確以上海為比較宜於着手的地點。但上海的市場，支配的大權現在是操諸外國人之手，到處受着拘束，須另覓一適當的地點來從頭做起，恃國人的財智以開闢，以便伸展自已的主權。所謂適當的地點，應該注意二個條件，第一地勢要合宜，第二距離上海須近。乍浦是能夠合於上述二個條件的。

開闢的工作，上文已說過須政府與人民共負責任，因為民衆的力量雖為主體，但無政府的倡導，民衆是難免躊躇觀望，不敢奮前。關於政府方面的倡導，須中央與地方的權限主張一貫，纔能奏效。

關於開闢乍浦商埠，中央與地方間的主張至為歧雜，未有統一的整個計劃，以致迄無成績。民國二十年曾有東方大港建設委員會的組織，並在人山頂巔等處設置三角標杆，原擬從事測量工作，惜迄今已無形停止。自滬杭公路通行之後，乍浦之交通更便，各方乃漸加注意，然尚未有人發起開闢。

浙江省建設廳公路局擬將獨山起至乍浦鎮一帶之沿海山麓，闢作避暑區。中央政府總參謀處則擬劃為要塞區，曾派參謀袁某一度前往觀察。浙江省民政廳現正派遣測量人員四名從事清丈，或有他種企圖。沿海塘一帶之沙田，更有沙田局正在計劃支配。至於負有地方建設直接責任的平湖縣政府亦曾具呈省政府表示主張，公路局也曾具呈建設廳請示開闢意見，然均遭批駁，未嘗核准。總觀上述情形，尚無統一的主張與組織，將予開闢的前途以很多的障礙。

乍浦現屬平湖縣第二區，面積約二十萬畝，可耕的農田佔十六萬零五百畝。全區劃分為二十四鄉鎮，共計戶口一萬五千三百三十三戶，人口七萬四千三百二十一人。作者以為將來實行開闢乍浦商埠時，可將市區加以擴展，東至江蘇省屬之金山，西至澉浦，南至海灘，北至海口迤北二十里，在此範圍以內者，統共劃歸乍浦市政區內。

統握商港之開闢與市政之建設者，則須設一市政機關，或簡直設一乍浦市政府。市政府能直隸中央政府行政院則更好。市府可附設各局，分主各種行政事務，庶幾事權統一，辦事易於着手。總理的遺教既可實現，工商實業的凋困也易蘇醒，對於禦侮的戰爭上更將有很大的幫助哩。

乍浦市政府可於黃山後面沿公路的平地購買民田一二百畝，以供建設；每畝的代價約二百元，依目前的市價情狀，此數在人民是很願脫手的了。假使鰥寡孤獨之輩，平日依靠這薄田過活，情實堪憫者，則不妨略增價格，使其易於另謀出路。切不可强圈民地，這雖是國家應的有權利，形式上也好似收了價廉之效，事實上却不然，因爲這是足以影響市政發展，也足以影響市政稅收的。人民購置地產的目的，自有應用之處，政府倘加以强圈，未免使置產者寒心，故非因不得意情形，甯可出昂貴之地價與高大之捐稅而於租界上購地，上海華租兩界盛凋的懸殊，就是這個原因。市面的凋敝，卽影響市政府的稅收，市政的建設也將因此而受阻滯，所以乍浦市政機關對於圈購民地應力圖避免。并且，依事理而言，人民旣納國稅，國家自當予以保護之利益。

市政府可把上面所說的那方土地，用作建造辦公處，餘下的闢作公園。市府的臨時辦公處不必用水泥或磚砌，只要架搭幾所木板房屋，暫時應用。茲將設計的圖樣刊後。也許有人會這樣主張，與其架搭木房何不借用民房或寺廟，以節開支呢？這果然也有一部的理由，不過民房寺廟的內部佈置與外面環境，都不適宜於辦公之用，且於精神上也有很不良的影響。故必擇空曠的地方另構新屋爲宜，既合應用，更可振發起新的精神。這樣去實現，總理遺志，才能收穫闢港的實效罷。何況開闢商埠的大事業之進行，區區的建築費當然也是應有的開支呢。

（未完）

（尚有詳細圖樣，容下期續登。）

上海榆林路美電棧房

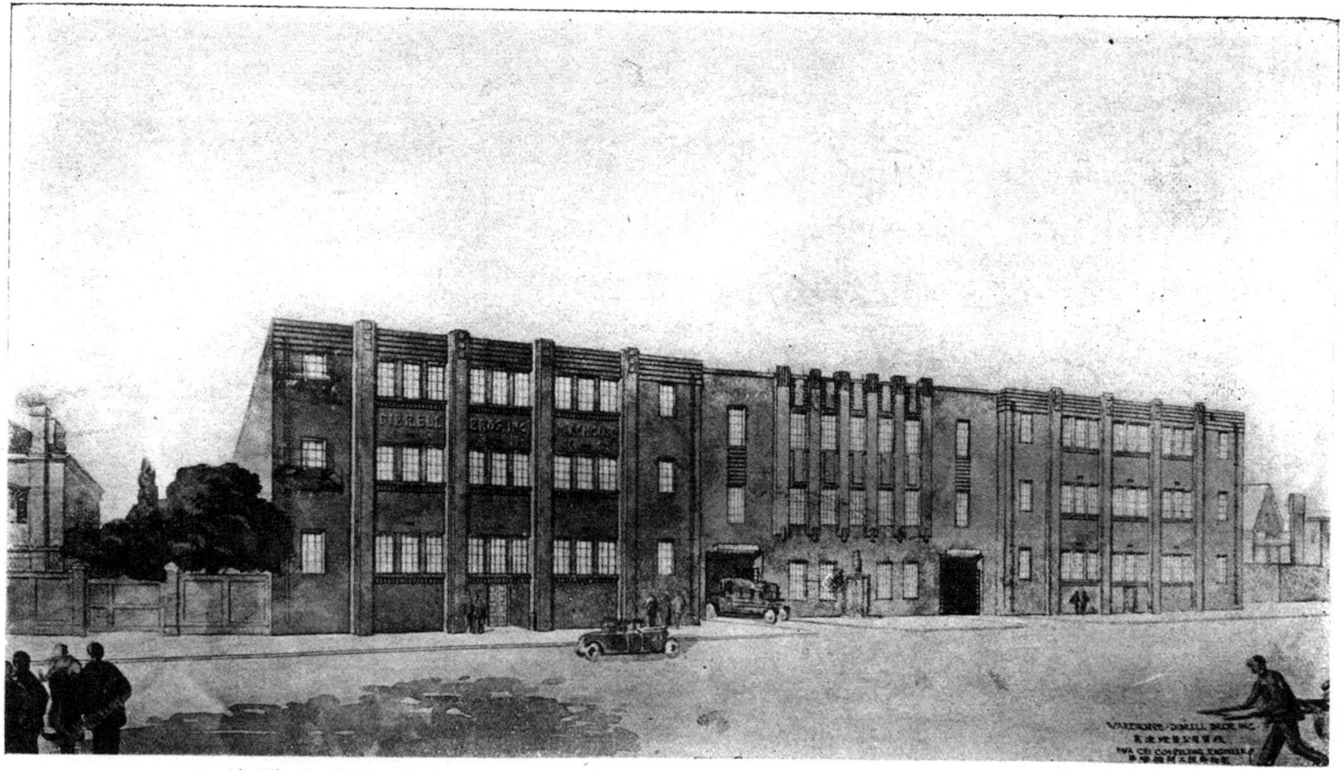

昌升建築公司承造

華啓建築事務所設計

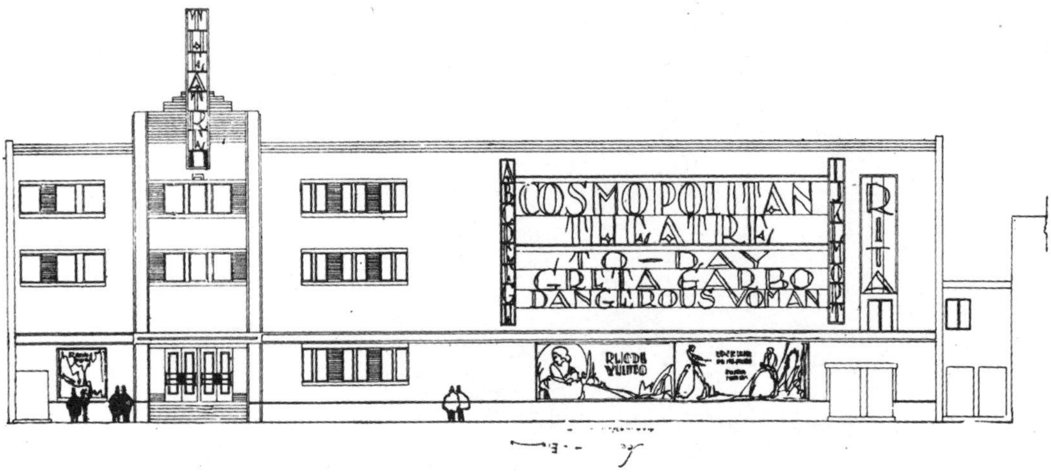

面樣

普慶影戲院

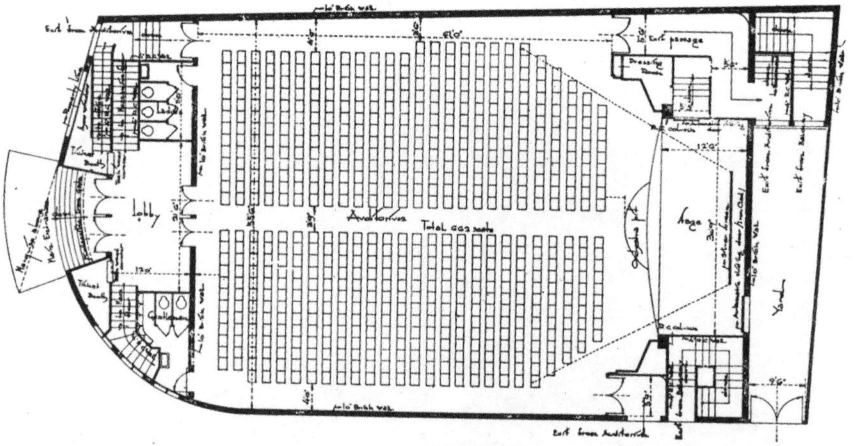

地盤樣

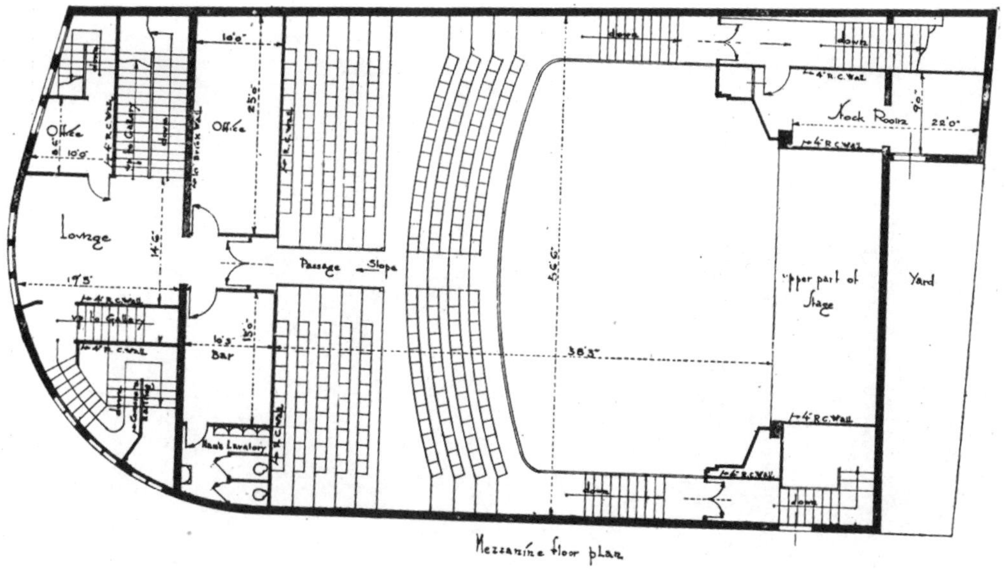

樓盤樣

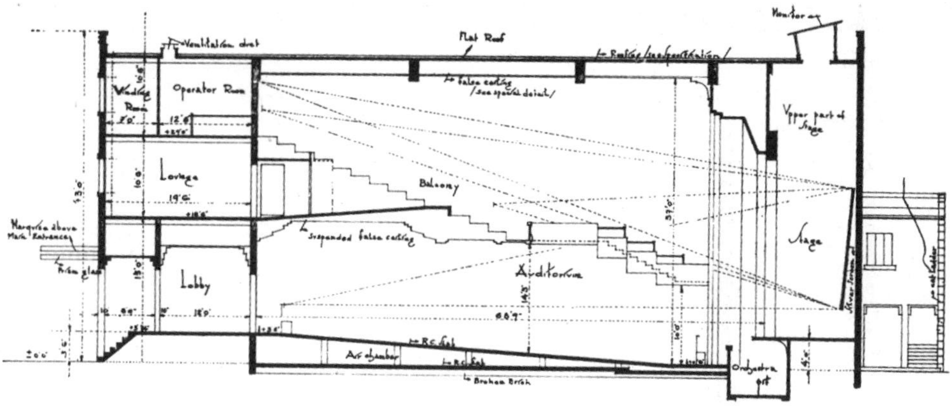

剖面樣

普慶影戲院

普慶影戲院業主奚籟欽與承造人魯創營造廠楊文詠因造價涉訟，尙未解決，本刊以該案始末，頗有可供讀者參考之

價值，爰選刊章程合同及法院判決書等於第四五兩期，並將該院構造圖樣發表，以資觀摩，請讀者注意。

四行儲蓄會二十二層大樓鋼架至十六層之攝影

支加哥博覧會電業館

工程估價

（三續） 杜彥耿

上期本刊所列各表之牆壁。其價格均係淨值。故營造廠於估計時。至少須增加賺佣一成。並加脚手板。磚頭破碎與灰沙浪費之損失。若房屋過高。磚灰材料須用吊機或盤洞者。其費用亦應酌加。

烟囱 烟囱洞之裏面。大都粉六分至一寸厚紙筋灰。亦有鑲砌單皮火磚者。蓋自地坑爐子間至二層樓之一段。熱力甚猛。自以砌火磚為較妥。二層樓以上。便無須用火磚矣。

烟囱洞眼除用火磚鑲砌與粉紙筋灰外。尚有瓦洞蕊子一種。砌於火坑中。非特光潔條直。且可免漏烟走火之弊。故歐美多採用之。吾國尚屬尠見。

烟囱洞眼大都九寸方或八寸方。除煤氣（瓦斯）灶之烟囱孔可砌四寸八寸長方者外。餘均不可縮小。

水作包工砌牆凸出之火坑，墩子及挑出台口，勒脚等。均依照牆面計算。不另加工資。至烟囱眼內粉紙筋灰。亦附入砌牆工以內。

空心磚 空心磚之種類。有雙眼三眼至八眼。其大小尺寸。有12"×12"×8"，，12"×12"×6"及9¼"×9¼"×6"，9¼"×4½×9¼"等。請參閱第六圖。

第六圖

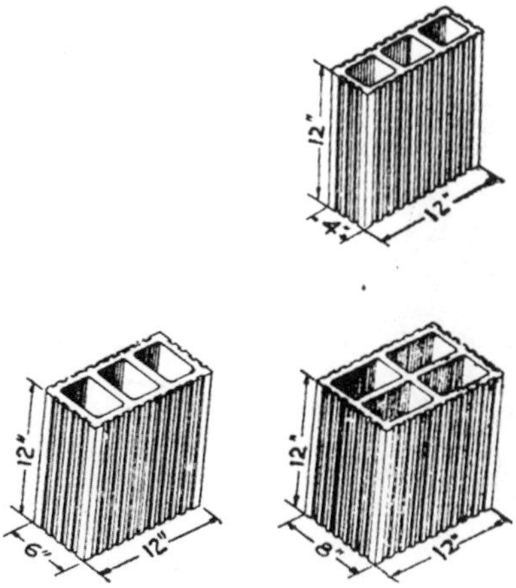

第七圖

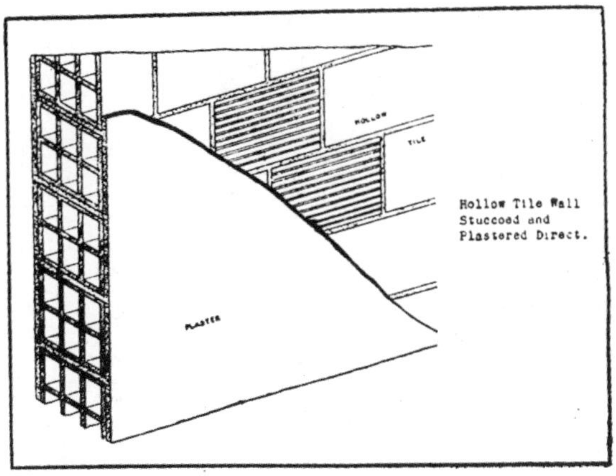

空心磚之價格。六孔十二寸八寸者。每千銀一百八十兩。八孔十二寸方六寸者。每千銀一百三十二兩。三孔九寸二分方六寸者。每千銀七十兩。請參閱本刊建築材料價目表。

空心磚之鑲砌。以水泥砌者爲佳。水泥之成分。爲一分水泥。三分黃沙相混合。空心磚每舖砌五皮。應舖鋼絲網一道。英文名（Wall reinforcing）係『牆擐』之意。此種擐牆鋼絲網。闊有二寸半，七寸及十二寸三種。一圈計長二百七十尺。二寸半濶者。每圈計銀七兩。亦有作長條者。每條長十六尺。厚分三種。爲廿四，廿二及二十皺士。鋼絲網請參閱第八圖。

空心磚用以砌屋中分間腰牆爲最佳。外牆亦可。惟不如實牆之堅固。雨水熱氣之難於滲透。但實磚之重量較空磚爲重。故建造高屋。亦有採用空磚以作外牆者。請參閱第七圖。

空心磚除用以砌牆外。亦可舖於水泥平屋面上。蓋所以阻避日光熱力透入屋內。（參閱第十圖）及嵌於樓板小大料中間爲樓（Floor slab）。（參閱第九圖）。

第八圖

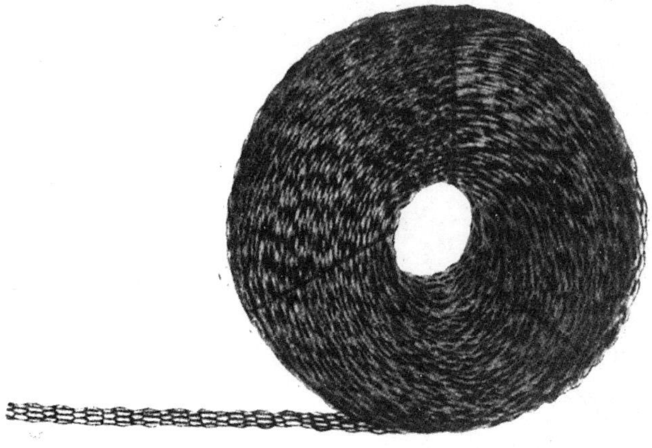

第九圖

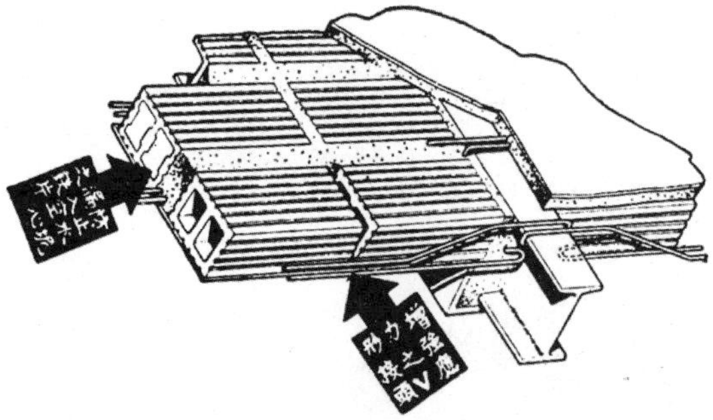

第十圖

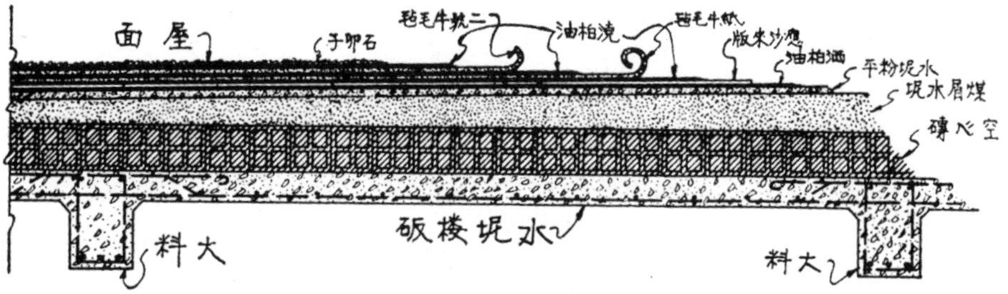

第十九表

六孔八寸厚空磚牆每方價格之分析

12″×12″×8″空心磚用一三合水泥砌

工料	數量	價格	結洋	備註
每方用磚	一〇〇塊	每千洋二五一•七五元	洋二五•一八元	破碎未計
運磚車力	一〇〇塊	每千洋二五•一八元	洋二•五二元	視路遠近以別上下
水泥	.六九四五立方尺	每桶洋六•五〇元	洋一•一三元	每桶四立方尺漏損未計
黃沙	二.〇八三五立方尺	每噸洋三•三〇元	洋•二九元	每噸廿四立方尺
鋼絲網	一〇〇尺	每捲洋一六•七九元	洋六•二二元	每捲二七〇尺長七寸闊
砌牆工	一方	每方包工連飯洋三•五〇元	洋三•五〇元	參看本期工價欄
脚手架	一方	每方洋一•一〇元	洋一•一〇元	竹脚手連搭及折回
水	廿四介侖	每千介侖洋•六三元	洋•〇二元	用以澆浸磚塊及擣灰沙
		共計	洋三九•九六元	

第二十表

八孔六寸厚空磚牆每方價格之分析

12″×12″×6″空心磚用一三合水泥砌

工料	數量	價格	結洋	備註
每方用磚	一〇〇塊	每千洋一八四•六二元	洋一八•四六元	同第十九表
運磚車力	一〇〇塊	每千洋一八•四六元	洋一•八五元	,,
水泥	.五二一立方尺	每桶洋六•五〇元	洋•八五元	,,
黃沙	一.五六三立方尺	每噸洋三•三〇元	洋•二二元	,,
鋼絲網	一〇〇尺	每捲洋九•七九元	洋三•六三元	每捲二七〇尺長二寸半闊
砌牆工	一方	每方包工連飯洋三•五〇元	洋三•五〇元	同第十九表
脚手架	一方	每方洋一•一〇元	洋一•一〇四	,,
水	廿四介侖	每千介侖洋•六三元	洋•〇二元	,,
		共計	洋二九•六三元	

第二十一表

四孔四寸厚空磚牆每方價格之分析

12″×12″×4″空心磚用一三合水泥砌

工料	數量	價格	結洋	備註
每方用磚	一〇〇塊	每千洋一二五•八七元	洋一二•五九元	同第十九表
運磚車力	一〇〇塊	每千洋一二•五九元	洋一•二六元	,,
水泥	.三四七二立方尺	每桶洋六•五〇元	洋•五六元	,,
黃沙	一.〇四一六立方尺	每噸洋三•三〇元	洋•一四元	,,
鋼絲網	一〇〇尺	每捲洋九•七九元	洋三•六三元	同第二十表
砌牆工	一方	每方包工洋三•五〇元	洋三•五〇元	同第十九表
脚手架	一方	每方洋一•一〇元	洋一•一〇元	,,
水	廿四介侖	每千介侖洋•六三元	洋•〇二元	,,
		共計	洋二二•八〇元	

第二十二表
六孔六寸厚空磚牆每方價格之分析
9¼″×9¼″×6″空心磚用一三合水坭砌

工料	數量	價格	結洋	備註
每方用磚	一六九塊	每千洋九七•九〇元	洋一六•五五元	同第十九表
運磚車力	一六九塊	每千洋九•七九元	洋一•六六元	,,
水坭	.六七七立方尺	每桶洋六•五〇元	洋一•一〇元	,,
黃沙	二.〇三一立方尺	每噸洋三•三〇元	洋•二八元	,,
鋼絲網	一三〇尺	每捲洋九•七九元	洋四•七一元	同第二十表
砌牆工	一方	每方包工洋四•〇〇元	洋四•〇〇元	同第十九表
脚手架	一方	每方洋一•一〇元	洋一•一〇元	,,
水	三〇介侖	每千介侖洋•六三元	洋•〇二元	,,
		共計	洋二九•四二元	,,

第二十三表
三孔四寸半厚空磚牆每方價格之分析
9¼″×9¼″×4½″空心磚用一三合水坭砌

工料	數量	價格	結洋	備註
每方用磚	一六九塊	每千洋七六•九二元	洋一三•〇〇元	同第十九表
運磚車力	一六九塊	每千洋七•六九元	洋一•三〇元	,,
水泥	.五〇八三立方尺	每桶洋六•五〇元	洋•八三元	,,
黃沙	一.五二四九立方尺	每噸洋三•三〇元	洋•二一元	,,
鋼絲網	一二〇尺	每捲洋九•七九元	洋四•三五元	同第二十表
砌牆工	一方	每方包工洋四•〇〇元	洋四•〇〇元	同第十九表
脚手架	一方	每方洋一•一〇元	洋一•一〇元	,,
水	三〇介侖	每千介侖洋•六三元	洋•〇二元	,,
		共計	洋二四•八一元	

第二十四表
三孔三寸厚空磚牆每方價格之分析
9¼″×9¼″×3″空心磚用一三合水坭砌

工料	數量	價格	結洋	備註
每方用磚	一六九塊	每千洋六二•九三元	洋一〇•六四元	同第十九表
運磚車力	一六九塊	每千洋六•二九元	洋一•〇六元	,,
石灰	.三三八九立方尺	每桶洋六•五〇元	洋•五五元	,,
黃沙	一.〇一六七立方尺	每噸洋三•三〇元	洋•一四元	,,
鋼絲網	一二〇尺	每捲洋九•七九元	洋四•三五元	同第二十表
砌牆工	一方	每方包工洋四•〇〇元	洋四•〇〇元	同第十九表
脚手架	一方	每方洋一•一〇元	洋一•一〇元	,,
水	二十八介侖	每千介侖洋•六三元	洋•〇二元	,,
		共計	洋二一•八六元	

第二十五表
四孔四寸半厚空磚牆每方價格之分析
9″¼×4½″×4½″空心磚用一三合水坭砌

工料	數量	價格	結洋	備註
每方用磚	三三八塊	每千洋四三•三六元	洋一四•六六元	同第十九表
運磚車力	三三八塊	每千洋四•三四元	洋一•四七元	,,
水坭	.七五五三立方尺	每桶洋六•五〇元	洋一•一三元	,,
黃沙	二.二六五九立方尺	每噸洋三•三〇元	洋•三一元	,,
鋼絲網	二六〇尺	每捲洋九•七九元	洋九•四三元	同第二十表
砌牆工	一方	每方包工洋四•五〇元	洋四•五〇元	同第十九表
脚手架	一方	每方洋一•一〇元	洋一•一〇元	,,
水	二十四介侖	每千介侖洋•六三元	洋•〇二元	,,
		共計	洋三二•六二元	

第二十六表

二孔四寸半厚空磚牆每方價格之分析

$9\frac{1}{4}'' \times 4\frac{1}{2}'' \times 3''$ 空心磚用一三合水泥砌

工料	數量	價格	結洋	備註
每方用磚	四八一塊	每千洋三〇•七七元	洋一四•八〇元	同第十九表
運磚車力	四八一塊	每千洋三•〇八元	洋一•四八元	,,
水泥	.九五七五立方尺	每桶洋六•五〇元	洋一•五六元	,,
黃沙	二.八七二五立方尺	每噸洋三•三〇元	洋•三九元	,,
鋼絲網	三七〇尺	每捲洋九•七九元	洋一三•四一元	同第二十表
砌牆工	一方	每方包工洋五•〇〇元	洋五•〇〇元	同第十九表
脚手架	一方	每方洋一•一〇元	洋一•一〇元	,,
水	四〇介侖	每千介侖洋•六三元	洋•〇三元	,,
		共計	洋三七•七七元	

第二十七表

二孔四寸半厚空磚牆每方價格之分析

$9\frac{1}{4}'' \times 4\frac{1}{2}'' \times 2\frac{1}{2}''$ 空心磚用一三合水泥砌

工料	數量	價格	結洋	備註
每方用磚	五七二塊	每千洋二九•三七元	洋一六•八〇元	同第十九表
運磚車力	五七二塊	每千洋二•九四元	洋一•六八元	,,
水泥	一.〇九二立方尺	每桶洋六•五〇元	洋一•七七元	,,
黃沙	三.二七六立方尺	每噸洋三•三〇元	洋•四五元	,,
鋼絲網	四四〇尺	每捲洋九•七九元	洋一五•九五元	同第二十表
砌牆工	一方	每方包工洋五•五〇元	洋五〇•五元	同第十九表
脚手架	一方	每方洋一•一〇元	洋一•一〇元	,,
水	四十四介侖	每千介侖洋•六三元	洋•〇三元	,,
		共計	洋四三•二八元	

第二十八表

三孔四寸半厚空磚牆每方價格之分析

$9\frac{1}{4}'' \times 4\frac{1}{2}'' \times 2''$ 空心磚用一三合水泥砌

工料	數量	價格	結洋	備註
每方用磚	七〇二塊	每千洋二七•九七元	洋一九•六三元	同第十九表
運磚車力	七〇二塊	每千洋二•八〇元	洋一•九六元	,,
水泥	一.二八三二立方尺	每桶洋六•五〇元	洋二•〇九元	,,
黃沙	三.八四九六立方尺	每噸洋三•三〇元	洋•五三元	,,
鋼絲網	五四〇尺	每捲洋九•七九元	洋一九•五八元	同第二十表
砌牆工	一方	每方包工洋六•〇〇元	洋六•〇〇元	同第十九表
脚手架	一方	每方洋一•一〇元	洋一•一〇元	,,
水	五十二介侖	每千介侖洋•六三元	洋•〇三元	,,
		共計	洋五〇•二九元	

（待續）

〇〇三八九

向水泥建築業進一言

現代都市建築物莫不需用水泥，水泥之應用乃日廣，水泥業亦日趨發展矣。曩昔日貨水泥暢銷於我國市場，自國產水泥勃興，日貨遂大受打擊。良以愛國之心，人所同具，如價格與貨質相若，孰忍捨國產而採用仇貨哉。證諸當年事實，可信我言之有自也。

我國建築物漸移西化而後，建築材料甚感缺乏，往時多購自泰西，或採諸東瀛，頻年漏巵，曷可勝計？有心者紛圖自製，藉挽狂瀾，而興實業，水泥業其一也。創製初期，抱抗衡之決心，品質力求精良，定價力求低廉，與外貨競爭，以謀抵制。建築界同人亦深明經濟救國之義，非有不得已之原因，咸相率而採用國產，水泥業能有今日之發榮者，固該業奮鬥之功，要亦建築界維護之效果也。

丁茲强虜入寇，國難日深，軍事抗禦固有政府負其重任，經濟之抵制則國民之天職也。雖有不肖奸商乘機朦混取利，而仇貨之銷聲於市場則屬實情。際此時會，正我國實業界奮起發展之良機，仇貨苟降低市價，希圖傾銷，當與之競爭，貫澈抵制。國人亦須洞悉敵人之用心，不可貪圖微利，甘冒不韙，致墮其計。

以我建築業與水泥業而言，宜如何合作協助、共謀繁榮，乃就一二年來之事實以觀，有足致痛心者；如兩業間瑣屑之糾紛迭起，此類糾紛又起端於「貨價」與「採用日貨」之問題，遺譏戎敵，背違救國，應如何憬悟而惕改耶？

利用抵制仇貨之機會而居奇漲價，藉國貨價昂之名款而潛購仇貨，此工商業界時有之劣象；不謂水泥業與建築業之糾紛，亦因於此。去冬本會曾會同水泥廠聯合會幾度召開會議，磋商解決辦法，以示合作而利救國，惜未有結果，兩業間之糾紛亦迄無甯已。

考國產水泥於民國十七十八年間，每桶僅售銀二兩四錢，後因營業稅與煤價高漲等之關係逐漸漲至每桶四兩七錢，幾增倍蓰，其原因果以原料及人工之價繼長增高，因加售價，然相差決不至有若是之鉅，此外界所懷疑者。而水泥業亦深明大義，己力爲削減，目前市價僅售三兩八錢，雖較日貨相距尙多，然以我國工業環境而論，自當予以諒解。倘於可能範圍內更謀低減，則尤所熱望者也。

外貨輸華，有巨額之運費及捐稅負擔，市價反僅售三兩二三錢之數，較廉於國產水泥，營屋業主咸樂用之。蓋滬上建造大廈之業主，多屬外人產業，他國人士採用材料僅求價廉物美，初無國產與仇貨之分。國產水泥售價既若是之昂貴，欲與仇貨競爭，固亦難矣。建築業者承造工程，惟業主之意旨是從，業主欲採用仇貨，承造人無抗議之權力也。外界不明建築規則，乃責之建築業者，殊屬誤會，須求瞭解者也。雖然，容有一二不肖之徒，假借業主名義而希圖獲利，則不爲大衆唾棄，亦必爲同業所排斥矣。

同爲中華之國民，誰不愛中華之國魂，亟須鏟除利己之心，剷彼仇貨，與我實業，庶幾盡國民之職責。兩業同人，其互體艱困乎！水泥業者力謀減低售價，建築業者竭圖採用國產，則建築業既免經濟之損失，水泥業亦可及時以勃興。乃强民富國之道也。

要之，於利害之間，而能明救國之義，本救國之心以處事，則無往而不可諒，亦無往而不可解，仇敵雖刁詐萬端將安施其伎倆？兩業同人或不河漢斯言，共謀諒解，而自抵於共榮乎。

建築辭典

「A.I.A.」"American Institute of Architecture"，美國建築學院。

「Aluminum」鋼欙，鋁。

「Antique」古式。

「Antique handle」古銅執手。門或窗上啓閉之執手，棕黑色，一如古董色彩。〔見圖〕

「Apothesis」公共浴場，裝身室。

「Apse」後陣。教堂內設立聖像之處，半圓形平面與半圓形圓屋面層次疊接。〔見圖〕

「Aquarium」水族池。池或塘以及其他類如之畜養水族，以資賞覽及研究水中動物學者。

「Aqueduct」環洞，燧道，溝渠。排洩水道，普通用磚疊砌，上部成弧圓形法圈，同時上面亦可作爲通行走道。常有此項環洞，棧道架砌於二山對峙之山凹中，以利行旅。〔見圖〕

圖一：美國紐約省海林區高橋。

圖二：羅馬，聖羅林屬城門連叠三法圈洞之剖面圖。

圖三：燧道溝。

「Arabesque」阿喇瓣斯克花。動植物形交錯迴旋而成之花飾。〔見圖〕

「Arcade」連環法圈〔見圖〕

「Arch」法圈，拱。任何弧形彎圓之建築物，脊背凸圓，支撐上面重量使傾側壓擠於兩邊圈脚，中留空堂，以爲開闢窗戶，或其他用

處。乃一種水作工程用磚塊鑲砌互相擠撐，裡外形成弧圓者。

〔見圖〕

〔說明〕（1）轉方圓圈。

（2）圓圈。

（3）橢圓圈。

（4）禮拜堂圈。

（5）輔圈。

（6）畸形圈。

（7）環圈。

ex環圈之外，in 環圈之裏：a,圈脚：c,圈頂：i,i,挑頭；K,老虎牌：c,e,角度線：p,p,墩子：s,s,圈脚：r,p，圈當：t,草頭葉：v 七寸頭。

『Arch way』法圈道，拱道。〔見圖〕

『Architect』建築師。設計規劃建築圖樣，規訂承攬章程合同，監督指導營造工程之技術師。羅斯金（Ruskin）所著之『天然與美感』一書第二百〇九頁內云：「大建築師必具有大彫刻家大美術家之技巧……若無此才能……僅一營造家耳。」故建築師須有營造，構架，設計，製圖，規訂合同，寫承攬章程之種種才能。現在的建築師，非僅繪製圖樣交與營造人可了事。建築師必須能繪製圖樣，但僅能繪製圖樣尚不可稱爲建築師。

『Architecture』建築學。〔見附頁圖〕

『Architectural Competition』建築競選。公共大建築或紀念建築，邀請數建築師繪製建築圖樣競選，由公正裁判委員會聯合評選，中選者除得領獎金外，並可得設計正式建築圖及監督該建築之業務。

『Architectural Perspective』建築配景圖。建築師繪製此項圖樣，以供競選，並予業主以明瞭建築物完竣後如何美觀，如何適當。配景圖如一幅圖畫或一幅攝影，有鉛筆畫者，有淡墨畫者，亦有彩色畫者。

『Architrave』門頭線。門堂或窗堂兩旁與上面之蓋縫板或粉刷。〔見圖〕

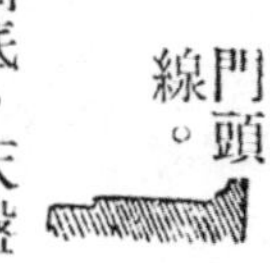

『Archivolt』圈底，天盤。托襯於法圈底面之木板。〔見圖〕

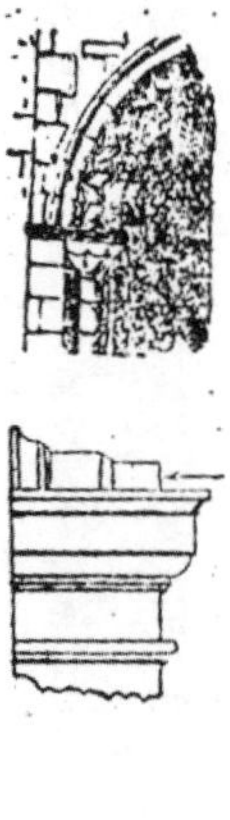

1. Mosque of St. Sophia, Constaninople (Byzantine).
2. Modern house (Hebrew).
3. Family Tent (Assyrian).
4. Court of Temple of Edfou (Egyptian).
5. A log cabin.
6. Cathedral of Canterbury, England (Pointed).
7. Ann Hathaway 's cottage, Stratford-on-Avon, England (Elizabethan).
8. Tomb-mosque of Said Bay, Cairo (Saracenic).
9. Prehistoric cliff-dwelling in the valley of the Rio Mancos, Colorado.
10. Temple of Neptune at Paestun (Greek).
11. Temple, tank, and gopura at Chillambaram, southern India (Dravidian style).
12. An Eskimo ice-hut (igloo), showing interior.
13. Lake-dwellings (Malay).
14. The Flower Pagoda at Canton (Chinese).
15. Movable lodges (teepees or wigwams) of the western North American Indians.
16. Arc de Triomphe du Carrousel, Paris (after the Roman).
17. The Louvre, Paris (Renaissance: Napoleon III).
18. A shrine.
19. Pueblo of Taos, New Mexico (Prehistoric American).

『Area』面積，天井。空曠。一塊空地，一間空屋的面積。房屋中間的一塊空場。

『A.R.I.B.A.』Associated of the Royal Institute of British Architect，不列顛（英國）皇家建築學院會員。

『Arris』鋒口，外角，屋脊緣口。希臘陶立斯式柱子兩瓜輪深槽中間突起之鋒口。

『Arrow』箭頭，指針。在平面圖上指示尺寸與扶梯上下之指示箭頭。

『Artificial marble』假雲石。用白水泥和色粉光，俟硬，磨擦光潤，上塗蠟，泡亮，則光滑如雲石矣。

『Artificial Stone』假石。用水泥澆擣、俟硬，以斧錐鑿，成石狀。

『Arsenal』戰器製造廠。

『Artisan well』自流井。用白鐵管通至地層，以引地下潛水至地面水池或水亭，中間經過濾灘，以供飲洗。

『Asbestos』石綿，耐火毡。

『Asbestos Shingle』石綿瓦。以石綿製之瓦片，厚約一分半至二分，一尺半轉方，舖釘於屋面，狀如魚鱗，白灰色者居多，其他紅色綠色者皆有。〔見圖〕

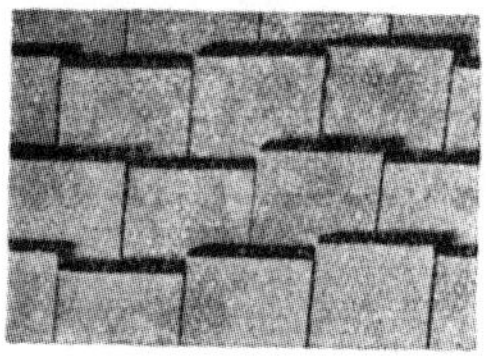

『Ascendant』豎直門頭線。門堂或窗堂兩旁之豎直線脚板或平面板。

『Ash』白蔴栗。木料之一種，色白紋粗，有棕眼，作木器傢具，及房屋中裝修之用。

『Asphalt』松香柏油。敷於路面與膠黏平屋頂牛毛毡及地坑外牆避水工程等用。色黑質堅，用前須先燒溶。

『Assembly Hall』議場，會場。

『Assembly Room』會議室。

『Assumed load』假定負重。

『Astragal』小圓線。半邊圓之小圓線。（參看Capital）

『Astronomical Observatory』天文台。

『Astylar』無柱式。

『Asylum』救護院。

——Lunatic 神經病院。

『Athenaeum』文學院。

『Atlantes』人像。男身人像造於柱子或墩子等處者。

〔見圖〕

『Atlas』擎天漢。人像之肩負重量者。（參看Atlantes）

『Atrium』川堂。羅馬式房屋。川堂之外爲天井，天井之裏或兩邊均爲房間。劉偉烈（Lew wallace）所著之『賓漢』第三百八十三頁內云「川堂左右許多門，這是不用懷疑的，門裏都是臥室。」

『Attic』 汽樓，屋頂，假層，擱樓。利用屋面下空，間以闢作房間。〔見圖〕

『Audience Chamber』 謁見室。

『Auditorium』 大廳，會集堂。公共建築中之集會室，戲院中之官池等。專供集會聚議表演之建築。

『Automatic Sprinkler』 救火自動噴水管。

『Axe』 斧。

『Axed Arch』 毛法圈。

『Back』 後，裡。上面或外面另有遮蓋者如椽子，砌成裏面骨幹如牆垣。

——Arch 後法圈，裡法圈。

——Fillet 返平線。一條小線脚從直面挑出轉彎，隔出平坦邊緣如牆角石或督頭石。

——Flap 經摺百葉，摺疊門。百葉窗或門摺疊開出藏於牆角。

——Flap hinge 摺疊鉸鏈。

——Ground 背景。

——Hearth 壁爐底。

——House 後屋。

——Living 扯窗堂子廳。上下移扯之玻璃窗或百葉窗，兩旁所用框子柱。

——Moulding 線脚套樣。套印同樣線脚之底型。

——putty 底灰。鑲嵌玻璃底面之油灰。

——Shutter 經摺百葉。與Back Flap同。

——Stair 後扶梯。

——Staircase 後扶梯衖，後扶梯間。

——Yard 後天井。

『Baguet』 小圓線。與Astragal同。

『Bahut』 壓頂線，屋沿矮牆。牆之最高頂兩邊挑出滴水者，壓沿欄杆與水落後背挑出之牆以擔受屋頂大料者。〔見圖〕

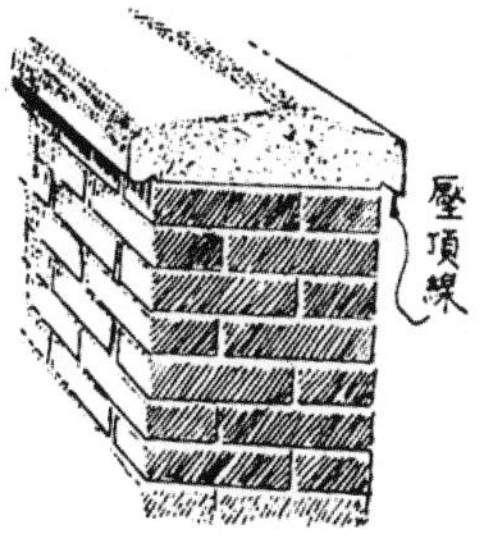

『Bailey』 城廓，外衞牆。堡壘或炮臺之外圍堅壁。

『Bakehouse』 烘麵包所。

『Bakery』 食物莊。售牛羊肉麵包等一切食料蔬菜酒類之商店。

『Balance』 ㊀權衡。㊁末期付款。承攬人所領之末期款銀亦名 Retention Money。

『Balance Gate』 權衡門。門之用鐵鍾權衡輕重以啓閉者。

『Balcony』 陽臺。伸出於屋外，或自牆面挑出上無遮蓋之平台。〔見圖〕

『Balistraria』 打巴眼，藏弓箭室。弓箭手射擊之牆眼，藏置器械之所在。

『Balk』 大料。十三寸以上見方之木料或其他方料。

『Balloon』 球飾。墩子上圓體如球之飾物。

——Construction
——Frame
——Framed Construction
} 輕骨構造。

『Ball room』 跳舞場。

『Baluster』 欄杆。扶梯欄杆或其他欄杆之根入踏步或其他扶手者。

〔見圖〕

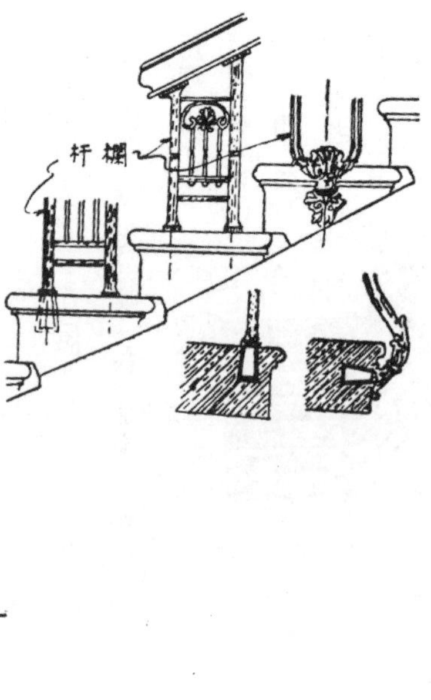

『Balustrade』 欄杆。〔見圖〕

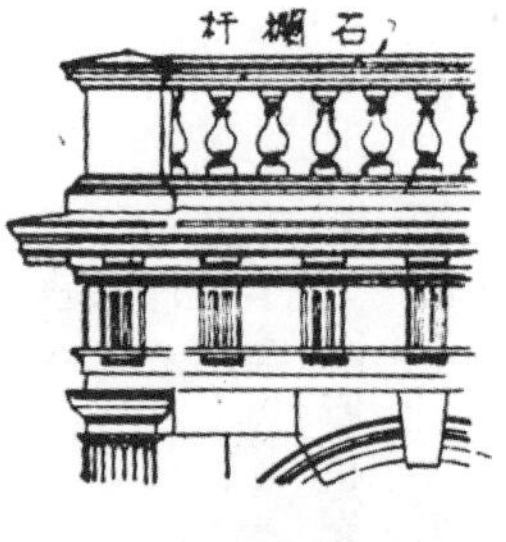

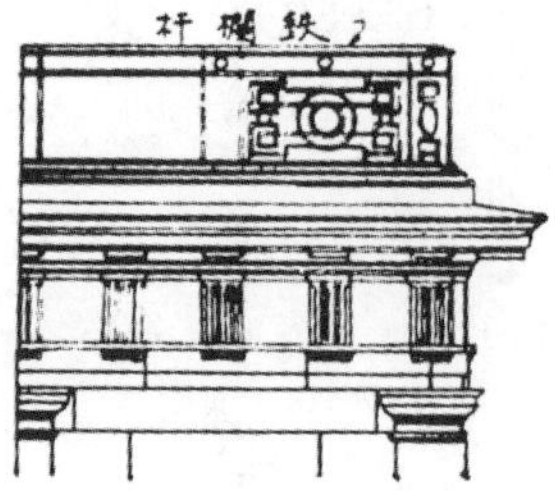

『Bamboo』 竹。

——fence 竹籬笆。

——scaffolding 竹脚手。

「Band」 帶。

——Moulding 帶形線脚，束腰線。

「Dentil Band」 排鬚。〔見圖〕

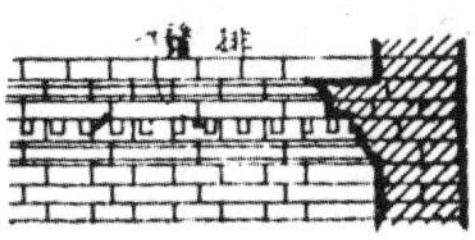

「Bandage」 圓頂箍。 圓穹式屋頂四週之圍箍或圍練。

「Banded Architrave」 平門頭線。

「Banded Column」 平面柱子。

「Banquet Hall」 宴賓室。

「Baptistery」 洗禮堂。

「Bar」 法官席，酒巴，閂，條。

Angle Bar 三角鐵。〔見圖〕

Channel Bar 水落鐵。〔見圖〕

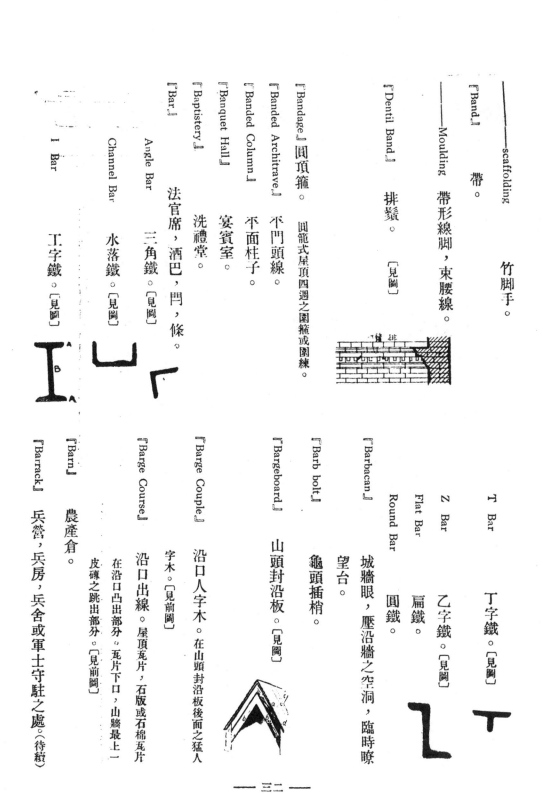

I Bar 工字鐵。〔見圖〕

T Bar 丁字鐵。〔見圖〕

Z Bar 乙字鐵。〔見圖〕

Flat Bar 扁鐵。

Round Bar 圓鐵。

「Barbacan」 城牆眼，壓沿牆之空洞，臨時瞭望台。

「Barb bolt」 龜頭插梢。

「Bargeboard」 山頭封沿板。〔見圖〕

「Barge Couple」 沿口人字木。在山頭封沿板後面之猛人字木。〔見前圖〕

「Barge Course」 沿口出線。屋頂瓦片，石版或石棉瓦片在沿口凸出部分，瓦片下口，山牆最上一皮磚之跳出部分。〔見前圖〕

「Barn」 農產倉。

「Barrack」 兵營，兵房，兵舍或軍士守駐之處。（待續）

居住問題

本刊爲讀者謀住的幸福，特闢居住問題一欄，專載各種住屋之構造圖樣暨攝影，供讀者營屋時之參考。第二第三兩期曾發表多篇，頗爲讀者歡迎，承紛紛惠函獎勉，殊深感愧。今後當力圖改進，以副讀者厚望。

疊接讀者來函，希望本欄刊登有系統的作品，如全部工程的進行情況，圖樣及攝影等，使讀者明瞭全部建築工程之設計營造的概象。本刊極願接受此種意見，因爲這是確很重要的改良。本期刊登的哥侖比亞村新式住宅之各種圖樣及攝影，把面樣地盤樣以及落成後的照片等全部刊出者，便是試驗的嚆矢，下期起當更加注意。

編者現正設計一種長列式的住宅，這種住宅是根據里弄房屋而加以改良者。不論房屋的內部與外部都有很適宜的改善，如房屋的前面與後面的留出相當的空地，使空氣清新，環境優美。屋內的形式與裝修布置，也都能芟去不適用之弊，加以新的設計，而使居住者愉快適用。這種房屋的圖樣已開始繪製，下期（第五號）本欄定可發表了。

本欄與讀者有切身的關係，務請讀者隨時給我們指導，以便超於日新月異。

最近上海大西路哥倫比亞村落成之住宅

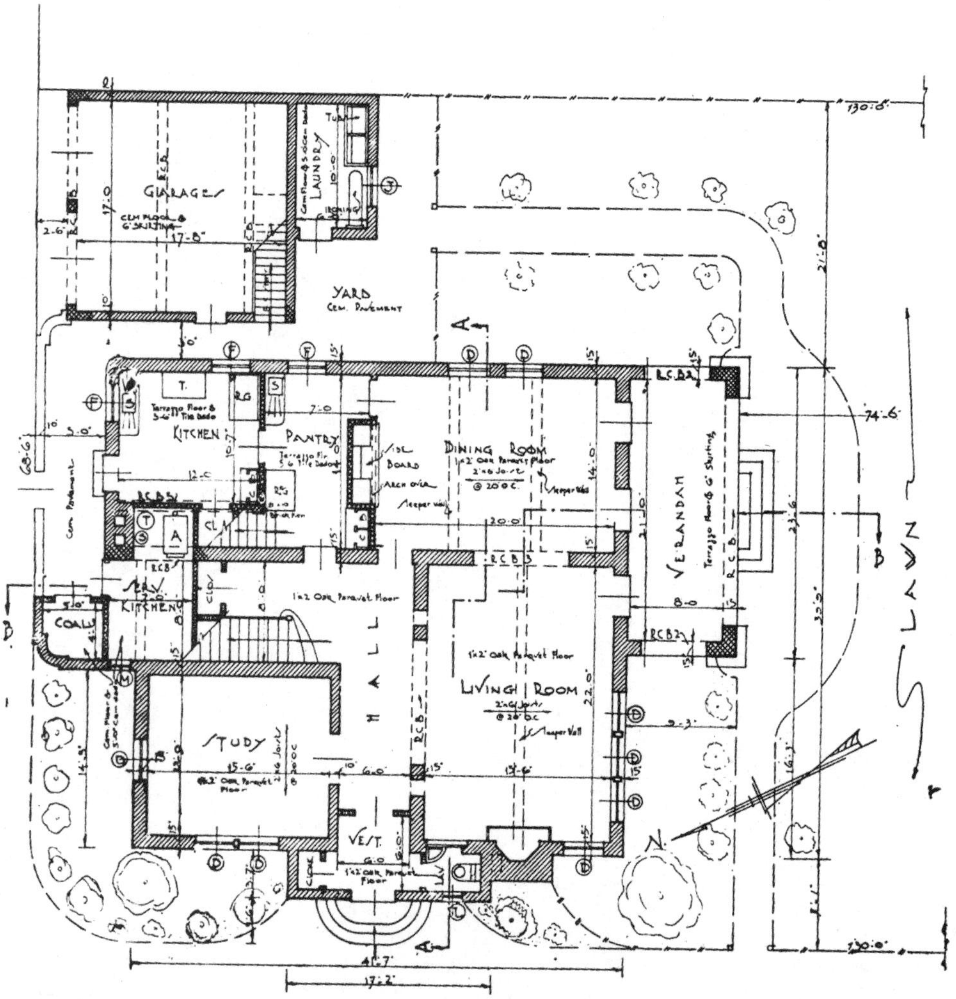
GARAGES
CEM. FLOOR & 6" SKIRTING
LAUNDRY
YARD
CEM. PAVEMENT
KITCHEN
PANTRY
DINING ROOM
1"x2" OAK PARQUET FLOOR
VERANDAH
HALL
LIVING ROOM
STUDY
VEST.
SERV. KITCHEN
COAL
LAWN
N
130'-0"
74'-6"
41'-7"
17'-2"

地盤樣

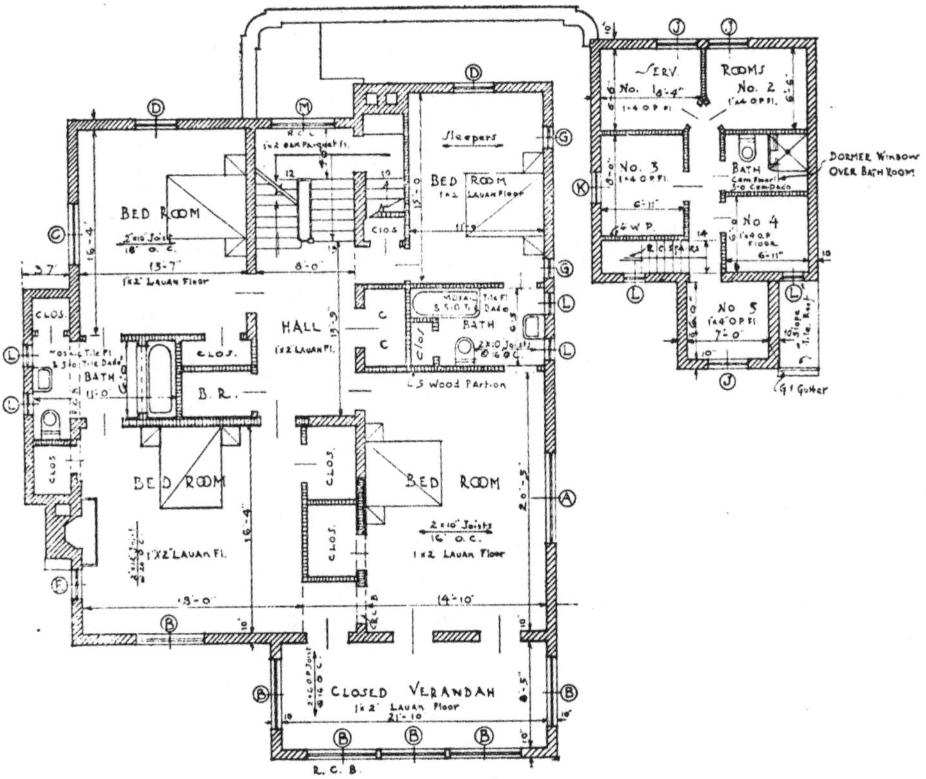
SERV. ROOMS
No. 1
No. 2
No. 3
No 4
No 5
BATH
DORMER WINDOW OVER BATH ROOM
R.C. STAIRS
BED ROOM
Sleepers
1×2 LAUAN Floor
CLOS.
HALL
1×2 LAUAN Fl.
B. R.
BED ROOM
2×10" Joists 16" O.C.
1×2 LAUAN Floor
1×2 LAUAN Fl.
BATH
CLOSED VERANDAH
1×2 LAUAN Floor
R. C. B.
G I Gutter
4.5 Wood Partion

樓盤樣

○○四○一

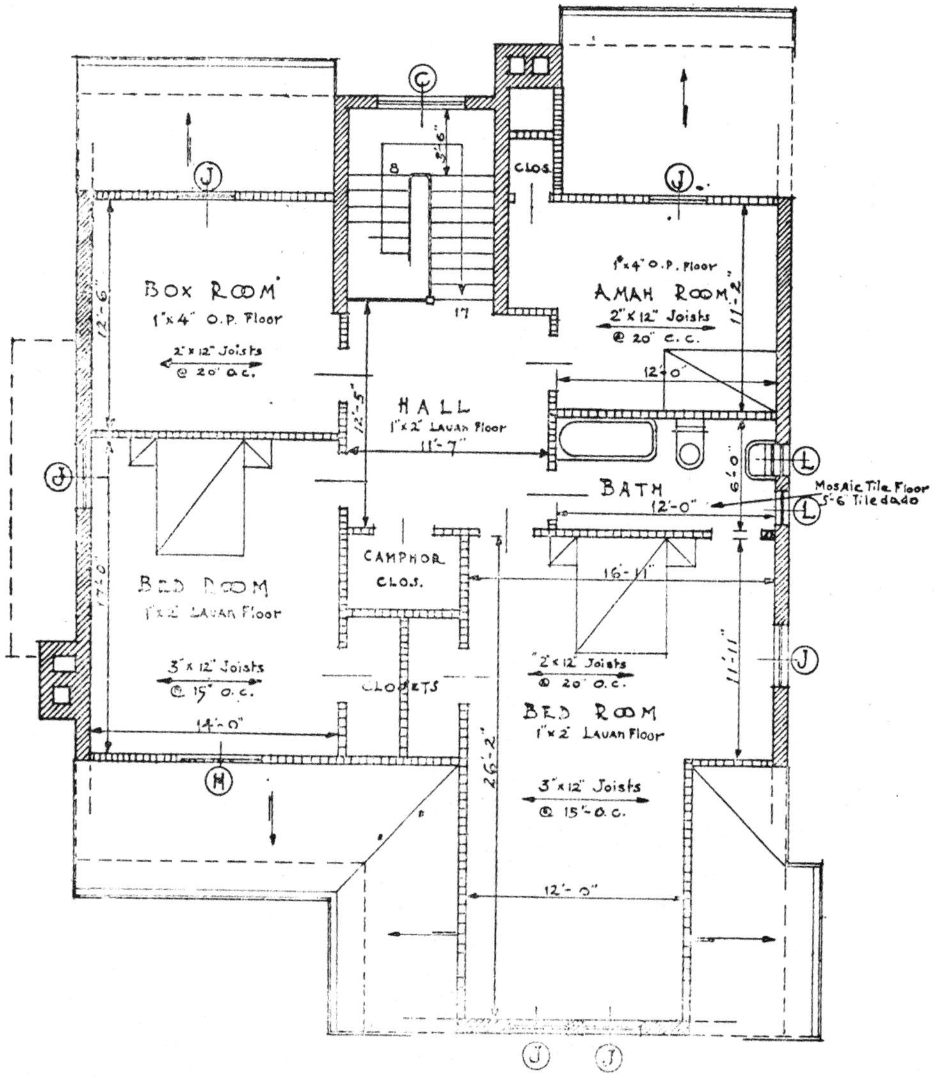
BOX ROOM
1"x4" O.P. Floor
2"x12" Joists
@ 20" O.C.
HALL
1"x2" LAUAN Floor
11'-7"
CLOS.
AMAH ROOM
1"x4" O.P. Floor
2"x12" Joists
@ 20" C.C.
12'-0"
BATH
12'-0"
Mosaic Tile Floor
5'-6 Tile dado
CAMPHOR CLOS.
CLOSETS
BED ROOM
1"x2" LAUAN Floor
3"x12" Joists
@ 15" O.C.
14'-0"
BED ROOM
1"x2" LAUAN Floor
2"x12" Joists
@ 20" O.C.
3"x12" Joists
@ 15"-O.C.
16'-11"
11'-11"
26'-2"
12'-0"
12'-6"
12'-5"
11'-2"
6'-0"
17'-0"
3'-6"

汽樓樣

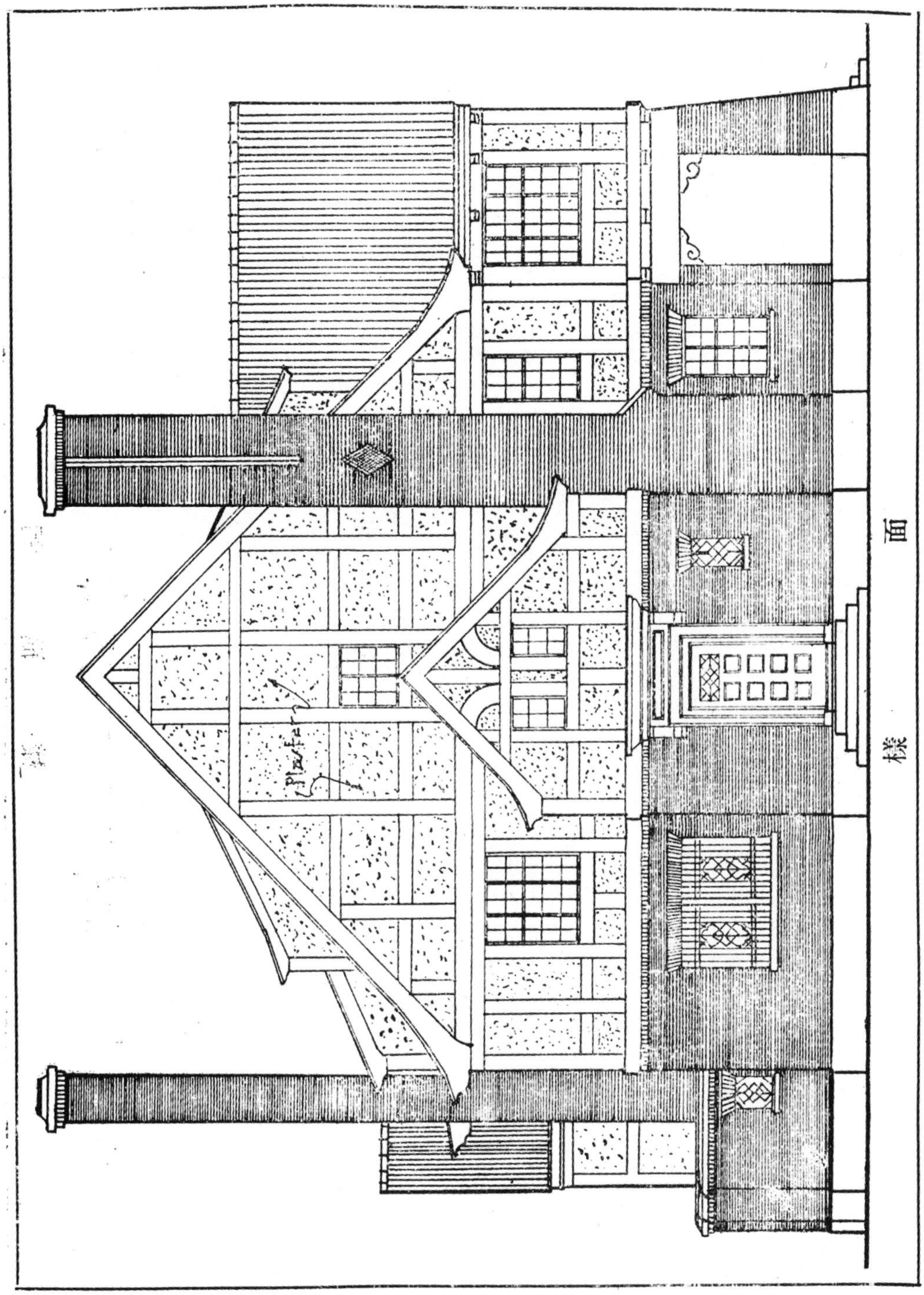

面
樣
Plaster

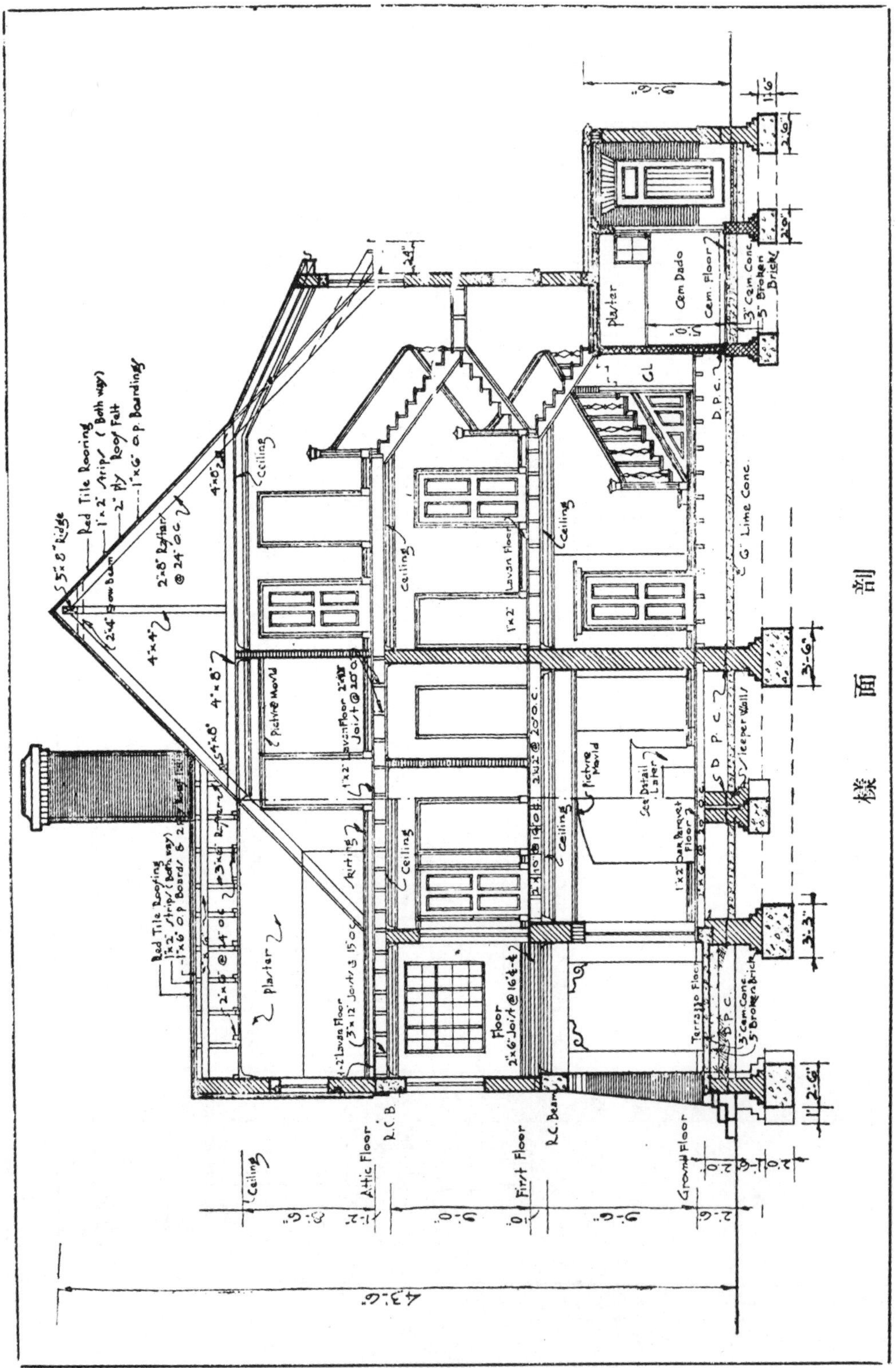
5"×8" Ridge
Red Tile Rooring
1"×2" Strips (Both way)
2 ply Roof Felt
1"×6" o.p. Boardings
2"×8" Rafters @ 24" O.C.
Ceiling
Plaster
Picture Mould
Cem Dado
Cem. Floor
D.P.C.
6" Lime Conc.
Sleeper Walls
See Detail Later
Terrazzo Floor
Attic Floor
R.C.B.
First Floor
R.C. Beam
Ground Floor
43'-6"

—○三—

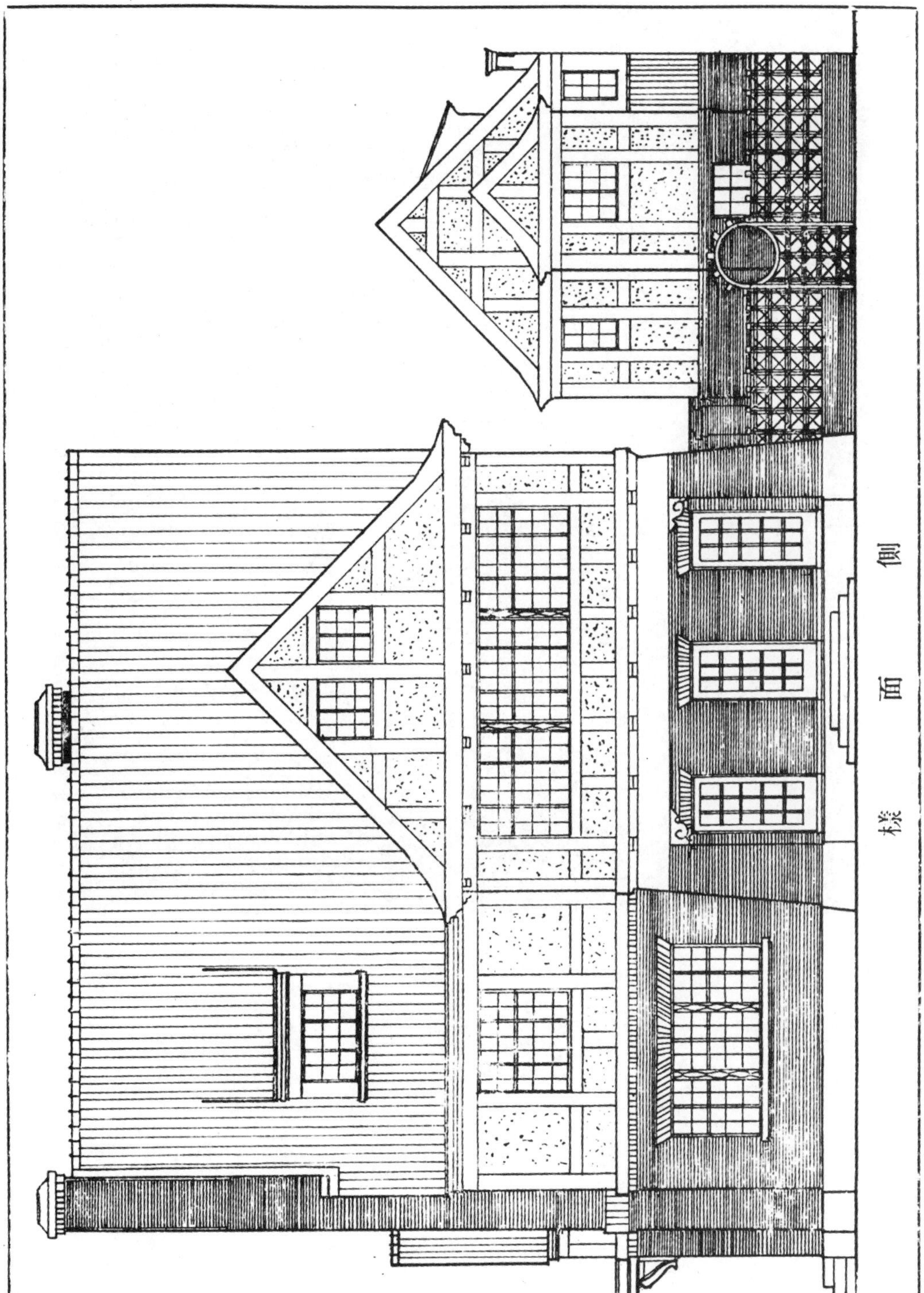
側面樣

一九三三年份

摩登住宅式樣及平面圖

該屋用鋼骨水泥構造，不易著火，居住安全。造價連衛生器具電燈線等裝修費共計需元四千兩，價頗便宜，極合新式小家庭之居住。

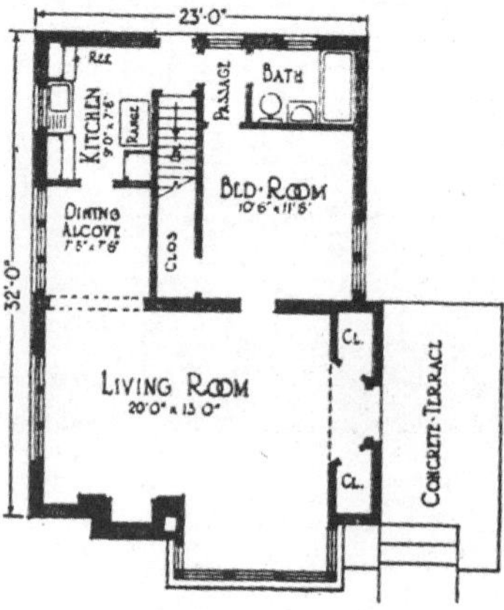

平面圖

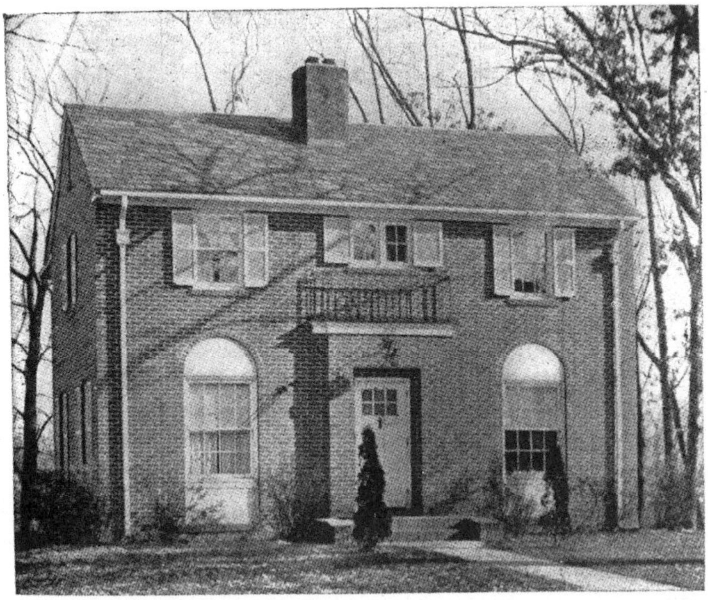

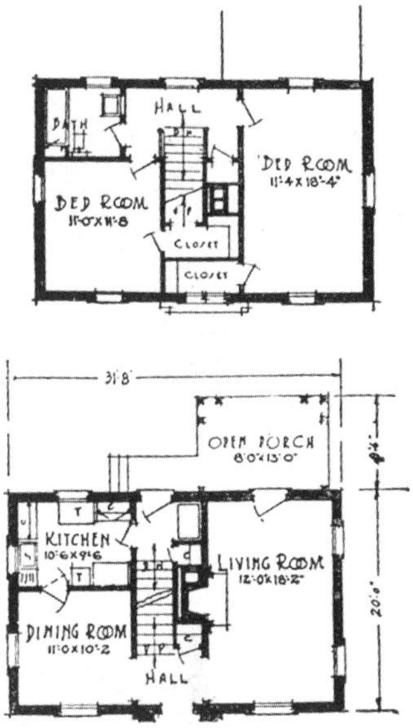

(上)殖民式小住宅

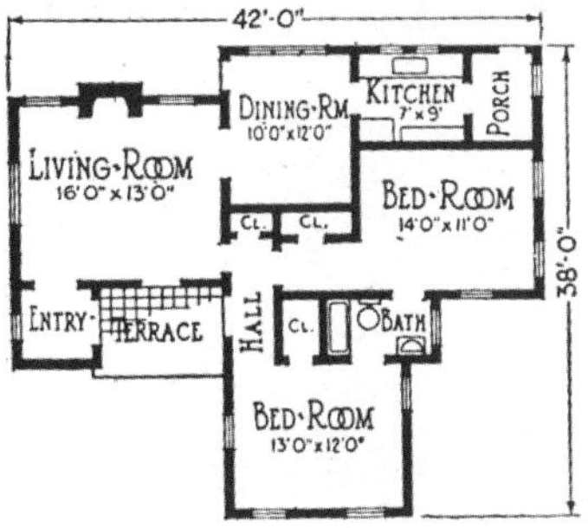

(下)清潔雅緻之小平屋

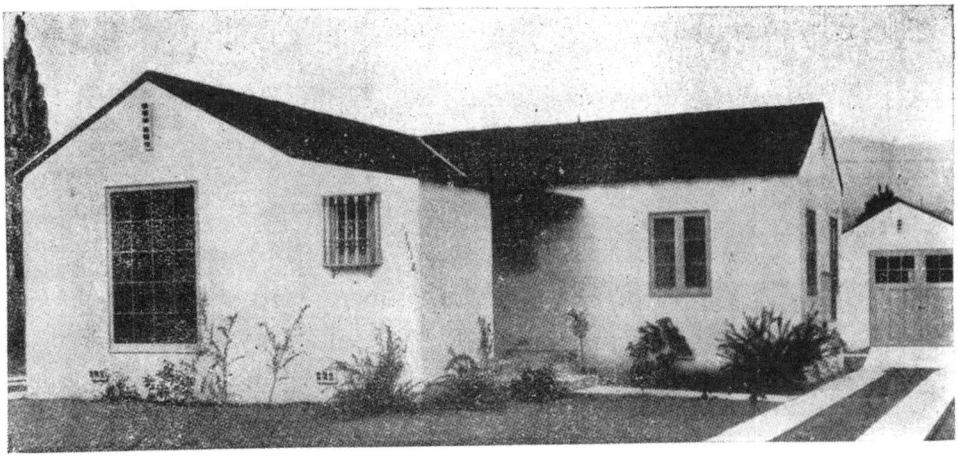

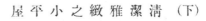

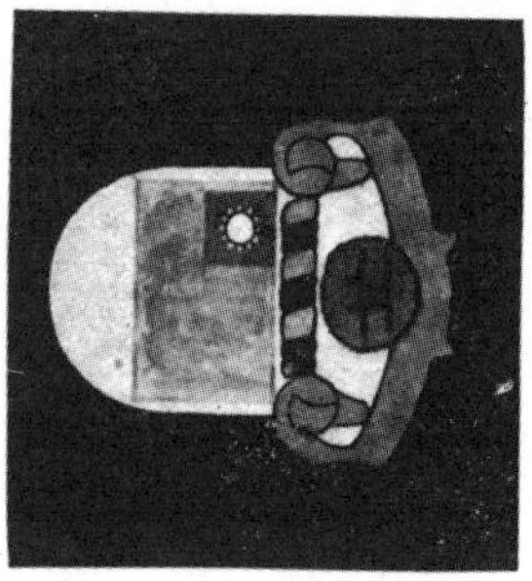

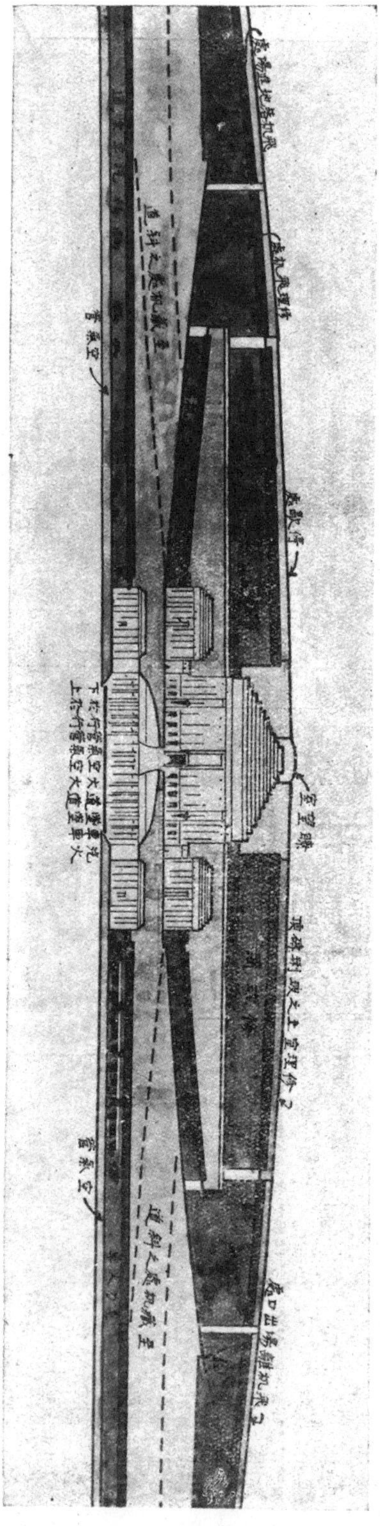

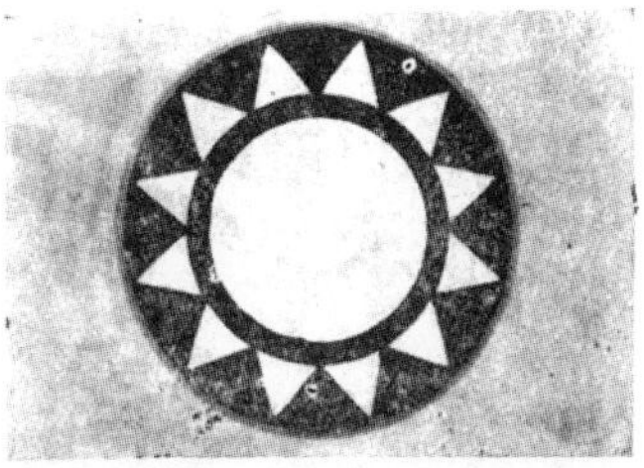
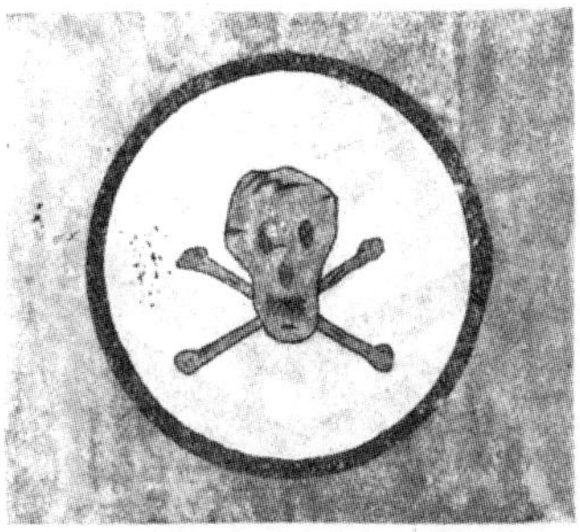

因科學之孟晉，戰爭由海陸而進於空戰，去歲一二八之役，奮勇的我軍受敵機之威迫而敗退，愛國人士乃羣起提倡航空救國，購置戰鬥飛機，培植駕駛人材，以資抵抗頑敵。但飛機場的建築亦屬重要問題，築於地面，易爲敵人窺探轟擊，故新式的飛機場已改築於地下，庶免受敵。本刊特設計一地下飛機場的建造圖樣，刊載於上頁，供軍事當局的參考。又戰機上的表識，足以鼓勵戰士的精神，本刊特繪製多方，以供參考或採用。

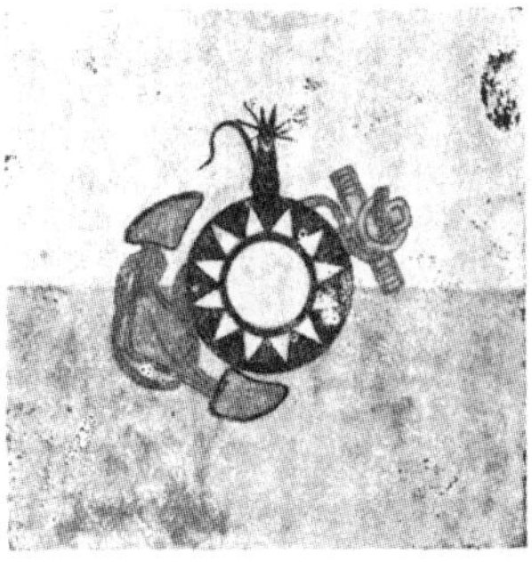

承造普慶影戲院合同大要

合同大要訂於一九三十年六月二十三日

楊文詠君住辣斐德路六二三號（他或他的承繼人及他授予全權者認爲非不適當者統稱之爲『承包人』）是爲甲造。

奚籟欽君（他或他的承繼人及他授予全權者認爲非不適當者統稱之爲『業主』）是謂乙造。

因上稱之楊文詠『承包人』，曾投標承造鋼骨水泥戲院一所在上海東熙華德路及華記路轉角，此項工程之構築均依建築師之圖樣，承攬章程及由其指導。

因『業主』曾接受承包人爲建此項工程之標賬，一切條件及細則均根此規訂於後並經證實業主與承包人均各深切明瞭與同意各條於下：

一、承包人之標賬於此加以符號曰『A』且經承包人簽字聯同其他文件，圖樣及承攬章程數種卽本合同目錄所包含者皆係爲本合同之一部分，自應賦諸實踐。

二、承包人同意構築此項工程之造價總數爲元四萬四千五百五十六兩正，並願誠實遵守及實行一切合同中所訂之條件或標賬，及其他文件，圖樣或承攬章程中規定者。

三、業主願意繳給承包人上條所載之造價數目，同時承包人應履行他應擔任之任務。

四、萬一承包人違背合同而致業主受損失則承包人應負此賠償之責。建築師對於業主所受之損失一經查明後，建築師所規定之數目雙方須接受之作爲無可修改者，其數目之全部或一部在任何付款之中得扣除之。

目錄

證明業主及承包人於上述之年月日親自簽訂者

業主證人　鴻達簽　業主奚籟欽簽

承包人證人曾將本合同讀述經承包人申明業已明瞭合同中各點

蘇一民簽　承包人楊文詠簽

合同細則

本合同細則係援引一千九百三十年六月二十三日所訂立合同大綱之規定。

本合同細則應爲承造上海東熙華德路與華記路轉角處戲院一所，規定承攬人所遵行，并須依據圖樣，承攬章程及奚籟欽君（以下稱業主）之受託人鴻達建築師之指導而行之。

本細則與承攬章程內外規定之工作係指籌備，建造及完成上面所講的，圖樣上所顯示的，或建築師據本細則各章節中所賦予權限合加出的工程而言。全部工程之處理，承攬人須受建築師的監督與而指指導，並須得其許可與滿意。

一、　總要　除別有規定者外，承攬人須供給工程上必要的材料，工具，脚手架，器械及人工，用以完成在這裏已經規定的或是另外加出的全部工程。并須雇用熟練工人担任工作。一切傷害損失，或在工程進行時因承攬人的失察或無能致業主所受財產上的損失，以及鄰舍或其他方面損失，概須由承攬人負担。承攬人並須於建築師簽發此後所提及之完工證書後九個月中負修理之責。因工程本身而起之損害承攬人雖細心處理竭盡智能，亦不能免者除外。若於上述九個月期內在工作上發現任何缺點，而經建築師認定其缺點係因材料不良或工作不善而生，承攬人須聽從建築師的指導，重新做過，或加以修理，該項金錢的損失由承攬人負担。若承攬人於接到書面通知後七天後仍不將不妥地方重新做過或修理，業主得代將不妥地方做過或修理，所有任何費用應由承攬人償還業主。

二、　關於土地的性質及其他詳情，爲承攬人所認爲必需者，須自行考察或斷制之；以便投標及得標後訂立合同以完成合同內規定的工程。業主或建築師任何方面都不受束縛，亦不代負承攬人因未考查致有任何漏忘的責任。

三、　承攬人須遵守工部局關於建築房屋的各項建築師則，或任何章程，及此後暫時的或附增的有關實施於工程方面的建築規則律例或章程，並須自行發貼公告。又爲任何上述規則律例或章程所需要之一切執照及證書，亦須由承攬人自行取得之。

四、　承攬人必須就全部工程之地盤放設灰線樣，並須担保灰線樣的正確，及全部工程中每一部的平度與尺寸都屬準確。未曾經過建築師署名的任何加賬，倘或發生糾紛，其責任應由承攬人負擔。

五、　承攬人對於全部工程的建築必須明瞭，須採用各種最好的材料，不得較規定者或有短小。并須施用最良的工作。完工時要收拾整潔，毫無瑕疵。

六、　已運到營造地的任何材料，爲建築師不許可者或不依照說明書者，必須立即運離營造地，換以得其許可認爲合格的材料。倘經建築師予以認爲適當的期間命將拒絕接受的材料運去、而承攬人仍不遷去時，建築師有取代業主另行雇工搬去及另購合格的材料。該項搬運費或補購費暫由業主墊付，應由承攬人償還。

七、　一切備就的工作，工場或任何材料，已在營造地上，而準備用於本工程者，概應認爲屬於業主的財產，非經建築師書面許可承攬人不得將工場或材料之該任何部份的工作取去或移去。這種做就的工作，工場或材料，倘有遺失，被竊或因氣候的關係而有損壞等情事時，業主都不負責，須由承攬人隨時留意保護管理之。

八、　承攬人如經建築師認爲有不服從意志及違反建築師於工程進行時隨時所予的命令，或不遵合同上所規定的工程進行之必要速率，或不依照圖樣，承攬章程及本細則而實施工作，或任意破壞合同，建築師有權，不待預告，在工程進行中的任何時期，無論合同內規定的期限之前後，或任何另定的期限（但須均未完工時）暫停其工作；或將工程的全部或一部從承攬人手中取回，幷革退其本人及由其雇用的工人暨分承包人，而另行任用及供給任何數目的其他承攬人，工人，工場及材料，以完成此項工程。幷同時取消或收回一切承攬章程及命令。但對于因未能如期完工所生之損失承攬人仍不能卸責，因繼續完成此項工程所需的任何額外費用，暫由業主墊付，最後由原承攬人償還。如因上述原因由建築師於任何時期認爲必要而自承攬人取回全部或一部工程者，建築師有全權據有幷使用承攬人在營造地的全部材料，工場，器械，或蘆蓆棚之全部或其一部用以完成此項工程，建築師或業主無須付費，亦不受發付其代價的拘束。

九、　建築師以書面通知送達承攬人，或留置承攬人平時的辦事處，或最近知道的營業所在地，或送至營造地，申述建築師將於一星期內實行上節所講的條件。此項通知應認爲建築師實行接收前的充分手續。

十、　承攬人在工程進行時，須自行督察處理此項工程，並須雇用一個或幾個（由建築師酌定）有能力，經驗，並能操英語的監工員，担任督促工程進行的職務。他或他們當任何工作進行時均駐營造地。建築師有權斥退不服從建築師的命令，或不稱職，或無能力去執行職務的任何監工員或任何工人。建築師發給監工員的任何命令，與發給承攬人者效力相同。建築師所不滿意的監工員或工人，承攬人須立即撤換，務使建築師認爲滿意。

十一、　業主或建築師于認爲必要時具有隨意更改，增加或減少工程的自由及權力。其更改或增加（如經相當的命令後）的價值，與減少的價值，概依建築師誠實合理的決定價格爲標準。建築師估定價值時，若經其認爲可用之有價目的賬單遇有標準價目表時，得根據該表或用各該文件爲參考資料。

十二、　建築師在工程進行時得承攬人之要求，簽發領款證書，其款數係依工程進行之程度及運抵營造地的材料等價值。由業主付款與承攬人，付款辦法有下述諸義，即建築師估算已完工程及已到材料的價值，至簽發證書時止。不包含前曾簽給之證書，假定估得材料與工值有元壹萬兩或建築師所贊同的其他數目，承攬人得依此數於七日內實收七成，直至全工告完，經建築師的證明爲完全滿意，乃將所剩數目四分之三簽收領款證交付，其餘四分之一則於建築師發完工證書後第九個月終了時建築師證明此項工程確屬完美，而簽給證書（此證書名爲最後證書）。

十三、　建築師決定在何時，或在其他所遇情事之下簽發證書，概以建築師之決定爲最後決定。承攬人對建築師之請求簽給證書，自必依正式請求之手續辦理。建築師所簽發之證書其效力與公正人的判斷相同。

十四、　不論工作做至任何程度，承攬人不能向業主要索付款，除非要得建築師之領款證書，書面載明領款數目及領款日期，方可持向業主領取。

十五、　承攬人於接到建築師的通知書時，須立卽開工。承攬人進行工程須非常努力以邀得建築師的贊可，并須於一九三十年十一月三十日前完成此項工程，（包括任何加出及更改，及其他阻礙，其完工且須得建築師的滿意）除非得到建築師的書面允許展緩完工日期及另定完工期限。如更訂的期日尙須展緩，亦必如上述手續辦理。

十六、　承攬人對於日期應特別注意，認爲本合同中要件，因萬一到期尙未完工，致業主受有損失或損害，而業主於原訂完工日期是否能居用，或出租其全部或一部，又每難於明白確定或竟無從確定，于是雙方同意規定如下：卽承攬人如不能在一九三〇年十一月三十日或期前完工，或於展緩之日或期前完工者，須付業主按天元四十五兩之罰款，以償損失，直至工程完竣，并經建築師認爲滿意簽發證書之日爲止。

十七、　業主有權隨時或於任何時間，自任何到期或積欠承攬人賬款中扣去任何應由承攬人付與業主之金錢，或經建築師證明關於本合同中承攬人欠業主之金錢，又該款亦可由業主向承攬人索回以償損害。

十八、　凡係額外或加出工程，建築師須將簽給證書者，要以曾經書面委辦，載明數目或其他要點之關於額外或加出工程，並應將此一切書件載明額外或加出工程之數目及詳細要點者，每逢月終，呈報建築師，承攬人亟須明白如未經書面允可或委辦之額外或加出工程不得要求業主付款，除非要有前已述明之充滿手續。工程之已做者及材料之已供給者，未有正式手續或僅憑口頭囑咐者，則此項材料或工作概作正式工程中之應有者，不得向業主要求加賬。

十九、　業主或建築師指定之承攬章程及圖樣內工程，如有加出或更改或削減等情事，本合同依舊不受影響。而全部工程仍須於一九三〇年十一月三十日或建築師曾經書面允予展緩之日期完工。

二十、　合同圖樣，承攬章程及合同，于承攬人開工前須經建築師承攬人及業主三方簽字。此項文件產權歸諸建築師，寄存於其辦公處；業主及承攬人各由建築師送給副本一份。承攬人如欲多印數套，該印刷費由承攬人自出。曾經建築師簽字之圖樣及承攬人章程副本，須由受雇于承攬人之營造地監工員小心看管鎖藏，俟全部工程完竣建築師簽給證書時，應將各項文件完整的副本連同其他書據器械交還建築師。

二十一、　承攬人在訂立合同後，若事前未經建築師用書面表示同意，不得將本合同內工程任何部份轉讓他人，不得將合同轉戶，如受命轉讓須將轉讓他人工作一覽，與小包商訂的合同條文，以及受讓者或代理者的契約，一并送請建築師審閱。

二十二、　圖樣及說明書具有聯合相互關示合同簽訂下應辦工程之實施效用。但若圖樣與說明書間發生不相符合，或圖樣上簽註之尺碼與比例尺有不相同處，依據較大較詳細之『大樣』及顏色之分判。若圖樣上所有而說明書中無述及者，應視作圖樣上已曉示與說明書中已述及解。

二十三、　承攬人爲準時完全履行合同起見，應備具經業主同意之担保人一人或數人，其保額爲規元　兩。設若保人病故，離開，破產或無力負担支付保額時，承攬人須立卽另覓保人，同時并須徵得業主同意。

二十四、　建築師不簽給任何未經書面委辦之額外，更改或加出工程之證書，交承攬人向業主取款。業主亦無交付未經建築師書面委辦而承攬人要求之額外，更改或加出工程之金錢責任。或得責令承攬人賠償業主之損失，其理由雖因建築師誤寫證書承攬人仍不能諉卸怠忽工作，不遵守合同而致業主受損之責任。

二十五、　在合同繼續發生效力時，業主得以任何理由隨時出入於工程之已完部份或占有之。

二十六、　若有爭論發生，其所涉範圍不論是業務上的，專門學識的，有關建築師工作經驗的，或說明書上的材料問題。倘此種爭論發生於業主與承攬人之間，或在全部工程完成後，或原有合同已取消而不生效力，或因不能履行合同而廢止（除某種爭論或問題之解決授權於建築師外）須將此種糾紛轉請上海工部局建築師公斷之。此種公斷人得不聽取或接受任何正式證據或經宣誓或宣告之證據。彼于認定爭論之中心點，有權飭雙方各推代表與議。於必要時，並可將涉及爭論的問題，或工程，或材料等，根據其自已職業的或專門學識或經驗加以視察，並可估定價格，而判決雙方或某方應負的責任，將款項如數料理清楚。業主不負担任何要求，如有爭論發生時，非經公斷人的決定，業主並不負有債務上的關係。若爭論事項或移交公斷人有一月之久，或其未滿一月前，公斷人書面聲明不能負責處理此件爭執時，須另請在他公斷人決定之。在此期中工作的費用及無效裁判的費用，均認爲其二次裁判費用。

二十七、工作如不繼續進行，或未進行或修理尚未能得其認爲滿意，建築師有權拒給證書，及對于已發付款證明書隨時停止支付。

二十八、　倘有由建築師或業主供給應用材料事情。其數並不負責担保，該數僅使承攬人用以估較其自已的計算。若承攬人採用上項數量投標或達其他目的，倘有危險均由自已承受。上項的數量嗣後倘有發生遺漏或錯誤時，並不予以補助或津貼。建築師與業主對於數量的準確與否，不負責任，承攬人對於該兩方或一方不能提起控訴或要求。

二十九、　建築師在接得承攬人的請求書時，可以考慮完工期間的延長，這種延長的原因須出於氣候的劇變，本地的罷工，工人的結合阻撓，通告及圖樣的等待；或者得到業主的命令中止或延宕工作，變更或添加原有的合同等情事。此種時間的延長，須經建築師書面的證明。

三十、　當建築師認爲必要時，承攬人須將已完成的工作拆卸，或受建築師的指導開掘孔穴。又倘認爲必要時，并須重行做過，或修理，或塡滿孔穴，至彼認爲滿意時止。倘此種工程的拆卸與孔穴的開掘，在建築師認爲有缺點時，所有因拆卸及開掘修理等費，概歸承攬人負担。因其他情事的費用，則歸業主負担。

三十一、　承攬人須依從並實行監工員的指導，此種監工員乃由建築師或業主派定監督工程者。監工員有權指摘或拒絕任何工作及材料，當彼認爲不合或說明書不符時。若承攬人與監工員意見不合時，須立刻向建築師申訴，建築師的決斷即爲最後評定，由雙方遵守。命令省略更動或增加其他特別費用等情事建築師或業主不因監工員之行爲而負責任。

三十二、　全部工程在業主未接收前，承攬人須負一切危險之責任，如火災及其他原因所遭受之損害等。承攬人須用建築師名義，將工程及材料所在地投保火險，其保額則可自已酌定認爲必須之數。保額則憑建築師之指導隨時增加，至工程完竣後交與業主爲止。在保險條約下所受保險賠款，須經建築師證明，而用於修理之需。而承攬人之延長工作完成時間，亦須以建築師認爲環境所必要者爲準。若承保人到期未付保費與建築師，業主可自動繳付，而將該款在付與承攬人之任何款項內扣除。

三十三、　業主經建築師證明，可以支付任何費用，或依前節規定，撥付他種費用。所支之數即認爲付給合同中工作代價又雖未經承攬人同意，業主不得代承攬人付賬或用承攬人名義記賬，承攬人不能爭辯或過問業主有無用彼名義支付之權。

普慶大戲院建築章程

袁向華譯

總則

（一）當圖樣及說明書之任何部份有不明處，或發生爭執時，建築師須專一注意及之。上述之圖樣及說明書爲求完全實踐起見，建築師於必要時有權更正錯誤或遺漏處。此種更正或修改由建築師於當時通知之。

材料與工程

（二）一切材料與工程，以及本章程內所未載明者，均由承包人供給之。

（三）材料之品質及數量，與工作之技能，須與合同及說明書嚴格符合。此種品質及數量，須由建築師作最後之決斷。

（四）在未完工接受前，有缺點之工作及材料，建築師可隨時指責之。當此種工程一經指責，承包人應立予重做，以與圖樣或說明書相符合。若用不良材料，承包人應立將材料移去，不得用於該項工作。

（五）若建築師或其代理人因疏忽關係，未及指責或拒用不良建築材料及工程，而於未完工接受前被業主覺察時，認爲不能接受，同時承包人不能解除其責任。

（六）承包人應將經建築師或其代理人所核准購集之建築材料，至指定地點妥爲堆置。若有材料遺失，損壞或，未堆置上述代理人所指定之地點，概不得列入估價單內。

（七）承包人對於全部材料及工程價格之已支付者，應負完全責任。若在未完工接受前，上述材料及工程如有損毀情事，應由承包人出資負責修理。

工作

（八）在合同期限內，承包人應無論何時僱用熟練之工人，而經建築師之評定，足能完成其工作者。

（九）承包人應僱用技巧熟練之工人。若建築師之意見認爲某某工人不能工作，或不忠於工作，或秩序紊亂時，經建築師用書面通知，承包人應即停歇此種工人之職務，不再僱用。此種辭歇職務，對業主不能作爲要求賠償或損失之根據。

（十）承包人需要小包商時，須經建築師之核准，於必要時並將名單全部開列。若建築師用書面通知某小包商不合僱用，而承包人仍用其工作或材料時，則此種工作之代價及材料之價值須從合同內造價中扣除之。

方法與工具

（十一）在合同條文下之全部工程中，承包人所應用之建築方法及工具，在建築師之意須認爲足以担保工作圓滿，效率增加，而在合同期間所能完成者。若在工程未開始前，或在進行中，建築師於無論何時發見方法與工具不良或不合，未能應合上述之工作速率者，建築師得命承包人加以改進，同時承包人須遵守之。但若建築師未及要求革進或改良時，承包人對於說明書所規定之工作狀況及速率，仍須負完全責任。

圖樣之解釋

（十二）圖樣及例證認為說明書之一部份。在進行工作時所需要之其他詳細圖樣，當另供給，同時此種圖樣亦認為說明書之一部份。

（十三）承包人應遵照圖樣及說明書，及其他並未顯然指明之必要項目，均應盡力做去，以期與說明書所規定及顯示各節相符合，不另取特別費用。

（十四）承包人之責任應留心考查，比較，並審核建築師所開示因特殊工作所加之時間；若有疑問或衝突時，應即就建築師取定。

（十五）除將上述疑點移請建築師查核外，承包人應負完全責任。

（十六）店舖圖樣，工程師設計樣本，模型，縮形樣子以及必需尺度等，在工作時所需要者，應由承包人出資購取。

更動

（十七）建築師認為必要時，有保留更動圖樣及說明書之權限。

（十八）圖樣及說明書之更動，須經建築師書面之核准。凡無建築師署名之通告，一概不准更動。

（十九）若於更動後工程或工料有增加時，其增加之價額經承包人之同意而支付之。反言之，若工程及工料減刪時，除（二〇）條之規定外，亦於其合同之造價中減除之。

（二〇）在合同中預計需要特殊之工作時，除承包人外，業主有權招用他人，商號，或公司，或其他短工等，受建築師之指導，完成此項工作。若此項特殊工程由他人，或其他商號公司等承攬後，原有承包人不得藉端阻撓彼等工作進行。建築師並可命令承包人停止或繼續某部工作，以便彼等施工。除延長合同所訂相當完成工作期間外，承包人不得藉故因停止工作，向業主有任何賠償損失之要求及權利。

（二一）在工作進行中，無論何時若認更動圖樣及說明書為有益時，或必需要時，因此而增加或減少施工之代價，則此種更動須經訂立合同人雙方書面之同意。此種同意書須聲明更動之理由，以及因此更動所生材料數量及價格之估計。此因更動而訂之同意書須經雙方簽字證明，否則支付款項時概不發生效力。

其他

（二二）承包人應遵守城市或省城之一切建築成例及法規，並領取開工執照及許可狀等。於：作進行時，並負責其他關係人及財產之損毀。

（二三）承包人在其工作處應置障礙物及燈光等，以免發生意外情事。若因承包人，或其代理人，僱夥，工人等因疏忽而生事端，概由其負担一切損毀之責任。

（二四）承包人奉建築師之命，應有適當之安全設備，在工程之上部或下部，留置人行道及車行道。此種便利交通之設備，須由建築師認爲滿意方可。

（二五）工程之進行，若有阻礙天然或人造溝渠時，則承包人應有相當設備，以免公私財產之損壞。若承包人在工程進行中忽略上項溝渠之設備，則所有損失應負其責任。

（二六）承包人所侵佔之公共街道及地面須至最低限度，不得超過經建築師所指定之地位。

（二七）承包人在可能範圍內分配工作，堆置材料，不能妨礙其他之承包人。彼應與其他承包人聯合工作，以期與圖樣及說明書相一致。彼並承建築師之指導，繼續其他承包人未完之工作。

（二八）當工程完成後，承包人應清除一切剩餘材料及垃圾等；同時並恢復公共街道及地面之舊觀，以期符合工程完成之意。

（二九）工作時若有舊料發見，承包人應妥爲堆置至建築師指定之處，同時並由承包人負其責任。

（三〇）一切工程在完竣時須無缺點，在未經建築師核准接受前，並須加意保護。

（三一）承包人向業主取用之特許工具用器等，在合同規定之下，不得損壞之。

（三二）承包人所僱用之工人及向購取材料之商人，均須按時償付價格。於必要時建築師可向承包人索取全部工人及材料商之證明文件，以便審查付清與否。若無上項證明，則建築師可代支付合法的到期款項，而將此數在應付承包人之造價中扣除。在債務未清償前，此造價不得支取。故在支付末期造價時，建築師可支付在合同下任何個人及公司等合理之要求。

（三三）業主對於承包人所僱用之工員，及工具材料等，在無論何種情由之下，概不負安全之責任。若承包人及僱員損壞公家財物，應即出資修理。而其程度須至建築師最後決定，認爲滿意方可。若承包人不能即時修復，則建築師可扣除其款而代修理之。

監督及管理

（三四）在工程進行中，承包人應親自監督工作，可指派一合格之負責代表，監視一切，並按時報告建築師事務所。

（三五）在工程進行中，無論何時須有監工員在其地，並圖樣說明書等。給予此種監工員之通告，認爲即屬給予承包人。

（三六）所有工程須在助理建築師監視之下進行，其名額視需要而定。此助理建築師根據說明書，決定材料之品質及工人之技巧。若有爭執，由建築師作最後之決定。

設計工作

（三七）在承包人之意認爲需要時，建築師可指派助理建築師代爲計劃工作進行，所有行列及次序，承包人均須受上述建築師之指導。

（三八）承包人應將工作地之面積加以整個及逐項之計算，同時對於工作之準確地位及高度負其責任。築建師計劃工作時所置誌界之木杆，及標於其地之記號，應由承包人妥爲保護。設若此種木杆及標幟移去，或工作不愼所毀，則由建築師重行安置，其費則由承包人負担之。

（三九）因便於計劃及視察地上及斜面之工程進行起見，承包人應予以便利之設備。

完成時間

（四〇）承包人應予簽訂合同後五日內開始其工作。進行之速率應根據建築師所認爲所必需之時間，而規定在某某期內完成合同及說明書所載之一切工程。

（四一）在合同條文下，工作之完成時間極佔重要。若承包人不能履行合同所規定之時間，則每日應償付業主規元〇〇兩正。（例假日除外）此費應作爲結欠之賠償，並不認爲罰款。而業主可將此費從造價中扣除之。

（四二）除特殊及不可預料之情形，載明於說明書外，不得延長原有工作之期間。承包人在工程進行中，若因建築師工作不力，延期，過失，或建築師僱用其他承包人，或遭遇火災，水災，雷擊，地震，巨風，僱用工員之怠工，政府命令停工，或因非建築師之過失而生之不可免的災害，則築建師可取消原有期限，另行决定合理的時間，以完成其工作。但若因供給材料及說明關係而須延期時，承包人須於三日前向建築師用書面請求，否則槪不允准。

（四三）在工程進行中，承包人對於工作之障礙及延誤，不能辭其損毀之責任。但上述障礙及延誤在合同上載明者，可酌予延長工作之完成期限。

（四四）若工程因某種理由而延誤時，應卽設法將上述延誤之原因移去或停止，恢復工作。

（四五）在工程之起點，中斷（除特殊之事外），復工，及完工，承包人最少應每十日向建築師繕具報告，以便查考工作，免致延誤。因承包人不具報告，延誤工作，所生過失應由其負責。因延誤工作對業主所生之一切特別費用（其數由建築師决定之），於其末期造價中扣除之。

棄約

（四六）若承包人不能履行合同所載明及規定之一切，或在合同下放棄工作，不能完成；或除規定外承包人將工程轉讓他人；或在建築師之意不得或不應延誤時；或承包人故意違犯合同下所載規定及條件時；或在進行工程時未能有良好信譽時；或其進行速度未能符合規定之期限時：在上述無論何種情形之下，建築師得用書面通知承包人及保證人，取消是項合同。在致此通告書後，所有銀錢及保證金卽認爲到期，蓋在合同下應由業主沒收也。若建築師之意認爲以前工作應卽進行，或運輸材料之必要時，則仍用公開購買方法進行之。或根據合同所載之工具用器材料等，在工作地可發見者，則另採用同樣之工具及材料等，以完成工作。

（四七）業主有權向承包人及保證人要求補償建築師在完竣合同

時所費之一切。若因完工而超出原有造價時，其數由承包人負担之。

（四八）除上述各節外，在合同規定下，不論請求工作時間之延長或某部工作之接受，業主有權認爲其放棄工作或延誤時間，而取消其合同。

（四九）因分期領取造價而接受之工程，不能作爲全部工程之接受。

（五〇）當建築師之意認承包商須即完成其合同時，建築師應即度量工作，計算並審查最後之估價及接受。然後業主在規定之下審查上述證明，將造價付與承包人外，所有剩餘部份應予以合法的扣除，不予支付，除非經建築師查明上述工作在承包人並不違背合同之規定。

轉讓

（五一）不論將合同或其他利益轉讓他人，在此情形下業主對於轉讓者或受讓者，有權拒絕合同之實行。合同所載一切權力及條件業主得保持之。

（待續）

營造與法院

本欄專載有關建築之法律譯著，建築界之訴訟案件，及法律質疑等，以灌輸法律智識於讀者爲宗旨。法律質疑，乃便利同業解決法律疑問而設，凡建築界同人，及本刊讀者，遇有法律上之疑難問題時，可致函本欄，編者當詳爲解答，并擇尤發表於本欄。

奚籟欽訴楊文詠鴻達賠償損失判決書

江蘇上海第一特區地方法院民事判決（二十年地字第七六〇號）

判決

原告奚籟欽年六十一歲住東西華德路積善里一號

訴訟代理人裘汾齡律師

蔡光勛律師

被告楊文詠年三十四歲住辣斐德路六二三號

訴訟代理人陳霆銳律師

被告鴻達年四十三歲住博物院路二十一號

訴訟代理人吳麟坤律師

王黼裳律師

右兩造因賠償涉訟一案。本院審理判決如左。

主文

被告楊文詠應賠償原告銀一萬零三百九十五兩。並自起訴之日起至執行終了日止週年五厘之利息。

原告其餘之訴駁回。

訴訟費用由被告楊文詠負担十九分之十一。餘由原告負擔。

事實

原告及其代理人聲明請求判令被告等連帶賠償原告銀一萬八千二百二十五兩。及自起訴日起至執行終了日止週年五厘之利息。並令負担訟費。其陳述略謂。被告楊文詠於民國十九年六月二十三日與原告訂立合同。承造東西華德路戲院。合同第十六條規定。該項工程限期於民國十九年十一月三十日完成。逾期每日賠償損失銀四十五兩。乃楊文詠到期並未完工。截至起訴之日。計逾期四百零五日。應賠償損失銀一萬八千二百二十五兩。查楊文詠原係鴻達建築師介紹。遇事偏袒。工程開始。前來婉商。謂工程上須用之鋼條。若由楊文詠自向外國定購。恐誤期日。不如自向洋行定購。較爲妥善。貨價核定爲一萬零六百七十兩。言定在造價內扣除。不料鴻達所購之鋼條。計值價一萬六千兩。較前核定之價超出五千三百三十兩之多。顯係串通侵害。又查工程逾期。尚未完成。鴻達突於二十年三月十七日。正式通知辭職。乃於去年十月忽發現鴻達致楊文詠展長限期。註明三月二十八日之函件。亦係互相串通。事後補立文件。以圖抵賴。自應與楊文詠負連帶賠償之責云云。提出合同一紙。說明書一紙等件爲證。

被告楊文詠及其代理人聲明請求駁回原告之訴。並令負擔訟費。其答辯略稱。被告停止工作。係因原告不付其應付之造價。無錢繼續。遲延責任在原告而不在被告。被告當不負賠償之責云云。

被告鴻達代理人聲明請求駁回原告之訴。並令負担訟費。其答辯略稱。楊文詠實係原告介紹。被告曾經反對。憤而辭職。原告情願認罰。故被告人繼續工作。如此情形。安有串通之理。原告空言主張。顯無理由云云。提出信件十二紙爲證。

理由

本案應審究之點有二。(一)楊文詠是否應負遲延責任。(二)如楊文詠負遲延責任。鴻達是否應與楊文詠連帶負責。就第一點論。查合同第十五條載明承攬人應於一九三〇年十一月三十日以前完成其工作。但建築師以書面延長完工之時期。而另定其變更完工之日期者。承攬人應於更定之日期。或該日期之前完成其工作。與依契約原來所定日期完成者同。十六條載明時期。在承攬人方面應特別認爲本契約之要素。在承攬人不能於一九三〇年十一月三十日或任何其他變更之日期以前完工時。承攬人應罰付定作人由該日起至工作完成建築師滿意之日止。計每日銀四十五兩。作爲損害賠償各等語。據楊文詠供稱。該項工程另有另碎幾百兩工作未完。但查楊工程師鑑定書載明。尚未完工。應即按圖樣及說明書繼續完工者。尚有五項。共需銀一千二百兩。可見該項工程至今尙未完成。無可諱言。被告辯稱停止工作。係由原告不照建築師於二十年四月二十七日所發之領款證付款一萬兩。未能繼續。其遲延責任。當在原告等語。殊不知按合同第十二條規定。在全部工作完成之前。原告只應給付造價總額三萬三千八百八十六兩之百分之七十。卽二萬三千七百二十兩零二錢。而被告業已領取二萬四千兩。工程既未全部完成。原告自無付餘款之義務。況原告事實上又多付六千兩。被告更不得主張因原告不付造價而停止工作。至於加工部份。既無合同訂明工料價值。與付款之日期。亦不能因原告未付此項加賬。而遂停止。被告按合同應完成之工作。縱令原告違背付款之義務。在契約未解除以前。被告仍有完成工作之義務。乃查被告竟將原告之戲院。自行封鎖。不但自已停止工作。而且阻止原告進行工作。其爲侵害原告權益。已屬毫無疑義。被告對於原告因此所受之損害。自應負賠償之責。至於賠償數額。既經合同載明。每日銀四十五兩。應從其約定。惟查被告完工之日期。業經建築師書面延長一百七十四日。應由原告主張之遲延期間四百零五日內扣除。被告實應賠償二百三十一日之損失。計銀一萬零三百九十五兩。其餘之請求應予駁回。第二點論。查鴻達建築師既非合同之當事人。又非楊文詠之保證人。對於楊文詠之違約行爲。自不負任何責任。原告主張楊文詠係由鴻達介紹。姑勿論原告並不能證明。縱令屬實。亦不負連帶責任。至於原告所稱鴻達與楊文詠設局串騙等語。更屬空言主張。毫無理由。依上論結。原告對於鴻達之訴應予駁回。爰依民事訴訟法第八十二條爲判決如主文。

中華民國二十二年二月七日

江蘇上海第一特區地方法院民庭

推事喬萬選印

書記官錢家驊印

本件證明與原告無異

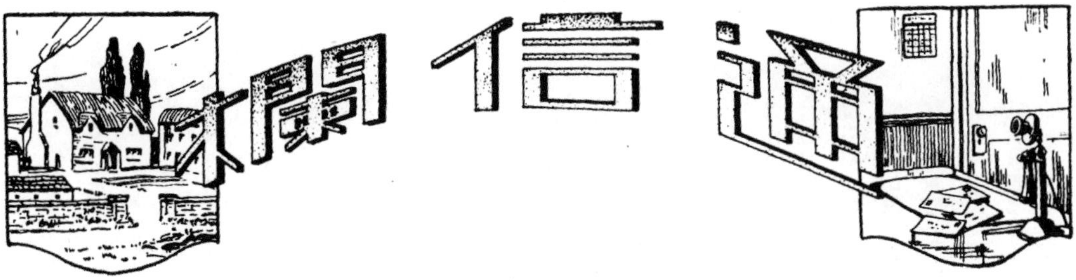

本欄選載建築協會來往重要文件，代爲公佈。幷發表會員暨讀者等關於建築問題之通信，以資切磋探討。惟各項文件均由具名者負完全責任。

宋哲元軍長來電

上海南京路大陸商場上海市建築協會諸公惠鑒。頃承殷主任芝齡遠來勞問。藉諗貴會同仁熱心高誼。敬感無已。荷戈殺敵。分所當然。寇患幅行。誓當努力。尚希愛國明賢指導爲感。餘由殷主任詳達。宋哲元印感。

本會覆宋哲元軍長函

逕復者。捧誦頒來感電。敬諗種切。寇犯日深。舉國同憤。惟一出路。厥爲抵抗。吾公統率義師。上馬殺賊。爲民衆之前導。復河山先聲。英風所播。強虜辟易。誠我華之光榮。我民之福音。彌深欽佩。同人等救國有心。殺敵無力。當前之職。惟對抗日將士作積極之援助耳。誓以赤誠。當爲公等後盾也。此致

宋哲元軍長　勛鑒

上海市建築協會謹啓

三月二十九日

魯創營造廠爲普慶大戲院工程涉訟來函

建築協會執事先生台鑒。敬啓者。敝廠於民國拾玖年間。承造東熙華德路華記路轉角普慶影戲院建築工程。因業主奚籟欽違背合同。將應付造價延不照付。致涉訟法庭。迄將二載。玆經法院初審判決。其理由頗有悞解之處。敝廠除不服判決。聲請上訴外。伏思貴會爲吾業公正團體。特將此案經過事實及法院判決書另紙彙呈。敬祈貴會仗義執言。秉公批評。並希廣事宣傳。使各界明瞭本案之眞相。而供建築業者有所借鏡。免受業主之虧。則不獨敝廠所感戴。抑亦吾業全體所企望也。專此佈達。敬請

大安

魯創營造廠
楊文詠敬具

附　經過事實單一紙
　　法院判决書副本二份

請本會募款購機助戰函

上海市建築協會執事先生公鑒。逕啓者。素仰貴會扶植建築事業。彌深欽佩。上海之崇樓峻廈年有增建。而從事各項工程之建築者。則均屬貴會會員。足徵人材濟濟。造福社會不淺。誠我建築界之光榮也。再者。國危日深。山河變色。東省既淪爲異域。熱河亦陷於崇朝。來日大難。甯復有己。考

其撤退之由。軍閥貪利苟安。固難辭咎戾。而觀夫義軍困鬥經年。
未奏宏效。滬戰相持匝月。失於敵威。何者。軍械戰機之缺乏故也
。是以欲謀抗禦。非擴充軍備不可。風雲已震撼華北。脣亡齒寒。
應不以途遙而忽之。久仰
貴會熱心愛國。用特專函奉懇。甚盼籌募巨款。購置飛機。捐贈前
敵。庶幾剷彼强奴。復我光華。幸希
努力爲荷。順頌
大安

志明謹上

三月五日

附普慶影戲院建築經過

（一）訂立合同之經過

鄙人於民國十九年五月間。由友人梁益珊黃人傑二君介紹爲奚籟欽建造戲院。當時鄙人有病在福民醫院療治。故遣同事趙君俊蓀前往奚籟欽處接洽。後經知友談及奚籟欽之辦事欠缺大方。故卽無意於此。乃奚籟欽復請梁君至福民醫院與鄙人晤談。力言此項工程決無意外麻煩。鄙人遂遣趙君會同奚籟欽等到鴻達領取圖樣估價。經趙君等詳細核算。計需造價元肆萬捌千餘兩。奚籟欽又挽原介紹人一再至鄙人處商減。鄙人因彼此情面關係。故復同趙君以最低廉之价格核算。減至元肆萬肆千五百五十六兩。迨數日談妥後。於六月二十三日到鴻達簽訂合同時。鴻達須着鄙人另備保人。鄙人因前未談及。未曾準備。由奚籟欽等自向鴻達說明免除保人。願在合同上簽字作爲自願。於是遂共同簽訂合同。（簽訂合同時梁黃二君亦在場）

（二）確定開工期之經過

訂立合同後。敝廠當向鴻達領取工部局核准之圖樣及營造執照。以便開工。乃鴻達謂圖樣尙未經工部局核准。敝廠以無核准之圖樣及執照未能開工。故不能照合同所訂期限完工。經敝廠解釋後。於（翌日）六月二十四日由鴻達具函敝廠及奚籟欽。以收到工部局核准之圖樣及執照爲開工期。定五個半月完工。（冰霜天照除）迨七月十六日敝廠收到工部局執照及核准之圖樣。卽具函通知鴻達。由鴻達復函准以七月十六日爲開工日。並通知奚籟欽查照。

（三）鋼條工字鉄由業主自辦之經過

按開工未久。忽由原介紹人梁益珊君向敝廠說項。要求將原工程內所需用之鋼條工字鉄由業主自辦。並扣除造價元壹萬零陸百柒拾兩。敝廠因此價與敝廠預計之價相差元貳千餘兩。勢難應允。嗣介紹人再三相勸。敝廠以開工伊始。爲免除日後周折起見。委曲求全。忍痛接受。當由鴻達具函雙方證明此項價格。

（四）加出工程及遲延工作之經過

自七月十六日開工後。工程次第進行。由奚籟欽自辦之鋼條工字鉄遲延不到。以致工程停頓。其後並由奚籟欽陸續囑做加出之各項工程。並因收到工部局核准之圖樣又與估價時之圖樣不符。是以工程改重等。均經敝廠先將價目單開與奚籟欽。並經其全權代表鴻達逐項簽准之。至于因上

述原因及冰霜天等以致不克工作之日期。計共一百七十四天。亦均報告奚籟欽轉咨鴻達。出有核准之證明書存照。

（五）造價不付之經過

按照合同。每期領取造價。先由敝廠將所進材料及付出工款價值。開單報告鴻達。由鴻達派員至工程處照單核察無訛後。以百分之七十簽出領款證。交於敝廠。由敝廠持證向奚籟欽照數收取之。（其餘百分之三十併入下屆計算）其第一次于民國十九年九月二十日簽出元七千七百兩。第二次於同年十二月二日簽出元壹萬貳千兩。均由奚籟欽按照領款證之數付給。彼此相安無事。至第三次於二十年一月八日由鴻達簽出領款證元七千兩。敝廠照例持證向奚籟欽收取。而奚籟欽囑將領款證放存彼處。令敝廠明日往收。及至敝廠明日去收時。奚籟欽已向鴻達商改爲元五千兩。（將七千兩領款證作廢另出五千兩領款證）敝廠爲顧全雙方感情計。自向他處設法移挪。而不與計較。及至四月二十七日鴻達簽出第四次領款證元壹萬兩。由敝廠持證向奚籟欽收取。詎奚籟欽竟一再推託無款。延至五月十九日始付元陸千兩。尚少元四千兩。當時奚籟欽約期三四天即付。然迄今未曾付給。致敝廠蒙受種種損失。

（六）進行訴訟之經過

當二十年五月間。敝廠已將全部工程完成百分之九十九。各種材料及人工款項均須付出。若奚籟欽遵照合同將四月二十七日之造價元壹萬兩照付。則不需半月時間即可完工交屋。然因奚籟欽違背合同。將應付之造價不付。致敝廠雖欲趕速完工。但巧婦難作無米之炊。且造價收取無期。爲防止工程重大損失起見。不得已將另星五金物件及末度油漆暫緩工作。（奚籟欽另行包出之冷熱水管子及椅子等工程均仍照常工作敝廠從未阻止）于六月十六日將經過情形。具狀法院訴追造價。

（七）敦請張效良先生判斷之經過

當該案經法院一度審理。諭令改期時。至二十年八月間由奚籟欽代理律師楊國樞就商於敝廠代理律師陳霆銳。言奚籟欽現願將該案所爭之點。交付水木公所張效良先生秉公估計。以爲最後之公斷。敝廠爲避免訟事久延計。乃於九月間由奚籟欽及敝廠並兩造律師親自簽名具函。委請張效良先生公斷。並于該函內載明。自經公斷後雙方應絕對遵守。不得翻悔違背。張君接函。即會同工程專家江長庚姚長安二君共同實施勘察。並于十月十二日召集雙方及各關係人。在銀行公會詳加諮詢。于十月二十三日由張君等具函斷定。關於工程添改價值等。應以原手承辦是項工程之鴻達建築師所具證書爲憑。乃奚籟欽忽變原約。推翻前議。對于張君之公斷書。竟完全推翻。抗不履行。雖經張君等喻以公斷之起因。既爲汝所提出。而請求公斷之函件又經雙方親自簽名。應絕對遵守。不得翻悔。否則何能取信于人。然奚籟欽仍不顧信義。依舊翻悔。于是鑑定無效。重行進行訴訟。

（八）關於完工日期之事實

按合同內雖屬載明全部工程于民國十九年十一月三十日或

照建築師以書面證明之延長日期完工之。祇以工部局執照遲不頒到。（已詳上文(二)）故另訂於七月十六日開工。以五個半月完工之。並因冰霜天以及加出工程而致遲延之日期。（已詳上文(四)）另由鴻達證明之。是以一百七十四天照例計算。此項工程于二十年六月二十二日完工尚不逾期。如奚籟欽遵照合同所應付之造價付下。早可於期前完工。故遲延日期問題。全由奚籟欽之違背合同所致。非敝廠之責任。不辯自明矣。

（九）關於楊錫鏐建築師鑑定及經過

因奚籟欽不遵張效良先生之公斷。乃繼續開庭審理。而奚籟欽在庭上一味抵賴。言無加出工程等事。並請求法院改請楊錫鏐建築師爲鑑定人。庭上准之。乃由楊建築師核察後。出具報告書。其中加賬部份。其數量與敝廠所核算之數大體均屬相符。惟價格註明照目下市價計算。故祇元六千七百五十七兩四錢四分。（原建築師核准元九千一百兩另九兩七錢）查當工程進行時。正值先令奇緊。建築材料騰貴之際。以今比昔。相差有十分之三。並因加出工程間有屢次拆改損失工料。恐非局外之楊建築師所能洞悉。此應聲明及不能承認者一。又報告書所言之應須修理及未完工部份計元一千八百七十二兩。（按敝廠未完工之一度油漆及少許另件祇須元四五百兩）查工程停頓進行時。（二十年五月間）至楊建築師到工程處察看時（二十一年七月間）已歷十四個月。其間又經過一二八之戰事。致工程內之粉刷油漆玻璃等損壞不貲。致估價難能准確。此應聲明及不能承認者二。

上海市建築協會公鑒

民國二十二年三月一日　魯創營造廠　楊文詠謹具

REPLIES TO ENQUIRIES

徐經常君問：

（一）設有磚牆一垛，單面面積為一英方，用柴泥糙底，外蓋紙筋，再用老粉粉刷，則所需各項材料為若干？

（二）請舉柏油及松香柏油之中英文名稱，及其溶解點(Melting Point)與用途。

服務部答：

（一）每一英方柴泥紙筋所需各項材料數量，本刊「工程估價」一文中之粉刷項將有論及，屆時希參閱可也。

（二）A、柏油英文名 Coaltar（請參閱Dr. G. Malatesta 所著"Coaltar"一書內載關於各項柏油之原料用途等極詳。發售處 E. & F. N. Spon, Ltd, 57 Hagmarket, S. W. I London.）松香柏油英文名有 Asphalt, Pitch, Bitumen 等，其餘名稱極煩，不克盡舉。請閱本刊逐期發表之「建築辭典」。B、其溶解點以燒至柔薄為度，C、用途：質良者用以膠抹電器工業上油線外層，化學工業上之鹽素瓦斯發生器，酸容器。并可作內塗料，如晒粉製造室及內牆塗粘等。此外尚可用於防水工程，膠粘平屋頂牛毛毡人行道車道之路面等等。

周覺然君問

（一）貴部代人為房屋設計打樣否？須先付報酬否？

（二）廚房內之新式廚灶，（燒煤炭及洋油或用電氣者）洗盌器，儲食物器等之圖樣。

服務部答：

（一）本部並不代人設計繪製房屋圖樣，惟可代介紹建築師，費用若干，詳情函商。

（二）各種圖樣當代為索取，一俟寄到，即行轉奉。

陳隆璐君問

茲附上樣子二方，此係靜安寺路俄人承造大光明影戲院砌舖牆面所用，此物未知何名？何廠出品？滬地誰家經理？有何功用？價格如何？請詳答為荷！如蒙代索說明書及樣品，尤感！

服務部答：

（一）該項材料英文名Assoustone。

（二）上海經理人為德商孚麟洋行。

（三）其效用為避免漏音。

（四）由石棉及其他物品化合。

（五）詳情請直接詢問孚麟洋行。

高嵩君問

（一）計算水泥大料，樑，柱，樓板之算式如何？

（二）西文本木器Furniture圖樣，請示最完美者數種，及其出售處與價格。

服務部答：

（一）此項算式不能簡略奉答，請購置此類書籍詳細閱覽，方能明瞭。可向商務印書館西書部及別發書局等查詢。若以原版西書難解，則徐鑫堂所著「實用鋼骨混凝土學」尚有一讀之價值。該書定價每冊洋四元，可逕向上海新閘路永泰里B一〇五八號新華建築公司函購。

（二）西式木器圖樣書本，上海四川路海軍青年會對門祥記書社代售者頗多，可往選購。該社並可代客向外國訂購。

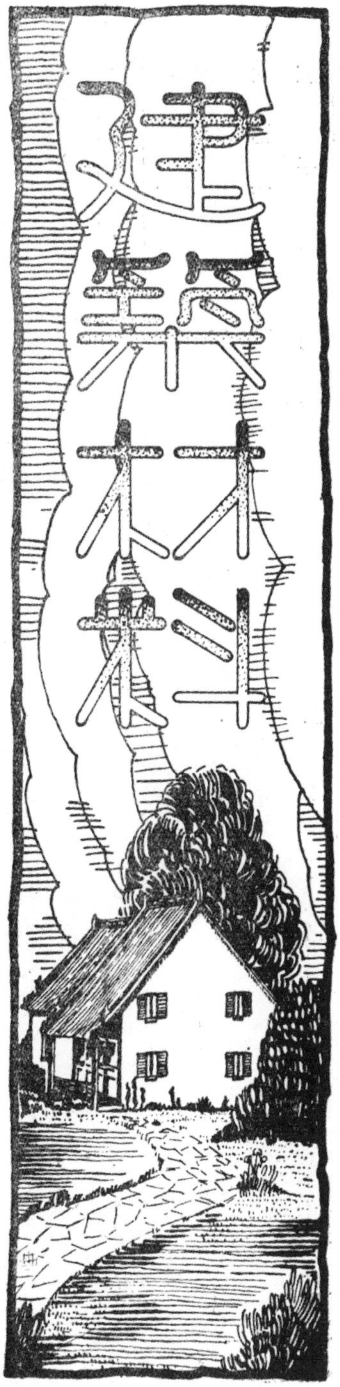

建築材料價目表

本欄所載材料價目，力求正確，惟市價瞬息變動，漲落不一，集稿時與出版時難免出入。讀者如欲知正確之市價者，希隨時來函或來電詢問，本刊當代爲探詢詳告。

磚瓦類

貨名	商號	標記	數量	價格 銀	價格 洋	備註
六孔磚	大中磚瓦公司	12″×12″×8″	每千	一七〇兩		須外加車力
六孔磚	同前	12″×12″×6″	同前	一三〇兩		同前
四孔磚	同前	12″×12″×4″	同前	九〇兩		同前
六孔磚	同前	9¼″×9¼″×6″	同前	六〇兩		同前
三孔磚	同前	9¼″×9¼″×4½″	同前	五〇兩		同前
三孔磚	同前	9¼″×9¼″×3″	同前	四〇兩		同前
四孔磚	同前	4½″×4½″×9¼″	同前	二九兩		同前

磚瓦類

貨名	商號	標記	數量	價格 銀	價格 洋	備註
二孔磚	大中磚瓦公司	3"×4½"×9¼"	每千	一八兩		須外加車力
二孔磚	同前	2½"×4½"×9¼"	同前	一六兩		同前
二孔磚	同前	2"×4½"×9¼"	同前	一六兩		同前
紅機磚	同前	2"×5"×10"	每萬	一〇五兩		同前
紅機磚	同前	2½"×8½"×4¼"	同前	一一〇兩		同前
紅機磚	同前	2"×9"×4⅜"	同前	一〇〇兩		同前
紅平瓦	同前		每千	五三兩		車力在內
青平瓦	同前		同前	五八兩		同前
紅脊瓦	同前		同前	一〇六兩		同前
青脊瓦	同前		同前	一一六兩		同前
蘇式灣瓦	同前		每千	三〇兩		
西班牙筒瓦	同前		每千	四六兩		
紫面磚	泰山磚瓦公司	2½"×4"×8½"	每千	八〇兩		
白面磚	同前	同前	每千	八〇兩		
紫薄面磚	同前	1"×2½"×8½"	一千	四八兩		每百方尺需五百塊
白薄面磚	同前	同前	一千	四八兩		同前
紫薄面磚	同前	1"×2½"×4"	一千	二四兩		每百方尺需用一千塊
白薄面磚	同前	同前	一千	二四兩		同前
紅平瓦	同前		一千	八〇兩		每百方尺需一三六塊

磚瓦類

貨名	商號	標記	數量	價格（銀）	價格（洋）	備註
青平瓦	泰山磚瓦公司		一千	五五兩		每百方尺需二〇五塊
脊瓦	同上		一千	一六〇兩		
特號火磚	瑞和磚瓦公司	CBC A1	一千	一二〇兩		瑞和各貨均須另加送力
頭號火磚	同上	CBC	一千	八〇兩		火磚每千送力洋六元
二號火磚	同上	壽字	一千	六六兩		
三號火磚	同上	三星	一千	六〇兩		
木梳火磚	同上	CBC	一千	一二〇兩		
斧頭火磚	同上	同上	一千	一二〇兩		
一號紅瓦	同上	花牌	一千	八〇兩		紅瓦每千張運費五元
二號紅瓦	同上	龍牌	一千	七五兩		
三號紅瓦	同上	馬牌	一千	六五兩		
[illegible]紅新放	大康		每萬		一二四元	下列五種車挑力在外
[illegible]青新放	同上		每萬		一一二元	
三號青新放	同上		每萬		七八元	
洪正二號瓦	同上		每萬		六〇元	
小瓦	同上		每萬		四〇元	
一號精選瑪賽克磁磚	益中機器股份有限公司	全白	每方碼	四兩二錢		下列瑪賽克磁磚大小爲六吩方形或一寸六角形
二號精選瑪賽克磁磚	同前	白心黑邊黑磚不過一成	每方碼	四兩五錢		

磚瓦類

貨名	商號標記		數量	價格 銀	價格 洋	備註
三號精選瑪賽克磁磚	益中機器股份有限公司	花樣簡單色磚不過二成	每方碼	五兩		
四號精選瑪賽克磁磚	同前	花樣複雜色磚不過四成	每方碼	五兩五錢		
五號精選瑪賽克磁磚	同前	花樣複雜色磚不過六成	每方碼	六兩		
六號精選瑪賽克磁磚	同前	花樣複雜色磚不過八成	每方碼	六兩五錢		
七號精選瑪賽克磁磚	同前	花樣複雜色磚十成以內	每方碼	七兩		
八號普通瑪賽克磁磚	同前	全白	每方碼	三兩五錢		
九號普通瑪賽克磁磚	同前	白心黑邊黑磚不過一成	每方碼	四兩		
花磚	啓新		每方（一二二五塊）	二十兩二五		目下市價上海棧房交貨爲準
瓦筒	義合花磚瓦筒廠	十二寸	每只		八角四分	
瓦筒	同前	九寸	每只		六角六分	
瓦筒	同前	六寸	每只		五角二分	
瓦筒	同前	四寸	每只		三角八分	
瓦筒	同前	小十三號	每只		八角	
瓦筒	同前	大十三號	每只		一元五角四分	

磚瓦類

貨名	商號	大小	數量	價格 銀	價格 洋	備註
十二寸瓦擺工	義合花磚瓦筒廠		每丈		一元二角五分	
九寸瓦擺工	同前		每丈		一元	
六寸瓦擺工	同前		每丈		八角	
四寸瓦擺工	同前		每丈		六角	
粉做水泥地工	同前		每方		三元六角	
青水泥花磚	同前		每方	十五兩		
白水泥花磚	同前		每方	十九兩		
A號汽泥磚	馬爾康洋行	12"×24"×2"	每方五十塊	八兩七〇		
B號汽泥磚	同上	12"×24"×3"	同上	一三兩		
C號汽泥磚	同上	12"×24"×$4\frac{1}{8}$"	同上	一七兩九〇		
D號汽泥磚	同上	12"×24"×$6\frac{1}{8}$"	同上	二六兩六〇		
E號汽泥磚	同上	12"×24"×$8\frac{3}{8}$"	同上	三六兩三〇		
F號汽泥磚	同上	12"×24"×$9\frac{1}{4}$"	同上	四〇兩二〇		
白磁磚	元泰磁磚公司	6"×6"×$\frac{3}{8}$"	每打	一兩一錢		德國出品
白磁磚	同上	6"×3"×$\frac{3}{8}$"	每打	六錢五分		德國出品

磚磁類

貨名	商號	大小	數量	價格 銀	價格 洋	備註
白磁磚	元泰磁磚公司	6″×6″×3/8″	每打	一兩一錢		奧國出品
白磁磚	同上	6″×6″×3/8″	每打	一兩一錢		捷克出品
白磁磚	同上	6″×3″×3/8″	每打	六錢五分		捷克出品
壓頂磁磚	同上	6″×1″	每打	一兩四錢		
壓頂磁磚	同上	6″×2″	每打	一兩六錢		
裡外角磁磚	同上	6″×1¼″	每打	一兩二錢半		
裡外角磁磚	同上	6″×1½″	每打	一兩二錢半		
白磁浴缸	同上	五尺	每只	四十一兩		德國貨
白磁浴缸	同上	五尺半	每只	四十二兩		同上
磁面盆	同上	16″×22	每只	十二兩半		德國貨
磁面盆	同上	15″×19	每只	十一兩半		同上
二號尿斗	同上		每只	十一兩		同上
低水箱	同上		每只	四十七兩半		同上
高水箱	同上		每只	二十二兩		同上

木材類

貨名	商號	說明	數量	價格 銀	價格 洋	備註
洋松	上海市同業公會公議價目	八尺至三十二尺(再長照加)	每千尺	七十兩		下列各種價目以普通貨爲準
洋松	同前	一半 一寸 一二	每千尺	七二兩		
洋松一寸六寸毛板	同前		每千尺	七二兩		
洋松二寸光板	同前		每千尺	五二兩		
四尺洋松條子	同前		每萬根	一二〇兩		
一寸四寸洋松一號企口板	同前		每千尺	八〇兩		
一寸六寸洋松一號企口板	同前		每千尺	九〇兩		
一二五•四寸一號洋松企口板	同前		每千尺	一一〇兩		
一二五•六寸洋松一號企口板	同前		每千尺	一二〇兩		
柚木(頭號)	同前	僧帽牌	每千尺	四五〇兩		
柚木(甲種)	同前	龍牌	每千尺	三五〇兩		
柚木(乙種)	同前	龍牌	每千尺	三〇〇兩		
柚木段	同前	龍牌	每千尺	二五〇兩		
硬木	同前		每千尺	一五〇兩		
硬木火方介	同前		每千尺	一三〇兩		
九尺寸坦戶板	同前		每丈	一兩		
柳安	同前		每千尺	一六〇兩		
紅板	同前		每千尺	九〇兩		
抄板	同前		每千尺	一一〇兩		

木材類

貨名	商號	說明	數量	價格 銀	價格 洋	備註
十二尺三寸六八皖松	上海市同業公會公議價目		每千尺	四五兩		
一二五—四寸柳安企口板	同上		每千尺	一九〇兩		
十二尺二寸皖松	同上		每千尺	四五兩		
一寸六寸柳安企口板	同上		每千尺	一八〇兩		
二寸一半建松片	同上		每千尺	四五兩		
一丈宇印建松板	同上		每丈	二兩四錢		
一丈足建松板	同上		每丈	三兩八錢		
八尺寸甌松板	同上		每丈	二兩八錢		
一寸六寸一號甌松板	同上		每千尺	三四兩		
一寸六寸二號甌松板	同上		每千尺	三二兩		
八尺機鋸五分杭松板	同上		每丈	一兩五錢		
九尺機鋸五分甌松板	同上		每丈	一兩四錢		
八尺足寸皖松板	同上		每丈	三兩三錢		
一丈寸皖松板	同上		每丈	四兩		
八尺六分皖松板	同上		每丈	二兩五錢		
台松板	同上		每丈	二兩八錢		
九尺八分坦戶板	同上		每丈	九錢		
九尺五分坦戶板	同上		每丈	七錢		
八尺六分紅柳板	同上		每丈	一兩六錢		

貨名	商號	標記	數量	價格 銀	價格 洋	備註
七尺俄松板	上海市同業公會議定價目		每丈	一兩四錢		
八尺俄松板	同上		每丈	一兩六錢		

油漆類

貨名	商號	標記	數量	價格 銀	價格 洋	備註
白打磨磁漆	開林油漆公司	雙斧牌	半加倫		三元九角	
白打磨磁漆	同前	同前	二·五加倫		二元	
各色打磨磁漆	同前	同前	半加倫		三元四角	
同上	同前	同前	二·五加倫		三元四角	
甲種嗶呢士	同前	同前	五加倫		一元八角	
同上	同前	同前	四加倫		二十二元	
同上	同前	同前	一加倫		十七元	
乙種嗶呢士	同前	同前	五加倫		四元六角	
同上	同前	同前	四加倫		十四元一角半	
同上	同前	同前	一加倫		三元三角	
黑嗶呢士	同前	同前	五加倫		十二元	
同上	同前	同前	一加倫		二元五角	
烘光嗶呢士	同前	同前	五加倫		二十四元	
烘光嗶呢士	同前	同前	一加倫		五元	
白牌純亞蔴仁油	同前	同前	四十加倫		一五六元	
同上	同前	同前	五介倫		二十元	

油漆類

貨名	商號	標記	數量	價格 銀	價格 洋	備註
白牌純亞蔴仁油	開林油漆公司	雙斧牌	一介倫		四元二角	
紅牌熟胡蔴子油	同前	同前	五介倫		二十元	
乾液	同前	同前	五介倫		十四元	
乾漆	同前	同前	二十八磅		五元四角	
紅牌白鉛粉	同前	同前	每担		四十五元	
藍牌白鉛粉	同前	同前	每担		三十四元	
綠牌白鉛粉	同前	同前	每担		二十七元	
正純鉛丹	同前	同前	二十八磅		八元	
AAA純鋅上白漆	同前	同前	二十八磅		九元五角	
AA純鉛上白漆	同前	同前	二十八磅		八元五角	
A白漆	同前	同前	二十八磅		六元八角	
B白漆	同前	同前	二十八磅		五元三角半	
K白漆	同前	同前	二十八磅		三元九角	
KK白漆	同前	同前	二十八磅		二元九角	
A各色漆	同前	同前	二十八磅		三元九角	計有紅黃藍綠黑灰紫棕八種色
B各色漆	同前	同前	二十八磅		三元九角	計有紅黃藍綠黑灰紫棕八色
銀硃調合漆	同前	同前	一加倫		十一元	
白色調合漆	同前	同前	一加倫		五元三角	
各色調合漆	同前	同前	一加倫		四元四角	

油漆類

商號	商標	貨名	裝量	價格	用途
永固造漆公司	長城牌	各色磁漆	一介侖	七元	髹於鋼鐵及木製器具上顏色鮮豔堅韌耐久
同前	同前	同上	半介侖	三元六角	
同前	同前	同上	二五介侖	一元九角	
同前	同前	金銀色磁漆	一介侖	十元七角	同前
同前	同前	同上	半介侖	五元五角	
同前	同前	同上	二五介侖	二元九角	
同前	同前	改良廣漆	五介侖	十八元	有金黃紅木及棕紅色數種最合於木器家具地板等處
同前	同前	同上	一介侖	三元九角	
同前	同前	同上	半介侖	二元	
同前	同前	同上	二五介侖	一元一角	
同前	同前	清凡立水	五介侖	十六元	易乾耐用光亮透明用於家具木器地板等物可增美觀而防物腐
同前	同前	同上	一介侖	三元三角	
同前	同前	同上	半介侖	一元七角	
同前	同前	黑凡立水	五介侖	十二元	
同前	同前	同上	一介侖	二元五角	
同前	同前	同上	半介侖	一元三角	
同前	同前	灰防銹漆	五十六磅	二十二元	用於鋼鐵器具上最有防銹之功效如鐵橋樑船殼鋼料建築及屋頂鐵皮等物每隔三四年塗刷此漆兩層便可永久保用
同前	同前	同上	一介侖	四元四角	
同前	同前	紅防銹漆	五十六磅	二十元	
同前	同前	同上	一介侖	四元	

油漆類

永固造漆公司	長城牌	各色調合漆	五十六磅	念元另五角	用於家具牆壁窗戶等物最爲經濟
同前	同前	同上	一介侖	四元四角	
同前	同前	同上	半介侖	二元三角	
同前	同前	硃紅調合漆	五十六磅	三十二元六角	
同前	同前	同上	一介侖	七元	
同前	同前	同上	半介侖	三元六角	
同前	同前	上上白厚漆	二十八磅	七元	專備各項建築工程輪船橋樑及房屋之用
同前	同前	上白厚漆	同前	五元三角半	
同前	同前	上各色厚漆	同前	四元六角	
同前	同前	二號各色厚漆	同前	二元九角	
同前	同前	紅丹	同前	十一元五角	
同前	同前	燥油	五介侖	十四元五角	用於油漆能加增其乾燥性
同前	同前	同上	一介侖	三元	
同前	同前	燥漆	二十八磅	五元四角	
同前	同前	同上	七磅	一元四角	
同前	同前	AA魚油	五介侖	十七元五角	專供調薄各色厚漆之用
同前	同前	A魚油	五介侖	十五元	
大陸實業公司	馬頭牌	固木油	一介侖	二兩五錢	
			五介侖	十二兩五錢	
			四十介侖	八十兩	

油漆類

商號	品號	品名	裝量	價格	用途	用法	每介侖能蓋方數
元豐公司	建一	白厚漆	二十八磅	二元八角	木質打底	八桶加燥頭十四磅快燥魚油八介侖成打底白漆廿一介侖。	三方
同前	建二	黃厚漆	二十八磅	二元八角	土木質打底	同上	三方
同前	建三	紅厚漆	二十八磅	二元八角	鋼鐵打底	同上	四方
同前	建四	頂上白厚漆	二十八磅	十元	蓋面（外用/內用）	二桶加燥頭七磅淺色魚油六/快燥魚油五介侖成上白蓋面漆九/八介侖	五方
同前	建五	燥頭	七磅	一元二角	促乾	和魚油或光油調合厚漆	
同前	建六	淺色魚油	六介侖	十六元半	調合原漆	又可用為水門汀三和土之底漆及木器之揩漆	（土）三方（木）六方
同前	建七	快燥魚油	五介侖	十四元半	同前	同上	同右
同前	建八	三煉光油	六介侖	二十五元	同前	同上（稍加香水）	同右
同前	建九	發彩油（紅黃藍）	一磅	一元四角半	配色	加入白漆可得雅麗彩色	
同前	建十	香水	五介侖	八元	調漆	徐加勤拌	
同前	建十一	漿狀洋灰釉	二十磅	八元	門面	和香水/光油一介侖成漆（平光/足光）二介侖可漆牆面/門面	四方
同前	建十二	調合洋灰釉	二介侖	十四元	門面地板	開桶可用能防三合土建築之崩裂	五方
同前	建十三	漿狀水粉漆	二十磅	六元	牆壁	和水十磅成平光三介侖乾後耐洗	三方
同前	建十四	橡黃釉	二介侖	七元五角	門窗地板	開桶可用宜各式木質建築物	五方
同前	建十五	柚木釉	二介侖	七元五角	同上	同上	五方
同前	建十六	花利釉	二介侖	七元半	門窗地板	同上	五方
同前	建十七	上白磁漆	二介侖	十三元半	蓋面	開桶可用宜廠站廳堂	六方
同前	建十八	朱紅磁漆	二介侖	二十三元半	蓋面	開桶可用宜大門庭柱等裝修	五方
同前	建十九	純黑磁漆	二介侖	十三元	蓋面	同上	五方
同前	建二十	紅丹油	五十六磅	十九元半	防銹	開桶可用永不結塊	四方

油漆類

商號	品號	品名	裝量	價格	用途	用法	每介侖能蓋方數
元豐公司	建二一	鋼窗灰	五十六磅	二十一元半	防銹	開桶可用宜各式鋼鐵建築物	五方
同前	建二二	鋼窗李	五十六磅	十九元半	同前	同上	五方
同前	建二三	鋼窗綠	五十六磅	二十一元半	同前	同上	五方
同前	建二四	屋頂紅	五十六磅	十九元半	同前	同上	五方
同前	建二五	上白調合漆	五介侖	三十四元	蓋面	開桶可用宜上等裝修	五方
同前	建二六	上綠調合漆	五介侖	三十四元	蓋面	同上	五方
同前	建二七	水汀銀漆	二介侖	二十一元	汽管汽爐	開桶可用耐熱不脫	五方
同前	建二八	水汀金漆	二介侖	二十一元	同上	同上	五方
同前	建二九	凡宜水（清黑）	二 五介侖	九 二十一元	罩光	開桶可用耐熱耐潮耐晒	五方

泥灰類

桶裝水泥	中國水泥公司		每桶	五兩		每桶重一七〇公斤
袋裝水泥	同上		每一七〇公斤	四兩六錢		以上二種均以上海棧房交貨爲準
洋灰	同上		每桶	四兩六錢五		外加統稅每桶六角
頭號石灰	大康		每担		一元九角	
二號石灰	大康		每担		一元七角	
三會火泥	瑞和	白色	每袋		三元六角	運費每袋洋三角
三會火泥	同上	紅色	每袋		三元	同上
火泥	泰山磚瓦公司		一噸		二十元	
黑沙泥			每方		自六元至八元	

貨名	商號	標記	數量	價格 銀	價格 洋	備註
水沙			每方	自十五元至十八元		
甯波沙			每噸	三元一角		
湖州沙			每噸	二元四角		

鋼條類

貨名	商號	尺寸	數量	價格 銀	價格 洋	備註
鋼條	蔡仁茂	四〇尺長二分光圓	每噸	八五兩		
鋼條	同前	四〇尺長二分半光圓	每噸	八五兩		
竹節	同前	四〇尺長三分方圓	每噸	七七 七八兩		
竹節	同前	四〇尺長四分方圓	每噸	七六兩		
竹節	同前	四十尺長五分方圓	每噸	七六兩		
竹節	同前	四十尺長六分方圓	每噸	七六兩		
竹節	同前	四十尺長七分方圓	每噸	七六兩		
竹節	同前	四十尺長一寸方圓	每噸	七六兩		
盤圓	同前		每擔	五兩五錢		

粗細紙類

貨名	商號	標記	數量	價格 銀	價格 洋	備註
頂尖紙	大康		每塊		五角	
細紙	同上		每塊		三角	
粗紙	同上		每塊		二角半	

五金類

貨名	商號	標記	數量	價格 銀	價格 洋	備註
二二號英白鐵	新仁昌		每箱	四十八兩三〇		每箱二十一張重四二〇斤
二四號英白鐵	同前		每箱	四十九兩三五		每箱二十五張重量同上
二六號英白鐵	同前		每箱	五十一兩五五		每箱三十三張重量同上
二二號英瓦鐵	同前		每箱	四十四兩一〇		每箱二十一張重量同上
二四號英瓦鐵	同前		每箱	四十五兩一五		每箱二十五張重量同上
二六號英瓦鐵	同前		每箱	四十九兩三五		每箱三十三張重量同上
二八號英瓦鐵	同前		每箱	五十三兩五五		每箱三十八張重量同上
二二號美白鐵	同前		每箱	六十五兩一〇		每箱二十一張重量同上
二四號美白鐵	同前		每箱	七十一兩四〇		每箱二十五張重量同上
二六號美白鐵	同前		每箱	七十七兩五〇		每箱三十三張重量同上
二八號美白鐵	同前		每箱	七十七兩五〇		每箱三十八張重量同上
美方釘	同前		每桶	十一兩五〇		
平頭釘	同前		每桶	十三兩		
中國貨元釘	同前		每桶	六兩三錢倍司		
半號牛毛毡	同前		每捲	三兩五錢		
一號牛毛毡	同前		每捲	四兩五〇		
二號牛毛毡	同前		每捲	六兩二五		
三號牛毛毡	同前		每捲	九兩		

建築工價表

名稱	數量	價格
清混水十寸牆水泥砌雙面柴泥水沙	每方	洋七元五角
柴混水十寸牆灰沙砌雙面清泥水沙	每方	洋七元
清混水十五寸牆水泥砌雙面柴泥水沙	每方	洋八元五角
清混水十五寸牆灰沙砌雙面柴泥水沙	每方	洋八元
清混水五寸牆水泥砌雙面柴泥水沙	每方	洋六元五角
清混水五寸牆灰沙砌雙面柴泥水沙	每方	洋六元
汰石子	每方	洋九元五角
平頂大料線脚	每方	洋八元五角
泰山面磚	每方	洋八元五角
磚磁及瑪賽克	每方	洋七元
紅瓦屋面	每方	洋二元

名稱	數量	價格
灰漿三和土（上脚手）		洋三元五角
灰漿三和土（落地）		洋三元二角
掘地（五尺以上）	每方	洋七角
掘地（五尺以下）	每方	加六角
紮鐵（茅宗盛）	每擔	洋五角五分
工字鐵紮鉛絲（仝上）	每噸	洋四十元
擣水泥（普通）	每方	洋三元二角
擣水泥（工字鐵）	每方	洋四元

名稱	商號	數量	價格	備註
二十四號九寸水落管子	范泰興	每丈	一元四角五分	
二十四號十二寸水落管子	同前	每丈	一元八角	
二十四號十四寸方管子	同前	每丈	二元五角	
二十四號十八寸方水落	同前	每丈	二元九角	
二十四號十八寸天斜溝	同前	每丈	二元六角	
二十四號十二寸還水	同前	每丈	一元八角	
二十六號九寸水落管子	同前	每丈	一元一角五分	
二十六號十二寸水落管子	同前	每丈	一元四角五分	
二十六號十四寸方管子	同前	每丈	一元七角五分	
二十六號十八寸方水落	同前	每丈	二元一角	
二十六號十八寸天斜溝	同前	每丈	一元九角五分	
十二六號十二寸還水	同前	每丈	一元四角五分	

編餘

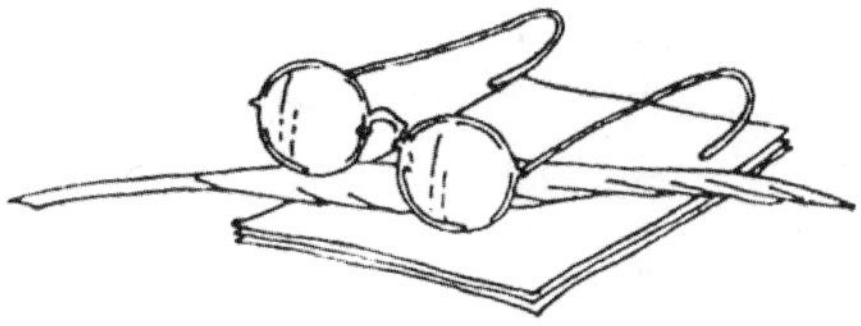

編者須得向讀者道歉的，便是本刊出版的遲期，致勞讀者紛函詢問。不過本期的所以延遲出版，也有不得意的原因，一則受了第三期特大號延期的影響，二則製版與印刷的費時，以致又不能準期出版。但第五期已開始付梓，不久就可出版了。

本期內容方面，因爲普慶影戲院的合同章程及長篇續稿等，佔了很多的篇幅，所以有幾篇短篇的專門文字未能列入，下期起當陸續刊登，請讀者注意。

開闢東方大港的重要及其實施步驟一文，已於上期開始登載，本期所刊續稿對開闢的計劃有很詳細的指示。國難日深，救國不容或緩，但救國的方法不是「脚痛醫脚，頭痛醫頭」所能奏效的，固然吃了敵人飛機而覺悟到航空救國的重要，也是很有價值的行爲，可是强國的根本要圖，我們還須注意，因爲國强的物質基礎，那是經濟的富裕。我國衰弱的原因雖多，「貧窮」却是最大的缺憾，飛機兵艦槍炮的來原都需要用金錢去購置製造的啊！目前危卵似的我國，必須發展經濟才能底於富强，開闢東方大港便是抵禦外來的經濟壓迫，振興我國實業的方法，本文是在闡明其重要與實施步驟，很值得一讀的作品。下期將有全市建設計劃的圖樣刊登哩。「理想」的終結是「現實」，希望讀者也能這樣去努力，幷盼發表高見。

航空救國確是救急的辦法，本刊特參考外國建築地下飛機場的方法，設計了一張圖樣，已載本期，供軍事建築家的參考。

本刊自登載「徵詢」一欄以來，服務部接到讀者詢函甚多，除均已先後答覆外，並擇其重要者特闢問答欄發表之，本期已選登多條。

還有普慶影戲院的合同章程及訴訟判决書等，所以盡量發表者，因爲這許多文字對於讀者都有參閱的價值。

第五期本刊不久就可問世，材料方面值得預先報告的，有突破遠東建築最高紀錄的四行儲蓄會二十二層大廈之全部詳細圖樣，該屋建築師鄔達克君的履歷，以及具有東方建築色彩的華僑招待所圖樣等。還有最新發明的澆擣水泥機器，也將把它的攝影發表；此種機器係運用電力椿擣，收效宏大，不若人工的遲緩。此外尙有別的文字與圖樣，此處也不必介紹了。

最後，還希讀者給我們改進的指示！

本會服務部之新猷

對建築師：使可撙節固定費用
對營造廠：撰譯重要中英文件

本會服務部自成立以來，承受各方諮詢，日必數起，除擇要在建築月刊發表外，餘均直接置覆，讀者稱便。近感此種服務事業之嘗試，已有相當成績，爲便利建築師及營造廠起見，實有積極推廣之必要，其新計劃：

（一）　對建築師方面　建築師繪製圖樣，率用鉛筆，所需細樣，其劃墨線（Tracing）之工作，率由繪圖員或學徒爲之。建築師若在營業極盛，工作繁夥之時，僱置多量繪圖員及學徒，自無問題；若事業清淡，偶有所得，則此繪圖員學徒等之薪津，有時實感過鉅。如若解僱，則或爲事實所不許，故爲使建築師免除此種困難，撙節開支費用起見，服務部可隨時承受此項劃墨線之臨時工作，祇須將草樣交來，予以相當時日，即可劃製完竣。此種辦法原本服務精神，予建築師以便利，故所收手續費極微，每方尺自六分起至六角止，墨水蠟紙均由會供給。（蠟布另議）圖樣內容絕對代守秘密。

（二）　對營造廠方面　營造廠與業主建築師工程師及各關係方面來往函件及合同條文等，有時至感重要；措辭偶一不當，每受無謂損失，協會有鑑及此，代爲各營造廠代擬或翻譯中英文重要文件；所有文字，均由會請專家審閱一過，以資鄭重，而維法益。如有委託，詳細辦法可至會面議，或請函詢亦可。

中華民國二十二年二月份出版

建築月刊

第一卷第四號

編輯者 上海市建築協會 南京路大陸商場六樓六二〇號

發行者 上海市建築協會 南京路大陸商場六樓六二〇號

電話 九二〇〇九

印刷者 新光印書館 上海法租界聖母院路聖達里三十一號

投稿簡章

一、本刊所列各門，皆歡迎投稿。翻譯創作均可，文言白話不拘。須加新式標點符號。譯作附寄原文，如原文不便附寄，應詳細註明原文書名，出版時日地點。

一、一經揭載，贈閱本刊或酌酬現金，撰文每千字一元至五元，譯文每千字半元至三元。重要著作特別優待。投稿人却酬者聽。

一、來稿本刊編輯有權增刪，不願增刪者，須先聲明。

一、來稿概不退還，預先聲明者不在此例，惟須附足寄還之郵費。

一、抄襲之作，取消酬贈。

一、稿寄上海南京路大陸商場六二〇號本刊編輯部。

本刊價目表

零售	每冊大洋五角
定閱	全年十二冊大洋五元（半年不定）
郵費	本埠每冊二分，全年二角四分；外埠每冊五分，全年六角；香港南洋羣島及西洋各國每冊一角八分。
優待	同時定閱二份以上者，定費九折計算。

定閱諸君如有詢問事件或通知更改住址時，請註明（一）定單號數（二）定戶姓名（三）原寄何處，方可照辦。

廣告價目

地位	全面	半面	四分之一
底封面外面	七十五元		
封面及底面之裏面	六十元	三十五元	
封面裏頁及底面裏頁之對面	五十元	三十元	
普通地位	四十五元	三十元	二十元
分類廣告	每期每格一寸高三寸半闊 大洋四元		

廣告概用白紙黑墨印刷，倘須彩色，價目另議；鑄版彫刻，費用另加。長期刊登，倘有優待辦法，請逕函本刊廣告部接洽。

THE BUILDER

Published Monthly by

THE SHANGHAI BUILDERS' ASSOCIATION

Office - Room 620, Continental Emporium,
Nanking Road, Shanghai.
TELEPHONE 92009

ADVERTISEMENT RATES PER ISSUE.

Position	Full Page	Half Page	Quarter Page
Outside Back Cover	$75.00	----	----
Inside Front or Back Cover	$60.00	$35.00	----
Opposite of Inside or Back Cover	$50.00	$30.00	----
Ordinary Page	$45.00	$30.00	$20.00
Classified Advertisements - $4.00 per column. (on classified page)			

NOTE :- Designs, blocks to be charged extra.
Advertisements inserted in two or more colors to be charged extra.

SUBSCRIPTION RATES

Local (post paid) .... $5.24 per annum, payable in advance.
Outports (post paid) .... $5.60 per annum, payable in advance.
Foreign countries, (post paid) .... $7.00 per annum, payable in advance.

MECHANICAL REQUIREMENTS.

Full Page . . . . 7" Wide × 10" High
Half Page. 7" „ × 5 " „
Quarter Page. . . . . 3½" „ × 5 " „
Classified Advertisement. . . . . 1" × 3½" per column.

（定閱月刊）

茲定閱貴會出版之建築月刊自第……卷第……號起至第……卷第……號止計大洋……元……角……分外加郵費……元……角一併匯上請將月刊按期寄下列地址爲荷此致

上海市建築協會建築月刊發行部

……啓……年……月……日

地址……

（更改地址）

啓者前於……年……月……日在

貴會訂閱建築月刊一份執有……字第……號定單原寄……收現因地址遷移請卽改寄……收爲荷此致

上海市建築協會建築月刊發行部

……啟……年……月……日

（查詢月刊）

啓者前於……年……月……日

訂閱建築月刊一份執有……字第……號定單寄……收茲查第……卷第……號尙未收到祈卽查復爲荷此致

上海市建築協會建築月刊發行部

……啓……年……月……日

營造漆之蓋方

慎成

漆以營造名者，所以別于舟車橋樑飛機傢俱機械軍用美術等漆也。凡宜于屋頂地板門窗戶壁之漆皆屬焉。但宜于金者未必適于木，而適于土者未必宜于金。選擇偶一不慎，則鋼鐵之銹折木屬之腐朽土質之崩敗接踵而至。此建築師營造廠油漆作三方相互之職責非慎之于始不爲功也。故採料之初，須辨明欲漆物體之種類（如屋頂大門地板等）質地（鋼鐵土木）顏色（深淺與回光及經久有關）並指定內用抑外用、打底抑蓋面、及所期光澤（如平光透光油光磁光）尤須注重油漆之品質（如上刷爽利、蓋方廣闊、結膜堅勻、耐潮、耐熱等之實地檢驗）。茲篇首重蓋方，因蓋方廣闊之油漆必其上刷爽利者。上刷爽利，結膜乃能堅勻。未有結膜不堅勻而能耐潮耐熱者。易言之，蓋方爲判別優劣之中樞。即每介侖（約四公斤）一層改觀所蓋之方數。下表所載爲營造漆之標準蓋方。遜乎此者不可用。

品名	裝量	用途	用法	每介侖應蓋方數
白厚漆	廿八磅	木質打底	八桶加燥頭十四磅快燥魚油八介侖成打底白漆廿一介侖	三方
黃厚漆	仝右	土木質打底	仝右	仝右
紅厚漆	仝右	鋼鉄打底	仝右	四方
頂上白厚漆	仝右	蓋面	（外用）二桶加燥頭七磅淺色魚油六介侖成上白蓋面漆九介侖 （內用）二桶加燥頭七磅快燥魚油五介侖成上白蓋面漆八介侖	五方
燥頭	七磅	促乾	和魚油或光油調合厚漆	
淺色魚油	六介侖	調合厚漆	又可用爲水門汀三合土之底漆及木器之揩漆	（土）三方 （木）六方
快燥魚油	五介侖	調合厚漆	仝右	仝右
三煉光油	六介侖	仝右	仝右（稍加香水）	仝右
發彩	一磅	配色	加入白漆可得雅麗彩色（紅）（黃）（藍）	
香水	五介侖	調漆	徐加勤拌	
漿狀洋灰釉	二十磅	門面	和香水一介侖成漆（平光）二介侖可漆牆壁 和光油一介侖成漆（足光）二介侖可漆門面	四方
調合洋灰釉	二介侖	門面地板	開桶可用能防三合土建築之崩裂	五方
漿狀水粉漆	二十磅	牆壁	和水十磅成平光漆三介侖乾後耐洗	三方
橡黃釉	二介侖	門窗地板	開桶可用宜各式木質建築物	五方
柚木釉	仝右	仝右	仝右	仝右
花利釉	仝右	仝右	仝右	仝右
上白磁漆	二介侖	蓋面	開桶可用宜廠站廳堂	六方
朱紅磁漆	仝右	仝右	開桶可用宜大門庭柱等裝修	五方
純黑磁漆	仝右	仝右	仝右	五方
紅丹油	五十六磅	防銹	開桶可用永不結塊	四方
鋼窗灰	五十六磅	防銹	開桶可用宜各式鋼鉄建築物	五方
鋼窗李	仝右	仝右	仝右	仝右
鋼窗綠	仝右	仝右	仝右	仝右
屋頂紅	仝右	仝右	仝右	仝右
上白調合漆	五介侖	蓋面	開桶可用宜上等裝修	五方
上綠調合漆	五介侖	仝右	仝右	仝右
水汀銀漆	二介侖	汽爐管	開桶可用耐熱不脫	五方
水汀金漆	仝右	仝右	仝右	仝右
營造凡宜水	（三）（五）介侖	罩光	仝右耐潮耐晒	五方

朱森記營造廠

總事務所

上海平涼路積善里一二八三號

電話

五〇七五三

上海市政府新屋

由本廠承造

左列各戶係本廠承辦工程之一部份

中國科學社明復圖書館
中央研究院鋼鐵試驗場
先烈陳英士紀念塔
中央氣象研究所
先烈陳英士紀念堂
南京生物研究所
蘇州交通銀行
蘇州金城銀行
整理文廟公園
市立圖書館
莊俊建築師住宅
榮金大戲院

本廠專造各式中西房屋以及銀行堆棧廠房校舍橋樑道路水泥壩岸碼頭鉄道等一切大小工程並可代客設計圖樣工程堅美各項職工尤屬經驗富足定能使主顧十分滿意

揚子飯店

上海雲南路漢口路口

李蟠建築師設計

新亞酒樓

上海北四川路天潼路口

五和洋行設計

上列二所建築之熱氣水汀以及冷熱水管衛生器管工程

均爲**光明水電工程有限公司**承辦

地址：上海天潼路三二八號

電話：四〇二八八

本公司承辦熱氣水汀冷熱水管衛生器管等以及各種工程

興業瓷磚股份有限公司

出品項目

缸磚

美術牆磚

羅馬式美術瓷磚

瑪賽克瓷磚

事務所 上海四川路一一二號 電話一六〇〇三

製造廠 上海 閘北中山路 共和新路口

THE NATIONAL TILE COMPANY

OFFICE: 112 SZECHUEN ROAD - TEL. 16003

FACTORY: CHUNGSAN ROAD, CHAPEI.

SHANGHAI.

上海 青島

潔麗工程公司

敝公司設總公司於上海專營衛生暖汽消防自來水電氣等工程創設以來已數載承做各種工程備承社會之嘉許不計盈利僅以服務爲宗旨倘有上項工程及製造廠一切機器設備工程見委及茲詢無不竭誠奉覆務必達到尊處滿意後爲止期副惠顧之雅誼

總公司 上海四川路廿九號 電話一四四三四

分公司 青島觀海二路五號 電話

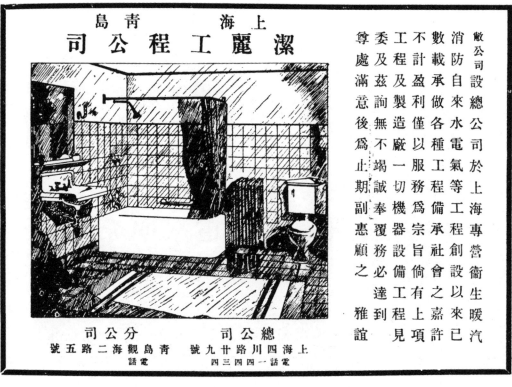

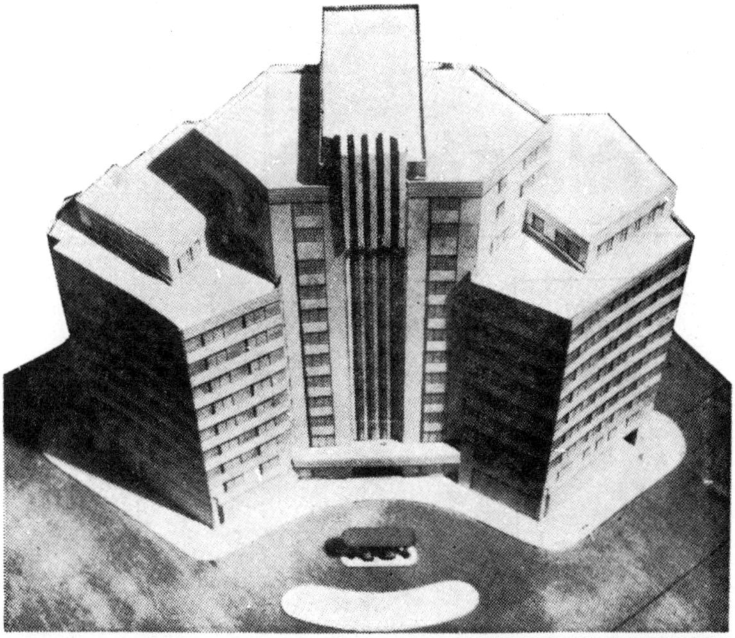

上海四川路六號

電話一六一六六

本廠專造各式中西房屋以及銀行堆棧廠房橋樑道路水泥壩岸碼頭鐵道等一切大小鋼骨水泥工程

Chang Sung Construction Co.

No. 6 Szechuen Road, Shanghai.

Telephone 16166

營造廠之會計，仍多沿用舊式賬簿，不若科學的新式會計為明晰。推其原因，以會計員未能洞悉新式會計之長，與尚未熟習新式會計之法耳。會計雜誌即補救此種缺憾之良好導師，甚望營造界定閱該誌，以示改良之道，而裨業務上之發展。用特介紹，尚希注意是荷！

本廠承造各埠建築達數十處都千萬餘金略舉
如下備資參考

馥記營造廠

本埠工程

儉德儲蓄會 福生路
寶隆醫院 白克路
公共宿舍 聖母院路
劉公館 亞爾培路
上海牛皮廠 白利南路
七層公寓 國富門路
七層公寓 海格路
義泰興碼頭 浦東董家渡
中華碼頭 浦東周家渡
交通大學工程館 徐家匯
西式住宅市房 梅白格路
公和祥碼頭及棧房 浦東路
公和祥碼頭 兆豐路
四行念二層大樓 跑馬廳

外埠工程

總理陵墓第三部工程 南京
中山紀念堂 廣州
陣亡將士公墓全部 南京
美領事署 廈門
財政部辦公處 南京
宋部長官邸 南京
中國銀行 南京
新村合作社 南京
海軍船塢 青島

▲事務所 上海四川路六號 電話一二三〇五

▲總工廠 戈登路三五五號 電話三四五七九

▲本埠分廠 虹口兆豐路公和祥碼頭 跑馬廳四行念二層大樓

▲外埠分廠 南京靈谷寺廈門鼓浪嶼 廣州德宣路青島

◉電報掛號◉ 上海一五二七 廣州〇五四七 南京七四五〇

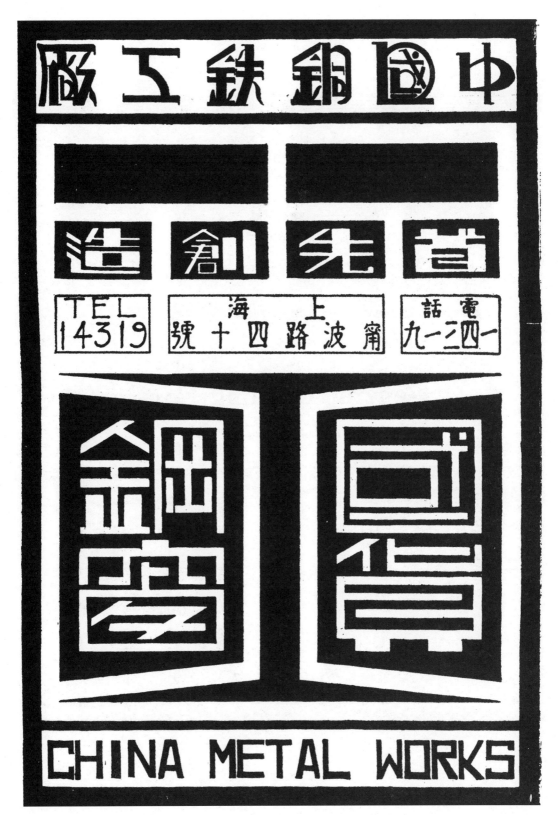

飛虎牌油漆

以科學的方法　製造各種油漆

質地經久耐用　顏色鮮悅奪目

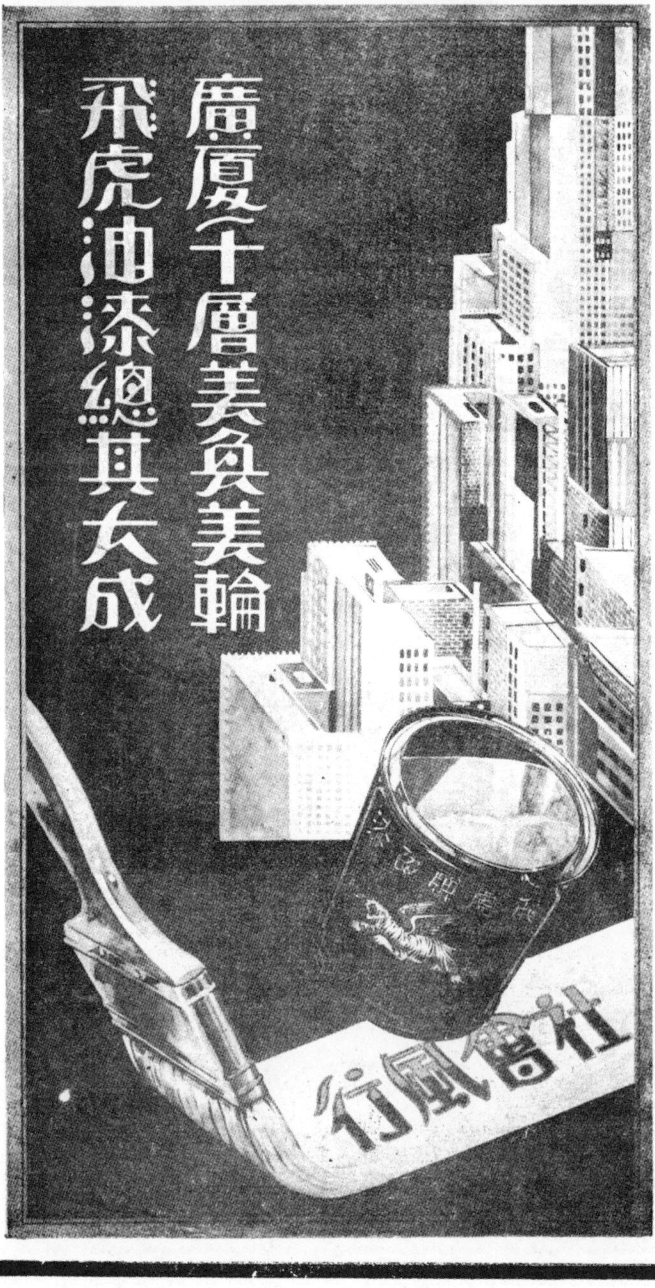

總發行所　上海北蘇州路四七八號

製造廠　上海閘北中山路潭子灣

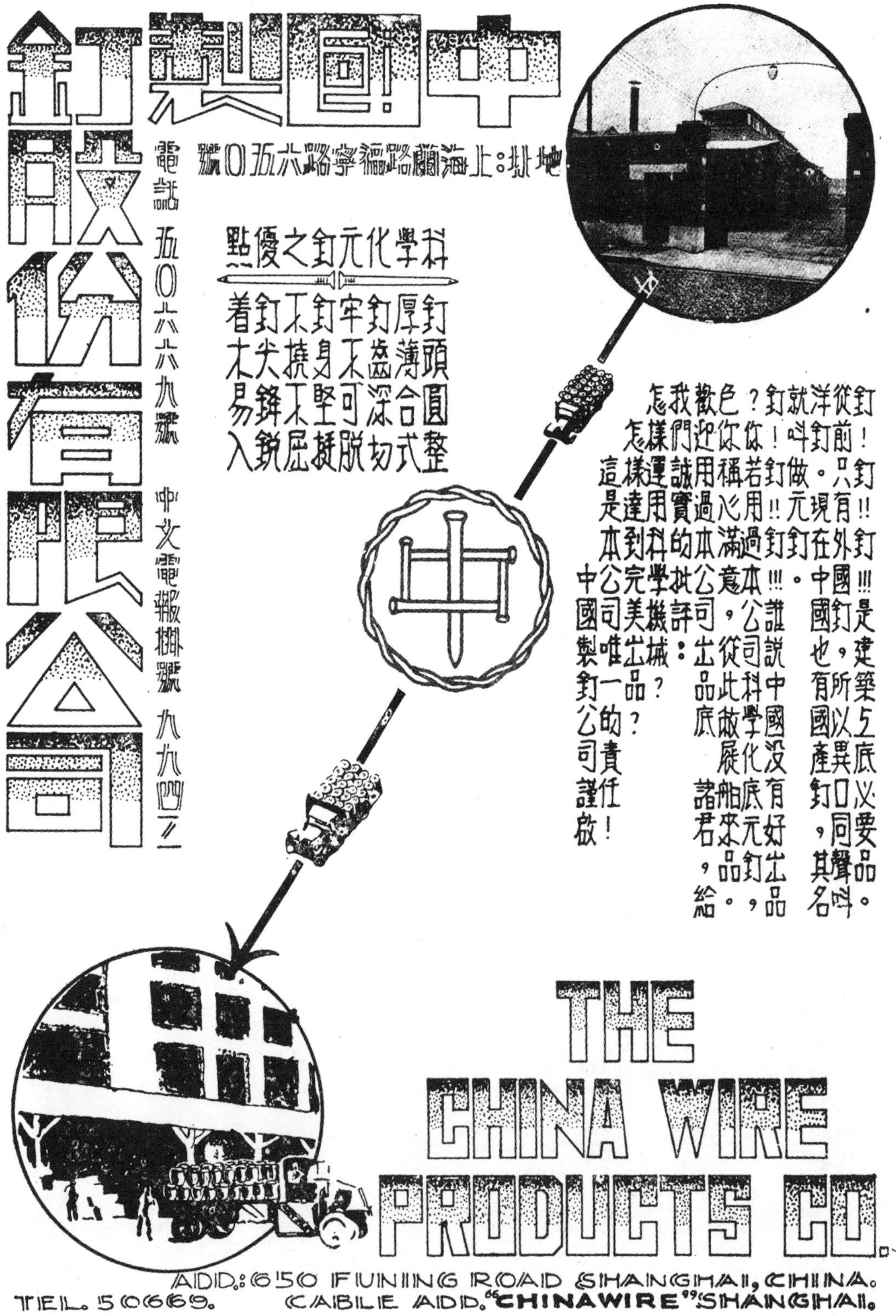
中國製釘股份有限公司
地址：上海蘭路福寧路六五〇號
電話 五〇六六九號
中文電報掛號 九九四二
科學化元釘之優點
釘頭圓整
厚薄合式
釘蓋深切
牢不可脫
釘身堅挺
不撓不屈
釘尖鋒銳
着木易入
釘！釘！！釘！！！是建築上底必要品。
從前只有外國釘，所以異口同聲叫洋釘。現在中國也有國產釘，其名就叫做元釘。
釘！釘！！釘！！！誰說中國沒有好出品？你若用過本公司科學化底元釘，包你稱心滿意，從此敝屣舶來品。
歡迎用過本公司出品底諸君，給我們誠實的批評：
怎樣運用科學機械？
怎樣達到完美出品？
這是本公司唯一的責任！
中國製釘公司謹啟！
THE CHINA WIRE PRODUCTS CO.
ADD.: 650 FUNING ROAD SHANGHAI, CHINA.
TEL. 50669.
CABLE ADD. "CHINAWIRE" SHANGHAI.

中國近代建築史料匯編（第一輯）

建築月刊

第一卷 第五期

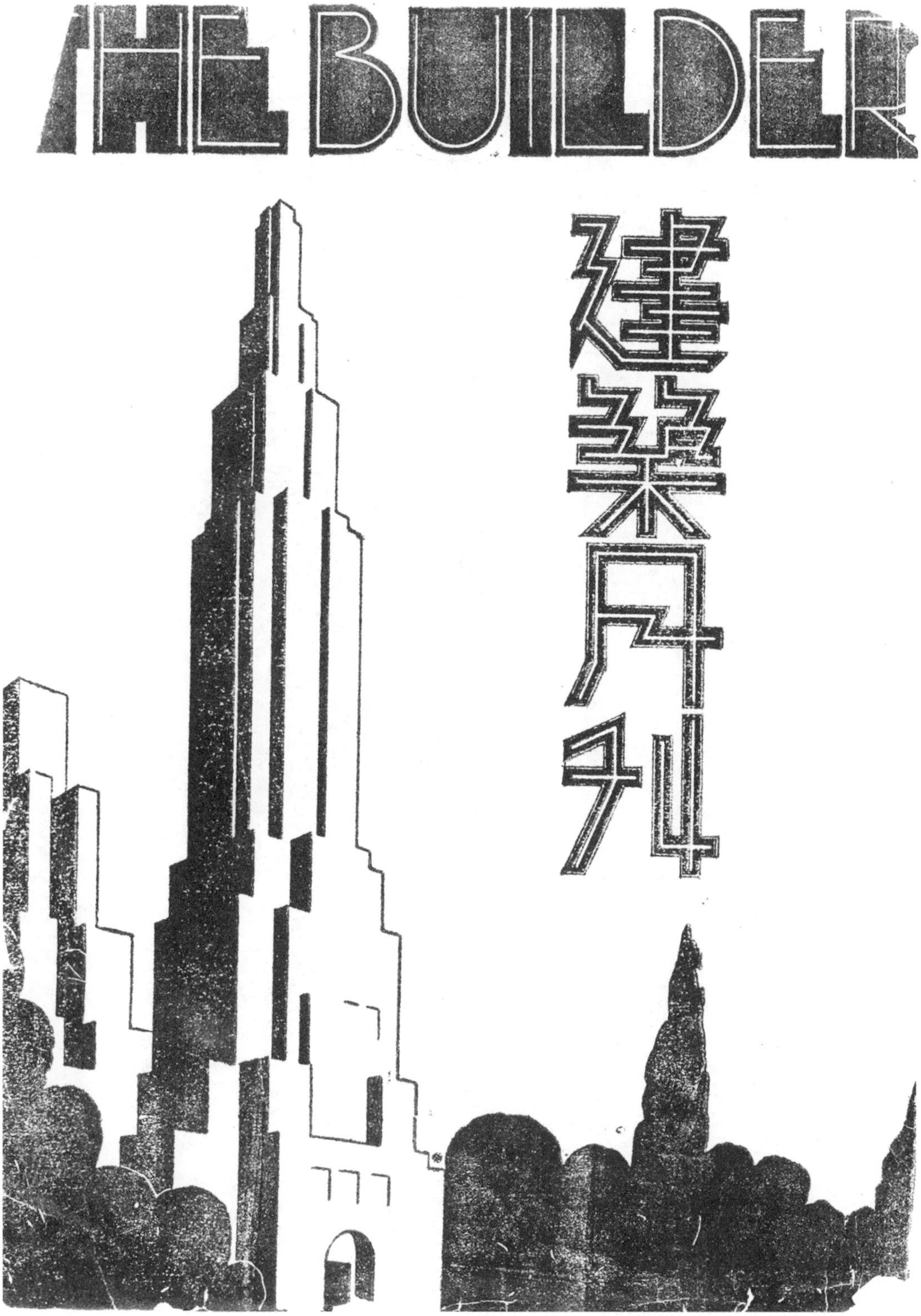
THE BUILDER
建築月刊

大中機製磚瓦股份有限公司

製造廠浦東南匯縣下沙鎮

本公司因鑒於建築事業日新月異材料選擇尤關重要特聘專門技師購置德國最新式機器精製各種青紅磚瓦及空心磚等品質堅韌色澤鮮明自應銷以來已蒙各界推爲上乘樂予採購茲略舉一二以資參攷其他惠顧諸君因限於篇幅不克一一備載諸希鑒諒是幸

大中磚瓦公司附啟

曾經購用敝公司出品各戶台銜列后

本埠

工部局平涼路巡捕房　新蓀記承造
國立中央實驗館兆豐花園　和興公司承造
四行儲蓄會英大馬路　陶馥記承造
墾業銀行北京路　趙新泰承造
南京飯店山西路　新金記祥號承造
開成造酸公司軍工路　王鏡記承造
四海銀行北京路　惠記興承造
麵粉交易所民國路　元和興記承造
業廣公司歐嘉路　陳馨記承造
法教堂勞神父路　吳仁記承造
七層公寓霞飛路　吳仁記承造

外埠

中央飯店南京　新金記承造
金陵大學南京　利源建築公司承造
航空學校杭州　新金記康號承造

所出各品儲有大批現貨以備各界採用如蒙定製各色異樣磚瓦亦可照辦備有樣品如蒙索閱卽當送奉

駐滬批發所

英租界牛莊路德興里四號　電話九〇三一一

魯創營造廠
TEL 72237
電話 七二二三七
B.F. YOUNG
GENERAL BUILDING CONTRACTOR
上海
辣斐德路六二三號
23 RUE LAFAYETTE, SHANGHAI.

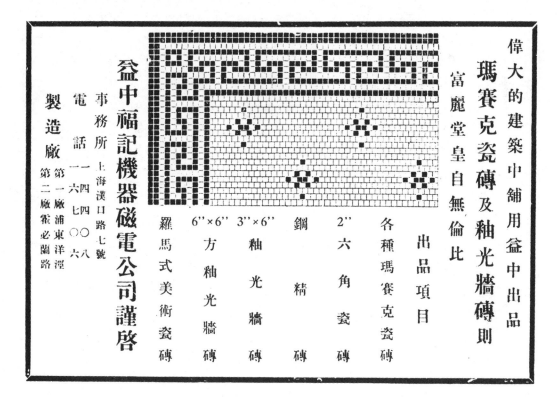

東方鋼窗公司

ASIA STEEL SASH CO.

STEEL WINDOWS, DOORS, PARTITIONS & ETC.

OFFICE: No. 625 CONTINENTAL EMPORIUM,
NANKING ROAD, SHANGHAI.
TEL. 90650

FACTORY: 609 WARD ROAD.
TEL. 50690

上海南京路大陸商場六二五號
電話 九〇六五〇

製造廠
上海華德路遼陽路口
電話 五〇六九〇

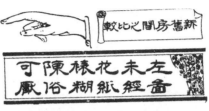

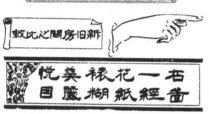

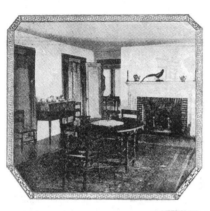

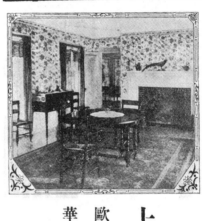

慕烈道門

Crittall Metal Windows

事務所
上海仁記路沙遜房子一四〇號
電話　一二〇七六

本公司特設鋼窗製造廠於上海，專造各式鋼門鋼窗，精美耐用，信譽素著。且深知處此商戰時代，「高價必無人顧問」，並爲優待惠顧諸君起見，故定價亦力求低廉，倘　蒙垂詢，當以最低價格奉答也。依本公司多年觀察之經驗，建築師或業主等因未曾下詢，致常以高價購置他種劣貨鋼窗，損失不貲，

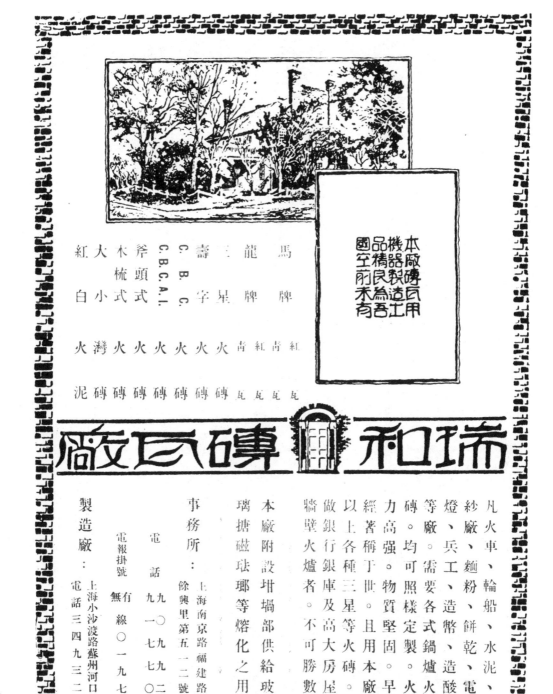

江裕記營造廠

本廠專門承造
一切大小建築
鋼骨水泥工程
工場廠房以及
碼頭橋樑等等

事務所：上海靜安寺路九六弄十二號
電話 九二四六四

Kaung Yue Kee & Sons.

Building Contractors

Office: Lane 96, No. 12 Bubbling Well Road.

Telephone 92464

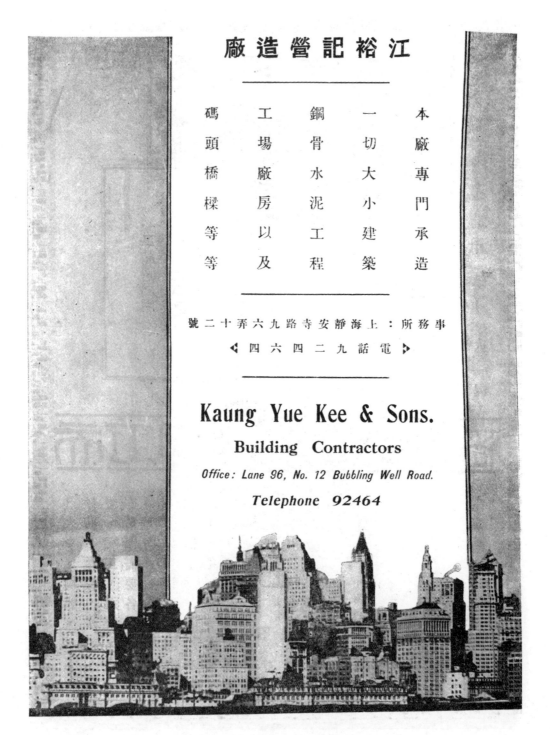

建築月刊

第一卷第五號

民國二十二年三月份出版

目錄

編著

廣告索引

如欲徵詢

請函本會服務部

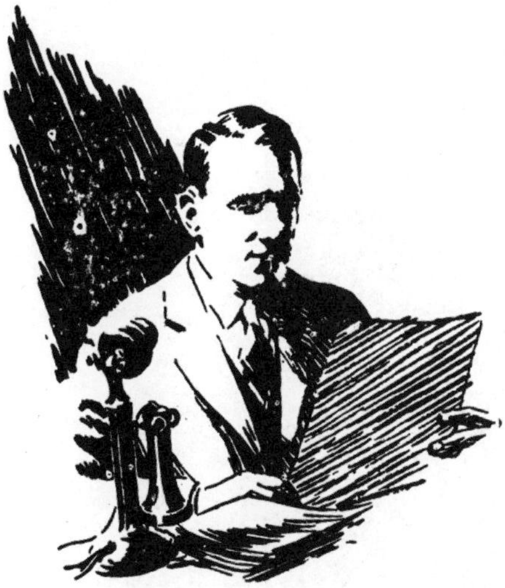

本會服務部爲便利同業與讀者起見，特接受徵詢。凡有關建築材料，建築工具，以及運用於營造場之一切最新出品等問題，需由本部解答或効勞者，請塡寄後表，當即答辦。（均用函覆，請附覆信郵資；本欄擇尤刊載。）如欲得各種材料貨樣貨價者，本部亦可代向出品廠商索取樣品標本及價目表，轉奉不誤。此項服務，基於本會謀公衆福利之初衷，純係義務性質，不需任何費用，敬希台詧爲荷。

上海市建築協會服務部
上海南京路大陸商場六樓六二零號

徵詢表

問題：

姓名：

住址：

“一日辛勤之後”

晚餐既畢，對爐坐安樂椅中，回憶日間之經歷，籌劃明天之工作；更進而設計將來之幸福的享用，興味益然。神往於烟繚絲繞之中，腦際湧起構置新屋之思潮。思潮推進，希望『理想』趨於『實現』：下星期，下個月，或者是明年。

欲實現理想，需要良好之指助；良助其何在？是惟『建築月刊』。有精美之圖樣，專門之文字，能告你如何佈置與知友細酌談心之客房，如何陳設與愛妻起居休憩之雅室；且能指示建築需用材料，與夫房屋之內部位置外部裝飾等等之智識。『建築月刊』誠讀者之建築良顧問，『一日辛勤後』之良伴侶。伊將獻君以智識的食糧，贈君以精神的愉快。——伊亦期君爲好友。如君歡迎，伊將按月趨前拜訪也。

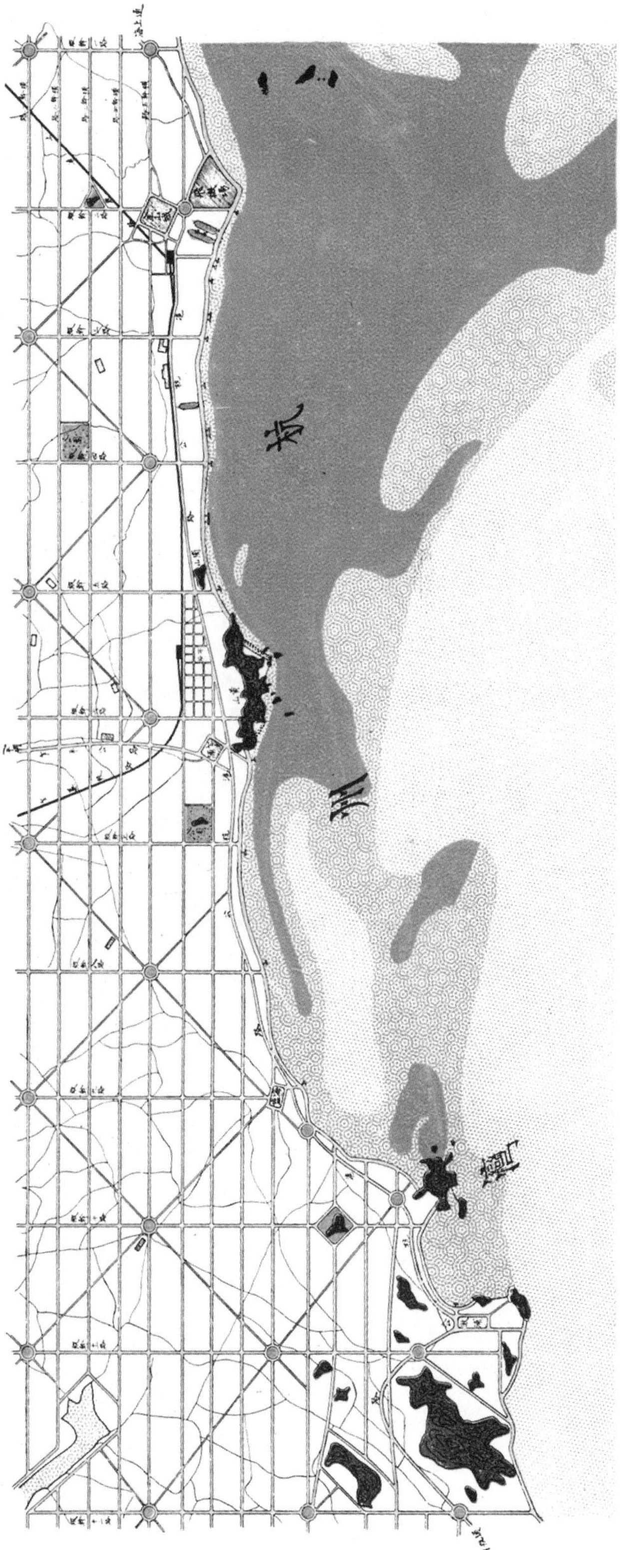

東方大港商市區計劃圖

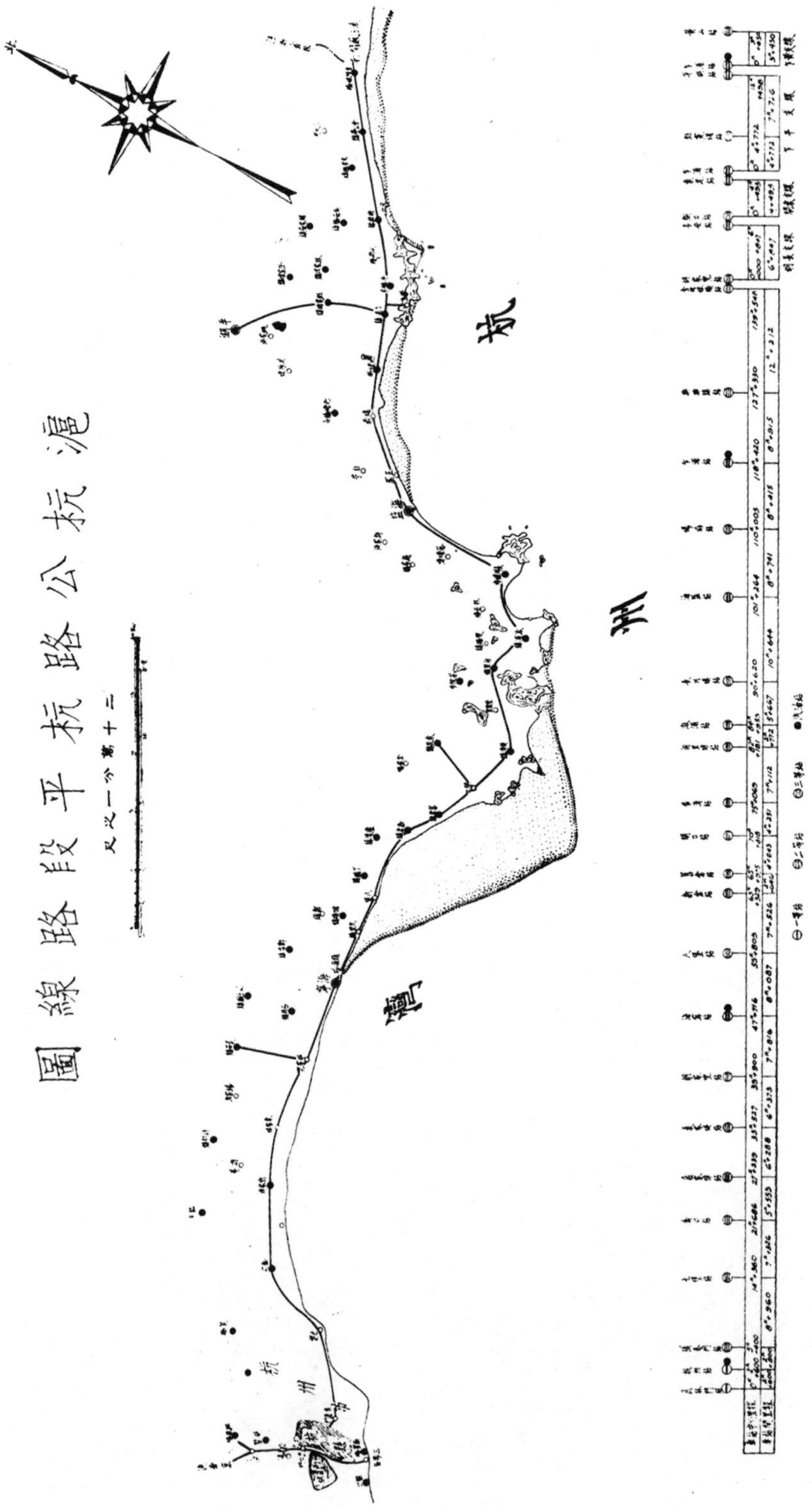
滬杭公路平杭段路線圖
二十萬分之一尺
杭州灣

開闢東方大港的重要及其實施步驟（續）

杜漸

市政府與所屬各局的臨時辦公室，構造與部署可參照圖樣所表各節。此種式樣爲各個分立的聯貫式；每一室的長度計叁拾尺，寬六十尺，足容對坐雙人寫字檯四只，單人寫字檯一只，以及櫥架等的陳設。牆壁用一寸六寸松板企口板，屋頂用中國瓦。每一室的門外，舖置草坪，列植花木，造成清新幽美的環境，使公務員司陶冶於自然，以免政界中利慾之惡習發生。臨時的辦公處雖屬簡陋，只要內外的布置合宜，也能鼓起辦事的精神，養成高尙的品格。

市府的前面，闢一公園，園中劃定一大方草地爲運動場，除供民衆與公務員的鍛練身體外，幷可作警察，保安隊及商團等操練的場所。如有市長召集公衆團體開會等情事時，也可在這寬大的場地上舉行。（有圖詳示）

市府總辦公處的房屋，應較各局高一層，也用木板釘搭，前面挑出洋台一座，用爲市長對公衆演說及受賀等之地位。下層中間闢一大廳。廳的兩旁及樓上都作辦事室之用。房屋前圓壇中間豎一旗杆，這旗杆的座子用水泥澆製，雕鐫花紋。旗杆木宜高，則國徽飄揚於雲霄，使人一見卽油然而起莊嚴燦爛的觀念。當晨晚升降國旗的時候，指定軍警之一部吹號舉槍如儀行禮致敬，以示隆重。不在場的長官及屬下於可能範圍內，聞得號聲向國旗所在致禮。

正對旗杆的另一端，築一黨徽式的花壇，四時種植花卉，依顏色綴成黨徽式樣。中間建一總理銅像，像座用蘇石。銅像宜取演講的姿勢，須神采奕奕，栩栩如生，有人去瞻仰的時候，彷彿在親聆總理的訓教，團結一致抗禦頑敵，光我中華，實現大同。那末一切壞的現象當不會發現於這新都市呢。

銅像的彫塑應先行徵求圖樣；然後決定雕塑工程的實施。應徵者可不拘國籍，只求眞才。報酬定等級撥給，對於落選者也要給以補償，以免彫塑家怕落選後受損失而不參加應徵。

也許有人會說，這些問題都是平淡而瑣碎的，何必顧慮到這種方面。不過，愈是平淡的事，別人愈是不注意，因此不愼於平淡的事而失敗的也愈多，所謂「不絆於山而絆於垤」者就是，所以這些瑣屑之點，作者不能不加以籌劃。

再就我國已往的政治狀態而言，政府常因忽略於小的處所，而失信於民衆。譬如到了這國難日深的時候，政府雖有剴切的剖白，結果還是不能取信於民衆，推其原因，無非政府於平日不能將瑣小的地方詳爲規劃，使民衆加以信任的結果。

市府及各局的建築設施，約如上述，讀者試把文字與圖畫對照一閱，自能了如指掌。倘讀者有何高見，常希隨時函示。

計劃雖好，實行在人，得人則治，否則也難免遺誤，所以人治問題，也很重要，人的問題，很難解決，不像一件貨物可以拿來化驗其質素的優劣的。如一根鋼條一立方寸的拉力多少，一立方寸的壓擠力多少，這是很容易地可以試驗出來的，但試驗人的優劣不能這樣容易，因爲人的能力與賦性是不能用化學方法去化驗的。他是否純潔的爲民衆服務，是否肯負担責任，這都是很難有確切的試驗的。我國政界上已往的人物，大都只知爲自己的利益而努力，毫無公衆與國家的利益觀念，以致國事糟到如此地步。乍浦商埠實現時，這種壞風氣，我們一定要予以排除。

目前的我國政治正處在黑暗時期，政界的人物，好比海面的浪潮，一個浪波衝來，前者卽爲撲滅，前仆後繼，迄無寗已。浪裏帶來的，不外乎親兄弟，堂叔姪，大舅子，小阿姨，跳上舞台，拉直嗓子就唱，居然能文能武，能生能丑，能凈能旦，結果呢，鬧的不知所云。

不久，接着又是另一浪頭，呑滅了原有的，而重串新戲，當然也是一副老腔調，跟着也就給人打倒。他攘我奪，你去我來，二十餘年的政治舞台老是這麼一翻氣象，那裏能有淸明政治的實現啊！

這種怪現象的主角，當然是熱中利慾的軍閥政客，至于促其成者，却還是一般身居主人翁地位的民衆，因爲他們毫不覺悟，毫不加以糾正，坐視宵小的横行，以致遺誤國家。

乍浦商埠的公務人員，須有錄用眞才的决心，經嚴密的考慮而錄行，一掃我國政治的積習，造成一新的光明的都市政務。人治問題因此也有詳細探討的必要。

（待續）

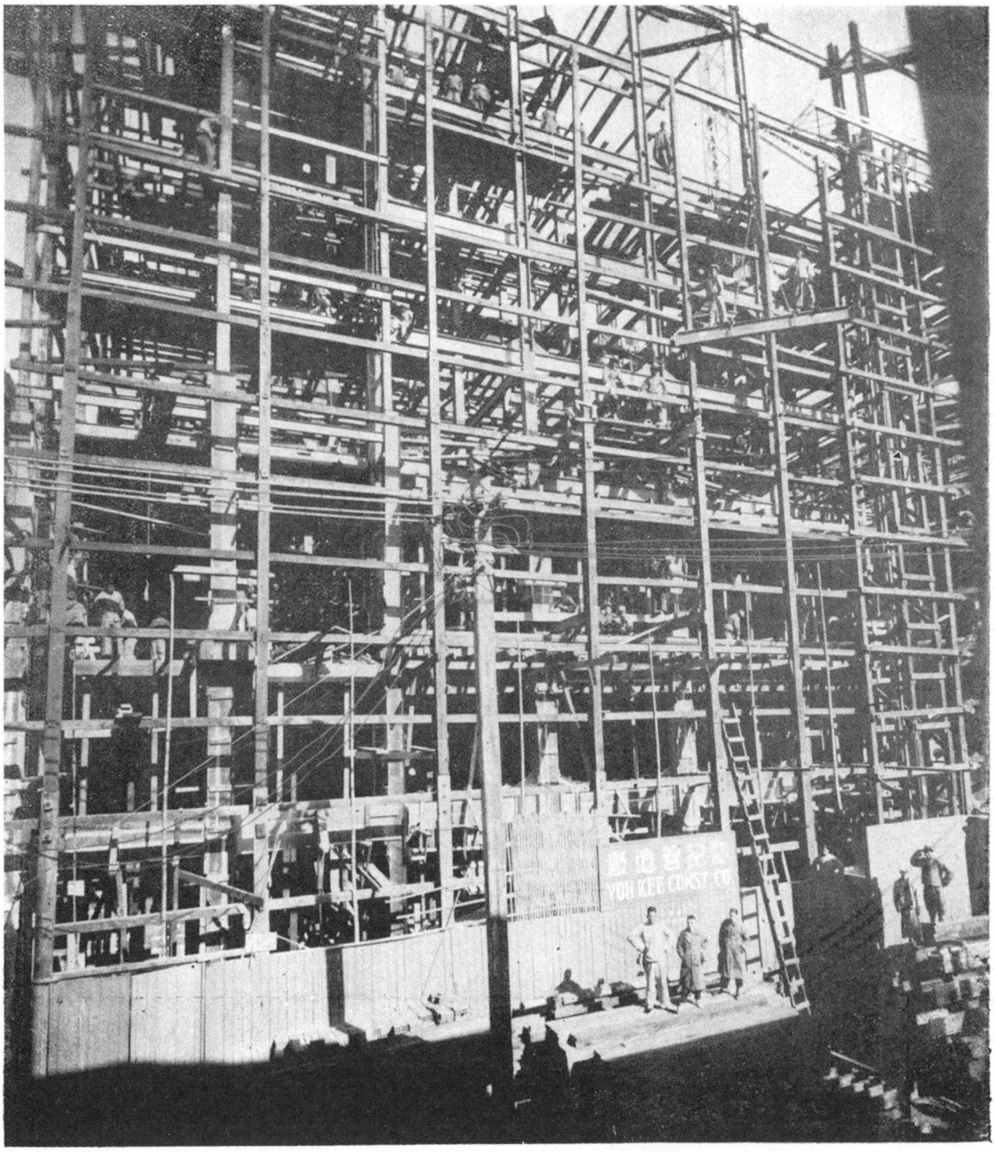

上海四行二十二層大廈構築鋼架攝影

上海四行二十二層大廈地盤樣

鄔達克建築師

馥記營造廠

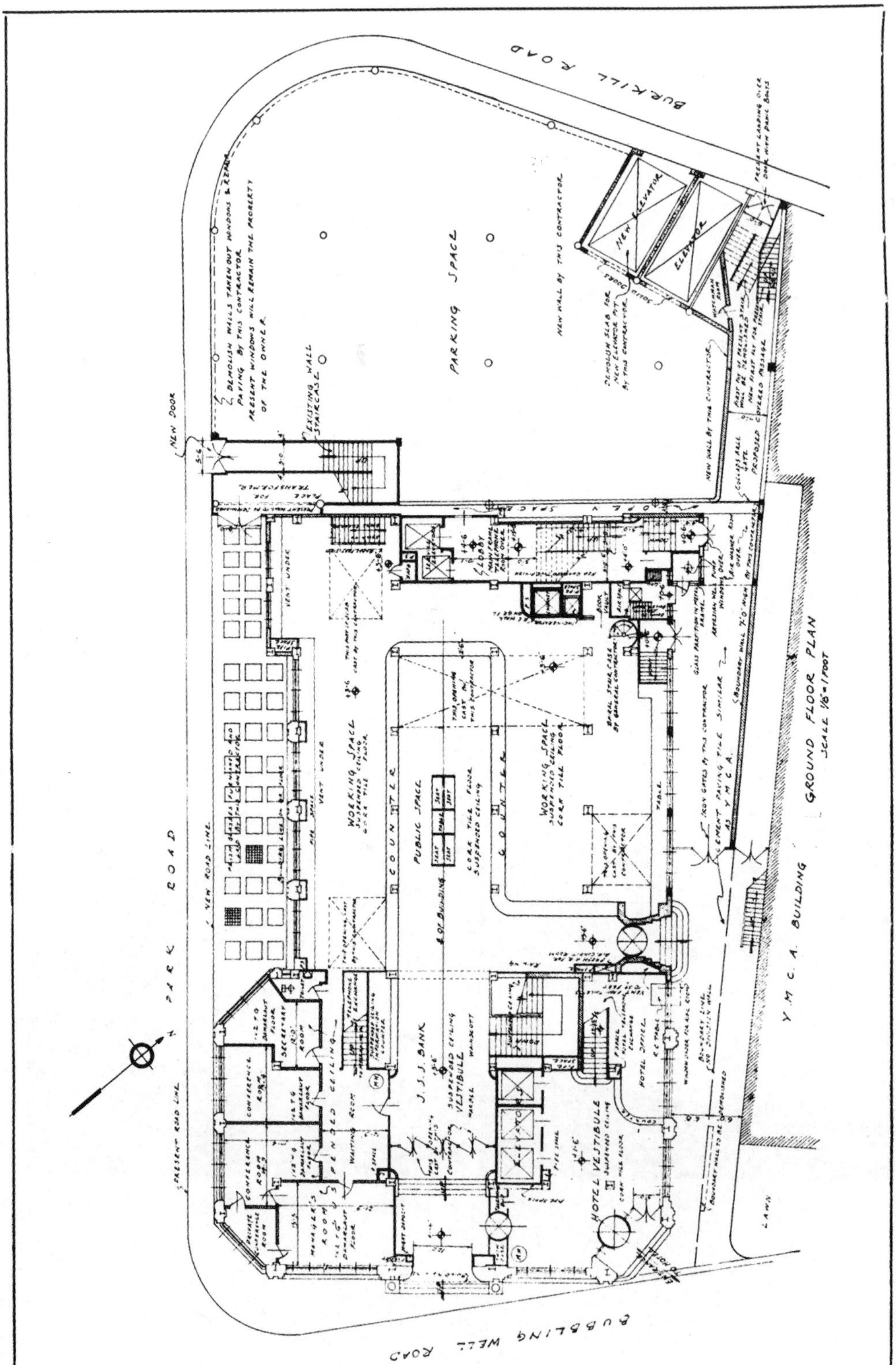

上海四行二十二層大廈
自五層至十層樓盤圖

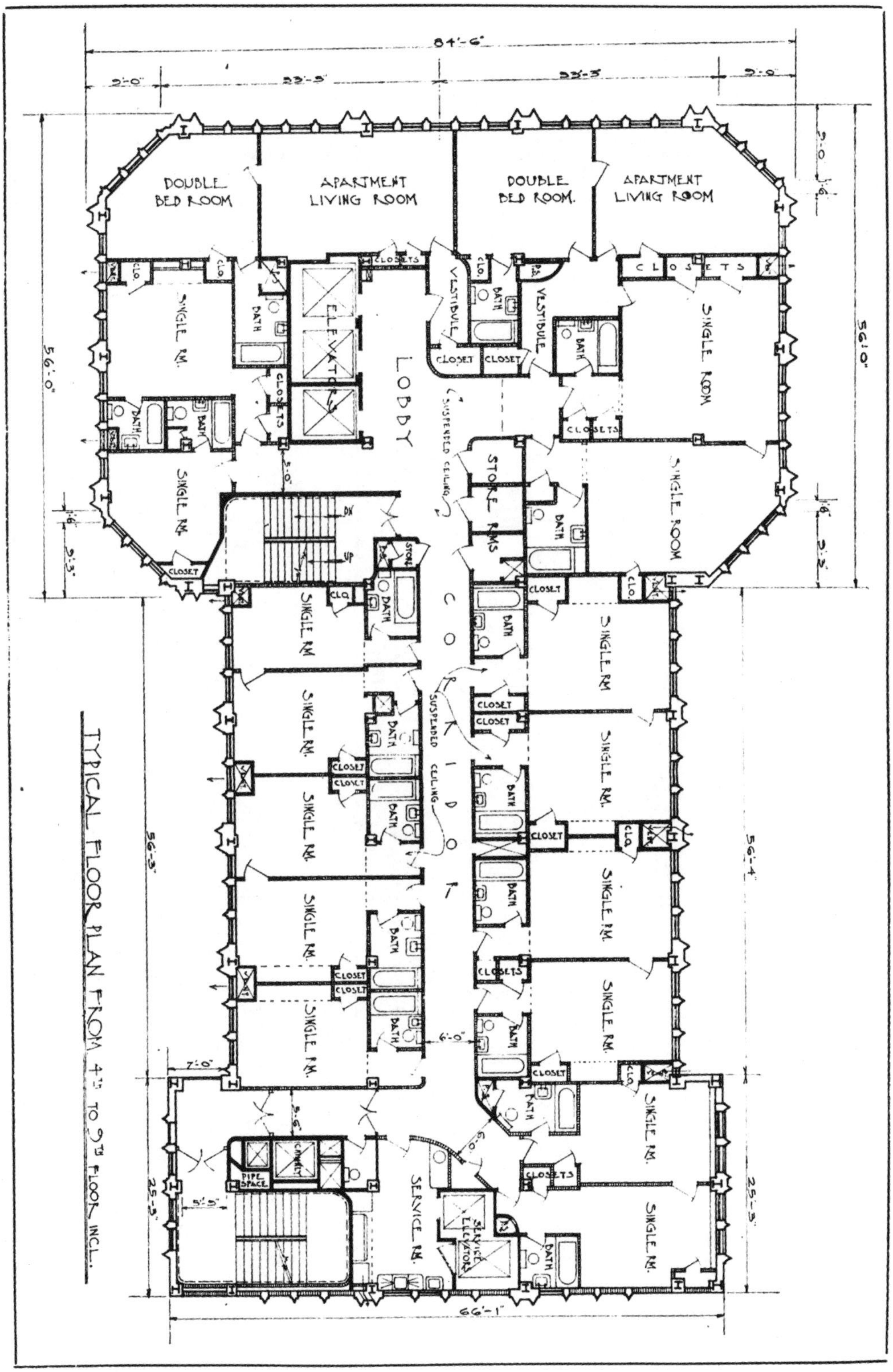

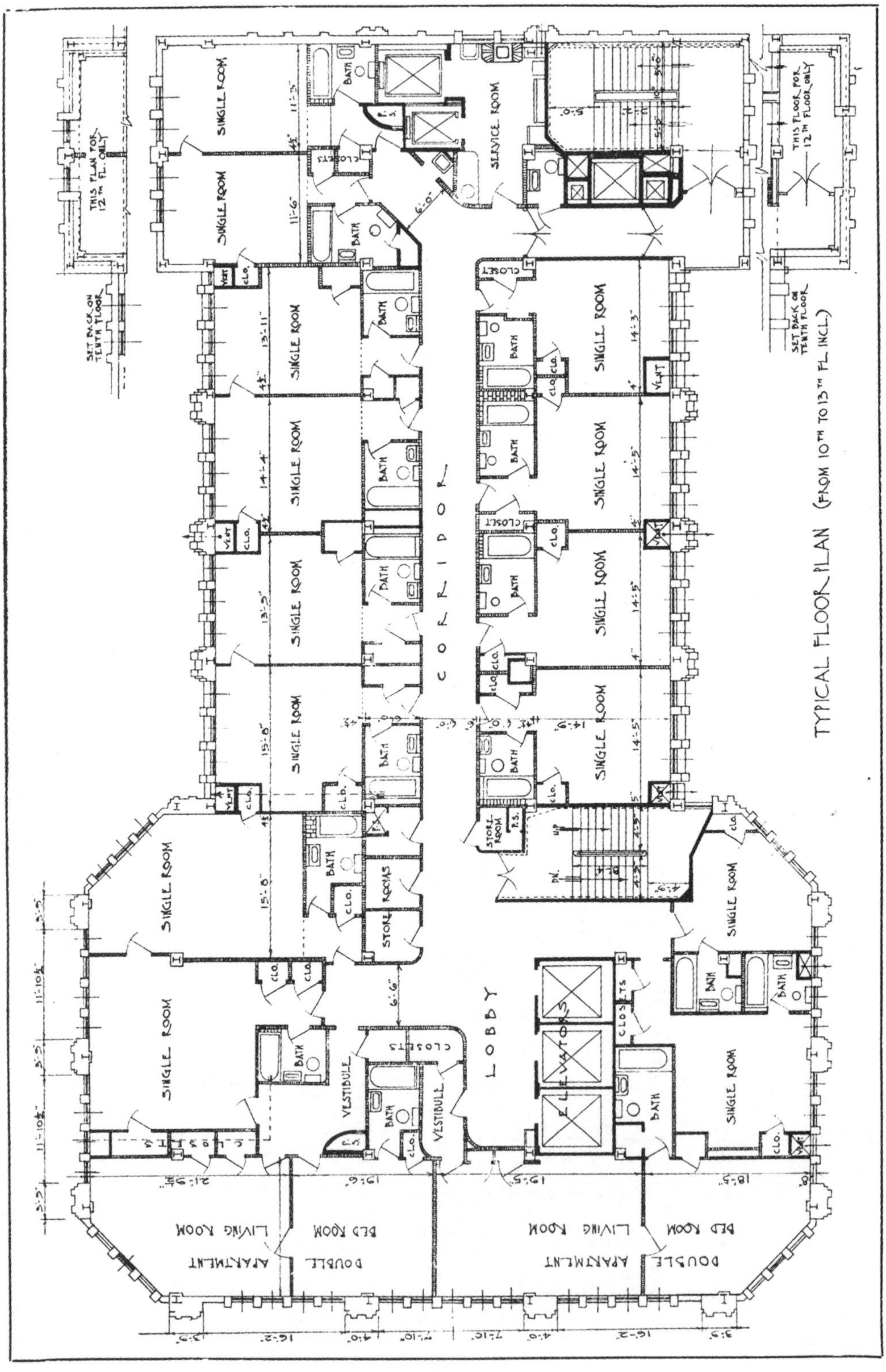

上海四行二十二層大廈

自十一層至十四層樓盤圖

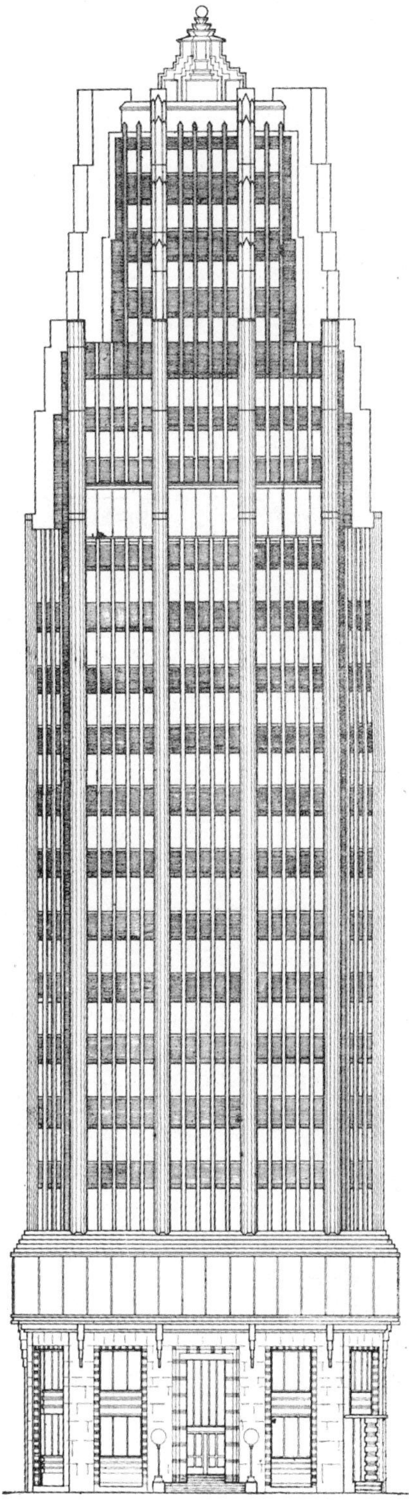

上海四行二十二層大廈　正面樣

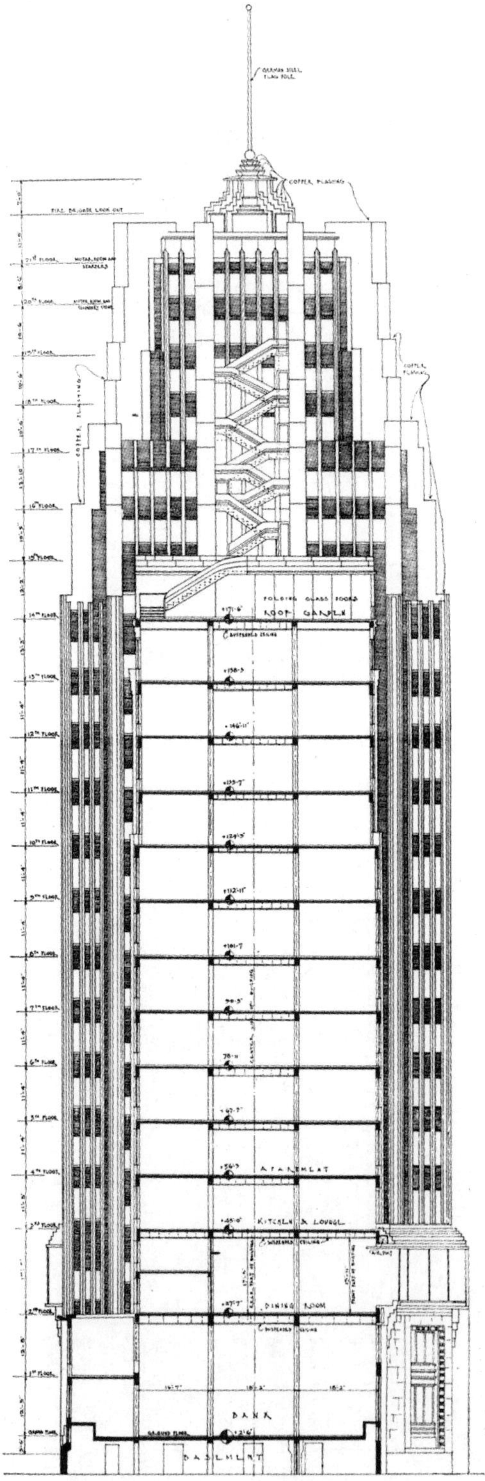

上海四行二十二層大廈　剖面圖

鄔達克建築師小傳

鄔達克建築師。匈牙利籍。畢業於Budatest之大學。一九一四年爲匈牙利皇家建築師學會會員。迨歐戰發生。氏於一九一五年突被拘禁。至一九一八年大戰告終。始行釋放。旋即來滬。與克利氏(Mr.R. A. Curry)合組事務所。執行建築師業務。自一九一八年至一九二四年。氏所負責之工程計有：

（一）美豐銀行
（二）中西女塾
（三）福州路美國總會
（四）萬國儲蓄會霞飛路公寓

自一九二五年以至於今。氏所設計之工程有：

（一）宏恩醫院
（二）寶隆醫院
（三）西門外婦孺醫院
（四）德國禮拜堂
（五）慕爾堂
（六）羅別根路西人公墓禮拜堂
（七）廣學會
（八）浸信會
（九）漢口路四行儲蓄會
（十）閘北水電廠（在吳淞）
（十一）上海大戲院改裝工程
（十二）浙江大戲院
（十三）虹口大戲院
（十四）交通大學工程館
（十五）愛文義公寓
（十六）上海啤酒廠
（十七）工程之正在進行中者：
（甲）大光明影戲院
（乙）四行儲蓄會二十二層大廈
（丙）上海啤酒廠宜昌路廠房
（丁）美國社交會堂

南京華僑招待所

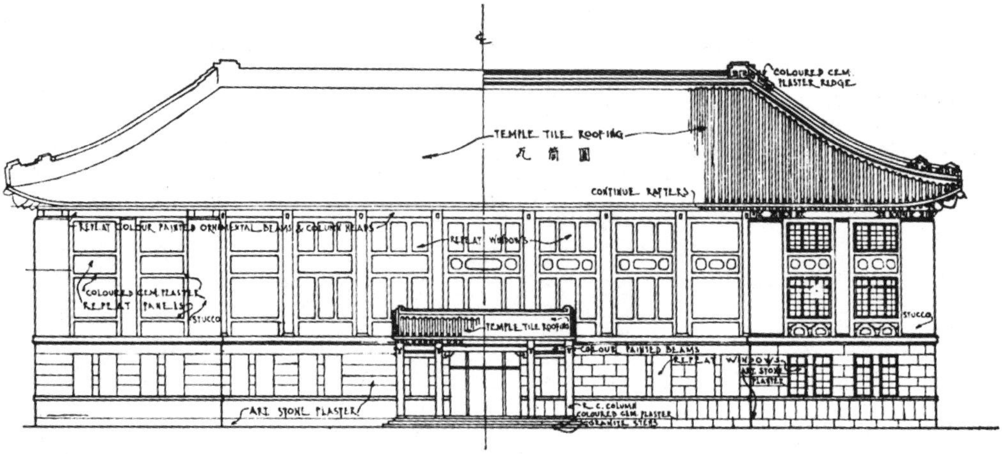

正面樣

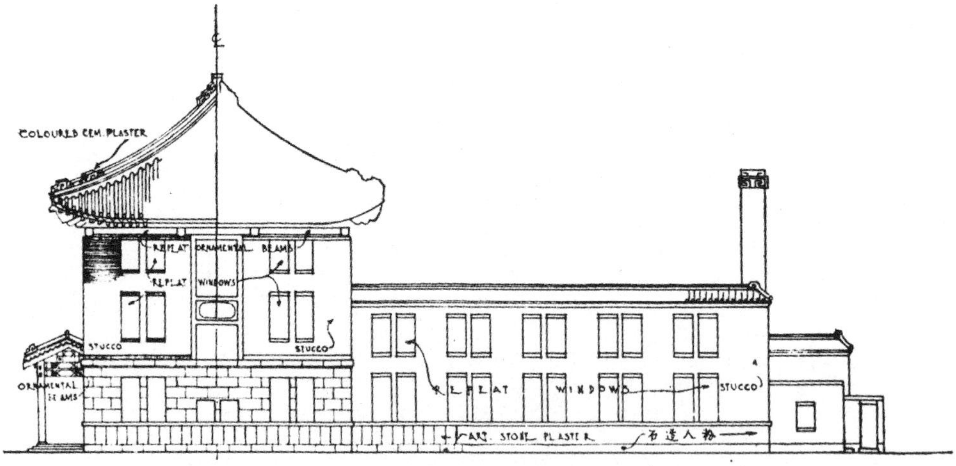

側面樣

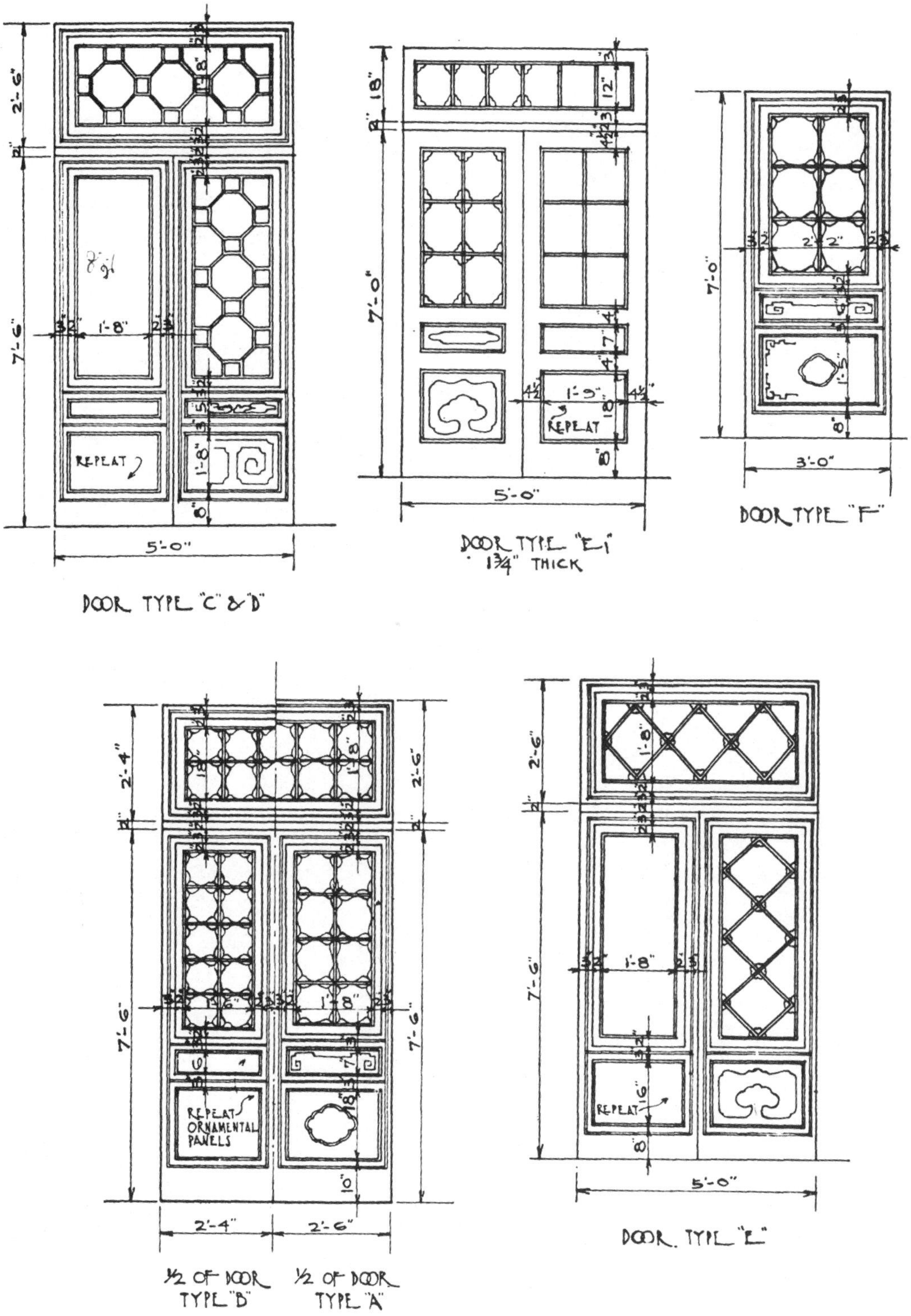
DOOR TYPE "C" & "D"
DOOR TYPE "E1"
1¾" THICK
DOOR TYPE "F"
½ OF DOOR TYPE "B"
½ OF DOOR TYPE "A"
DOOR. TYPE "E"
REPEAT
REPEAT ORNAMENTAL PANELS
5'-0"
3'-0"
2'-4"
2'-6"
7'-6"
7'-0"
1'-8"

南京華僑招待所　門圖樣

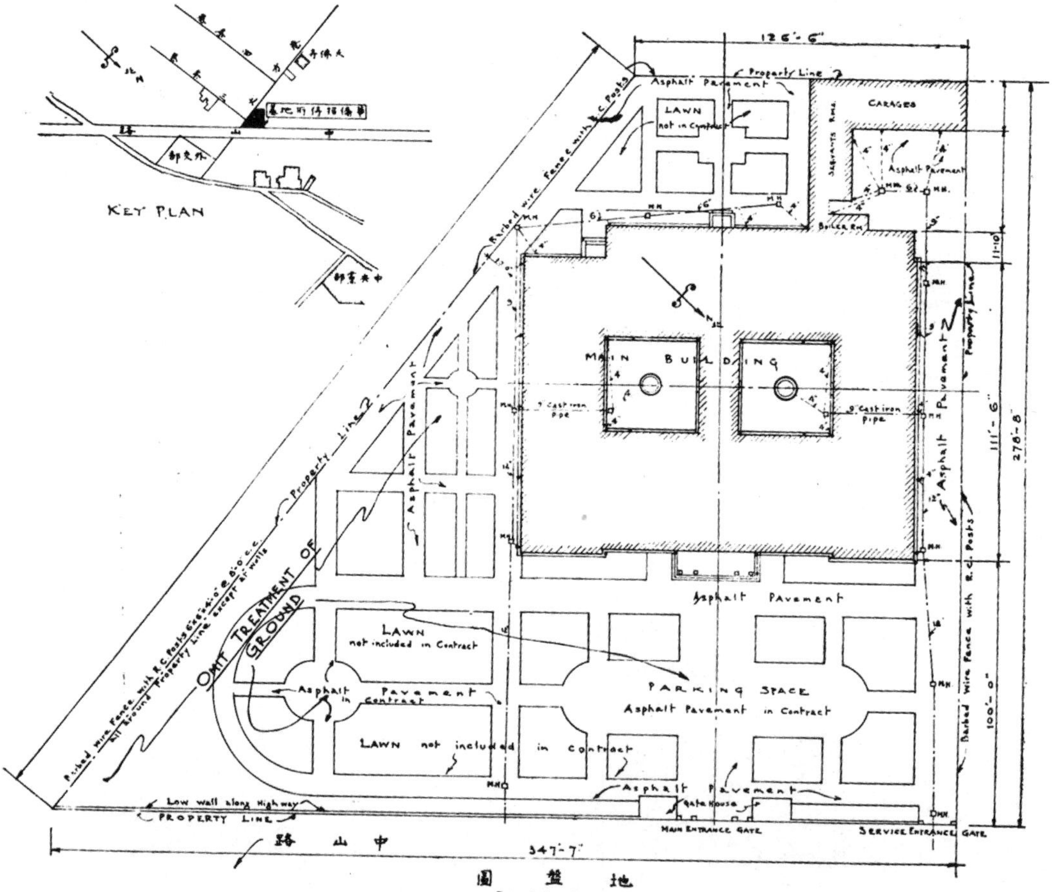

地盤圖
PLOT PLAN

南京華僑招待所工作時攝影

建築工具之兩新發明

向華

本年有二新發明之建築工具，使用於歐美建築界，足以助長水泥工程之速度。一爲新式水泥帮浦，一爲電磁打動機。（electro-magnetic vibrator）茲分別介紹於後。

新式水泥帮浦 新式水泥帮浦，初次使用於彌滑磯 Milwaukee 第三十五號街棧道之建築，用以抽汲水泥。（見圖）該機初用於歐洲，將水泥抽汲，直接傳達於水泥壳子內。（Forms）施工迅速，結果極爲圓滿，各工程師莫不樂予採用。彌滑磯之工程，計費十二小時，水泥由帮浦直接輸送壳子，爲一百二十五碼。其間因傳遞水泥所消費之時間，僅一小時有半。此機係活塞式樣，並可移動自如，用戲司林或電氣發動。每小時水泥之容量，自十五碼至二十碼。該機平行能輸送水泥五百尺，垂直輸送則爲七十二尺。在彌滑磯之試驗，所用係五英吋管子，較大混合物均能通過，並無阻塞。管子長十尺，裝有迅速鑲接筍。（Quick couplings）

電磁打動機 電磁打動機係於工作時，用以打動漏斗（Hoppers）中之水泥，使成分勻淨，順流瀉下；或用以打動盛積水泥器內大塊之材料。此機應用甚廣，不僅限於建築工程，其他水泥製造物之構成，如鋼筋混泥椿，設於礦穴口之木架（Cribbing）等，均可應用。此機構製甚簡，僅包括一馬蹄形磁鐵及一電鑰（Armature），二者銜接處繫以彈簧。震動波紋在接近磁鐵及電鑰之銜縫處，每分鐘計三千六百次，交替旋轉六十次。震動之速度既如此之高，故在動作時極爲有力，用以打動建築材料之塊礫，誠有無堅不摧之概。此機裝有握柄（見圖），若用以震磨地板壳子或平地砭鋼條等，則附以鍬形之物。此機應用於壳子之凹飾時，則附以螺旋形之夾器；若用於圓管及溝渠，則有索鏈之夾器，以利工作也。

建築辭典 （二續）

『Barrel bolt』 彈子套管拆梢。

『Barrel drain』 圓瓦筒。

『Barrel roof』 圓屋頂。

『Barries』 屛障。

『Bartizan』 塔頂。塔之角口或屋沿牆之轉角處挑出部分。

『Basalt』 玄武石。任何黑色，花紋精細之火成巖石。

『Base』 坐盤，礎皮石，踏脚板，勒脚。柱子之礎盤。屋內四週依牆脚處之護壁狹板。外牆牆脚自地平線起凸出之部分。

『Basement』 地坑，地下層。銀行中之銀庫，及其他大廈中之水汀爐子等，均設於地下層。美洲住屋亦有地下層，蓋用以作貯物等者。

『Basilica』 白雪理解庭。原在古雅典城中三面走廊之一所法庭，縣長即在該庭中審理案件。後在羅馬建一長方形用柱子分隔堂中與走廊二部，終端起一民權台，法官即於台上審理案件。基督教最初之禮拜堂，係依照白雪理解庭做製者。波心凱編之雅典古事第一三七頁云：「為宗教犧牲者的歷史，都畫在白雪理解庭的壁上。」

〔見圖〕

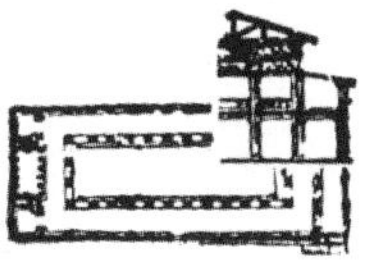

『Basis』 基礎。

『Bath』 浴。

『Bath house』 浴堂。

『Bath room』 浴室。

Public Bath 公共浴。

Swimming Bath 游泳浴。

Turkish Bath 土耳其浴。

『Batten』 木條子。板牆筋。板牆在未釘板條子與粉刷前，所撐之木框，每根木條均名板牆筋。

『Bay』 肚。從房間之一隅，凸出數尺地，以闢置窗牖者。

Circle Bay 圓肚。

Angle Bay　方肚。八角肚。

Bay Window　圓肚窗，方肚窗，八角肚窗。視地位之形狀而定窗之名稱。〔見圖〕

六角肚

『Bead』　珠，圓珠，算盤珠，圓線。

Angle Bead　牆角圓線。

Beaded Joint　圓線接縫。

『Beam』　大料，樑，楝。一根本長木料，石，鉄或數種混合成者以擔任重壓力，擠力或拉力，爲構架房屋或他種建築之必要品。

〔見圖〕

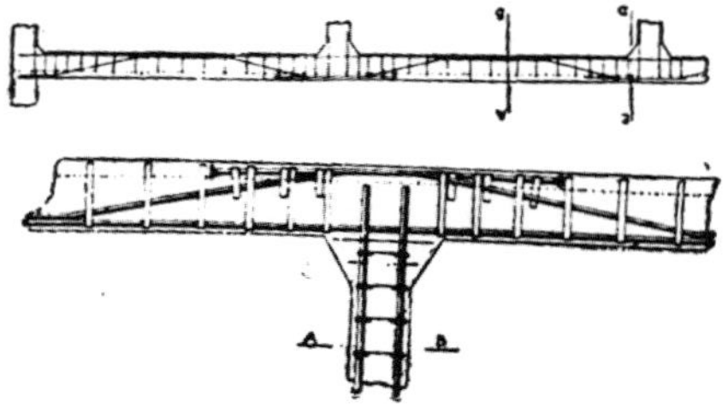

『Bearing』　搭頭，持，負荷。法圈圈脚或大料擱置之處。

〔見圖〕

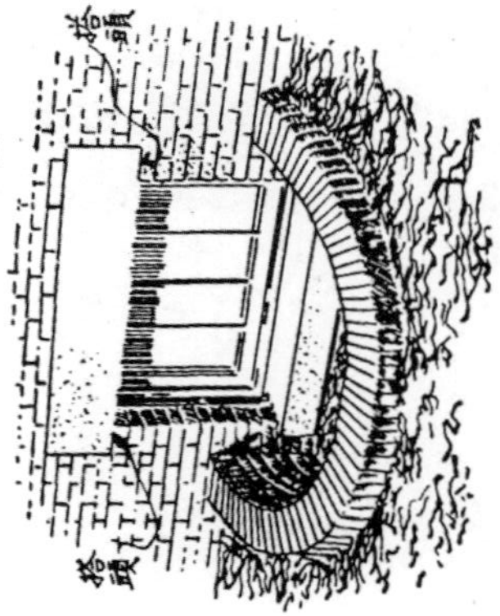

『Bed』　床，臥具。

『Bed room』　臥室，寢室。

『Bee home』　養蜂所。

『Beetle』　木鎯頭，木人。大塊木段用以打送梢針或打堅三和土彈街石片等。

『Bell』　鈴，電鈴。屋中牆隅或大門口裝設電鈴揿鈕，俾按鈴傳喚僕人或叫門。

『Bench』　法官席，作臺，長櫈。

Bench mark　標準水尺。

『Bending force』　彎力。鋼條或鐵條在試驗室中彎曲所之力量。

「Bending Movement」 彎能率。

「Bending Strength」 應彎强。

「Bending Stress」 應彎力。

「Bevel」 車邊，斜角。〔見圖〕

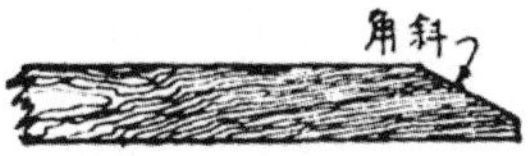

「Bevel Joint」 斜接。

「Bevel square」 斜尺。〔見圖〕

「Billard room」 彈子房。

「Bin」 貯藏箱，貯藏房，貯藏棚。

Dust bin 垃圾桶。

「Birds-eye Perspective」 鳥瞰圖。

「Bitumen」 松香柏油。係"Asphalt"之一種，其組合成分包含水素炭質，水成之煤，哥羅芳及以太酒精等。此項柏油分硬質與流質二種，硬質者英文名"Pure Bitumen"，流質或半流質者名"Malthe"。

「Black Smith」 鐵匠。

「Blind」 百葉，簾幕，篷帳。

「Block」 ㊀塊，段。㊁葫蘆。〔見圖〕

Tackle block 走二葫蘆。〔見圖一〕

Dock block 單葫蘆連裝於地板之螺旋脚。〔見圖二〕

Link snatch block 單葫蘆。〔見圖三〕

Triple sheave block 走三葫蘆。〔見圖四〕

「Board」 板。

「Boarding-house」 客寓，寄宿舍。

Roof Boarding 屋面板。

「Boiler room」 爐子間。燒熱水或熱水汀處。

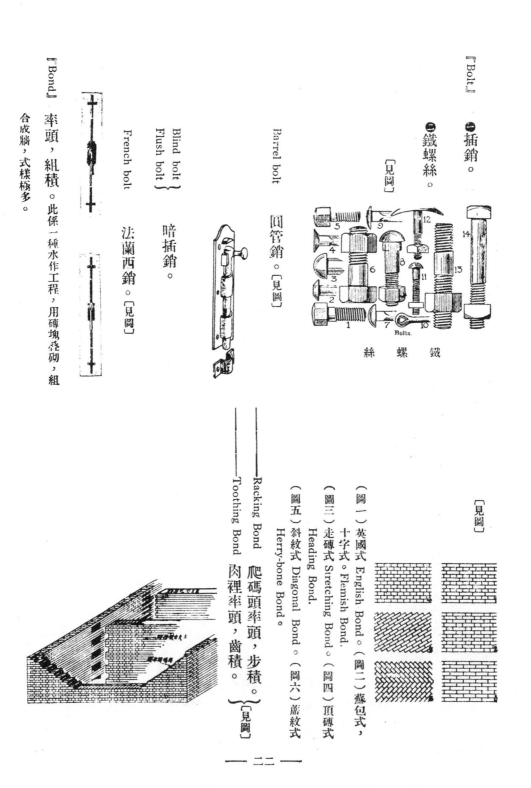

『Bolt』 ❶插銷。

❷鐵螺絲。〔見圖〕

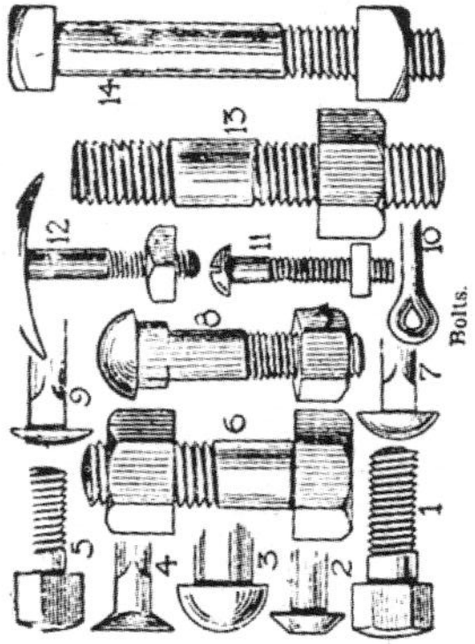

鐵螺絲

Barrel bolt 圓管銷。〔見圖〕

Blind bolt
Flush bolt } 暗插銷。

French bolt 法蘭西銷。〔見圖〕

『Bond』 牵頭，組積。此係一種水作工程，用磚塊叠砌，組合成牆，式樣極多。

〔見圖〕

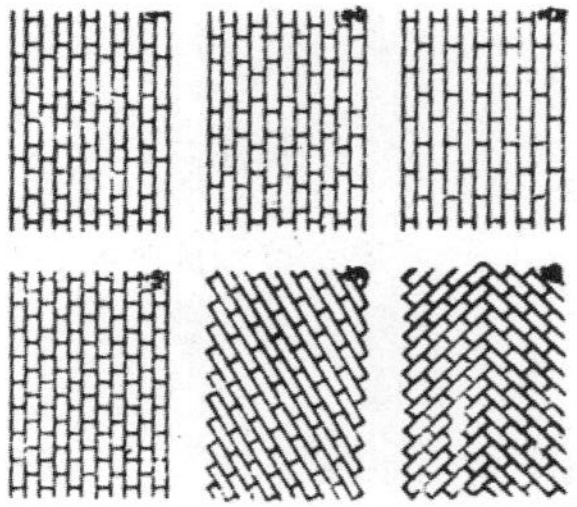

（圖一）英國式 English Bond。（圖二）蘇包式，十字式。Flemish Bond.

（圖三）走磚式 Stretching Bond。（圖四）頂磚式 Heading Bond.

（圖五）斜紋式 Diagonal Bond。（圖六）席紋式 Herry-bone Bond。

——Racking Bond 爬碼頭牵頭，步積。
——Toothing Bond 肉裡牵頭，齒積。 }〔見圖〕

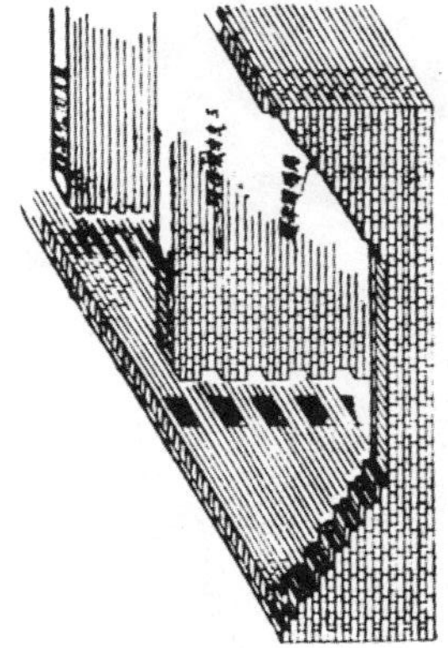

『Bondset』固合粉。其功用所以結合新澆水泥與早澆水泥者。

『Bond together』　鑲砌一體。

『Booth』　小屋。展覽會中陳列物品分隔成形之小屋。

『Border』　邊。碎錦磚或其他磁磚地或花水泥地等之鑲邊。

『Borrowed-light』　印窗。因川堂中黑暗，於兩邊牆上開闢窗戶，俾使光線自房間中透進。

『Bottom Rail』　下帽頭。洋門下脚之橫木，洋台欄杆或扶梯欄杆之下扶手。

〔見圖〕

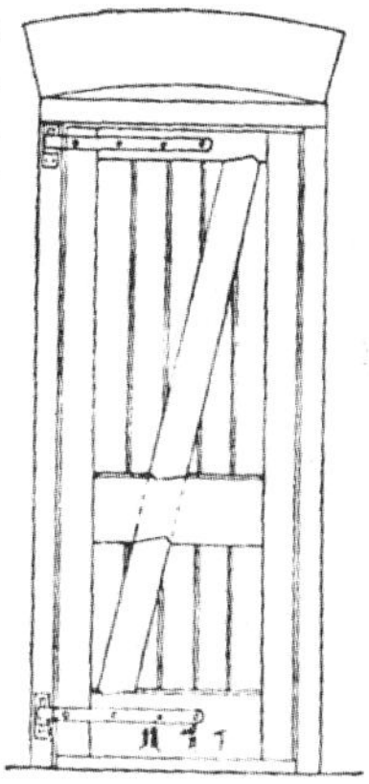

『Boudoir』　婦女室。

『Boundary』　界。

————Gate　圍牆門。

————Stone　界石。

————Wall　圍牆。

『Bow』　弧形。

Spring bow　彈弓小圓規。〔見圖〕

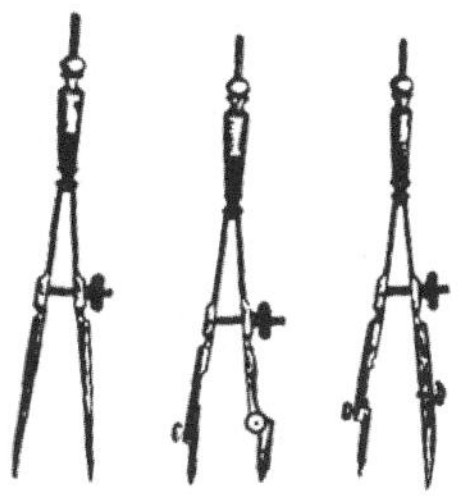

（圖一）墨線規。Pen.

（圖二）鉛筆規。Pencil.

（圖三）分度規。Divider

『Box』　廂座（劇場），証人席（法院）。

Curtain box　門簾箱。

『Brace』　❶斜角撑。〔見圖〕

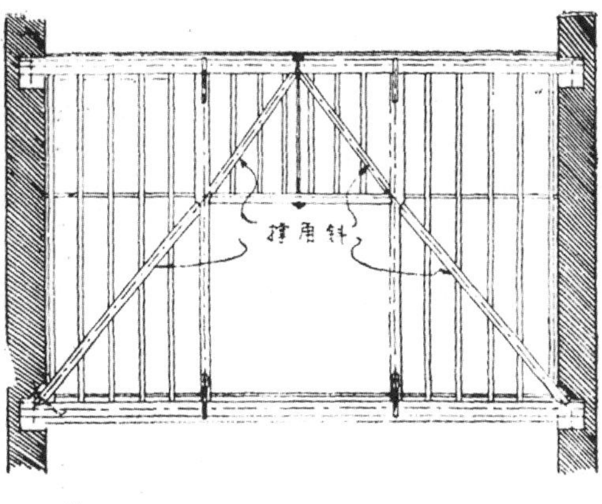

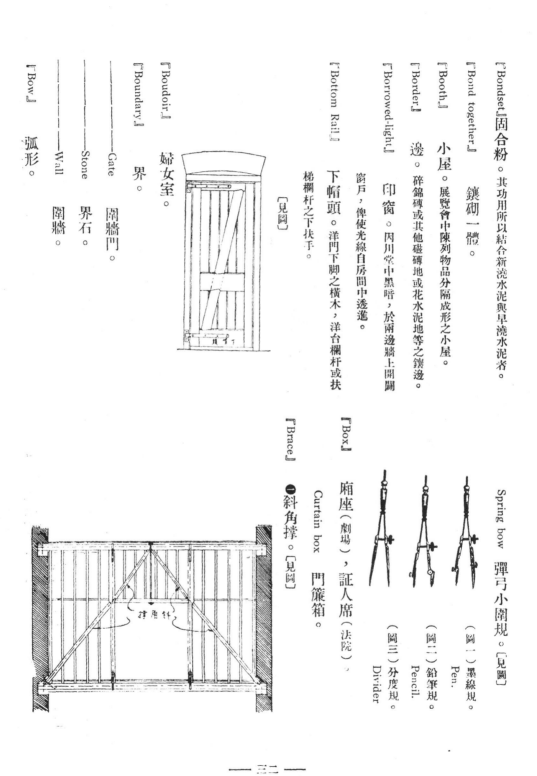

㈡搖鑽。〔見圖〕

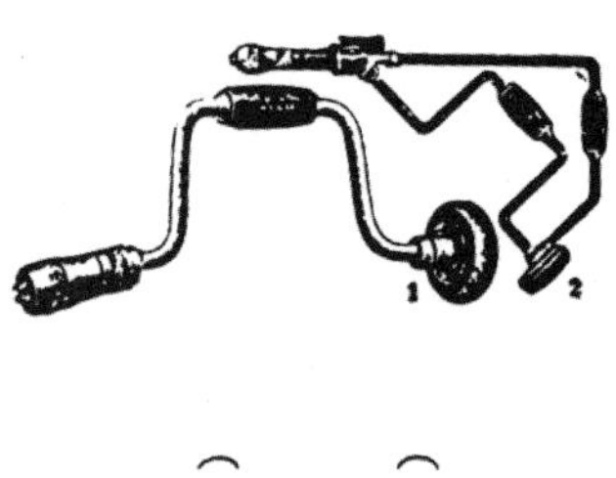

（圖一）普通搖鑽。

（圖二）頂角搖鑽。

「Bracket」 牛腿，壁燈。以之支撐任何重量，或用以裝飾者，普通均自牆之直立面凸出成一方角，用以建築或支撐居壁架子，鏡子或裝飾物等。其形體爲正方角之三角形，短的一端緊貼牆面。〔見圖〕

「Brad」 小洋釘。釘線脚或嵌玻璃用者。

Floor Brad 暗釘。釘樓地板之單頭扁形暗釘。

「Branch」 分，枝。

「Brass」 黃銅。

「Brass-smith」 銅匠。

「Break」 破。

「Breakfast room」 早餐室。

「Breakfast nook」 早餐處。

「Break loading」 破壞荷重量。

「Breast」 窗盤下，火坑肚。窗盤與地板間之牆壁。火爐洞與二邊牆角之中間。

「Brick」 磚。

Fire brick 火磚。

Hollow brick 空心磚。

Broken brick 碎磚三和土。

Brick nogging 木筋磚牆。在木板牆筋中間鑲砌磚壁。

Brick pavement 磚街。

Facing brick 面磚。

「Bricklayer」水作，瓦匠，泥水匠。

「Brick on edge」滾磚。磚子側砌如勒脚上皮一帶蓋面磚。窗堂或門堂上面平圈等。〔見圖〕

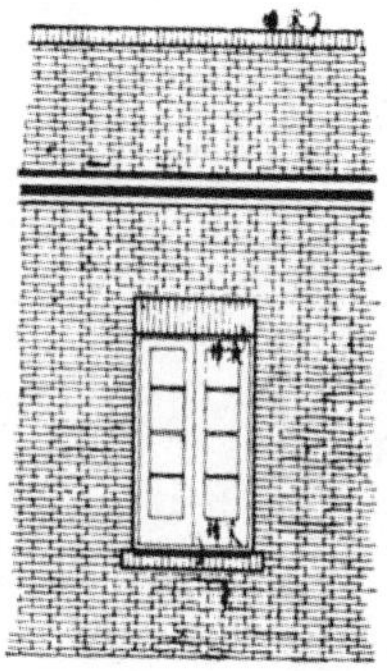

「Brick work」水作工程。

「Bridge」橋樑。〔見圖〕

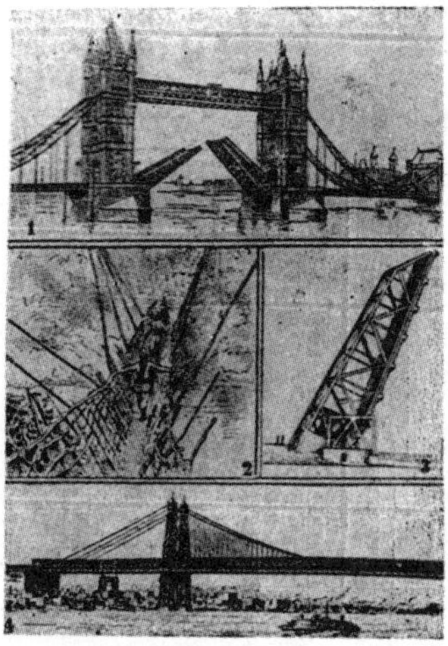

「Brown」棕色。

「Builder」營造家，建築人。

「Building」房屋，築造。

「Building Construction」房屋構造。

「Building Material」建築材料。

「Building Regulation」建築條例。

「Built」造，砌。

「Built in cement」水泥砌。

「Built in lime mortar」灰沙砌。

「Bund」壩，灘，岸。

「Bungalow」平屋。〔見圖〕

「Bunk」高舖。

「Butt」鉸鏈。

「Buttress」泡脚墩子。〔見圖〕

「Byzantine Architecture」卑祥丁即今之君士坦丁，根據第四世紀時發明之建築式。〔見圖〕

去年國產油漆銷售概況

談鋒

油漆之於房屋。猶衣著之於人身。所以使房屋容光煥發也。二十世紀。凡百事物。莫不趨於美化。房屋與人身有密切之關係。倘無優美之建築。實不足以謀進人類住的幸福。油漆之於房屋。不僅增美觀瞻。且可使人之環境優良。故新時代之建築。均需油漆裝飾。工程完竣後之唯一工作。亦厥惟粉抹油漆。油漆之銷售遂日旺矣。

曩昔油漆。均購用外貨。利權外溢。莫此為甚。年來國人自營之油漆製造廠。相繼而起。每年銷額。已駕舶來品而上之。如開林之雙斧牌。振華之飛虎牌。永固之長城牌。及元豐之元豐牌。均為國產油漆中之佼佼者也。惟自去年一二八之後。營業不無影響。關於去年國產油漆之傾銷額。除開林元豐尚未得報告外。茲將振華永固二公司之銷額。分列於後。

振華油漆公司。創辦於民國七年。出品有厚漆，調合漆，防銹漆，房屋漆等。聞該公司資本總額為二十萬元。全國共有分銷及經理處五十處。去年銷額共計一百〇五萬元。本埠佔百分之四十七。長江各埠佔百分之十七。華北佔百分之六。華南佔百分之二十。南洋各屬佔百分之十。

永固造漆公司。地址適在一二八戰區內。故一經猛烈炮火之後。該廠全部廠屋。盡為摧燬無遺。後以各埠紛來定貨。遂於三月間遷至滬西營業。至六月間時局漸趨平靜。該公司仍在江灣路原址。重建廠屋。於十一月底告竣。遷回營業。故統計全年營業僅六閱月。而平均銷額與曩年無異。計運銷國外者。約五百餘噸。長江各埠四百噸。其他沿海各口亦銷至三四百噸。聞今後該公司因製造部之擴大。產額將尤見激增也。

第一第二期再版

歡迎讀者登記

本刊出版以來，備受各界歡迎，交相讚譽，不勝榮幸。第一第二期早經售罄，後至讀者，咸以未窺全豹爲憾，紛囑設法補購，而割愛者乏人，不獲報命爲歉。茲應多數讀者之要求，擬於最近期間實行再版，有意補購諸君；請速來函登記，俟有相當人數，當卽進行排印也。

工程估價

（四續） 杜彥耿

汽泥磚

汽泥磚為最近發明之輕磚。用水泥澆擣。中有氣空。如海綿或麵包狀。此磚上海僅馬爾康洋行一家製造。採用此項輕磚。亦惟滬上各摩天建築用之。如已造成之沙遜房子。匯豐房子。都城飯店。漢密爾登大廈。及在建築中之四行二十二層大廈。峻嶺寄廬等。蓋取其質輕。而能減少房屋本身之重量也。

（參閱下頁估算表）

第二十九表

二寸厚用黃沙水泥砌每方價格之分析

用馬爾康洋行12″×24″×2″A號汽泥磚爲標準

（成分一分水泥三分黃沙）

工料	數量	價格	結洋	備註
每方用磚	五〇塊	每方洋一二・一七元	洋一二・一七元	破碎未計
運磚車力	五〇塊	每噸車力洋二・一〇元	洋・九四元	每塊廿磅以英噸計算 一噸以下車力以四・一九元計算
水埿	.一三立方尺	每桶洋六・五〇元	洋・二一元	每桶四立方尺漏損未計
黃沙	.三九立方尺	每噸洋三・三〇元	洋・〇五元	每噸廿四立方尺
砌牆工	一方	每方洋九・〇〇元	洋九・〇〇元	連木匠撑工及鋸工等
脚手架	一方	每方洋一・一〇元	洋一・一〇元	竹脚手連搭及拆回
水	四〇介侖	每千介侖洋・六三元	洋・〇三元	用以澆浸磚塊及擣灰沙
			洋二三・五〇元	

第三十表

三寸厚用黃沙水泥砌每方價格之分析

用馬爾康洋行12″×24″×3″B號汽泥磚爲標準

（成分一分水泥三分黃沙）

工料	數量	價格	結洋	備註
每方用磚	五〇塊	每方洋一八・一八元	洋一八・一八元	同第二十九表
運磚車力	五〇塊	每噸車力洋二・一〇元	洋一・四〇元	每塊卅磅以英噸計算
水泥	.一九五立方尺	每桶洋六・五〇元	洋・三二元	同第二十九表
黃沙	.五八五立方尺	每噸洋三・三〇元	洋・〇八元	,,
砌牆工	一方	每方洋九・〇〇元	洋九・〇〇元	,,
脚手架	一方	每方洋一・一〇元	洋一・一〇元	,,
水	四十五介侖	每千介侖洋・六三元	洋・〇三元	,,
			洋三〇・一二元	

面磚　除上述之機器磚，空心磚及汽泥磚外。尚有一種面磚（Facing Brick）。用以膠黏於牆之外面。藉增瞻觀。並可抵禦風雨侵蝕牆身。與雨水滲透牆壁。否則內部潮濕。粉刷或花紙因以損壞。此項面磚。初僅舶來品。嗣經泰山磚瓦公司研究製造。出品分紫白黃數種。品質精良。人咸樂用之。繼起者有興業瓷磚公司。該公司除燒製面磚外。尚有碎錦磚（即瑪賽克），缸磚及磁磚等出品。當於另章述之。

面磚之尺寸　面磚之尺寸。2½"×4"×8½",1"×2½"×8½",1"×2½"×4"數種。其二寸半厚四寸闊八寸半長之一種。係用與普通磚搭砌或與空心磚搭砌。（見十一圖及十二圖）。其一寸厚二寸半闊八寸半長之一種。用以膠黏於牆之外面爲走磚。其一寸厚二寸半闊四寸長者。則膠黏於牆之外面爲頂磚。（見十三圖及十四圖）。

第十一圖

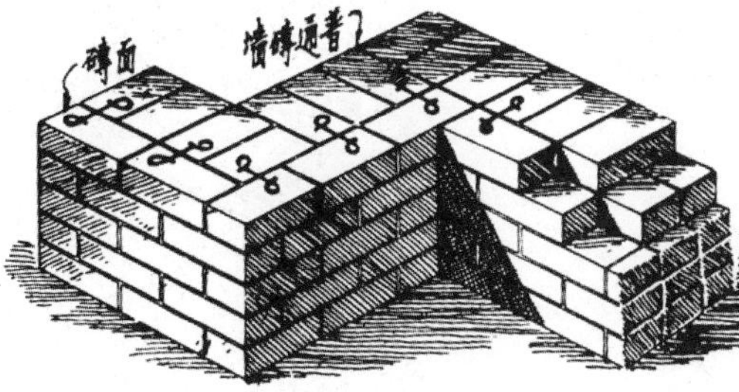

第十二圖

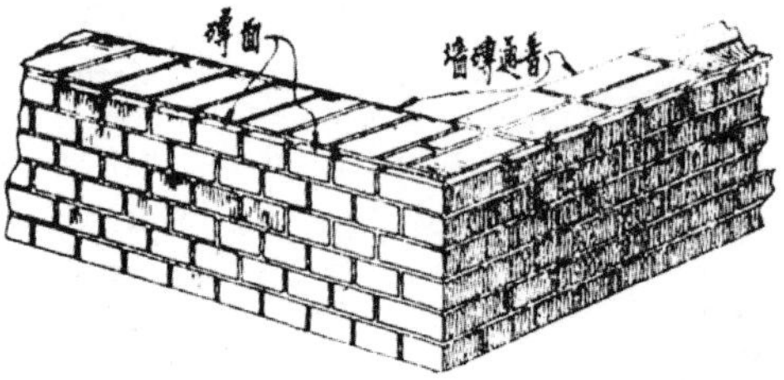

第十四圖

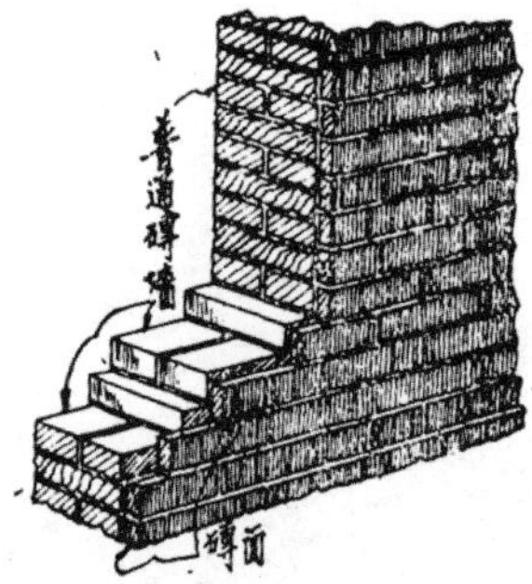

第十三圖

第三十一表
一寸厚用水泥紙筋砌每方價格之分析
用泰山磚瓦公司1″×2½″×4″薄面頂磚爲標準
（成分一分水泥三分紙筋）

工料	數量	價格	結洋	備註
每方用磚	一二三二塊	每千洋三三·五六元	洋 四一·三五元	破碎未計
運磚車力	一二三二塊	每萬洋七·〇〇元	洋 ·八六元	視路遠近以別上下
水泥	一.〇四立方尺	每桶洋六·五〇元	洋 一·六九元	每桶四立方尺漏損未計
紙筋	三.一二立方尺	每方洋三〇·〇〇元	洋 ·九四元	用煉成之紙筋
舖工	一方	每方洋八·五〇元	洋 八·五〇元	
			洋 五三·三四元	

第三十二表
二寸厚用水泥紙筋砌每方價格之分析
用泰山磚瓦公司2½″×4″×8½面磚爲標準
（成分一分水泥三分紙筋）

工料	數量	價格	結洋	備註
每方用磚	六五八塊	每千洋一一一·八九元	洋 七三·六二元	同三十一表
運磚車力	六五八塊	每萬洋二〇·〇〇元	洋 一·三二元	,,
水坭	二.一一三立方尺	每桶洋六·五〇元	洋 三·四三元	,,
紙筋	六.三三九立方尺	每方洋三〇·〇〇元	洋 一·九〇元	,,
舖工	一方	每方洋六·五〇元	洋 六·五〇元	
			洋 八六·七七元	

（待續）

建築界消息

安記承造俄文學堂新屋

上海靁米路俄文學堂新屋，高凡四層，佔地一百十八方，由賴安洋行建築師設計打樣，安記營造廠承造，聞造價爲十七萬兩，業已開始動工，將於九月中告竣云。

正廣和棧房業已投標

上海東區培開爾路正廣和汽水廠內，擬建造六層樓鋼骨水泥棧房一所，聞建築師爲公和洋行，造價約計二十五萬兩，業已投標，營造廠迄今未定，惟最有希望者，爲龔聚興營造廠。

跑馬廳會員台將動工建造

上海馬霍路跑馬廳會員台，自公衆看台竣工後，本擬於去年春季賽馬後興工，後因受一二八之影響，故延擱至今；現聞於此次春賽畢後，擬卽動工建造，建築師爲馬海洋行，營造者恐仍爲余洪記云。

四馬路中央捕房新屋開標

上海公共租界工部局四馬路中央捕房新屋，高六層，在美國總會隔壁，現已開標，聞僅營造廠一項，計元五十餘萬兩，其餘衛生設備，電梯電燈等均不在內，不日卽將動工，設計者爲該局建築處斯單福建築師，營造者新申營造廠。

辣斐影戲院在建築中

上海辣斐德路貝勒路附近之辣斐影戲院（Lafayette Cinema），由鄔達克建築師設計打樣，復興營造廠承造，並由泰康行供給鋼條。現正在建築中，聞將於五月底告竣，六月初卽可開幕。

南京孫院長住宅由馥記承造

首都總理陵園孫院長住宅，由華蓋建築師設計，馥記營造廠承造，造價約四萬餘元，工程現在進行中。

浙江興業銀行大樓新屋訊

由華蓋建築事務所設計之浙江興業銀行大樓，在上海江西路北京路口，聞造價預定爲一百萬兩之譜，承造者尚未定，故何時興工，亦未一定也。

重建北站京滬滬杭甬鉄路管理局辦公處

上海北站京滬滬杭甬鉄路管理局辦公處，自一二八之役，爲日寇炮燬後，尚未重建。現由華蓋建築師設計重建，造價正在投標估計中云。

廣州商務印書館建造棧房及廠房

廣州商務印書館擬建造鋼骨水泥棧房及廠房，業由香港Leigh & Orange建築師設計，造價現在估計中，不日卽將興工。

太平公寓將開標

上海北四川路太平路角太平公寓，高度同新亞酒樓，內分單間，二間，三間等大小房間，衛生器具全備。該屋全面積約二百方。將於下月中開標，造價約計六十萬兩左右云。按該公寓中外人均可租用。

英國式精舍設計

上圖示英國式精舍，建於美國紐約 Westchester 州。基地略作環圓形，故建築方式，係將地平之起居室及大門入口處較汽車間高半梯階。（flight）汽車間之上則爲主要臥室及浴間。另一臥室及浴間，則再高半梯階，位於餐室及廚房之上。如此建築，於治理家務極感便利；且能調和無樓低舍及普通二樓住屋之佈置。蓋此種半梯（half-step）設計，樓梯極短，例如由起居室至汽車間上之臥室，僅須上升六步，即可達到；設計既極精巧，構築復饒興味，讀者參閱後列所附各圖，當能神會其趣矣。

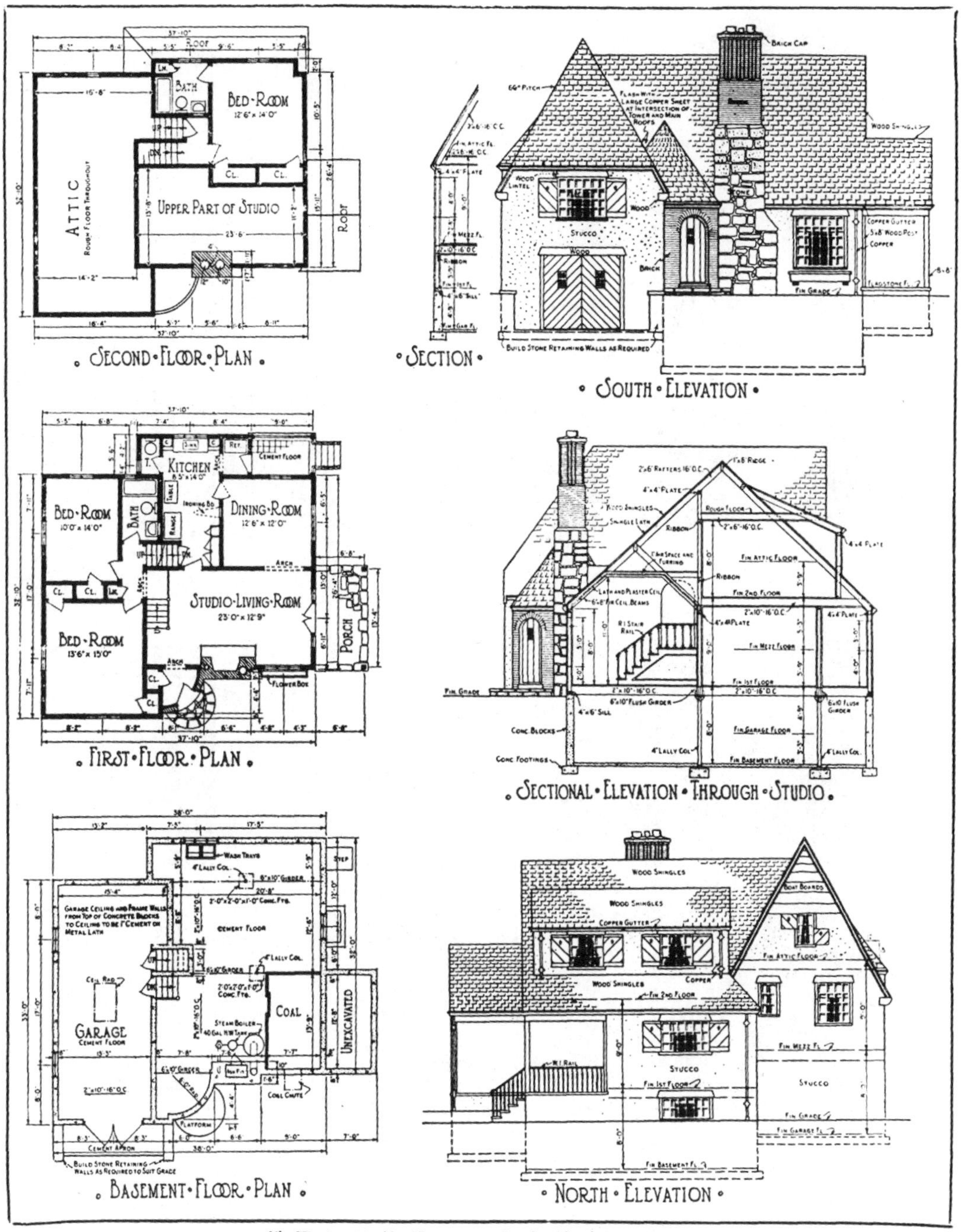

英國式精舍之全部構築詳細圖樣

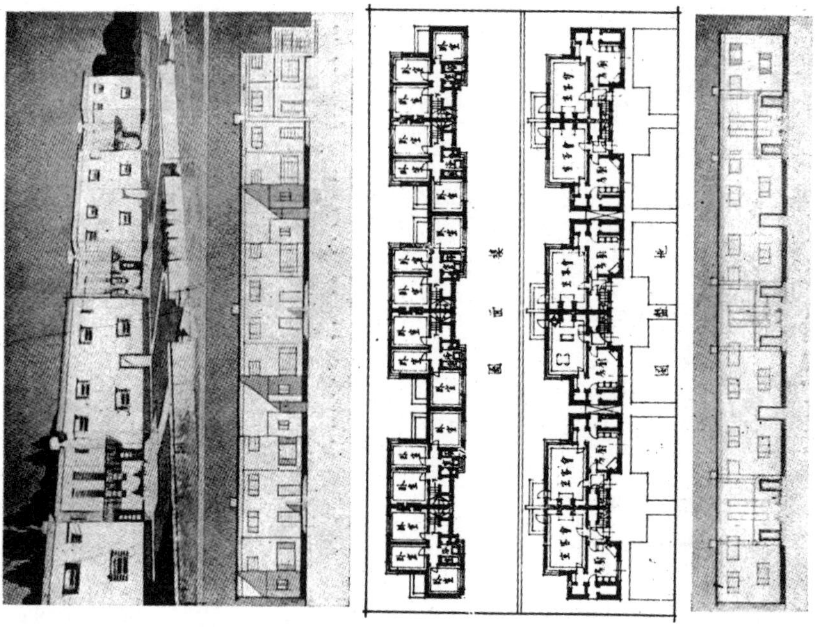

連幢住宅式樣

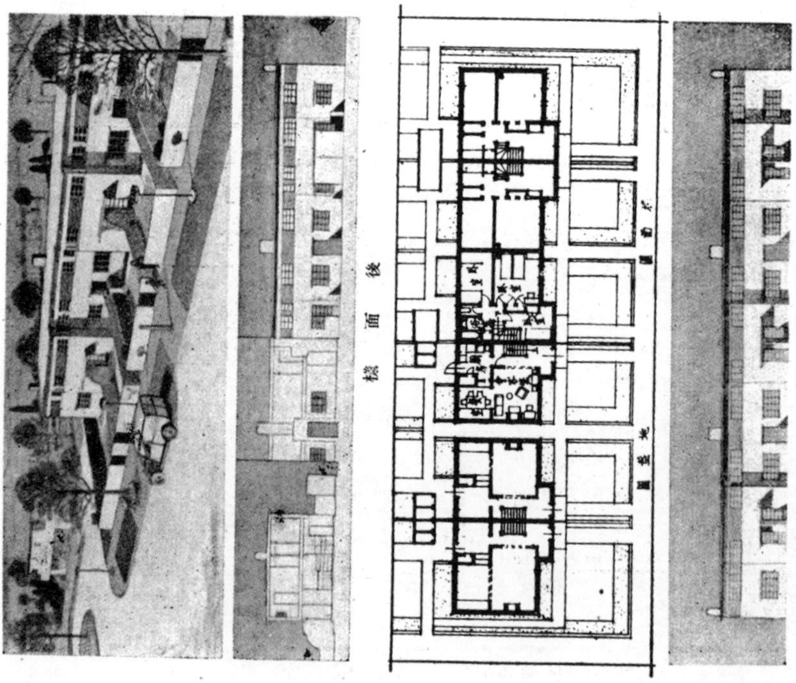

連幢住宅式樣之又一式

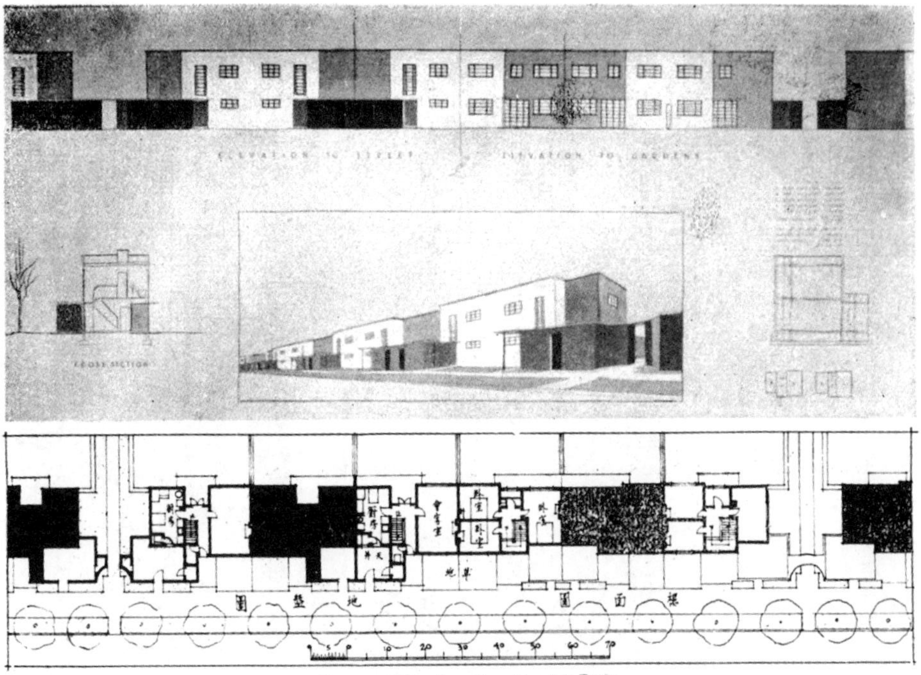

連幢住宅之又一式

和合式住宅，本刊第二期已發表過一所；可是這所的設計和外觀，又要精巧多多。

側面樣　　正面樣　　後面樣　　側面樣

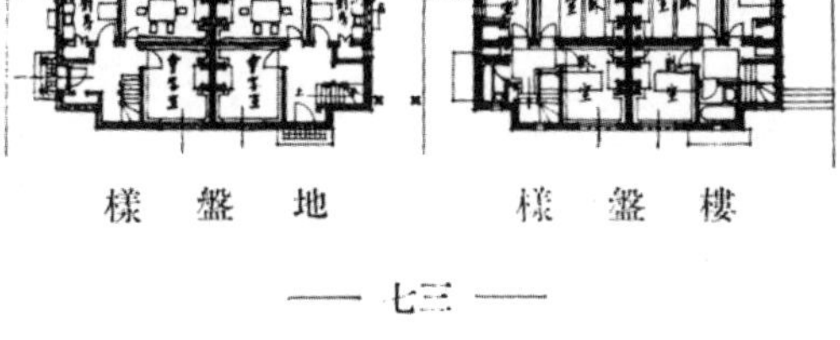

地盤樣　　樓盤樣

營造與法院

本欄專載有關建築之法律譯著，建築界之訴訟案件，及法律質疑等，以灌輸法律智識於讀者爲宗旨。法律質疑，乃便利同業解決法律疑問而設，凡建築界同人，及本刊讀者，遇有法律上之疑難問題時，可致函本欄，編者當詳爲解答，并擇尤發表於本欄。

楊文詠訴奚籟欽償還造價判決書

江蘇上海第一特區地方法院民事判決　二十年地字第一六〇二號

判決

原告楊文詠年三十四歲住辣斐德路六二三號

訴訟代理人陳霆鋭律師

被告奚籟欽年六十一歲住東西華德路積善里一號

訴訟代理人楊國樞律師

葛肇基律師

右兩造因造价涉訟一案。本院審理判決如左。

主文

被告應償還原告銀六千七百五十七兩四錢四分。

原告其餘之訴駁回。

訴訟費用由被告負担十二分之七。餘由原告負担。

事實

原告及其代理人聲明請求判令被告償還銀一萬二千二百九十五兩。並負担訟費。其陳述略稱。謂原告於民國十九年間與被告訂立合同。承造普慶影戲院工程。訂明每次付款。須經建築打樣師鴻達簽發領款證爲憑。原告於訂約後。進行工程。並依照打樣師囑令。在訂定工程外。添造及改造各項建築物。另行開賬計値。詎意於廿年四月廿七日。鴻達打樣師簽發領款證元一萬兩。由原告向被告領取。乃被告只付六千兩。共餘四千兩。拒不照付。並謂加賬未經同意。以圖抵賴。查原告合同造價。共計三萬三千八百八十六兩。除收過三萬〇七百兩外。尙欠元三千一百八十六兩。工賬加料計銀九千一百〇九兩。均有詳賬及工程可查。且經打樣師認爲確實。以上共計銀一萬二千二百九十五兩屢索不付。爲此訴追云云。提出領款證一紙。交單六紙。賬單二紙。鴻達洋行信一件。及證人沙益明爲證。被告及其代理人答辯略稱。查合同第十條載明十九年十一月卅日完工。逾期不能完工。每日罰金四十五兩。作爲賠償。又合同第十二條載明。末期銀須完工九個月之後。方能照付。故合同造價尾數三千一百八十六兩。尙未到期。不能給付。至於加賬。查合同說明書第廿一條載明。須由工程師通知房主。得其同意。訂立字據後。方可承認。原告並未履行是項手續。亦不能照付。但事實上確有惟加工不錯。加工所用之鋼骨二十九方。每方五十兩。共一千四百六十二兩。爲原告五小所供給。應予扣除。至房屋完工時連同末期付款。同時給付。現在尙未到期。應請駁回原告之訴云云。提出合同一紙。合同條件一紙。說明書一紙。愼昌洋行賬單二紙。與原告鴻達洋行信一件爲證。

理由

查原告所訴造價計有兩項。(一)合同造價欠款三千一百八十六兩(二)加賬欠款九千一百〇九兩。關於第一項業經被告承認。自應認定屬實。惟據被告辯稱。廿年四月廿七日工程未完。該項欠款尙未到期。依合同第十二條規定。被告無付款之義務等情。原告則謂按合同第十三條規定。工程師出領款證後。被告卽應付款等語。查合同第十三條雖載明。凡建築師對於發給證明書之時期與事由之決定。爲最後之決定。不得爭論等語。查第十二條載明。付款之方法係在建築師發給證書之日。對於已完成之工作。以及已交付之材料。於以前發給之證書內未列入者。如其估定價値達一萬。或建築師認爲適當之其他額時。應於每一證書發給後一星期內。支付該數額百分之七十於承攬人。直至全部工作完成時止其餘數額之四分之三。應於建築師證明對於全部工作之完成已滿意時支付之。而另外四分之一則於該證書發給後第九個月之末支付之。但以建築師證明其工作爲堅固精巧並合用而令其滿意者爲限等語。可見第十三條係規定建築師有發給證明書之權而已。並未訂明定作人於建築師發給證書之後卽有照數給付全部造價之義務。至於何時付款。既有前條卽十二條明白規定。則被告於廿年四月廿七日是否有給付三千一百八十六兩之義務。自應以其是否合於該條所定之方法爲斷。查合同上規定之造價總額爲三萬三千八百八十六兩。(原造價四萬四千五百五十六兩。除去鋼條價額一萬〇六百七十兩。)在廿年四月廿七日之前。原告業已領取二萬四千七百兩。淨欠九千一百八十六兩。依合同第十二條規定。被告只應於每一證書發給後支付證書數額百分之七十。即二萬三千七百廿兩〇二錢。其餘四分之三（即一萬〇一百六十五兩八錢之四分之三）即七千六百廿四兩三錢五分。須於全部工作完成並由建築師證明工作滿意時支付之。又其餘四分之一即二千五百四十一兩四錢五分。須於工程完成後第九個月之末支付之。依上開說明。在廿年四月廿七日之時。全部工作既未完成。有楊工程師鑑定書可以證明。則原告只得領取二萬三千七百廿兩零二錢。而原告已領取二萬四千餘兩。實已超過其應領之數。被告當時拒絕再付一萬兩。顯屬正當。嗣因有加工情形。被告又付造價六千兩。對於其餘三千一百八十六兩則主張尚未到期不能照付。自應認爲有理。故原告第一項之請求應予駁回。關於加工部份。查合同第十一條雖載有定作人或建築師得於必要時隨時變更或增減工作等字樣。然其變更增減之手續。按說明書第廿一條規定。須用書面另行訂立合同載明修改之理由。及將材料及價值預算清楚。如事前未經訂立補充或修改合同。雙方簽字允諾者。事後不得要求加賬付款等語。是原告增加工作雖經建築師證明屬實。但兩造既未定立加工合同。則對於此項加工之權義。自不適用原合同之規定。惟被告既知有加工之事實而不反對。應即按民法上不當利得之規定。判令就其所受利益範圍內負償還之責。據鑑定人楊工程師報告書載明加工價額共計六千七百五十七兩四錢四分。原告主張前兩年物價約高於該工程師估價十分之三。而據鑑定人陳述。則謂前二年市價與現在市價高低不一等語。原告既不能證明加工時之市價。而鴻達建築師所核准之價格。因未訂立契約又不足爲憑。則被告應償還之數額。自應以鑑定人估定之價額爲標準。原告其餘之請求應予駁回。此項加賬既不在原合同範圍之內。當不受該合同第十二條之拘束。自不得以不到期抗辯理由。至於被告主張扣除鋼條價額一千四百六十二兩五錢一節。查被告所提出之慎昌洋行帳單與請求之價額不符。顯難證明加工之鋼條爲被告所供給。況查被告對於加工事前既未同意。焉有代購鋼條之理。此項主張亦難成立。爰依民事訴訟法第八十二條爲判決如主文。

中華民國廿二年二月七日

江蘇上海第一特區地方法院民庭

推事喬萬選印

本件證明與原本無異　書記官錢家驊印

新仁記營造廠遷移新址

上海新仁記營造廠現由威海衛路八百二十五號遷至愛文義路一千四百二十三號。新電話爲三〇五三一號云。

周漢章君更改地址

本會會員周漢章君。其通訊地址。現已改爲上海博物院路十九號七樓七二一號源昌建築公司云。

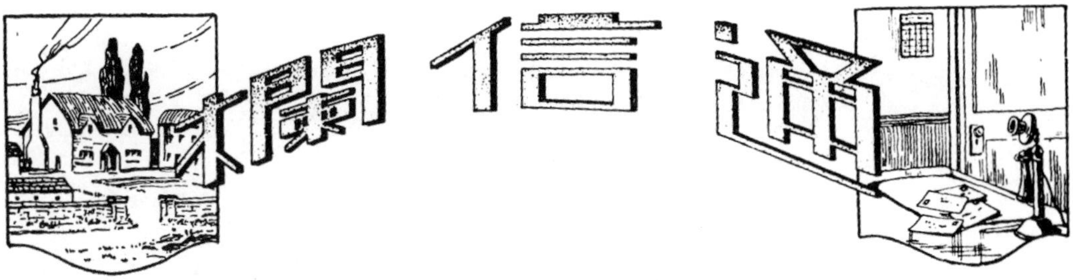

本欄選載建築協會來往重要文件，代爲公布。並發表會員暨讀者等關於建築問題之通信，以資切磋探討。惟各項文件均由具名者負完全責任。

軍事委員會傷兵視察團函

本會徵募運輸卡車

逕啓者。敝團迭據前方辦事處電稱。前方運送傷兵車輛。極感缺乏。致救護傷兵。每因交通不便。不及運抵後醫治。而中途亡故者。比比皆是。思之黯然。素仰

貴會同仁於抗日工作。多所贊助。而於抗日將士。愛護尤深。故特函請

貴會立予徵募大號運輸卡車數輛。以便轉運前方。而利救護。想

貴會會員衆多。集腋成裘。不難立致。如捐有成數。即祈

賜知敝團駐京辦公處。（設南京勵志社）是幸。此致

上海市建築協會

主任　黃仁霖

三月二十日

本會覆軍事委員會傷兵視察團函

逕覆者。接誦

大函。敬悉一是。

台端主持救護傷兵。彌深欽佩。倭奴犯境。關外淪亡。復我河山。義軍是賴。戰鬥既烈。犧牲必多。

貴團奉命救護。使負傷志士。得回後方診治。敝會深表同情。然因缺乏車輛。使傷兵半途亡故。則何以慰忠魂而勵士氣。聞之惻然。敝會救國之心。不敢後人。自當遵命募集捐款。購車運贈。日昨已一度集議。現正進行籌募。俟有成數。即行奉告可也。此致

軍事委員會傷兵視察團主任黃仁霖先生

上海市建築協會謹啓

三月二十五日

朱子橋將軍來電

上海南京路大陸商場上海市建築協會公鑒。連日長城各口。激戰甚烈。關於道路工程運輸慰勞諸事。均極待辦理。素諗

貴會熱心救國。對以上各事。如能組織慰勞團。北來擔任各項工作。諒多歡迎。如何之處。即希卓裁。

朱慶瀾漾。

本會覆朱子橋將軍函

逕覆者。強虜壓境。關外相繼淪陷。再不熱烈抵抗。將何以救我華之危機。吾公率領義軍殺敵。義薄雲霄。彌切欽遲。頃奉頒來漾電。敬悉一是。敝會救國之心。不敢後人。除日昨接軍事委員會傷兵視察團公函。囑捐運輸卡車。以資救護傷兵。曾經召集會議。尅日進行募款購贈外。更當遵命籌組慰勞團。北來擔任工作。現正徵集各方意見。俟有端緒。再行奉達可也。如何進行。還希賜示爲荷。此致

朱子橋將軍　勛鑒

上海市建築協會謹啓

三月二十五日

北平中國營造學社覆本會函

敬覆者。前奉大示。備諳貴會組織建築學術討論會。謀斯界術語之統一。嘉惠士林。無任欽佩。頃接讀建築月刊第一卷第三號「建築辭典」初稿。蒐羅宏富。迻譯詳明。洵斯界之導燈。匠工之寶筏。盛甚幸甚。敝社前亦有編輯「營造辭彙」之舉。徒以我國營造名詞。隨處異稱。逐地調查。難期普遍。加以時代推移。古制湮沫。循名訓物。尤多懸解。故稿凡數易。卒致中輟。滬上爲人文淵藪。益以貴會廣徵同氣。提倡甚力。觀成之期。定復不遠。足爲吾國學術界前途賀。如於此間舊式建築術語。垂問商榷。同人等當貢其一得之愚。共圖進展。順頌台綏

中國營造學社啓

二月二十七日

編評

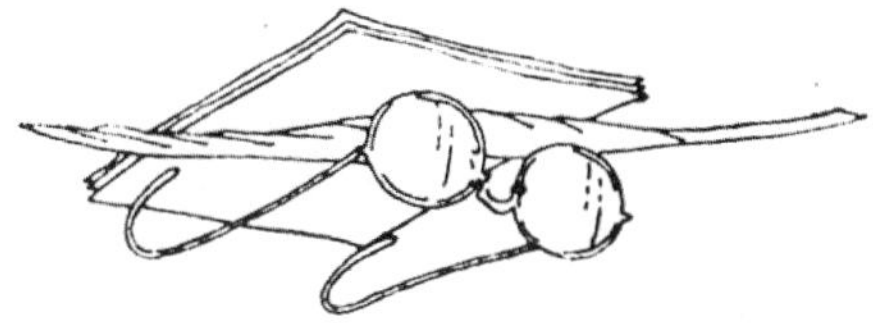

本期插圖除了「滬杭公路杭平段路線圖」外，是二套很完全的新建築房屋圖樣，這都是很值得注意的。

滬杭公路與將來的乍浦商埠有密切的關係，因爲滬杭公路是滬杭的交通要道，乍浦就是處於公路中段；往南往北都可利用公路的交通，以利發展。本期先刊其由杭州至金絲娘廟橋及平湖的一段路線圖，於此可窺其交通之一斑，全路線圖容當設法續刊。

上海靜安寺路四行二十二層大廈，爲東亞最高之建築物，其構造設計暨工作情形，自多可供讀者參考，本刊特商得該屋設計者鄔達克建築師之同意，將全套圖樣製版刊登，幷載構築鋼架之攝影，以示工作之進行狀況，當荷讀者歡迎。

南京華僑招待所房屋爲具有東方建築色彩的新建築，與二十二層大廈同其價值，蓋性質形式雖不同，而爲建築界之重視則一，至其在建築學上之價值尤不可抹煞。本刊因覓刊全套圖樣及工作攝影，獻於讀者之前。

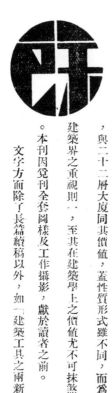

文字方面除了長篇續稿以外，如「建築工具之兩新發明」與「去年國產油漆銷售概況」等都是須得注意的。建築工程之日趨進步，有賴於建築工具之進步。建築工具在歐美時有發明，我國科學落後，尚未有新的創製，我建築界對於國外之新建築工具，自應注意，本刊之所以選載「建築工具之兩新發明」，即所以引起讀者注意之意。水泥爲現代建築物必不可少之物，故運用於水泥建築之工具更宜注意。國產建築材料年來頗有進步，國產油漆之暢銷於市場即此一例，但也可見其大概了。

本期居住問題欄所列居屋式樣，都是西式小住宅。如連幢住宅的式樣，極適合於大小都市的建造，地位經濟，房屋合用，環境又清新幽美。上海尤需要此種式樣的房屋。

上面所介紹的祇其大略，詳細請讀者自去閱覽罷。下期決定刊登的有上海博物院路亞洲文會的建築圖樣及黃鍾琳君的「顏色混凝土的製造法」等，都屬值得閱讀的作品，請讀者諸君等着吧。

本會服務部之新猷

對建築師：使可撙節固定費用
對營造廠：撰譯重要中英文件

本會服務部自成立以來，承受各方諮詢，日必數起，除擇要在建築月刊發表外，餘均直接置覆，讀者稱便，近感此種服務事業之嘗試、已有相當成績，爲便利建築師及營造廠起見，實有積極推廣之必要，其新計劃：

(一) 對建築師方面　建築師繪製圖樣，率用鉛筆，所需細樣，其劃墨線（Tracing）之工作，率由繪圖員或學徒爲之。建築師若在營業極盛，工作繁夥之時，僱置多量繪圖員及學徒，自無問題；若事業清淡，偶有所得，則此繪圖員學徒等之薪津，有時實感過鉅。如若解僱，則或爲事實所不許，故爲使建築師免除此種困難，撙節開支費用起見，服務部可隨時承受此項劃墨線之臨時工作，祇須將草樣交來，予以相當時日，即可劃製完竣。此種辦法原本服務精神，予建築師以便利，故所收手續費極微，每方尺自六分起至六角止，墨水蠟紙均由會供給。（蠟布另議）圖樣內容絕對代守祕密。

(二) 對營造廠方面　營造廠與業主建築師工程師及各關係方面來往函件及合同條文等，有時至感重要；措辭偶一不當，每受無謂損失，協會有鑑及此，代爲各營造廠代擬成翻譯中英文重要文件；所有文字，均由會請專家審閱一過，以資鄭重，而維法益。如有委託，詳細辦法可至會面議，或請函詢亦可。

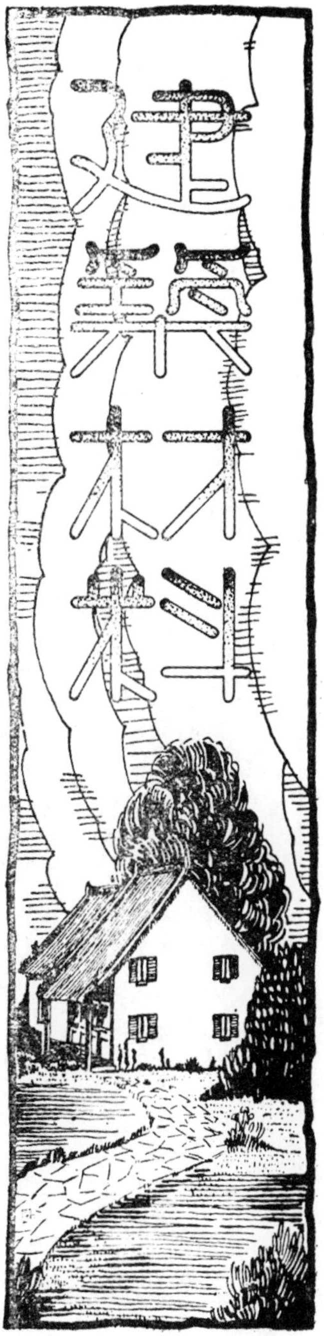

建築材料價目表

本欄所載材料價目，力求正確，惟市價瞬息變動，漲落不一，集稿時與出版時難免出入。讀者如欲知正確之市價者，希隨時來函或來電詢問，本刊當代爲探詢詳告。

磚瓦類

貨名	商號	標記	數量	價目
六孔磚	大中磚瓦公司	12"×12"×8"	每千	二三七元七六
六孔磚	同前	12"×12"×6"	同前	一八一元八二
四孔磚	同前	12"×12"×4"	同前	一二五元八七
六孔磚	同前	9¼"×9¼"×6"	同前	八三元九角一
三孔磚	同前	9¼"×9¼"×4½"	同前	六九元九角三
三孔磚	同前	9¼"×9¼"×3"	同前	五五元九角四
四孔磚	同前	4½"×4½"×9¼"	同前	四〇元五角六
二孔磚	同前	3"×4½"×9¼"	同前	二五元一角八分 以上須外加車力

貨名	商號	標記	數量	價格
二孔磚	大中磚瓦公司	2½"×4½"×9¼"	每千	二二元三角八
二孔磚	同前	2"×4½"×9¼"	同前	二二元三角八
紅機磚	同前	2"×5"×10"	每萬	一四六元八五
紅機磚	同前	2½"×8½"×4¼"	同前	一五三元八五
紅機磚	同前	2"×9"×4⅜"	同前	一三九元八六 以上須外加車力
紅平瓦	同前		每千	七四元一角二
青平瓦	同前		同前	八一元一角二
紅脊瓦	同前		同前	一四八元二五

磚瓦類

貨名	商號	標記	數量	價目
青脊瓦	大中磚瓦公司		每千	一六二元二四
蘇式灣瓦	同前		同前	四一元九角六
西班牙筒瓦	同前		同前	六六元三角三
紫面磚	泰山磚瓦公司	2½"×4"×8½"	每千	一一一元八九
白面磚	同前	同前	同前	一一一元八九
紫薄面磚	同前	1"×2½"×8½"	同前	六七元一角三
白薄面磚	同前	同前	同前	六七元一角三
紫薄面磚	同前	1"×2½"×4"	同前	三三元二角六
白薄面磚	同前	同前	同前	三三元二角六
特號火磚	瑞和磚瓦廠	CBC A1	一千	一六七元八三
頭號火磚	同前	CBC	同前	一一一元八九
二號火磚	同前	壽字	同前	九二元三角
三號火磚	同前	三星	同前	八三元九角一
木梳火磚	同前	CBC	同前	一六七元八三
斧頭火磚	同前	CBC	同前	一六七元八三
一號紅瓦	同前	花牌	同前	一一一元八九
二號紅瓦	同前	龍牌	同前	一〇四元八九
三號紅瓦	同前	馬牌	同前	九〇元九角
瓦筒	義合花磚瓦筒廠	十二寸	每只	八角四分

貨名	商號	標記	數量	價目
瓦筒	義合	九寸	每只	六角六分
瓦筒	同前	六寸	同前	五角二分
瓦筒	同前	四寸	同前	三角八分
瓦筒	同前	小十三號	同前	八角
瓦筒	同前	大十三號	同前	一元五角四分
青水泥花磚	同前		每方	二〇元九角八
白水泥花磚	同前		每方	二六元五角八
A號汽泥磚	馬爾康洋行	12"×24"×2"	每方五十塊	一二元一角七
B號汽泥磚	同前	12"×24"×3"	同前	一八元一角八
C號汽泥磚	同前	12"×24"×4⅛"	同前	二五元〇四分
D號汽泥磚	同前	12"×24"×6⅛"	同前	三七元二角
E號汽泥磚	同前	12"×24"×8⅜"	同前	五〇元七角七
F號汽泥磚	同前	12"×24"×9¼"	同前	五六元二角二
白磁磚	元泰磁磚公司	6"×6"×⅜"	每打	一元五角四分
壓頂磁磚	同前	6"×1"	同前	一元九角六分
外裡角磁磚	同前	6"×1¼"	同前	一元七角五分
白磁浴缸	同前	5'	每只	五七元三角四
磁面盆	同前	16"×22"	同前	一七元四角九
高低水箱	同前		同前	五六元四角三 三〇元七角七

磚瓦類

貨名	商號	標記	數量	價目
一號精選瑪賽克磁磚	益中機器股份有限公司	全白	每方碼	五元八角七分
二號精選瑪賽克磁磚	同前	白心黑邊黑磚不過一成	同前	六元二角九分
三號精選瑪賽克磁磚	同前	花樣複雜色磚不過二成	同前	六元九角九分
四號精選瑪賽克磁磚	同前	花樣複雜色磚不過四成	同前	七元六角九分
五號精選瑪賽克磁磚	同前	花樣複雜色磚不過六成	同前	八元三角九分
六號精選瑪賽克磁磚	同前	花樣複雜色磚不過八成	同前	九元〇九分
七號精選瑪賽克磁磚	同前	花樣複雜色磚十成以內	同前	九元七角九分
八號普通瑪賽克磁磚	同前	全白	同前	四元八角九分
九號普通瑪賽克磁磚	同前	白心黑邊黑磚不過一成	同前	五元五角九分

木材類

貨名	商號	標記	數量	價目
洋松	上海市同業公會公議價目	八尺至三十二尺(再長照加)	每千尺	九八元五角九
洋松	同前	一半一寸二	同前	一〇一元七五
洋松一寸六寸毛板	同前		同前	一〇一元七五
洋松二寸光板	同前		同前	七二元七角三
四尺洋松條子	同前		每萬根	一六七元八三
一寸四寸洋松一號企口板	同前		每千尺	一一一元八九
一寸六寸洋松一號企口板	同前		同前	一二五元八七
一二五·四寸一號洋松企口板	上海市同業公會公議價目		每千尺	一五三元八五
一二五·六寸洋松一號企口板	同前		同前	一六七元八三
柚木(頭號)	同前	僧帽牌	同前	六二九元三七
柚木(甲種)	同前	龍牌	同前	四八八元九五
柚木(乙種)	同前	龍牌	同前	四一九元五八
柚木段	同前	龍牌	同前	三四九元〇九
硬木	同前		同前	二〇九元一三
硬木(火介方)	同前		同前	一八一元八二
九尺寸坦戶板	同前		每丈	一元四角
柳安	同前		每千尺	二二三元七七
紅板	同前		同前	一二五元八七
抄板	同前		同前	一五三元八五
十二尺三寸六八皖松	同前		同前	六二元九角三
一二五—四寸柳安企口板	同前		同前	二六五元七三
十二尺二寸皖松	同前		同前	六二元九角三
一寸六寸柳安企口板	同前		同前	二五一元七五
二寸一半建松片	同前		同前	六二元九角三
一丈字印建松片	同前		每丈	三元三角六分
一丈足建松片	同前		同前	五元三角一分
八尺寸甌松片	同前		同前	三元九角二分

木材類

貨名	商號	說明	數量	價格
一寸六寸一號甌松板	上海市同業公會公議價目		每千尺	四七元五角五
一寸六寸二號甌松板	同前		同前	四四元七角六
八尺機鋸五分杭松板	同前		每丈	二元一角
九尺機鋸五分甌松板	同前		同前	一元九角六分
八尺足寸皖松板	同前		同前	四元六角一分
一丈寸皖松板	同前		同前	五元五角九分
八尺六分皖松板	同前		同前	三元五角
台松板	同前		同前	二元九角二分
九尺八分坦戶板	同前		同前	一元二角六分
九尺五分坦戶板	同前		同前	九角八分
八尺六分紅柳板	同前		同前	二元二角四分
七尺俄松板	同前		同前	一元九角六分
八尺俄松板	同前		同前	二元二角四分

油漆類

貨名	商號	標記	數量	價格
白及各色漆	振華油漆公司	雙旗牌	每28磅	二元九角
AA紅丹	同前	飛虎牌	同前	八元
漆油	同前	同前	每廿介倫	十三元
燥液	同前	同前	同前	十四元五角
燥漆	同前	同前	每28磅	五元四角
各色漆	同前	飛虎牌 普通房屋漆	五六磅	十四元
AA純鋅上白漆	開林油漆公司	雙斧牌	廿八磅	九元五角
AA純鉛上白漆	同前	同前	同前	八元五角
A白漆	同前	同前	同前	六元八角
B白漆	同前	同前	同前	五元三角半
K白漆	同前	同前	同前	三元九角
KK白漆	同前	同前	同前	二元九角
A各色漆	同前	同前	同前	三元九角
B各色漆	同前	同前	同前	三元九角
銀硃調合漆	同前	同前	一介倫	十一元
白色調合漆	同前	同前	同前	五元三角
各色調合漆	同前	同前	同前	四元四角
白及各色磁漆	同前	同前	同前	七元
金粉磁漆	同前	同前	同前	十二元
白打磨磁漆	同前	同前	半介倫	三元九角
上上白漆	振華油漆公司	飛虎牌	每28磅	十一元
AA上白漆	同前	同前	同前	七元
A上白漆	同前	同前	同前	五元三角
AA二白漆	同前	同前	同前	九元
二白漆	同前	同前	同前	四元八角
A各色漆	同前	同前	同前	四元六角
各色漆	同前	同前	同前	四元

油漆類

貨名	商號	說明	數量	價格
各色打磨磁漆	開林油漆公司	雙斧牌	半介倫	三元四角
甲種嗶呢士	同前	同前	五介倫	二十二元
乙種嗶呢士	同前	同前	同前	十六元
黑嗶呢士	同前	同前	同前	十二元
AA特白厚漆	永華製漆公司	醒獅牌厚漆	二十八磅	六元八角
A上白厚漆	同前	同前	同前	五元三角
二號各色厚漆	同前	同前	同前	二元九角
硍硃磁漆	同前	醒獅牌快性磁漆	一介倫	九元
各色磁漆	同前	同前	同前	六元六角
金銀磁漆	同前	同前	同前	十元七角
汽車罩光凡立水	同前	醒獅牌凡立水	一介倫	四元六角
清凡立水	同前	同前	同前	三元二角
黑凡立水	同前	同前	同前	二元五角
硃紅調合漆	同前	醒獅牌調合漆	一介倫	八元五角
白色調合漆	同前	同前	同前	四元九角
各色調合漆	同前	同前	同前	四元一角
改良金漆	同前	醒獅牌木器漆	一介倫	三元九角
核桃木器漆	同前	同前	同前	三元九角
硃紅汽車磁漆	同前	醒獅牌汽車磁漆	同前	十二元
各色汽車磁漆	同前	同前	同前	九元

商號	品號	品名	裝量	價格	用途	每介侖能蓋方數
元豐公司	建一	白厚漆	28磅	二元八角	木質打底	三方
同前	建二	黃厚漆	同前	二元八角	土木質打底	三方
同前	建三	紅厚漆	同前	二元八角	鋼鐵打底	四方
同前	建四	頂上白厚漆	同前	十元	蓋面	五方
同前	建五	燥頭	七磅	一元二角	促乾	
同前	建六	淺色魚油	六介侖	十六元半	調合原漆	(土)三方 (木)六方
同前	建七	快燥魚油	五介侖	十四元半	同前	同右
同前	建八	三煉光油	六介侖	二十五元	同前	同右
同前	建九	發彩油(紅黃藍)	一磅	一元四角半	配色	
同前	建十	香水	五介侖	八元	調漆	
同前	建十一	漿狀洋灰釉	二十磅	八元	門面	四方
同前	建十二	調合洋灰釉	二介侖	十四元	門面地板	五方
同前	建十三	漿狀水粉漆	二十磅	六元	牆壁	三方
同前	建十四	橡黃釉	二介侖	七元五角	門窗地板	五方
同前	建十五	柚木釉	同前	七元五角	同前	五方
同前	建十六	花利釉	同前	七元五角	同前	五方
同前	建十七	上白磁漆	同前	十三元半	蓋面	六方
同前	建十八	朱紅磁漆	同前	廿三元半	同前	五方
同前	建十九	純黑磁漆	同前	十三元	同前	五方
同前	建二十	紅丹油	五六磅	十九元半	防銹	四方

油漆類

商號	品號	品名	裝量	價格	用途	每介倫能蓋方數
元豐公司	建二一	鋼窗灰	五六磅	廿一元半	防銹	五方
同前	建二二	鋼窗李	同前	十九元半	防銹	五方
同前	建二三	鋼窗綠	同前	廿一元半	同前	五方
同前	建二四	屋頂紅	同前	十九元半	同前	五方
同前	建二五	上白調合漆	五介侖	三十四元	蓋面	五方
同前	建二六	上綠調合漆	同前	三十四元	同前	五方
同前	建二七	水汀銀漆	二介侖	二十一元	汽管汽爐	五方
同前	建二八	水汀金漆	同前	二十一元	同前	五方
同前	建二九	凡宜水（清黑）	二介侖 五介侖	九元 二十二元	罩光	五方

商號	商標	貨名	裝量	價格	用途
永固造漆公司	長城牌	各色磁漆	一介侖	七元	塗於鋼鐵及木製器具上顏色鮮豔堅韌耐久
同前	同前	同前	半介侖	三元六角	
同前	同前	同前	二五介侖	一元九角	
同前	同前	金銀色磁漆	一介侖	十元七角	同前
同前	同前	同前	半介侖	五元五角	
同前	同前	同前	二五介侖	二元九角	
同前	同前	改良廣漆	五介侖	十八元	有金黃紅木及棕紅色數種最合于木器傢具地板等處
同前	同前	同前	一介侖	三元九角	
同前	同前	同前	半介侖	二元	

商號	商標	貨名	裝量	價格	用途
永固造漆公司	長城牌	清凡立水	五介侖	十六元	易乾耐用光亮透明用於傢具木器地板等可增美觀而防物腐
同前	同前	同前	一介侖	三元三角	
同前	同前	同前	半介侖	一元七角	
同前	同前	黑凡立水	五介侖	十二元	
同前	同前	同前	一介侖	二元五角	
同前	同前	同前	半介侖	一元三角	
同前	同前	灰防銹漆	五六磅	二十二元	用於鋼鐵器具上最有防銹之功效
同前	同前	同前	一介侖	四元四角	
同前	同前	紅防銹漆	五六磅	二十元	
同前	同前	同前	一介侖	四元	
同前	同前	各色調合漆	五六磅	廿元五角	用於傢具牆壁窗戶等最爲經濟
同前	同前	同前	一介侖	四元四角	
同前	同前	同前	半介侖	二元三角	
同前	同前	硃紅調合漆	五六磅	卅二元六角	
同前	同前	同前	一介侖	七元	
同前	同前	同前	半介侖	三元六角	
同前	同前	上上白厚漆	二八磅	七元	專備各項建築工程輪船橋樑及房屋之用
同前	同前	上白厚漆	同前	五元三角半	
同前	同前	上各色厚漆	同前	四元六角	
同前	同前	二號各色厚漆	同前	二元九角	

鋼條類

商號	貨名	尺寸	數量	價格
蔡仁茂	鋼條	四十尺長二分光圓	每噸	一一八元八角八分
同前	鋼條	四十尺長二分半光圓	同前	一一八元八角八分
同前	竹節	四十尺長三分方圓	同前	一〇七元六角九分
固前	竹節	四十尺長四分方圓	同前	一〇六元二角九分
同前	竹節	四十尺長五分方圓	同前	一〇六元二角九分
同前	竹節	四十尺長六分方圓	同前	一〇六元二角九分
同前	竹節	四十尺長七分方圓	同前	一〇六元二角九分
同前	竹節	四十尺長一寸方圓	同前	一〇六元二角九分
同前	盤圓		每擔	七元六角九分

油漆類

商號	商標	貨名	裝量	價格	用途
永固造漆公司	長城牌	紅丹	二十八磅	十一元半	
同前	同前	燥油	五介侖	十四元半	用於油漆能加
同前	同前	同上	一介侖	三元	增其乾燥性
同前	同前	燥漆	二十八介侖	五元四角	
同前	同前	同上	七磅	一元四角	
同前	同前	AA魚油	五介侖	十七元半	專供調薄各色
同前	同前	A魚油	五介侖	十五元	厚漆之用
大陸實業公司	同前	固木油	一介侖	三元五角	
同前	同前	同上	五介侖	十七元四九	
同前	同前	同上	四十介侖	一二元八九	

五金類

貨名	商號	數量	價格	備註
二二號英白鐵	新仁昌	每箱	六七元五五	每箱廿一張重四二〇斤
二四號英白鐵	同前	每箱	六九元〇二	每箱廿五張重量同上
二六號英白鐵	同前	每箱	七二元一〇	每箱卅三張重量同上
二二號英瓦鐵	同前	每箱	六一元六七	每箱廿一張重量同上
二四號英瓦鐵	同前	每箱	六三元一四	每箱廿五張重量同上
二六號英瓦鐵	同前	每箱	六九元〇二	每箱卅三張重量同上
二八號英瓦鐵	同前	每箱	七四元八九	每箱卅八張重量同上
二二號美白鐵	同前	每箱	九一元〇四	每箱廿一張重量同上
二四號美白鐵	同前	每箱	九九元八六	每箱廿五張重量同上
二六號美白鐵	同前	每箱	一〇八元三九	每箱卅三張重量同上
二八號美白鐵	同前	每箱	一〇八元三九	每箱卅八張重量同上
美方釘	同前	每桶	十六元〇九	
平頭釘	同前	每桶	十八元一八	
中國貨元釘	同前	每桶	八元八一	
半號牛毛毡	同前	每捲	四元八九	
一號牛毛毡	同前	每捲	六元二九	
二號牛毛毡	同前	每捲	八元七四	
三號牛毛毡	同前	每捲	十三元五九	

灰泥類

貨名	商號	標記	數量	價格	備註
桶裝水泥	中國水泥公司		每桶	六元九九	每桶重一七〇公斤
袋裝水泥	同前		每一七〇公斤	六元四三	以上二種均以上海棧房交貨爲準
洋灰	同前		每桶	六元五角	外加統稅每桶六角
頭號石灰	大康		每担	一元九角	
二號石灰	大康		每担	一元七角	
三會火泥	瑞和	白色	海袋	三元六角	運費每袋三角
三會火泥	瑞和	紅色	每袋	三元	同上
火泥	泰山磚瓦公司		一噸	二十元	
黑沙泥			每方	自六元至八元	
水沙			每方	自十五元至十八元	
甯波沙			每噸	三元一角	
湖州沙			每噸	二元四角	

柏油紙類

貨名	商號	標記	數量	價格	備註
頂尖紙	大康		每塊	五角	
細紙	大康		每塊	三角	
粗紙	大康		每塊	三角半	

建築工價表

名稱	數量	價格
清混水十寸牆水泥砌雙面柴泥水沙	每方	洋七元五角
柴混水十寸牆灰沙砌雙面清泥水沙	每方	洋七元
清混水十五寸牆水泥砌雙面柴泥水沙	每方	洋八元五角
清混水十五寸牆灰沙砌雙面柴泥水沙	每方	洋八元
清混水五寸牆水泥砌雙面柴泥水沙	每方	洋六元五角
清混水五寸牆灰沙砌雙面柴泥水沙	每方	洋六元
汰石子	每方	洋九元五角
平頂大料線脚	每方	洋八元五角
泰山面磚	每方	洋八元五角
磚磁及瑪賽克	每方	洋七元
紅瓦屋面	每方	洋二元

名稱	數量	價格
灰漿三和土（上脚手）		洋三元五角
灰漿三和土（落地）		洋三元二角
掘地（五尺以上）	每方	洋七角
掘地（五尺以下）	每方	加六角
紮鐵（茅宗盛）	每擔	洋五角五分
工字鐵紮鉛絲（仝上）	每噸	洋四十元
擣水泥（普通）	每方	洋三元二角
擣水泥（工字鐵）	每方	洋四元

名稱	商號	數量	價格	備註
二十四號九寸水落管子	范泰興	每丈	一元四角五分	
二十四號十二寸水落管子	同前	每丈	一元八角	
二十四號十四寸方管子	同前	每丈	二元五角	
二十四號十八寸方水落	同前	每丈	二元九角	
二十四號十八寸天斜溝	同前	每丈	二元六角	
二十四號十二寸還水	同前	每丈	一元八角	
二十六號九寸水落管子	同前	每丈	一元一角五分	
二十六號十二寸水落管子	同前	每丈	一元四角五分	
二十六號十四寸方管子	同前	每丈	一元七角五分	
二十六號十八寸方水落	同前	每丈	二元一角	
二十六號十八寸天斜溝	同前	每丈	一元九角五分	
二十六號十二寸還水	同前	每丈	一元四角五分	
十二寸瓦筒擺工	義合花磚瓦筒廠	每丈	一元二角五分	
九寸瓦筒擺工	同前	每丈	一元	
六寸瓦筒擺工	同前	每丈	八角	
四寸瓦筒擺工	同前	每丈	六角	
粉做水泥地工	同前	每方	三元六角	

南美「蒙梯惟堤」新電廠、於去年年中開始給電（請參閱第一圖）該廠所計劃之能力為五萬瓩安、并有預備將來擴充至一百二十瓩安之設備，汽鍋燃料可用煤或油，俾遇其中的一種缺乏之時、可改用另一種燃料作為準備燃料。燃料係運自河中、所需運煤設備、容量較大，為德國著名特麥廠所承辦建造、

如第二圖所示全廠設備、於水旁岸旁築有一碼頭、達於港口、距離一百五十公尺、（五百英尺）碼頭上置一可以行動之握箕吊車（a）將船內之煤料運至皮帶運送機（1）該皮帶裝煤另備、裝在一吊車軌道上之行動漏斗皮帶、（1）內插入天平、能以自動記錄在皮帶上經過、煤料之重量使在一定時間內運送之煤量能決定也、

皮帶一將煤運至第二皮帶（二）、該帶置于高度約十公尺、（三十三英尺）該皮帶經過煤棧（6）、可將煤料運至煤棧（b）、或至軋煤及篩煤廠（d）自軋煤及篩煤廠煤料經皮帶（三）至煤箱、再由箕斗式升降機中運至鍋爐間（f）、再用皮帶（5）降落至煤箱（七）、為預備將來之擴充、另設計鍋爐間（g）之地位、預備箕斗升降機（4）、經皮帶（8）及（9）運煤。

倘煤料須堆在煤棧、由皮帶一運送至皮帶之煤料、卸入裝于載重橋樑之皮帶（6）該橋樑係行動式、其跨過煤棧兩柱子、距離為（四十二公尺）、即（一百卅七英尺）、皮帶（6）上裝有傾斜器、使煤能

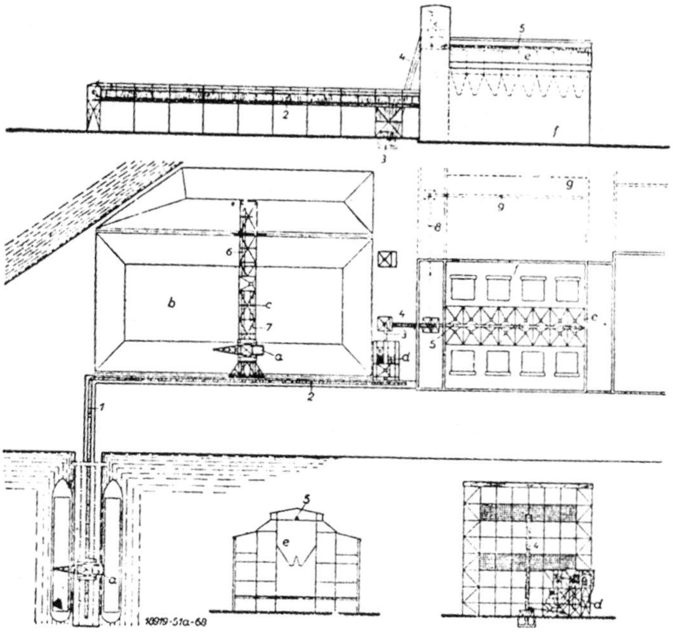

散佈、與煤棧之任使、何處煤棧取煤、用橋樑上之能行動、握箕式吊車（a）、吊車（a）將煤傾入煤箱、再經過皮帶（1）上之加煤器、再將煤移入皮帶（2）、而運入軋煤及篩煤廠、或直接用橋樑上之旋轉吊車亦可加入軋煤廠內、惟以煤棧離鍋爐室最近之處爲宜、若距離太遠、時間及力量因橋樑來回損失太多也、

運送廠之能力爲與廿四小時內應用之煤料、能與四小時內由船上運至煤棧、或與六小時自煤棧運至鍋爐間內之煤箱、倘第二鍋爐間將來造成祇須再與碼頭上加一吊車、蓋運送廠其他機件均以該較高力量計劃者岸邊之吊車則爲二百廿噸、同時旋轉橋樑吊車能與每小時由煤棧運煤一百五十噸、送至鍋爐室內、

中華民國二十二年三月份出版

建築月刊

第一卷第五號

編輯者 上海市建築協會 南京路大陸商場六樓六二〇號

發行者 上海市建築協會 南京路大陸商場六樓六二〇號

電話 九二〇〇九

印刷者 新光印書館 上海法租界聖母院路聖達里三十一號

投稿簡章

一、本刊所列各門，皆歡迎投稿。翻譯創作均可，文言白話不拘。須加新式標點符號。譯作附寄原文，如原文不便附寄，應詳細註明原文書名，出版時日地點。

一、一經揭載，贈閱本刊或酌酬現金，撰文每千字一元至五元，譯文每千字半元至三元。重要著作特別優待。投稿人却酬者聽。

一、來稿本刊編輯有權增刪，不願增刪者，須先聲明。

一、來稿概不退還，預先聲明者不在此例，惟須附足寄還之郵費。

一、抄襲之作，取消酬贈。

一、稿寄上海南京路大陸商場六二〇號本刊編輯部。

本刊價目表

零售	每冊大洋五角
定閱	全年十二冊大洋五元（半年不定）
郵費	本埠每冊二分，全年二角四分；外埠每冊五分，全年六角；香港南洋羣島及西洋各國每冊一角八分。
優待	同時定閱二份以上者，定費九折計算。

定閱諸君如有詢問事件或通知更改住址時，請註明（一）定單號數（二）定戶姓名（三）原寄何處，方可照辦。

廣告價目

地位	全面	半面	四分之一
底封面外面	七十五元		
封面及底面之裏面	六十元	三十五元	
封面裏頁及底面裏頁之對面	五十元	三十元	
普通地位	四十五元	三十元	二十元
分類廣告	每期每格一寸高三寸半闊大洋四元		

廣告概用白紙黑墨印刷，倘須彩色，價目另議；鑄版彫刻，費用另加。長期刊登，倘有優待辦法，請逕函本刊廣告部接洽。

（定閱月刊）

茲定閱貴會出版之建築月刊自第……卷第……號
起至第……卷第……號止計大洋……元……角……分
外加郵費……元……角一併匯上請將月刊按期寄下
列地址爲荷此致
上海市建築協會建築月刊發行部
……啓……年……月……日
地址……

（更改地址）

啓者前於年……月……日在
貴會訂閱建築月刊一份執有……字第……號定單原寄
……收現因地址遷移請卽改寄
……收爲荷此致
上海市建築協會建築月刊發行部
……啟……年……月……日

（查詢月刊）

啓者前於年……月……日
訂閱建築月刊一份執有……字第……號定單寄……
……收茲查第……卷第……號
尙未收到祈卽查復爲荷此致
上海市建築協會建築月刊發行部
……啓……年……月……日

營造漆之蓋方

慎成

漆以營造名者，所以別于舟車橋樑飛機傢俱機械軍用美術等漆也。凡宜于屋頂地板門窗戶壁之漆皆屬焉。但宜于金者未必適于木，而適于土者未必宜于金。選擇偶一不慎，則鋼鐵之銹折木屬之腐朽土質之崩敗接踵而至。此建築師營造廠油漆作三方相互之職責非慎之于始不為功也。故採料之初，須辨明欲漆物體之種類（如屋頂大門地板等）質地（鋼鐵土木）顏色（深淺與回光及經久有關）並指定內用抑外用、打底抑蓋面、及所期光澤（如平光透光油光磁光）尤須注重油漆之品質（如上刷爽利、蓋方廣闊、結膜堅勻、耐潮，耐熱等之實地檢驗）。茲篇首重蓋方，因蓋方廣闊之油漆必其上刷爽利者。上刷爽利，結膜乃能堅勻。未有結膜不堅勻而能耐潮耐熱者。易言之，蓋方為判別優劣之中樞。即每介侖（約四公斤）一層改觀所蓋之方數。下表所載為營造漆之標準蓋方。遜乎此者不可用。

品名	裝量	用途	用法	每介侖應蓋方數
白厚漆	廿八磅	木質打底	八桶加燥頭十四磅快燥魚油八介侖成打底白漆廿一介侖	三方
黃厚漆	仝右	土木質打底	仝右	仝右
紅厚漆	仝右	鋼鉄打底	仝右	四方
頂上白厚漆	仝右	蓋面	(外用)二桶加燥頭七磅淺色魚油六介侖成上白蓋面漆九介侖 (內用)二桶加燥頭七磅快燥魚油五介侖成上白蓋面漆八介侖	五方
燥頭	七磅	促乾	和魚油或光油調合厚漆	
淺色魚油	六介侖	調合厚漆	又可用為水門汀三合土之底漆及木器之揩漆	(土)三方 (木)六方
快燥魚油	五介侖	調合厚漆	仝右	仝右
三煉光油	六介侖	仝右	仝右（稍加香水）	仝右
發彩油	一磅	配色	加入白漆可得雅麗彩色（紅）（黃）（藍）	
香水	五介侖	調漆	徐加勤拌	
漿狀洋灰釉	二十磅	門面	和香水一一介侖成漆(平光)二介侖可漆牆壁 和光油一一介侖成漆(足光)二介侖可漆門面	四方
調合洋灰釉	二介侖	門面地板	開桶可用能防三合土建築之崩裂	五方
漿狀水粉漆	二十磅	牆壁	和水十磅成平光漆三介侖乾後耐洗	三方
橡黃釉	二介侖	門窗地板	開桶可用宜各式木質建築物	五方
柚木釉	仝右	仝右	仝右	仝右
花利釉	仝右	仝右	仝右	仝右
上白磁漆	二介侖	蓋面	開桶可用宜廠站廳堂	六方
朱紅磁漆	仝右	仝右	開桶可用宜大門庭柱等裝修	五方
純黑磁漆	仝右	仝右	仝右	五方
紅丹油	五十六磅	防銹	開桶可用永不結塊	四方
鋼窗灰	五十六磅	防銹	開桶可用宜各式鋼鉄建築物	五方
鋼窗李	仝右	仝右	仝右	仝右
鋼窗綠	仝右	仝右	仝右	仝右
屋頂紅	仝右	仝右	仝右	仝右
上白調合漆	五介侖	蓋面	開桶可用宜上等裝修	五方
上綠調合漆	五介侖	仝右	仝右	仝右
水汀銀漆	二介侖	汽管爐	開桶可用耐熱不脫	五方
水汀金漆	仝右	仝右	仝右	仝右
營造凡宜水	(二)(五)介侖	罩光	仝右耐潮耐晒	五方

朱森記營造廠

總事務所

上海平涼路積善里一二八三號

電話

五〇七五三

上海市政府新屋

由本廠承造

左列各戶係本廠承辦工程之一部份

中國科學社明復圖書館
中央研究院鋼鐵試驗場
先烈陳英士紀念塔
中央氣象研究所
先烈陳英士紀念堂
南京生物研究所
蘇州交通銀行
蘇州金城銀行
整理文廟公園
市立圖書館
莊俊建築師住宅
榮金大戲院

本廠專造各式中西房屋以及銀行堆棧廠房校舍橋樑道路水泥壩岸碼頭鉄道等一切大小工程並可代客設計圖樣工程堅美各項職工尤屬經驗富足定能使主顧十分滿意

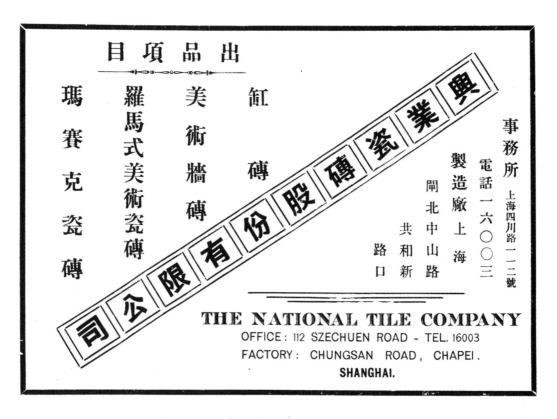

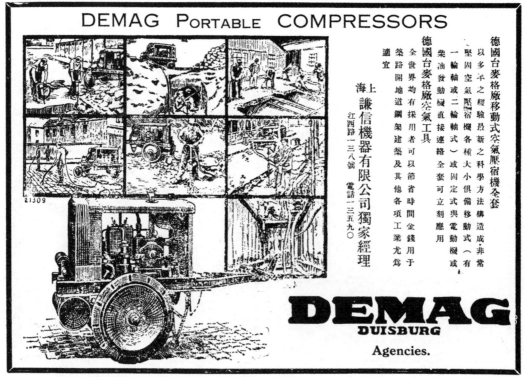

新申營造廠

總辦事處 ~~康腦脫路六八一號~~
康腦脫路康樂坊十二號

電話 三四一七一

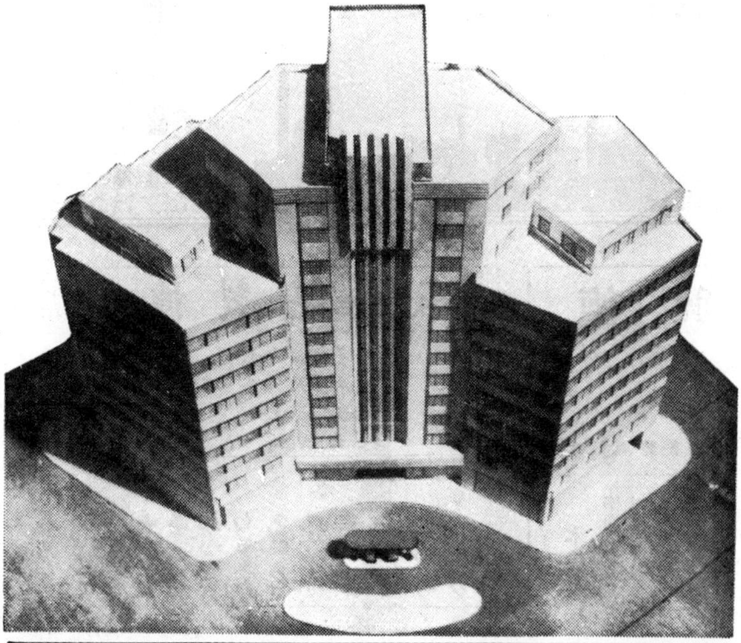

專門承造一切大小建築
鋼骨水泥工程工場廠房
以及碼頭橋樑等等

上圖乃麥特赫司脫公寓。由新瑞和洋行設計。爲靜安寺路上最宏偉之公寓建築。現正由本廠建築中。

NEW SHANGHAI CONSTRUCTION CO.

Office: ~~681 Connaught Road.~~
Lane 179, No. 12 Connaught Road.
Telephone 34171

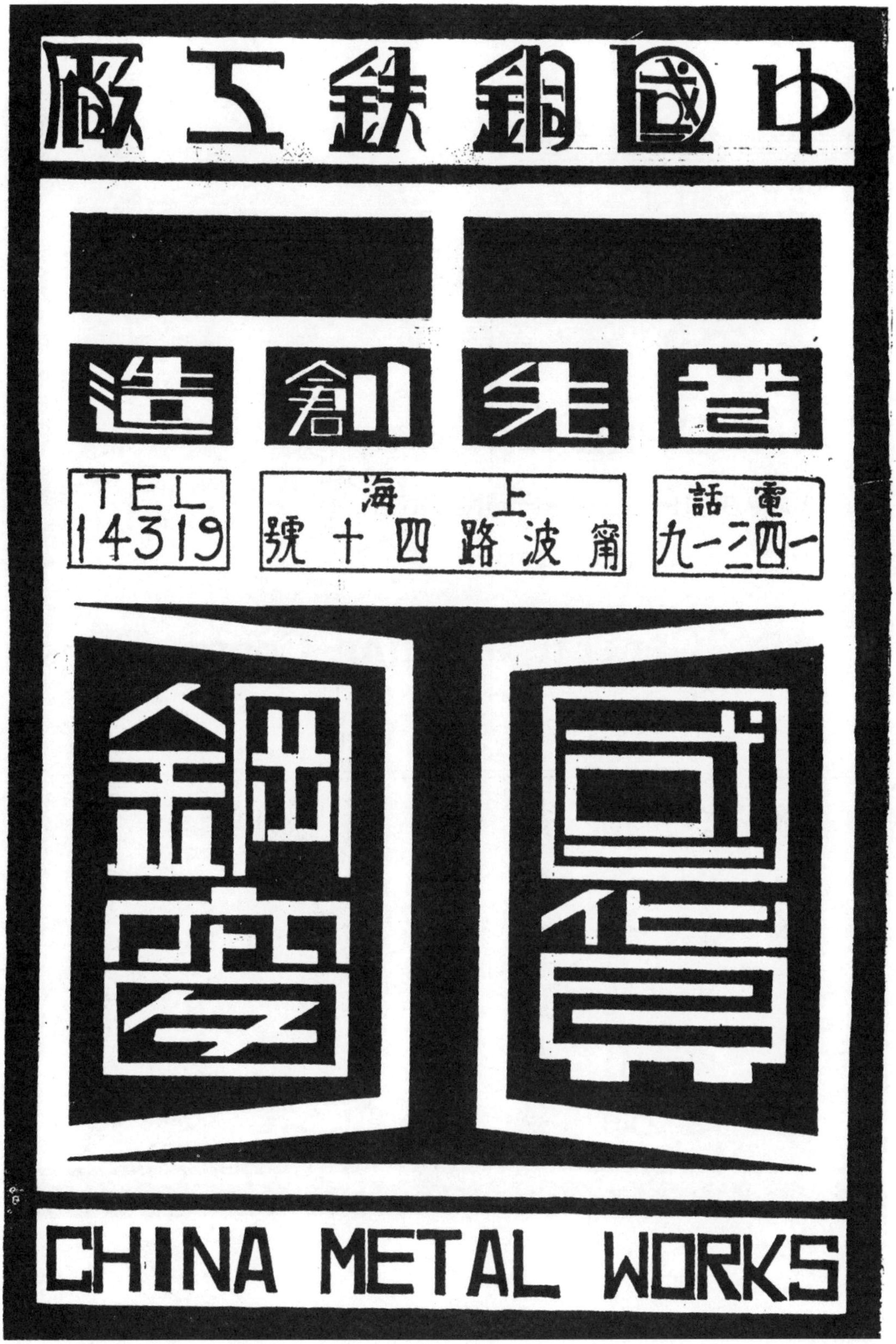
中國銅鐵工廠
首先創造
電話一四三一九
上海
甯波路四十號
TEL 14319
國貨銅字
CHINA METAL WORKS

安記營造廠

上海梅白格路祥康里六十九號

電話三五〇五九

AN CHEE

Lane 97 House 69 Myburgh Road

Telephone 35059

General Building Contractions

本廠專門承造一切大小建築鋼骨水泥工程廠房橋樑鐵道壩岸等兼理地產房租並押款押造等凡有諮詢立派專員趨前面洽

馥記營造廠

本廠承造各埠建築達數十處都千萬餘金略舉如下備資參考

本埠工程

儉德儲蓄會　福生路
寶隆醫院　白克路
公共宿舍　聖母院路
劉公館　亞爾培路
上海牛皮廠　白利南路
七層公寓　國富門路
七層公寓　海格路
義泰興碼頭　浦東董家渡
中華碼頭　浦東周家渡
交通大學工程館　徐家匯
西式住宅市房　梅白格路
公和祥碼頭及棧房　浦東
公和祥碼頭　兆豐路
四行念二層大樓　跑馬廳

外埠工程

總理陵墓第三部工程　南京
中山紀念堂　廣州
陣亡將士公墓全部　南京
美領事署　廈門
財政部辦公處　南京
宋部長官邸　南京
中國銀行　南京
新村合作社　南京
海軍船塢　青島

▲事務所　上海四川路六號　電話一二三〇五

▲總工廠　戈登路三五五號　電話三四五七九

▲本埠分廠　虹口兆豐路公和祥碼頭　跑馬廳四行念二層大樓

▲外埠分廠　南京靈谷寺　廈門鼓浪嶼　廣州德宣路　青島

電報掛號　上海一五二七　廣州〇五四七　南京七四五〇

上海愛多亞路八〇號

電話 一二七三四

本廠專造一切大小鋼骨水泥工程各項工作人員無不經驗豐富且工作迅捷務以使業主滿意如蒙詢問或委託承造不勝歡迎

SINJEN CHON

HARDWARE

654, 656 & 658 NORTN SOOCHOW ROAD,

TELEPHONE 40876

本號專辦大小五金水泥鋼骨建築材料常備現貨如蒙惠顧價格克己

新仁昌五金號

地址 上海北蘇州路六五四—八號

電話 四〇八七六

各營造廠建築家賜顧不勝歡迎

飛虎牌油漆

以科學的方法 製造各種油漆

質地經久耐用 顏色鮮悅奪目

總發行所 上海北蘇州路四七八號

製造廠 上海閘北中山路潭子灣

余洪記營造廠

事務所：~~上海廣東路三號~~ 上海四川路六號

電話：一九三〇一

AH HUNG
GENERAL BUILDING CONTRACTORS

Office ~~: 3 Canton Road,~~ 6 Szechuen Road, Shanghai.

Telephone 19301

本廠承包各種大小工程及鋼骨水泥工程歷有年所經驗宏富工作精良久蒙各界贊許倘承委託建造無任歡迎

曾經採用敝公司瑪賽克磁磚各戶台銜列下

本埠			
用戶名稱	舖用地點	建築師姓名	營造廠名
永安公司商場	南京路	永安打樣間	陶桂記
大東旅社	南京路	永安打樣間	陶桂記
呂班路公司房子	法租界辣斐德路南首	拍韻氏	陶桂記
大勝胡同	海格路	李維氏	王衍記
亞爾培路公司房子	亞爾培路東首	李維氏	王衍記
胡村游泳池	極司非爾路	繆凱伯	王衍記
清涼世界	白利南路	繆凱伯	王衍記
南洋路公司房子	南洋路東	愛爾德	華章
上海中國青年會	敏體尼蔭路	李錦沛 范文照	江裕記
上海女青年會	圓明園路	李錦沛	江裕記
哈同路公司房子	哈同路	鄔達克	洽興
廣學會新會址	圓明園路	鄔達克	洽興
浸禮會新會址	圓明園路	鄔達克	洽興
聖心醫院	楊樹浦黑龍路	李維氏	洽興
聖心教堂	楊樹浦黑龍路	李維氏	洽興
南洋大學工業館	徐家滙	鄔達克	陶馥記
亨利路朱公館	亨利路	協隆地產公司章成達	久記
陳英士烈士紀念堂	北京路	泰利洋行	朱森記
汾晉坊	霞飛路	施德坤	徐香記
麵粉交易所	新開河	施嘉幹	元和長記
徐家滙天主堂	徐家滙土山灣		張來記
永安公墓大廳	霍畢蘭路	公利營業公司	趙茂記
王伯羣先生住宅	愚園路	協隆	辛峯記
女子商業儲蓄銀行	南京路	米倫	怡昌泰
大陸商場	南京路	莊俊	公記
電話公司	華德路	馬海洋行	余洪記
電話公司	大世界後面	馬海洋行	余洪記
電話公司	麥特赫司脫路	通和洋行	余洪記
上海電力公司	南京路江西路口	赫石	新金記祥號
國泰影戲院	霞飛路邁爾西愛路角		趙茂記

曾經採用敝公司瑪賽克磁磚各戶台銜列下

本埠			
用戶名稱	舖用地點	建築師姓名	營造廠名
張公館	福開森路	公和洋行	余洪記
吳公館	大沽路	泰凱	安記
大陸銀行新行址	九江路	基泰工程公司	申泰興記
哥倫比亞路住宅	哥倫比亞路	普益地產公司	柴仁記
甯波路銀行房子	甯波路天津路	公利營業公司	建興
興安會館	南市東門大街	徐德銘	方源記
廣東路銀行房子	廣東路	溢中銀公司	桂蘭記
北貨公會	南市凝和路	徐德銘	張長記
寶建路馬公館	寶建路	華信測繪公司	同興
中國實業銀行	法租界十六舖		顧炳記
白賽仲路住宅	白賽仲路古神父路口		鶴記
明星大戲院	派克路	戚鳴鶴	森發記
威海衛路鄭公館	威海衛路	馬海洋行	周順記
福明邨	福煦路	啓明	鑫昌
證券交易所	九江路	陸謙受	陳永興
四行大廈	四川路	莊俊	周瑞記
模範村	福煦路	周同春	久記
中央大學	江灣路	李錦沛	新義記
聖達里	聖母院路	義品銀行	新康
大上海飯店	天津路	陸志剛　黃大中	新森泰
綢業銀行	漢口路石路口	協隆	新森泰
小沙渡路周公館	小沙渡路	馬海洋行	周順記
內地教會	新閘路	馬海洋行	利源記
萬國儲蓄會大廈	霞飛路呂班路口	賴安	吳仁記
惠羅公司	南京路四川路	鴻達洋行	新益
新康大廈	九江路江西路口	馬海洋行	昌生
貝當路公司房子	貝當路	久和洋行	來益
市政廳舊址新屋	南京路	得利洋行	宋順泰
崑山路公司房子	崑山路	新瑞和	陶鴻記
合羣大廈	霞飛路	建安打樣間	吳仁記

曾經採用敝公司瑪賽克磁磚各戶台銜列下

用戶名稱	舖用地點	建築師姓名	營造廠名
本埠			
明園游泳池	華德路	鴻達打樣間	新瑞
黃憲武先生墓	長橋	大東測繪公司	沈德泰
亞東銀行	天津路	通和洋行	桂蘭記
交通大學	徐家滙	莊俊	張根記
恆利銀行	河南路	趙深	仁昌
大華跳舞瘍	愛多亞路	李蟠	新合記
威士啤酒廠	宜昌路	鄔達克	利源合記
外埠			
首都交通部	首都	大興建築公司	辛峰記
中央軍官學校圖書館	首都	關頌聲	笠達記
勵志社	首都	范文照 趙深	競記
何公館	首都	沈鶴甫	辛峰記
南京郵政總局	首都中山路	協隆	辛峰記
中國實業銀行	首都	基泰打樣間	六合建築公司
中央運動場	首都	基泰打樣間	利源公司
中央醫院	首都	陸謙受	建華
中國銀行分行	濟南	莊俊	南茂
交通銀行	青島		申泰
鹽業銀行	漢口	莊俊	李麗記
金城銀行	漢口	莊俊	漢協盛
中華百貨公司	香港皇后大道		吳榮興
養和醫院	香港		
興中銀行	廣州		
商務印書館	廣州		萬國工程公司
厦門中山公園	厦門	林森公司	
東吳大學游泳池	蘇州	東亞建築公司	協泰昌
鹽業銀行	杭州三元坊	大華	姚春記
哈爾濱交通銀行	哈爾濱	莊俊	申泰興記
大連交通銀行	大連	莊俊	申泰興記
國外			
卓識公司	檳榔嶼		
楊記電料行	小呂宋		
亞爾森	加那大		

注意：以上用戶略舉大概尙有各住宅等名目繁多不及詳載